高等学校教材

应力波基础简明教程

（第2版）

郭伟国　李玉龙　索　涛　郭亚洲　编著

西北工業大學出版社

西　安

【内容简介】 本书共10章，系统介绍了固体介质中应力波传播理论和动态测试技术，主要内容包括固体中的弹性波、一维弹性应力波、杆中弹性波的相互作用、塑性波基本理论、弹塑性波的相互作用、一维应变弹塑性波、固体材料的应变率效应与试验技术、极端环境下霍普金森杆试验技术、动态断裂试验技术、动态测量技术。全书注重基本理论与试验测试并重，内容上注重循序渐进，由浅入深，论述条理清楚，符合教学和认识规律。

本书可用作高等院校力学类专业高年级本科生和研究生教材，也可供兵器、航空航天、汽车、土木等相关专业师生和技术人员使用和参考。

图书在版编目(CIP)数据

应力波基础简明教程 / 郭伟国等编著．— 2版．—
西安：西北工业大学出版社，2022.4
ISBN 978-7-5612-8111-6

Ⅰ.①应… Ⅱ.①郭… Ⅲ.①应力波-教材 Ⅳ.
①O347.4

中国版本图书馆CIP数据核字(2022)第051070号

YINGLIBO JICHU JIANMING JIAOCHENG
应力波基础简明教程
郭伟国　李玉龙　索涛　郭亚洲　编著

责任编辑： 曹　江　　**策划编辑：** 杨　军
责任校对： 胡莉巾　　**装帧设计：** 李　飞
出版发行： 西北工业大学出版社
通信地址： 西安市友谊西路127号　　邮编：710072
电　　话： (029)88491757，88493844
网　　址： www.nwpup.com
印 刷 者： 陕西向阳印务有限公司
开　　本： 787 mm×1 092 mm　　1/16
印　　张： 15.5
字　　数： 407千字
版　　次： 2007年4月第1版　2022年4月第2版　2022年4月第1次印刷
书　　号： ISBN 978-7-5612-8111-6
定　　价： 59.00元

如有印装问题请与出版社联系调换

第 2 版前言

《应力波基础简明教程》第 1 版于 2007 年出版，本书是在第 1 版的基础上编写而成的。本书可用作高等院校力学专业的高年级本科生和研究生教材，也可供兵器、航空航天、汽车、土木等专业的师生使用和参考。

在第 1 版中，主要介绍了弹性波、塑性波等应力波基础理论(第 1～6 章)，仅在第 7 章简要介绍了材料的应变率效应和试验技术。由于当前本科生、研究生教育对于知识运用和实践的要求越来越迫切，因此本书中将主要增加试验技术方面的内容，意在对有相关试验需求的读者提供帮助。

第 1 版的使用过程中，多位读者指出了多处错误和表述不当的地方，作者在此表示衷心感谢，这也是我们再版的主要动力。本书保留了原版第 1～7 章的内容，并对其进行了全面检查，修正了其中出现的问题和错误。与此同时，本书中增加了与动态试验与测试相关的 3 章全新内容。因此，本书共包含 10 章。其中第 1～3 章介绍弹性波的基础理论，第 4 章、第 5 章介绍塑性波基本理论以及弹塑性波相互作用的问题，第 6 章简要介绍一维弹塑性应变波，第 7～10 章为实验与测试：第 7 章介绍固体材料的应变率效应及常用的试验技术，第 8 章介绍在极端条件下的材料力学性能测试方法，第 9 章介绍动态断裂试验技术，第 10 章介绍动态测量技术。

参与本书编写的有郭伟国、李玉龙、索涛和郭亚洲。郭伟国编写第 1、4、5、6、8 章；李玉龙编写第 2、3、9 章；索涛编写第 7 章；郭亚洲编写第 10 章。全书由郭亚洲统稿和修订。在本书修订过程中，得到了戴嘉林、任腾飞、孟祥昊、杜鹏等几位同学的热情帮助，在此表示衷心感谢。

在编写本书过程中，笔者参考了相关文献资料，在此向其作者一并表示感谢。

限于水平和经验，本书难免存在不足之处，恳请广大读者批评指正。

编著者

2022 年 1 月

第1版前言

随着现代科学技术的发展，工程研究人员对结构及材料在动态载荷下的力学响应问题越来越关注，因此对这方面知识的需求也在不断提高。然而在国内，关于在冲击载荷作用下的力学响应问题的专著较少。为了适应本科及研究生教学对这方面教材的需要，我们从应力波的传播和结构动态响应的基础出发，参考国内外已有的出版文献和参考资料，并且根据教学需要及国防科工委有关文件精神，组织编写了这本教材。

全书共分7章，系统地描述了固体介质中应力波传播理论以及动态测试技术等方面的知识。第1章系统地论述了固体中的弹性波基础，对弹性波进行了分类，并推导了弹性波波速的计算方法，给出了弹性波在介质界面的反射、透射和相互作用的特点。第2章和第3章详细地描述了一维杆中的弹性波问题，推导了基本的控制方程，给出了求解方法以及应力波传播的特点。从两弹性杆的共轴撞击入手，着重分析了弹性波的相互作用，在固支及自由端的反射以及在不同介质界面反射、透射等，还介绍了弹性波与裂纹尖端相互作用的算例。第4章介绍了塑性波的基本理论，描述了非常著名的泰勒(Taylor)实验及其分析。第5章论述了弹塑性波的相互作用问题。第6章介绍了一维应变弹塑性波。第7章介绍了固体材料的应变率效应及高应变率试验技术，包括霍普金森(Hopkinson)杆系统、膨胀环技术、平板剪切试验。

本书遵循由浅入深、简明扼要、重点突出的原则，有以下几方面的特色。

(1) 根据当代科学技术发展的最新动态和我国高等学校专业拓宽、学科归并的现实需求，坚持面向一级学科、加强基础、拓宽专业面、更新教材内容的基本原则。

(2) 注重优化课程体系，探索教材新结构。即针对固体力学学科，同时兼顾材料工程类学科、制造工艺类学科的共性与个性的结合，体现多学科知识的交叉与渗透。

(3) 尽量反映当代科学技术的新概念、新知识、新理论、新技术，突出教材内容的先进性。

(4) 坚持体现教材内容深广度适中、够用的原则，增强教材的适用性和针对性。

(5) 在教材编写过程中，注意国内外最新研究成果和同类教材的对比研究，吸收国内外同类研究成果的精华，重点反映新教材体系结构特色，把握教材的科学性、系统性和适用性。

本书是为高等院校力学专业的高年级本科生及研究生所编写的教材，也可供兵器、航空航天、机械、土木等专业的师生及工程技术人员使用和参考。

参加本书编写的有郭伟国(第1、4、5和6章)、李玉龙(第2、3章)和索涛(第7章)。全书由李玉龙教授统稿和修订，刘元镛教授审定并提出了许多宝贵意见。本书编写过程中，侯兵对书中文字、公式、图表作了全面的校对和绘制，魏萍进行了文字、图表的排版打印工作，在此表示衷心的感谢。

由于水平有限，加之时间仓促，编写中有疏漏和不妥之处敬请读者指正。

编　者

2006年4月于西北工业大学

目　　录

绪　论

随着现代科学技术的发展，越来越多的物体或结构经常会受到冲击载荷的作用，例如穿甲弹对坦克装甲的打击、飞鸟对飞机挡风玻璃的撞击、炸药爆炸对结构的冲击等。这些载荷作用的时间都非常短，通常在以毫秒、微秒，甚至纳秒计的短时间内发生运动参量的显著变化。

在这种冲击载荷的作用下，人们观察到很多与静态情况下不同的奇妙的现象。例如，将一个重物用一根绳缚住缓缓将重物拉起悬空，使绳自然伸长，只要绳足够结实，重物将保持悬空状态。然而，如果将重物升高到一定的高度然后突然松开，使其呈自由落体状态下降，常常会观察到绳子从根部崩断。又如，在子弹穿甲过程中，子弹变形后往往呈蘑菇状，变形分布极不均匀。引起这些静态和动态载荷情况下物体或结构表现出不同响应的一个主要原因就是载荷是在很短暂的时间尺度上发生的，而受力物体在加载方向上尺寸足够大，这就不能够再用传统的静力学理论来分析物体或结构对于冲击载荷的响应了。在动态条件下，物质微元不再像静力学情况下那样处于静力平衡状态，而是处于随着时间迅速变化的动态过程中，这属于动力学问题，因此在分析过程中必然要考虑介质质点惯性效应的影响。

此外，这种在短暂时间尺度上发生显著变化的冲击载荷意味着高加载率或者高应变率。通常情况下，常规静态实验的应变率大约为 $10^{-5} \sim 10^{-1}\ \mathrm{s}^{-1}$ 量级，然而在冲击载荷作用下，应变率为 $10^{2} \sim 10^{4}\ \mathrm{s}^{-1}$，有时甚至高达 $10^{7}\ \mathrm{s}^{-1}$，要比静态试验中高得多。根据材料科学的知识，在不同的应变率下，材料将会表现出不同的力学性能。通常，随着应变率的提高，材料的屈服应力和强度极限都会升高，但是材料的塑性会降低，而屈服滞后和断裂滞后现象也变得更加明显，材料的本构关系也会随着应变率的变化发生改变。这也是物体在动态载荷下的响应和静态时不同的另一个重要原因。

1. 波传播的一般问题

首先给出波传播的定义：

传播 —— 一种介质中某一处的局部扰动向介质中其他部位的扩散。

如空气中的声波、水波、无线电波和地震波等都有传播的现象。本书研究的重点放在固体中弹性波的传播，并且仅考虑机械扰动形成的波，而不考虑电磁等扰动形成的波。

尽管波传播问题最后可以归结为固体中相邻原子间的相互作用，但是，本书仍从宏观力学的角度去探讨波传播的问题，即认为介质是连续体，介质的密度和弹性模量等参数都是连续的。

现在介绍波传播的一般研究方法。为了研究波传播的物理图像和基本特征，首先选择一个代表性单元体（即单元体模型），从动力学角度建立该单元体的控制方程，然后解其控制方程得到波传播的特性，及其各物理量之间的相互关系。

固体中的波按其传播方式可分为两类，即纵波与横波。传播方向与介质运动方向相同或相反的波为纵波，传播方向与介质运动方向垂直的波称为横波。两类波往往具有不同的传播特性。

按材料的本构关系，固体中的波可以分为两类：第一类为弹性波，其应力和应变之间的关系遵循胡克定律；第二类为非弹性波，其应力和应变的关系不遵循胡克定律，如塑性波和黏弹性波。

2. 冲击动力学的特点

下面通过两个例子来说明冲击动力学的特点。

例 1 圆柱的压缩。如图 1 所示，圆柱被压缩前的形状用实线表示，施加压缩载荷后，圆柱的变化用虚线表示，b 表示载荷作用面，a 表示圆柱体内任一点。

图 1 圆柱的压缩

在静态载荷作用下，圆柱均匀地受到压缩，圆柱变短变粗，仍为圆柱状（不计支撑面处的摩擦效应），而支反力 F 与压缩的外载荷相同，于是可以通过测量 F 与变形量 ΔL 的关系得到圆柱材料的单向压缩本构关系（$\sigma-\varepsilon$ 曲线），如图 2 所示。

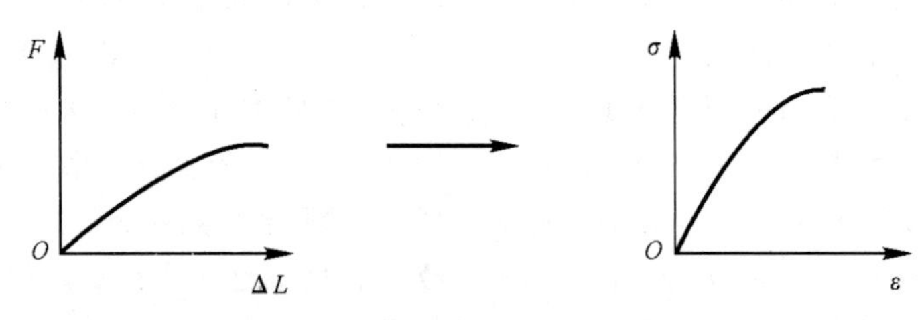

图 2 材料的单向压缩本构关系

在冲击载荷作用下，圆柱出现非均匀的变形（变形后圆柱已不再保持圆柱状），支反力已不再是 F，所以，由所测得的支反力和变形关系不能得出在冲击载荷作用下材料真实的本构关系（$\sigma-\varepsilon$ 曲线）。

在静态载荷作用下，载荷对圆柱所做的功全部转变成圆柱的应变能；在冲击载荷作用下，外力对圆柱所做的功，除一部分使圆柱产生变形能外，还有一部分用于产生圆柱体的惯性。

例 2 霍普金森父子早年所做的实验。

实验结果如下：

1）钢丝的破坏与质量 W 无关，而与高度 H 有关；

2）断面的位置在顶部；

3）超过屈服极限的载荷仍使钢丝不断。

如图 3 所示。

前两条结果为应力波效应，后一条结果为率相关本构关系所致。

通过以上两个例子可以看出动力学与静力学的区别。与静力学相比，动力学的主要特点

如下：

（1）短历时。如果用 t 表示冲击载荷历时，C 表示构件材料的波速，L_0 为构件的特征尺寸，并记 $t_0=L_0/C$，则当 t/t_0 较小时，可以认为该问题为冲击动力学问题。

（2）高强度。高强度载荷由载荷的局部集中所致，高强度载荷常常使构件产生大的形变，同时也将导致几何非线性和物理非线性问题的产生。

（3）高应变率。高应变率常常导致不同于静态情况下的应力与应变关系，即率相关的本构关系。

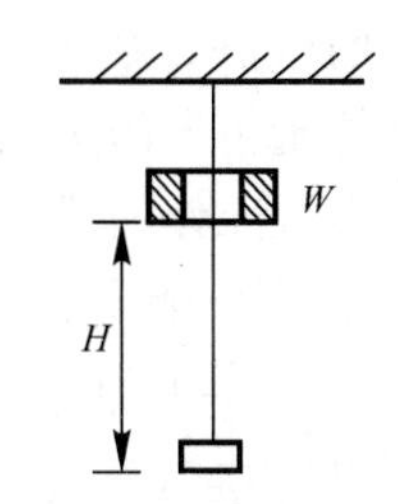

图 3　重物对钢丝的冲击

如果说，考虑扰动的传播就是应力波问题，那么，考虑每一个质点（而不是总体）的惯性作用的问题就是结构动力学问题，考虑率相关本构关系的问题就是材料动力学问题。在某种程度上，冲击动力学是由结构动力学和材料动力学构成的。

结构动力学与材料动力学并不是相互独立的，它们是不可分开的（耦合的）。求解结构动力学问题时，须已知材料的动态物理关系（$\sigma-\varepsilon$ 关系），而只有通过波的信息才能确定出材料的动态物理关系。这也正是冲击动力学的困难之处。

3. 应力波理论的应用

应力波理论的应用主要集中在以下几个方面：

（1）冲击和爆炸载荷下结构的动态响应。

（2）冲击载荷下材料的动态性能。

（3）动态断裂的问题。

在一般强度的瞬态载荷作用下，整体结构均处在弹性条件时，用弹性波理论可以较好地预估其结构的响应；在高强度瞬态载荷下，可能发生局部的塑性变形、断裂或结构的穿孔，在这种情况下，用弹性波理论仍可以预估远场的响应，用弹塑性波理论还可预估（或推测）撞击发生处的局部行为。

此外，应力波的理论还在无损探伤、地震波的测量以及煤、石油勘探方面有着广泛的应用。

第1章　固体中的弹性波

本章先介绍什么是固体中的应力波，并对几个概念加以解释。波是自然界的一种现象，波的形成与扰动分不开，实际上波是扰动的传播。振动和冲击是最明显的扰动源。波通过周围的介质传播，波在介质中的传播是一种能量传递的过程。物质在动载荷下的力学响应与在静载荷下不同，主要表现在强动载荷下介质微元体的惯性不能忽略。当强动载荷作用于介质时，首先直接受到载荷作用的介质点离开了初始平衡位置。由于这部分介质质点与相邻介质质点之间发生了相对运动（变形），当然将受到相邻介质质点所给予的作用力（应力），但同时也给相邻介质质点以反作用力，因而使它们也离开了初始平衡位置而运动起来。外载荷在物质上所引起的扰动就这样在介质中逐渐由近及远传播出去而形成应力波。下面介绍若干在弹性波理论中经常使用的术语及其基本概念。

（1）质点。在连续介质力学中，最基本的出发点之一是不从微观上考虑物体的真实物质运动而只在宏观上把物体看做由连续不断的质点所构成的系统，即把物体看做质点的连续集合。质点的存在以其占有空间位置来表现，不同的质点在一定时刻占有不同的空间位置，一个物体中各质点在一定时刻的相互位置的配置称为构形。为了使质点能相互区别，需要对质点命名。

（2）波阵面。介质中扰动区域与未扰动区域的界面称为波阵面。在波阵面上，质点运动的相位一致，波阵面的几何形状可为平面波、柱面波和球面波等。以平面波波阵面为例，其本身有间断波波阵面和连续波波阵面之分。间断波波阵面就是波阵面前方介质微团和后方微团的状态参量之间有一个有限的差值，使得状态参量沿着波的传播途径上的分布在波阵面上出现一个无限大的陡度，数学上称此间断为强间断；而连续波波阵面是波阵面前方介质微团和后方微团的状态参量之间的差值无限小，状态参量沿着波的传播途径上的分布在波阵面上是连续的，数学上称此间断为弱间断。

（3）波速。扰动在介质中的传播表现为波阵面的前进，波阵面（即扰动）的传播速度即为波速，它的传播方向就是波阵面的推进方向。常见材料的应力波波速为 $10^2 \sim 10^3$ m/s。

（4）质点速度。介质质点本身的运动速度，注意质点速度与波速的区别。

（5）纵波。应力波波速的方向与质点速度方向一致。

（6）横波。应力波波速的方向与质点速度方向垂直。

（7）弥散波。若某介质使得高应力水平的增量波传播速度较低，这族连续波的波形就会在传播中逐渐拉长、散开，这种类型的连续波叫做弥散波。

（8）冲击波。若某介质使得高应力水平的增量波传播速度较高，原处于后面的高波速的增量波就会不断追赶前面的低速增量波，使得整个连续波的波形逐渐缩短，以形成汇聚波。在一定的条件下，后面高波幅的增量波追赶上前面低波幅的增量波，形成统一波速传播的强间断波阵面，连续波便转换成了冲击波。

（9）加载波与卸载波。对介质加压，使介质压密就是加载；对已经受压的介质减压，使介

质稀疏就是卸载。当波阵面通过一个介质微团时，其效果是使微团压密的就是加载波（也叫作压缩波），使微团稀疏的是卸载波（也叫作拉伸波）。

1.1　固体变形的动态传播

当外力作用于物体上，如果所作用的外力随时间的变化率很低，物体的变形过程可看成是由一系列“阶跃”组成的，且在每个阶跃中，物体处于平衡状态。例如，当外力作用在图 1.1(a) 所示的由排列理想的原子结构所组成的物体时，图 1.1(b)(c) 呈现出变形的两个阶段，其中 F 是作用力。在每个变形阶段，可认为物体处于平衡状态，可以利用材料力学的方法确定物体的内阻抗应力，并可知 AA 和 BB 截面上的应力相同。

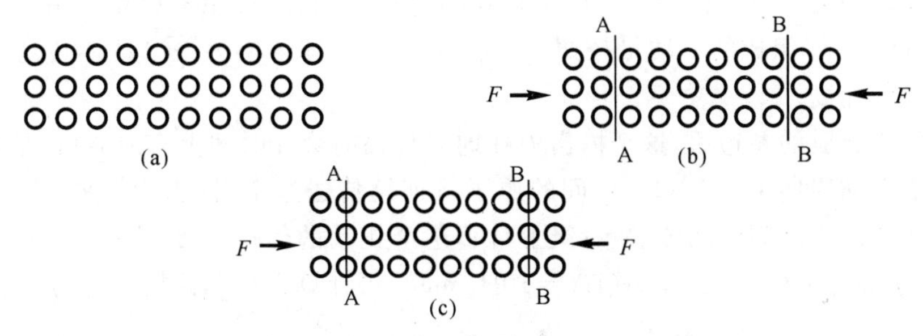

图 1.1　简单的二维原子排列的准静态弹性变形过程

实际中，物体中的内应力通常不可能“瞬间”从力作用区传到其他区域。应力或应变是按某一特定的速度从一个原子传递到另一个原子的。例如在图 1.2 中，在外力以 $\mathrm{d}F/\mathrm{d}t$ 的速率作用于物体后，应力和相应的应变将会从一个截面传播到另一个截面。在 t 时刻，截面 AA 上已感应到外力的作用，截面 BB 上仍未感应到外力的影响。

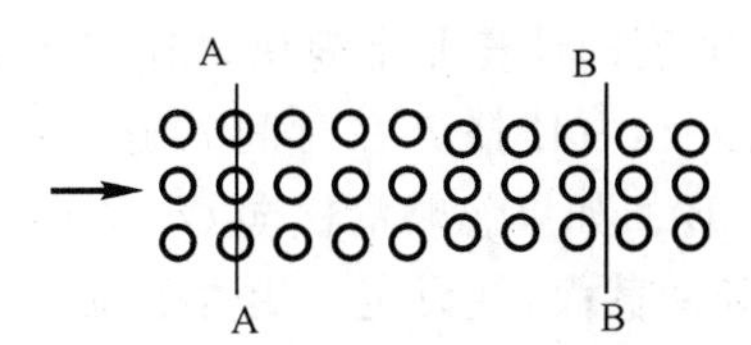

图 1.2　理想原子排列下的动态弹性变形过程

从原子量级角度看此问题，应力波可想象成在两个相邻原子之间一个接一个的碰撞。对每个原子来说，在被加速到某个速度后，这个原子将把它的全部（或部分）动量传递给相邻的原子。原子的质量、原子间的间隙、原子间的吸引力和排斥力决定了应力波从一个点到另一个点的传播特性。

假设物体是由许多单个原子所组成的，通过简单的计算，即可获得一个相当可信的弹性波波速值。通常物质中单个原子在它的平衡位置附近连续振荡，从物理知识中知道原子的振荡频率大约为 10^{13} 次 /s。三维中这个振荡可沿 3 个方向分解(X_1，X_2，X_3)，如图 1.3 所示，实心圆表示原子的平衡位置，虚线表示沿 3 个坐标轴的原子极限振荡位置。此研究通常属于“晶格动力学”范畴。实际上原子的振荡是相互独立的，但它们之间是通过称为声子的波耦合在一起的，为简便起见，仅考虑原子的振荡情况。如果在左边撞击原子，这个原子就会把冲击能量传递给它相邻的右边原子。

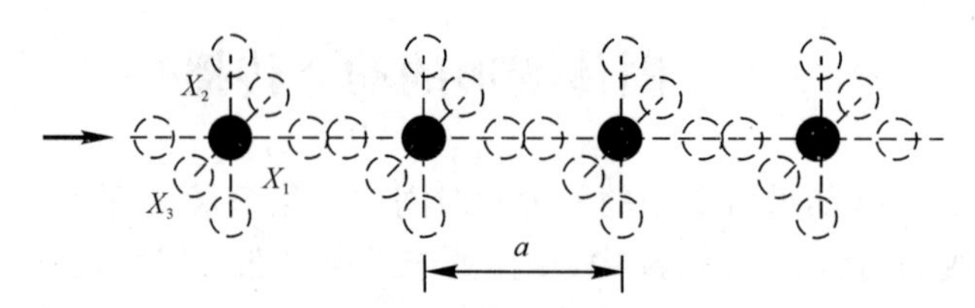

图 1.3　原子到原子的扰动传递

有意思的是，假设材料是连续的，即质量均匀地分布在它所占的空间，可以直接从牛顿第二定律获得波传播的所有方程。由于原子相互间存在作用力，可想象材料是由许多微小弹簧连接的球体(即原子)组成的。动量按照一个速率从一个球体向另一个球体传递。这个速率即为扰动传播的速度。

在力作用于介质的左边后，这个撞击力在向右传播时会在时间上有所滞后，平均来说滞后时间等于一个振动周期 (10^{-13} s)。中间的原子将连续传送这个"撞击力"到右边的原子。如果知道相邻两个原子之间的间隙，从量级上估算这个扰动的传播速度便非常容易。例如对金属铁，它的原子间隙大约可取为 3Å(1Å$=10^{-10}$ m)。可计算得扰动传播速度为

$$C=\frac{3}{\Delta t}=3\times 10^{-10}\times 10^{13}=3\times 10^{3}(\mathrm{m/s})$$

这个值非常接近弹性波在铁中的传播速度。这个简单的推论从原子角度解释了动量传送的物理结果。在后续部分，材料均被看成连续介质。

1.2　细长圆柱杆中的弹性波

细长杆 (即一维) 中波传播速度的计算非常简单，如图 1.4 所示，撞击杆以速度 v 碰撞一长圆柱杆，所产生的压缩应力波从左至右传播。在时间 t，这个扰动的前沿在 x，牛顿横截面为 AB，在 $x+\delta x$ 处的横截面为 A′B′。如果忽略沿横向 Oy 方向的应变和惯性，将牛顿第二定律 $F=ma$ 应用于 AB 和 A′B′ 相邻两截面，并设定作用力受拉为正、受压为负，可得

$$-\left[A\sigma-A\left(\sigma+\frac{\partial\sigma}{\partial x}\delta x\right)\right]=A\rho\delta x\,\frac{\partial^2 u}{\partial t^2} \tag{1.1}$$

简化后得

$$\frac{\partial\sigma}{\partial x}=\rho\,\frac{\partial^2 u}{\partial t^2} \tag{1.2}$$

杆的变形是弹性的，并且满足胡克定律，即

$$\frac{\sigma}{\varepsilon}=E$$

通常应变 ε 被定义为 $\partial u/\partial x$，u 是位移。负号表示压缩应变，正号表示拉伸应变。这样，由式 (1.2) 可得

$$\frac{\partial}{\partial x}E\,\frac{\partial u}{\partial x}=\rho\,\frac{\partial^2 u}{\partial t^2} \tag{1.3}$$

或

$$\frac{\partial^2 u}{\partial t^2}=\frac{E\partial^2 u}{\rho\partial x^2} \tag{1.4}$$

这便是波动微分方程,在一维情况下的波速定义为

$$C_0=\sqrt{\frac{E}{\rho}} \tag{1.5}$$

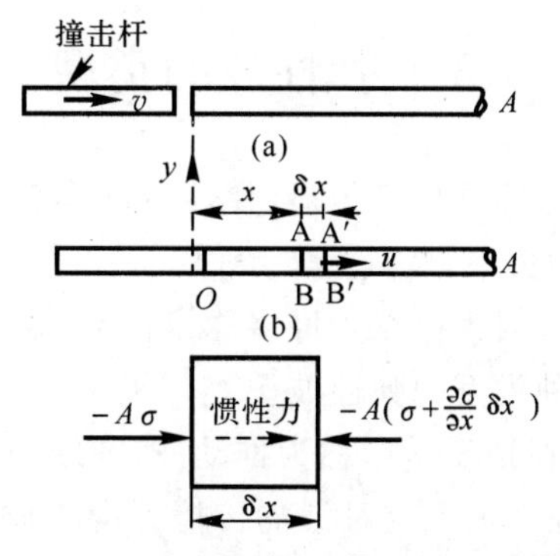

图 1.4　由撞击杆的撞击引起的波的传播

(a) 撞击前；(b) 撞击后

在波速定义公式 $C_0=\sqrt{\frac{E}{\rho}}$[式(1.5)]后面加上以下内容:

则波动方程可以表示为

$$\frac{\partial^2 u}{\partial t^2}=C_0^2\frac{\partial^2 u}{\partial x^2} \tag{1.6}$$

注意:在一维应变情况下

$$\varepsilon_{11}=\frac{1}{E}[\sigma_{11}-\upsilon(\sigma_{22}+\sigma_{33})] \tag{1.7}$$

$$\varepsilon_{22}=\varepsilon_{33}=0$$

如果 $\sigma_{22}=\sigma_{33}$,则

$$\varepsilon_{11}=\frac{1}{E}(\sigma_{11}-2\upsilon\sigma_{22}) \tag{1.8}$$

而

$$\varepsilon_{22}=0=\frac{1}{E}[\sigma_{22}-\upsilon(\sigma_{11}+\sigma_{33})] \tag{1.9}$$

所以

$$\sigma_{22}=\frac{\upsilon}{1-\upsilon}\sigma_{11} \tag{1.10}$$

因此有

$$\varepsilon_{11}=\frac{\sigma_{11}(1+\upsilon)(1-2\upsilon)}{E(1-\upsilon)} \tag{1.11}$$

或

$$\bar{E}=\frac{\sigma_{11}}{\varepsilon_{11}}=\frac{(1-\upsilon)E}{(1+\upsilon)(1-2\upsilon)} \tag{1.12}$$

式(1.12) 就是一维应变情况下的弹性模量。将式(1.12) 代入式(1.5) 可得

$$C_{\text{long}}=\sqrt{\frac{\bar{E}}{\rho}}=\left[\frac{(1-\upsilon)E}{(1+\upsilon)(1-2\upsilon)\rho}\right]^{1/2} \tag{1.13}$$

这个式子与无限大介质中纵波的波速相同。

1.3 弹性波的类型

在固体介质中不同类型的弹性波均可传播,弹性波的类型和属性主要取决于介质中质点(粒子) 运动方向、波传播方向的关系,及其边界条件。一个“粒子” 或质点可看成固体中的一个微小的离散部分,但不是原子,因为质点是许多原子的组合,而原子可以在质点内无规则运动。下面介绍固体中常见的各种类型的弹性波。

(1) 纵向波(或称无旋波),在地质学中称为推动波,初级波或 P 波,即地震纵波,在无限或半无限介质中,它们被称为“膨胀” 波。这种波的传播方向与质点运动方向一致 (平行),所以质点速度 v_{p} 平行于波速 C。若是压缩波,它们之间的方向相同;若是拉伸波,它们之间的方向相反。图 1.5(a) 是一个简单纵向弹性波的示例。用锤撞击长圆柱杆的左端面,可形成这种波,式(1.5) 给出了其波速计算方式。图 1.5(b) 的简化图例是用锤撞击半无限体的情形。从图中可看出,除形成纵向波外,同样也产生畸变波和表面波。还应注意到,在有限介质 (例如细长杆) 和无限介质中,不同波的波速是不相同的。

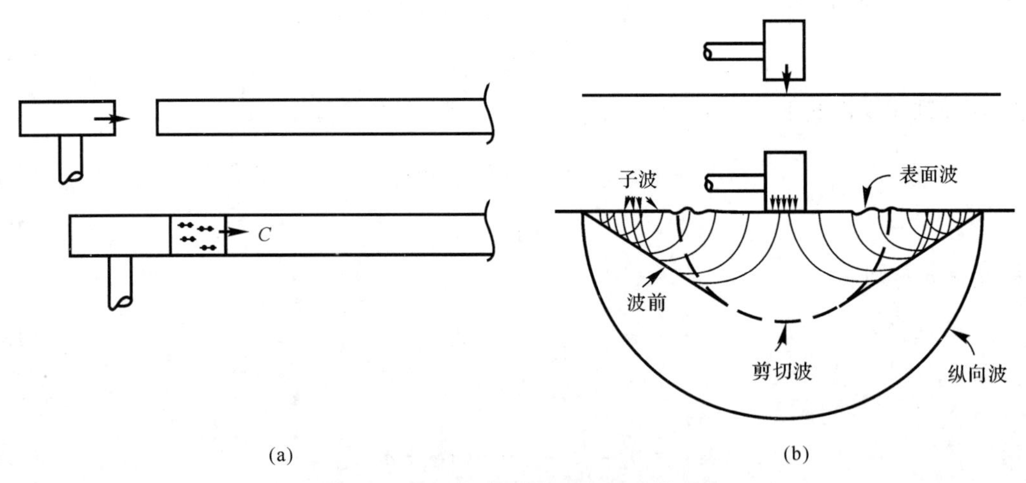

图 1.5 纵向波、剪切波和表面波的形成

(a) 锤击细长体; (b) 锤击半无限体

(2) 畸变波(或称剪切波,也称横向波,或称等容波),在地质学中称为二次波、振荡波,即 SH 和 SV 波。若质点的运动方向和波本身传播方向垂直,这种波即为剪切波。剪切波并不会引起材料密度的改变,且所有纵向应变 ε_{11},ε_{22} 和 ε_{33} 为零。图 1.6 给出了剪切波的例子。当在杆的末端施加一个扭矩,在杆的固定夹持处和杆末端之间将会储存弹性能。当杆的固定夹持释放时,在杆中会产生向右传播的一个脉冲波,这个波便是畸变波,质点的位移方向和波传播

方向相垂直（u_p 垂直于 C）。

（3）表面波。表面波和水面上的波相类似。把浮在水面上的物体当做水的质点，并且它可以向上、向下、向后和向前运动。水质点的运动轨迹常为一个椭圆线。这种类型的波被限制在和水表面相邻的区域内，并且质点的速度（v_p）随着离开质点平衡位置的距离而迅速下降（按指数率）。在图 1.7 中，用软木塞演示水质点的运动情形，质点将沿着椭圆轨迹运动。当有一种材料可以忽略其密度和弹性波速时，这时的表面波[在固体中称为瑞利（Rayleigh）波]是界面波的一个典型情况。

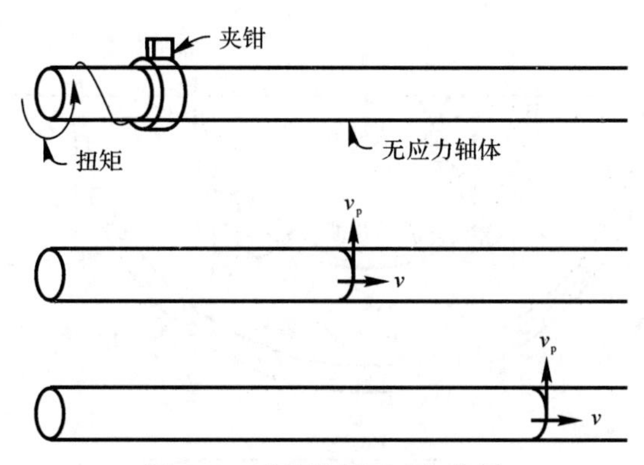

图 1.6　畸变波的形成与传播

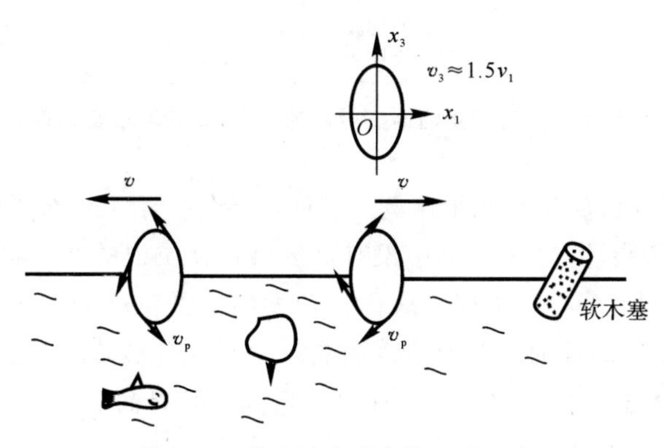

图 1.7　表面波中质点的运动示意

（4）界面波[斯通利（Stoneley）波]。不同性能的两个半无限介质相接触，在它们的界面会形成这种特殊波。

（5）层状介质中的波[勒夫（Love）波]。在地质学中，这种波是非常重要的。地震会产生这样的一种波，在这种波中，位移的水平分量比垂直分量大得多，且行为与表面波不一致。地球由多层不同性能的岩层组成，这样一来就产生了一种特殊的波形。勒夫是研究这种波的第一个人，这种波就以他的名字命名。

（6）弯曲（或挠曲）波（通常在梁、薄膜和板中）。这些波涉及在一维（梁）或二维构型中弯曲的传播。在板和壳体中波传播的数学求解是相当困难的，且超出了本书讨论的范围。

在固体介质中，表面波是 3 种波中速度最慢的，速度最快的波是纵向波。图 1.8 给出了纵向波、剪切波和表面波在半空间坐标的幅值。剪切波的质点运动方向发生了改变；由于对称条件，在对称面上质点的水平速度和剪切波幅值为0。在表面波中，质点运动的水平和垂直分量是离开表面距离(r)的函数。在右侧，水平分量呈指数规律衰减。波的衰减率不一定相同。纵向波幅值的衰减与纵向波在表面的幅值的衰减较接近，条带的宽度示出了它的相对变化值。纵向波和剪切波幅值在离开自由表面区域后按r^{-1}形式衰减。沿着自由表面，它们按r^{-2}形式以较快规律衰减。表面波以$r^{-1/2}$较慢地衰减，因此它可在非常远处被检测到。

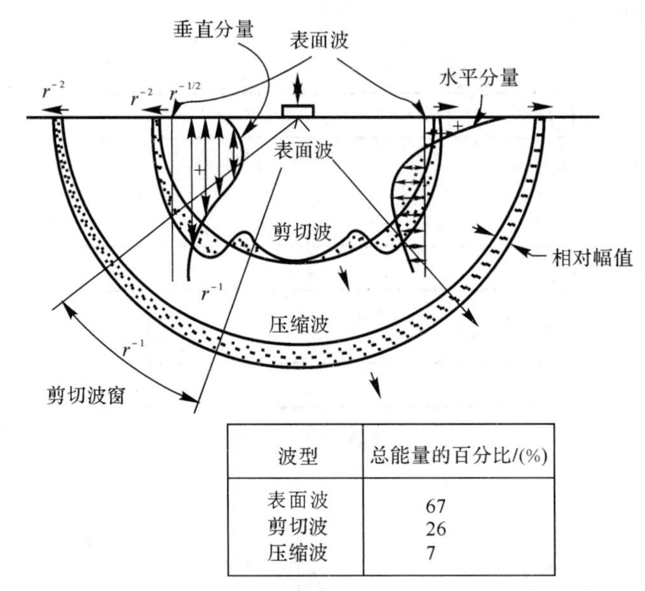

波型	总能量的百分比/(%)
表面波	67
剪切波	26
压缩波	7

图 1.8 在半空间体上垂直作用的谐振引起的纵向、剪切和表面波的位移能量分布

图1.8还给出了不同波的传送能量比例。表面波传送了绝大部分的能量(67%)。纵向波(压缩波)仅传送7%的能量。在图1.8中没有显示层状介质中的波和界面波。层状介质中的波的质点位移与波前平行(当在表面时)，表面上较大的水平位移分量主要是表面上弹性常数与内部的弹性常数的差异导致的。在地球表面能观测到这些波，均是由于地球是由不同的密度(弹性阻抗)和不同的岩层材料组成的。在不同阻抗层间界面处，界面波是最普遍的一种波型。在界面处这些波的幅值最大。

1.4 连续体中的弹性波传播

如图1.9(a)所示，在垂直坐标轴Ox_1，Ox_2和Ox_3的不同平面上有作用应力σ_{11}，σ_{22}，σ_{33}，σ_{12}，σ_{32}，σ_{13}，σ_{23}，σ_{21}和σ_{31}，其中第一个下标表示应力的方向，而第二个下标定义为应力作用在与该轴垂直的面。在平衡条件下，满足

$$\sum F=0$$

即

$$\sum F_{x_1}=0,\quad \sum F_{x_2}=0,\quad \sum F_{x_3}=0$$

和

$$\sum M = 0$$

即
$$\sum M_{x_1} = 0, \quad \sum M_{x_2} = 0, \quad \sum M_{x_3} = 0$$

图 1.9(b) 中的单元立方体处于动态平衡即静态非平衡状态，这时候作用在相对面上的应力将不相等。为了获得弹性波在连续体中传播的方程，考查一个小的平行六面体与坐标轴 Ox_1 平行的四个侧面上的应力变化，如图 1.9(b) 所示。

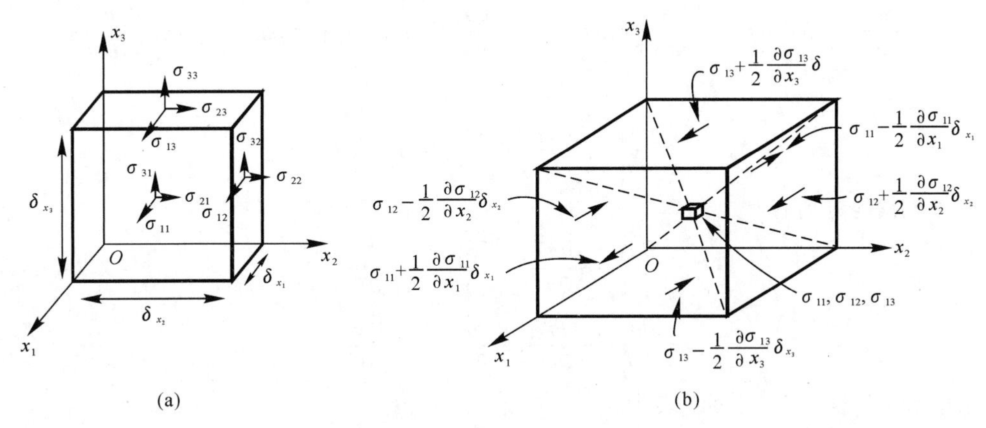

图 1.9　微元体应力分布示意

(a) 处于静态平衡（没显示三个背面应力）状态下的单元立方体；(b) 动态状态下的单元立方体

如果所考虑的是一个无限小矩形平行六面体，这时作用在固体面元上的应力有垂直和相切面元的两个分量。只用动量守恒方程来推导弹性波方程，对冲击波的证明，还需要质量和能量守恒方程。

沿三个坐标轴方向的牛顿第二定律可表示为（牛顿第二定律表示的是动量守恒）

$$F_{x_1} = ma_{x_1}, \quad F_{x_2} = ma_{x_2}, \quad F_{x_3} = ma_{x_3} \tag{1.14}$$

即在 Ox_1 方向有

$$\sum F_{x_1} = (\rho d_{x_1} d_{x_2} d_{x_3}) \frac{\partial^2 u_1}{\partial t^2} \tag{1.15}$$

作用在 Ox_1 方向的所有应力在图 1.9(b) 中已标出。在立方体中心（尺寸为 δ_{x_1}，δ_{x_2}，δ_{x_3}），有正应力 σ_{11}，σ_{22}，σ_{33} 和剪应力 σ_{12}，σ_{13}，σ_{23}，立方体每个面上的应力为

$$\sigma_{11} + \frac{\partial \sigma_{11}}{\partial x_1} \times \frac{1}{2}\delta_{x_1}, \quad \sigma_{12} + \frac{\partial \sigma_{12}}{\partial x_2} \times \frac{1}{2}\delta_{x_2}, \quad \sigma_{13} + \frac{\partial \sigma_{13}}{\partial x_3} \times \frac{1}{2}\delta_{x_3}$$

$$\sigma_{11} - \frac{\partial \sigma_{11}}{\partial x_1} \times \frac{1}{2}\delta_{x_1}, \quad \sigma_{12} - \frac{\partial \sigma_{12}}{\partial x_2} \times \frac{1}{2}\delta_{x_2}, \quad \sigma_{13} - \frac{\partial \sigma_{13}}{\partial x_3} \times \frac{1}{2}\delta_{x_3}$$

其中，$\pm(\partial \sigma_{11}/\partial x_1)\delta_{x1}$ 项（沿 Ox_1 轴）表示 σ_{11} 从立方体中心沿 Ox_1 轴方向的变化。其他各项的意义相同。

为了得到作用在每个面上的力，取每个面上中心的应力乘以每个面的面积。从图 1.9 中可看出，作用的 6 个分力均平行于 Ox_1 轴，若不计体力的影响，考虑在 x_1 方向的总力，这时有

$$\left(\sigma_{11}+\frac{1}{2}\frac{\partial\sigma_{11}}{\partial x_1}\delta x_1-\sigma_{11}+\frac{1}{2}\frac{\partial\sigma_{11}}{\partial x_1}\delta x_1\right)\delta x_2\delta x_3+$$
$$\left(\sigma_{12}+\frac{1}{2}\frac{\partial\sigma_{12}}{\partial x_2}\delta x_2-\sigma_{12}+\frac{1}{2}\frac{\partial\sigma_{12}}{\partial x_2}\delta x_2\right)\delta x_1\delta x_3+ \tag{1.16}$$
$$\left(\sigma_{13}+\frac{1}{2}\frac{\partial\sigma_{13}}{\partial x_3}\delta x_3-\sigma_{13}+\frac{1}{2}\frac{\partial\sigma_{13}}{\partial x_3}\delta x_3\right)\delta x_1\delta x_2=\sum F_{x_1}$$

为了简化式(1.16)，利用式(1.15)求解得

$$\frac{\partial\sigma_{11}}{\partial x_1}\delta x_1\delta x_2\delta x_3+\frac{\partial\sigma_{12}}{\partial x_2}\delta x_1\delta x_2\delta x_3+\frac{\partial\sigma_{13}}{\partial x_3}\delta x_1\delta x_2\delta x_3=\rho\delta x_1\delta x_2\delta x_3\frac{\partial^2 u_1}{\partial t^2}$$

即

$$\frac{\partial\sigma_{11}}{\partial x_1}+\frac{\partial\sigma_{12}}{\partial x_2}+\frac{\partial\sigma_{13}}{\partial x_3}=\rho\frac{\partial^2 u_1}{\partial t^2} \tag{1.17a}$$

类似对其他方向有

$$\frac{\partial\sigma_{21}}{\partial x_1}+\frac{\partial\sigma_{22}}{\partial x_2}+\frac{\partial\sigma_{23}}{\partial x_3}=\rho\frac{\partial^2 u_2}{\partial t^2} \tag{1.17b}$$

$$\frac{\partial\sigma_{31}}{\partial x_1}+\frac{\partial\sigma_{32}}{\partial x_2}+\frac{\partial\sigma_{33}}{\partial x_3}=\rho\frac{\partial^2 u_3}{\partial t^2} \tag{1.17c}$$

采用指标符号(广义下标)表示为

$$\frac{\partial\sigma_{ij}}{\partial x_j}=\rho\frac{\partial^2 u_i}{\partial t^2} \tag{1.18}$$

若用应变替代应力,上面这些微分方程就为波动方程。详细推导过程如下:对各向同性材料的三轴应力状态,采用广义胡克定律,应力和应变关系可用6个方程表示如下[其中,λ 和 μ 是拉梅(lame′)常数]:

$$\left.\begin{aligned}&\sigma_{11}=\lambda\Delta+2\mu\varepsilon_{11},\quad \sigma_{13}=2\mu\varepsilon_{13}\\&\sigma_{23}=2\mu\varepsilon_{23},\quad \sigma_{12}=2\mu\varepsilon_{12}\\&\sigma_{22}=\lambda\Delta+2\mu\varepsilon_{22},\quad \sigma_{33}=\lambda\Delta+2\mu\varepsilon_{33}\end{aligned}\right\} \tag{1.19}$$

在方程中,Δ 是体积膨胀,$\Delta=\varepsilon_{11}+\varepsilon_{22}+\varepsilon_{33}$。把式(1.19)中的 σ_{ij} 代入式(1.18)得

$$\frac{\partial(\lambda\Delta+2\mu\varepsilon_{11})}{\partial x_1}+\frac{\partial(2\mu\varepsilon_{12})}{\partial x_2}+\frac{\partial(2\mu\varepsilon_{13})}{\partial x_3}=\rho\frac{\partial^2 u_1}{\partial t^2}$$

或

$$\frac{\partial(\lambda\Delta)}{\partial x_1}+\frac{2\mu\partial\varepsilon_{11}}{\partial x_1}+\frac{2\mu\partial\varepsilon_{12}}{\partial x_2}+\frac{2\mu\partial\varepsilon_{13}}{\partial x_3}=\rho\frac{\partial^2 u_1}{\partial t^2} \tag{1.20}$$

根据应变的定义,得

$$\varepsilon_{11}=\frac{\partial u_1}{\partial x_1},\quad \varepsilon_{12}=\frac{1}{2}\left(\frac{\partial u_1}{\partial x_2}+\frac{\partial u_2}{\partial x_1}\right),\quad \varepsilon_{13}=\frac{1}{2}\left(\frac{\partial u_1}{\partial x_3}+\frac{\partial u_3}{\partial x_1}\right)$$

将这些关系式代入式(1.20)得

$$\frac{\partial(\lambda\Delta)}{\partial x_1}+\frac{2\mu\partial}{\partial x_1}\left(\frac{\partial u_1}{\partial x_1}\right)+\frac{2\mu\partial}{\partial x_2}\left[\frac{1}{2}\left(\frac{\partial u_1}{\partial x_2}+\frac{\partial u_2}{\partial x_1}\right)\right]+2\mu\frac{\partial}{\partial x_3}\left[\frac{1}{2}\left(\frac{\partial u_1}{\partial x_3}+\frac{\partial u_3}{\partial x_1}\right)\right]=\rho\frac{\partial^2 u_1}{\partial t^2}$$

或

$$\frac{\partial(\lambda\Delta)}{\partial x_1}+2\mu\frac{\partial^2 u_1}{\partial x_1^2}+\mu\frac{\partial^2 u_1}{\partial x_2^2}+\mu\frac{\partial^2 u_2}{\partial x_1\partial x_2}+\mu\frac{\partial^2 u_1}{\partial x_3^2}+\mu\frac{\partial^2 u_3}{\partial x_3\partial x_1}=\rho\frac{\partial^2 \mu_1}{\partial t^2}$$

定义算子∇^2为

$$\nabla^2=\frac{\partial^2}{\partial x_1^2}+\frac{\partial^2}{\partial x_2^2}+\frac{\partial^2}{\partial x_3^2}=\frac{\partial^2}{\partial x_i\partial x_i} \tag{1.21}$$

最后一项所示的下标记号：i 出现两次就意味是几项的总和。由于 $\partial\lambda/\partial x_1=0$，对以上方程进行简化得

$$\lambda\frac{\partial\Delta}{\partial x_1}+\mu\frac{\partial^2 u_1}{\partial x_1^2}+\mu\left(\frac{\partial^2}{\partial x_1^2}+\frac{\partial^2}{\partial x_2^2}+\frac{\partial^2}{\partial x_3^2}\right)u_1+\mu\frac{\partial^2 u_2}{\partial x_1\partial x_2}+\mu\frac{\partial^2 u_3}{\partial x_3\partial x_1}=\rho\frac{\partial^2 u_1}{\partial t^2}$$

$$\lambda\frac{\partial\Delta}{\partial x_1}+\mu\frac{\partial^2 u_1}{\partial x_1^2}+\mu\nabla^2 u_1+\mu\frac{\partial^2 u_2}{\partial x_1\partial x_2}+\mu\frac{\partial^2 u_3}{\partial x_3\partial x_1}=\rho\frac{\partial^2 u_1}{\partial t^2}$$

$$\lambda\frac{\partial\Delta}{\partial x_1}+\mu\frac{\partial}{\partial x_1}\left(\frac{\partial u_1}{\partial x_1}+\frac{\partial u_2}{\partial x_2}+\frac{\partial u_3}{\partial x_3}\right)+\mu\nabla^2 u_1=\rho\frac{\partial^2 u_1}{\partial t^2}$$

$$\lambda\frac{\partial\Delta}{\partial x_1}+\mu\frac{\partial}{\partial x_1}(\varepsilon_{11}+\varepsilon_{22}+\varepsilon_{33})+\mu\nabla^2 u_1=\rho\frac{\partial^2 u_1}{\partial t^2}$$

其中，$\Delta=\varepsilon_{11}+\varepsilon_{22}+\varepsilon_{33}$，故可写成如下形式：

$$\lambda\frac{\partial\Delta}{\partial x_1}+\mu\frac{\partial\Delta}{\partial x_1}+\mu\nabla^2 u_1=\rho\frac{\partial^2 u_1}{\partial t^2}$$

归并后得出

$$(\lambda+\mu)\frac{\partial\Delta}{\partial x_1}+\mu\nabla^2 u_1=\rho\frac{\partial^2 u_1}{\partial t^2} \tag{1.22a}$$

类似地，对 x_2 和 x_3 方向有

$$(\lambda+\mu)\frac{\partial\Delta}{\partial x_2}+\mu\nabla^2 u_2=\rho\frac{\partial^2 u_2}{\partial t^2} \tag{1.22b}$$

$$(\lambda+\mu)\frac{\partial\Delta}{\partial x_3}+\mu\nabla^2 u_3=\rho\frac{\partial^2 u_3}{\partial t^2} \tag{1.22c}$$

这些是没有考虑重力的各向同性弹性体的运动方程，可应用这些方程推导出纵向和横向两种类型弹性波传播方程。

同样，若在以上方程中用应变代替位移，式(1.22a) 对 x_1 取导数、式(1.22b) 对 x_2 取导数、式(1.22c) 对 x_3 取导数，然后把这些方程组合在一起，可得

$$\frac{\partial}{\partial x_1}\left[(\lambda+\mu)\frac{\partial\Delta}{\partial x_1}+\mu\nabla^2 u_1\right]+\frac{\partial}{\partial x_2}\left[(\lambda+\mu)\frac{\partial\Delta}{\partial x_2}+\mu\nabla^2 u_2\right]+$$
$$\frac{\partial}{\partial x_3}\left[(\lambda+\mu)\frac{\partial\Delta}{\partial x_3}+\mu\nabla^2 u_3\right]=\frac{\rho\partial}{\partial x_1}\left(\frac{\partial^2 u_1}{\partial t^2}\right)+\frac{\rho\partial}{\partial x_2}\left(\frac{\partial^2 u_2}{\partial t^2}\right)+\frac{\rho\partial}{\partial x_3}\left(\frac{\partial^2 u_3}{\partial t^2}\right)$$

或

$$\left[(\lambda+\mu)\frac{\partial^2\Delta}{\partial x_1^2}+\mu\frac{\partial}{\partial x_1}\nabla^2 u_1\right]+\left[(\lambda+\mu)\frac{\partial^2\Delta}{\partial x_2^2}+\mu\frac{\partial}{\partial x_2}\nabla^2 u_2\right]+$$
$$\left[(\lambda+\mu)\frac{\partial^2\Delta}{\partial x_3^2}+\mu\frac{\partial}{\partial x_3}\nabla^2 u_3\right]=\frac{\rho\partial^3 u_1}{\partial t^2\partial x_1}+\frac{\rho\partial^3 u_2}{\partial t^2\partial x_2}+\frac{\rho\partial^3 u_3}{\partial t^2\partial x_3}$$

或

$$\left[(\lambda+\mu)\frac{\partial^2\Delta}{\partial x_1^2}+\mu\nabla^2\frac{\partial u_1}{\partial x_1}\right]+\left[(\lambda+\mu)\frac{\partial^2\Delta}{\partial x_2^2}+\mu\nabla^2\frac{\partial u_2}{\partial x_2}\right]+$$

$$\left[(\lambda+\mu)\frac{\partial^2\Delta}{\partial x_3^2}+\mu\,\nabla^2\frac{\partial u_3}{\partial x_3}\right]=\frac{\rho\partial^2}{\partial t^2}\left[\frac{\partial u_1}{\partial x_1}+\frac{\partial u_2}{\partial x_2}+\frac{\partial u_3}{\partial x_3}\right]$$

由应变定义可知

$$\frac{\partial u_1}{\partial x_1}=\varepsilon_{11},\quad \frac{\partial u_2}{\partial x_2}=\varepsilon_{22},\quad \frac{\partial u_3}{\partial x_3}=\varepsilon_{33}$$

代入上式有

$$\left[(\lambda+\mu)\frac{\partial^2\Delta}{\partial x_1^2}+\mu\,\nabla^2\varepsilon_{11}\right]+\left[(\lambda+\mu)\frac{\partial^2\Delta}{\partial x_2^2}+\mu\,\nabla^2\varepsilon_{22}\right]+$$

$$\left[(\lambda+\mu)\frac{\partial^2\Delta}{\partial x_3^2}+\mu\,\nabla^2\varepsilon_{33}\right]=\frac{\rho\partial^2}{\partial t^2}(\varepsilon_{11}+\varepsilon_{22}+\varepsilon_{33})$$

即

$$(\lambda+\mu)\frac{\partial^2\Delta}{\partial x_1^2}+(\lambda+\mu)\frac{\partial^2\Delta}{\partial x_2^2}+(\lambda+\mu)\frac{\partial^2\Delta}{\partial x_3^2}+\mu\,\nabla^2(\varepsilon_{11}+\varepsilon_{22}+\varepsilon_{33})=\frac{\rho\partial^2}{\partial t^2}(\varepsilon_{11}+\varepsilon_{22}+\varepsilon_{33})$$

因为

$$\varepsilon_{11}+\varepsilon_{22}+\varepsilon_{33}=\Delta,\quad \nabla^2=\frac{\partial^2}{\partial x_1^2}+\frac{\partial^2}{\partial x_2^2}+\frac{\partial^2}{\partial x_3^2}$$

这样就有

$$(\lambda+\mu)\,\nabla^2\Delta+\mu\,\nabla^2\Delta=\rho\,\frac{\partial^2\Delta}{\partial t^2}$$

即

$$\frac{\partial^2\Delta}{\partial t^2}=\frac{\lambda+2\mu}{\rho}\,\nabla^2\Delta \tag{1.23}$$

这个二阶微分方程表示了以下形式的波速传播：

$$C_{\text{long}}=\left(\frac{\lambda+2\mu}{\rho}\right)^{1/2} \tag{1.24}$$

式(1.24) 称为无约束情况下的纵向波动方程，其含义为质点以波速 C_{long} 在介质中传播。它被称为“膨胀”波，这个速度常称为“体积声速”。

根据弹性理论，$\mu=E/[2(1+\upsilon)]$ 和 $\lambda=\upsilon E/[(1+\upsilon)(1-2\upsilon)]$，并假定 $\upsilon=0.3$，得

$$C_{\text{long}}=\left[\frac{(1-\upsilon)}{(1+\upsilon)(1-2\upsilon)}\,\frac{E}{\rho}\right]^{1/2}=\left(\frac{1.346E}{\rho}\right)^{1/2} \tag{1.25}$$

式中：λ，μ 是拉梅常数；υ 是泊松比。

这是在无限大(或无限) 介质中的纵向波速。对于像霍普金森杆这样的有限介质，其纵向波速与此不同，原因是它与波长有关。

空气中的波速约为 340 m/s。铍的密度很小但弹性模量很大，所以它的纵向波速很大。从表 1.1 可以看出，其纵波波速大约为 10 000 m/s。

表 1.1　弹性波波速

材料	$C_{纵向}$ /(m·s^{-1})	$C_{剪切}$ /(m·s^{-1})
空气	340	
铝	6 100	3 100

续表

材料	$C_{纵向}$ /(m·s^{-1})	$C_{剪切}$ /(m·s^{-1})
钢	5 800	3 100
铅	2 200	700
铍	10 000	
玻璃	6 800	3 300
树脂玻璃	2 600	1 200
聚苯乙烯	2 300	1 200
镁	6 400	3 100

如果能得到在单轴应变状态下的应力与应变关系，就很容易理解式(1.5) 和式(1.24) 之间的相似性。在单轴应变状态下，有

$$\varepsilon_{22}=\varepsilon_{33}=0,\quad \varepsilon_{11}=\frac{1}{E}[\sigma_{11}-\upsilon(\sigma_{22}+\sigma_{33})]\neq 0$$

若

$$\sigma_{22}=\sigma_{33}$$

则

$$\varepsilon_{11}=\frac{1}{E}(\sigma_{11}+2\upsilon\,\sigma_{22})$$

由于

$$\varepsilon_{22}=0=\frac{1}{E}[\sigma_{22}-\upsilon(\sigma_{11}+\sigma_{22})]$$

因此

$$\sigma_{22}=\frac{\upsilon}{1-\upsilon}\sigma_{11}$$

这样有

$$\varepsilon_{11}=\frac{\sigma_{11}(1+\upsilon)(1-2\upsilon)}{E(1-\upsilon)}$$

$$\frac{\sigma_{11}}{\varepsilon_{11}}=\frac{(1-\upsilon)E}{(1+\upsilon)(1-2\upsilon)}=\bar{E}$$

这是单轴应变弹性模量，并且所对应的弹性波速是

$$C_{\text{long}}=\sqrt{\frac{\bar{E}}{\rho}}=\left[\frac{(1-\upsilon)E}{(1+\upsilon)(1-2\upsilon)\rho}\right]^{1/2}$$

其与式(1.25) 相同。但在单轴应力状态下，有

$$C_{\text{long}}=\sqrt{\frac{E}{\rho}}$$

1.5　畸变剪切波速的计算

为了计算畸变（剪切）波速，需要把式(1.22a) 对 x_2 取导数，式(1.22b) 对 x_1 取导数，消去其中的 Δ 可得

$$(\lambda+\mu)\frac{\partial^2\Delta}{\partial x_1\partial x_2}+\mu\frac{\partial}{\partial x_2}\nabla^2 u_1=\rho\frac{\partial^3 u_1}{\partial x_2\partial t^2}\tag{1.26}$$

$$(\lambda+\mu)\frac{\partial^2\Delta}{\partial x_1\partial x_2}+\mu\frac{\partial}{\partial x_1}\nabla^2 u_2=\rho\frac{\partial^3 u_2}{\partial x_1\partial t^2} \tag{1.27}$$

式(1.26) 减去式(1.27) 得

$$\mu\nabla^2\left(\frac{\partial u_1}{\partial x_2}-\frac{\partial u_2}{\partial x_1}\right)=\rho\frac{\partial^2}{\partial t^2}\left(\frac{\partial u_1}{\partial x_2}-\frac{\partial u_2}{\partial x_1}\right) \tag{1.28}$$

但根据定义,刚体的旋转角位移是

$$\omega_{ij}=\frac{1}{2}\left(\frac{\partial u_i}{\partial x_j}-\frac{\partial u_j}{\partial x_i}\right)$$

代入到式(1.28),得

$$\mu\nabla^2\omega_{12}=\rho\frac{\partial^2\omega_{12}}{\partial t^2}$$

这样,旋转角位移 ω_{12} 以下式传播,即

$$C_\omega=\left(\frac{\mu}{\rho}\right)^{1/2}$$

对 ω_{13} 和 ω_{23} 也相同。

若仅假设体积膨胀为零,在式(1.22) 中,可得到

$$\mu\nabla^2 u_1=\rho\frac{\partial^2 u_1}{\partial t^2}$$

$$\mu\nabla^2 u_2=\rho\frac{\partial^2 u_2}{\partial t^2}$$

$$\mu\nabla^2 u_3=\rho\frac{\partial^2 u_3}{\partial t^2}$$

这样一来,等容波 (膨胀为零) 将以波速

$$C_\omega=\left(\frac{\mu}{\rho}\right)^{1/2}$$

传播。在无限大各向同性的介质中可有两种波速,即

$$C_L=\left(\frac{\lambda+2\mu}{\rho}\right)^{1/2} \tag{1.29}$$

$$C_S\equiv\left(\frac{\mu}{\rho}\right)^{1/2} \tag{1.30}$$

下述用 C_L 和 C_S 作为波速。第一个波是无旋波 ($\omega=0$)、纵波或膨胀波。第二个波没有体积膨胀,它是剪切或旋转波。应注意的是,纵向波有剪切分量 (通常 $\varepsilon_{11}\neq\varepsilon_{22}\neq\varepsilon_{33}$),但剪切波没有体积膨胀成分。一些典型材料的纵向和剪切波速见表1.1。表1.2还列出了一些陶瓷材料的纵向波速。

表 1.2　陶瓷材料的纵向波速

陶瓷材料	$C_L/(km\cdot s^{-1})$	E/GPa	$\rho/(g\cdot cm^{-3})$
Al_2O_3	9.6	365	3.9
BN	6	82.7	2.25

续表

陶瓷材料	$C_L/(km\cdot s^{-1})$	E/GPa	$\rho/(g\cdot cm^{-3})$
B_4C	3.3	28	2.52
钻石	17	1 000	3.51
WC	5.6	500	14.6
TiC	8.8	380	4.93
SiN	9.9	340	3.44

1.6　表　面　波

本节不详细讨论表面波动方程的来源，有兴趣的读者可参阅其他相应的教科书。表面波速比剪切波速的比率

$$\kappa = \frac{C_R}{C_S}$$

可从 κ^2 的 3 次方方程解获得，即

$$\kappa^6 - 8\kappa^4 + (24 - 16\alpha_1)\kappa^2 + 16(\alpha_1^2 - 1) = 0$$

其中

$$\alpha_1^2 = \frac{1 - 2\upsilon}{2 - 2\upsilon}$$

下列函数可近似作为上述 3 次方程的解

$$C_R = \frac{0.862 + 1.14\upsilon}{1 + \upsilon} C_S \tag{1.31}$$

对钢 ($\upsilon = 0.3$)，表面波速是畸变剪切波速的 92.6%。

表面波的幅值是其离开表面距离的指数衰减函数，并且其衰减速度取决于波长。对频率是 $p/2\pi$，波长为 $\Lambda = 2\pi/f$ 的谐波（正弦波），波速为

$$C_R = \frac{p}{f} \tag{1.32}$$

对 $\upsilon = 0.25$ 的材料，质点位移的垂直分量 u_3（垂直于表面）的幅值按下式变化（x_3 是到边界面的垂直距离），即

$$\frac{u_3}{u_{3S}} = -1.37[\exp(-0.847fx_3) - 1.73\exp(-0.39fx_3)] \tag{1.33}$$

这里，u_{3S} 是在表面的幅值。图 1.8（左面）给出了这个幅值的衰减。在起点（从 $x_3 = 0$ 到 $x_3 = 0.1\Lambda$），先是幅值增加，紧接着指数衰减。当 $x_3 \approx \Lambda$ 时，幅值已减到表面值 u_{3S} 的 20%。水平分量（平行边界面）随 x_3 衰减得更快且符号改变（见图 1.8 的右面）。质点位移 u_2 和 u_3（分别平行和垂直边界面）描绘了一个椭圆迹线。垂直表面的分量比平行表面的大。$\upsilon = 0.25$，$u_{3S} \approx 1.5u_{1S}$。

例 1.1　试确定下述材料的纵向和剪切弹性波速（分别在细杆和在无限体中）：铀、铜、铝、铁、氧化铝。假定 $\upsilon = 0.3$（若得不到某材料的此值），其他参数见表 1.3。

$$C_0=\left(\frac{E}{\rho}\right)^{1/2},\quad C_{\mathrm{L}}=\left(\frac{\lambda+2\mu}{\rho}\right)^{1/2},\quad C_{\mathrm{S}}=\left(\frac{\mu}{\rho}\right)^{1/2}$$

注意：在计算时，ρ 要用质量密度(单位为 $\mathrm{kg\cdot s^2/m^4}$) 代入。

计算结果见表 1.4。

表 1.3　材料性能

材料	E/GPa	$\rho/(\mathrm{kg\cdot m^{-3}})$	λ/GPa	μ/GPa	υ
铀	172.0	18 950.0	99.2	66.1	0.3
铜	129.8	8 930.0	105.6	48.3	0.343
铝	70.3	2 700 .0	58.2	26.1	0.345
铁	211.4	7 850.0	115.7	81.6	0.293
氧化铝	365.0	3 900.0	210.6	140.4	0.3

表 1.4　不同材料中的波速　　单位：m/s

材料	纵向波		剪切波
	细杆(C_0)	无限大体(C_{L})	无限大体(C_{S})
铀	3 012.7	3 494.4	1 867.6
铜	3 812.5	4 758.4	2 325.6
铝	5 102.6	6 394.4	3 109.1
铁	5 189.4	5 960.6	3 224.1
氧化铝	9 674.2	11 225.0	6 000.0

例 1.2　在点A引爆一个小型炸药，地震仪与观测者在点B。试计算从引爆点到地震仪所在地之间各种波的传播时间，并定性地给出位移的性质。

首先建立波传播的路径，图 1.10 显示了两个路径：直接(A—B) 和反射(A—C—B)。其次需要计算沿路径的纵向、剪切和表面波的波速，即

$$C_{\mathrm{R}}=kC_{\mathrm{S}}$$

$$k=0.942\ 2$$

$$C_{\mathrm{S}}=\sqrt{\frac{\mu}{\rho}}$$

$$\lambda=\frac{E\upsilon}{(1+\upsilon)(1-2\upsilon)}=142.8\ \mathrm{GPa}$$

$$\mu=\frac{E}{2(1+\upsilon)}=35.7\ \mathrm{GPa}$$

$$C_{\mathrm{S}}=3\ 706\ \mathrm{m/s},\quad C_{\mathrm{L}}=9\ 077\ \mathrm{m/s}$$

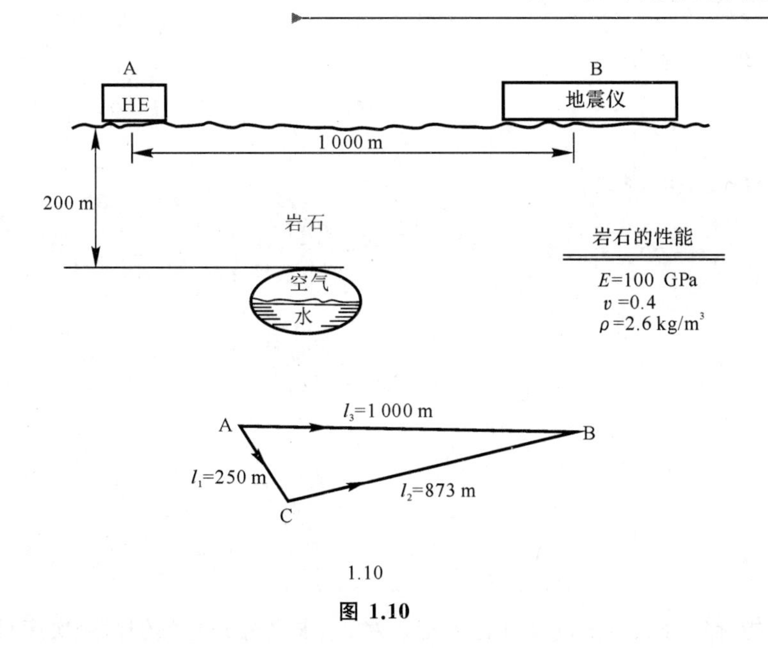

1.10

图 1.10

从引爆点到地震仪所在地之间各种波的传播时间见表 1.5。

表 1.5　从引爆点到地震仪所在地之间各种波的传播时间

波型	时间 /s
纵向波	0.11
纵向反射波	0.12
剪切波	0.27
剪切反射波	0.30
表面波	0.29

1.7　弹性波:下标符号约定

指标符号简化了波动方程的推导。应力 σ_{11},σ_{12},σ_{13},σ_{23},σ_{22} 和 σ_{33} 可用一个符号 σ_{ij} 表示,其中i,j =1,2,3。当一个下标(或指标)在同一项出现两次时,表示根据出现的这个指标进行求和。式(1.17a)、式(1.17b)和式(1.17c)可用式(1.18)表示为

$$\frac{\partial \sigma_{ij}}{\partial x_j}=\rho\frac{\partial^2 u_i}{\partial t^2} \tag{1.34}$$

采用指标符号后,对各向同性的线弹性材料的广义本构方程为

$$\left.\begin{aligned}&\sigma_{ij}=\lambda\,\varepsilon_{kk}\delta_{ij}+2\mu\,\varepsilon_{ij},\quad \delta_{ij}=\begin{cases}0, & i\neq j\\ 1, & i=j\end{cases}\\ &\varepsilon_{kk}=\varepsilon_{11}+\varepsilon_{22}+\varepsilon_{33}=\frac{\partial u_i}{\partial x_i}\equiv\Delta\end{aligned}\right\} \tag{1.35}$$

这时式(1.26) 可写为

$$\lambda\delta_{ij}\frac{\partial\Delta}{\partial x_j}+2\mu\frac{\partial\varepsilon_{ij}}{\partial x_j}=\rho\frac{\partial^2 u_i}{\partial t^2}$$

当 $i\neq j$ 时 $\delta_{ij}=0$,因此

$$\lambda\delta_{ij}\frac{\partial\Delta}{\partial x_j}=\lambda\frac{\partial\Delta}{\partial x_i}$$

并且由于

$$\varepsilon_{ij}=\frac{1}{2}\left(\frac{\partial u_i}{\partial x_j}+\frac{\partial u_j}{\partial x_i}\right)$$

可以得到

$$\lambda\frac{\partial\Delta}{\partial x_i}+\mu\left(\frac{\partial^2 u_i}{\partial x_j\partial x_j}+\frac{\partial^2 u_j}{\partial x_i\partial x_j}\right)=\rho\frac{\partial^2 u_i}{\partial t^2}\tag{1.36}$$

$$\lambda\frac{\partial\Delta}{\partial x_i}+\mu\left(\frac{\partial^2 u_i}{\partial x_j\partial x_j}+\frac{\partial\Delta}{\partial x_i}\right)=\rho\frac{\partial^2 u_i}{\partial t^2}\tag{1.37}$$

以上是用指标符号表示的动量守恒方程。对 x_i 求微分并且颠倒微分次序得到

$$\lambda\frac{\partial^2\Delta}{\partial x_i\partial x_i}+\mu\frac{\partial^2\Delta}{\partial x_j\partial x_j}+\mu\frac{\partial^2\Delta}{\partial x_i\partial x_i}=\rho\frac{\partial^3 u_i}{\partial t^2\partial x_i}=\rho\frac{\partial^2\Delta}{\partial t^2}$$

在第二项中用 j 交换 i 得到

$$(\lambda+2\mu)\frac{\partial^2\Delta}{\partial x_i\partial x_i}=\rho\frac{\partial^2\Delta}{\partial t^2}$$

通过式(1.22) 已经知道

$$\frac{\partial^2}{\partial x_i\partial x_i}=\nabla^2$$

这样

$$(\lambda+2\mu)\nabla^2\Delta=\rho\frac{\partial^2\Delta}{\partial t^2}\tag{1.38}$$

把式(1.38) 作为膨胀波的波动方程。为了获得剪切波速,在场方程中仅仅让体积膨胀为零,得

$$\mu\frac{\partial^2 u_i}{\partial x_j\partial x_j}=\rho\frac{\partial^2 u_j}{\partial t^2}$$

这就是以下列波速传播的扰动方程,即

$$C_S=\left(\frac{\mu}{\rho}\right)^2$$

刚体的旋转角位移可用下式表示,即

$$\omega_{ij}=\frac{1}{2}\left(\frac{\partial u_i}{\partial x_j}-\frac{\partial u_j}{\partial x_i}\right)$$

如果把式(1.37) 看做动量守恒方程,并且让它对 x_k 微分,则有

$$(\lambda+\mu)\frac{\partial^2\Delta}{\partial x_k\partial x_i}+\mu\frac{\partial^3 u_i}{\partial x_j\partial x_j\partial x_k}=\rho\frac{\partial^3 u_i}{\partial x_k\partial t^2}$$

若把式(1.37) 中的 u_i 用 u_k 表示并对 x_i 微分,则得

$$(\lambda+\mu)\frac{\partial^2\Delta}{\partial x_i\partial x_k}+\mu\frac{\partial^3 u_k}{\partial x_i\partial x_j\partial x_j}=\rho\frac{\partial^3 u_k}{\partial x_i\partial t^2}$$

将上述两个方程相减，即得

$$\mu\frac{\partial^2}{\partial x_j\partial x_j}\left(\frac{\partial u_i}{\partial x_k}-\frac{\partial u_k}{\partial x_i}\right)=\rho\frac{\partial}{\partial t^2}\left(\frac{\partial u_i}{\partial x_k}-\frac{\partial u_k}{\partial x_i}\right)\tag{1.39}$$

即

$$\mu\frac{\partial^2}{\partial x_j\partial x_j}\omega_{kj}=\rho\frac{\partial}{\partial t^2}\omega_{kj}$$

利用指标符号可以非常容易地获得膨胀波和剪切波的波速，也叫做相速。

1.8　波动方程的通解

式(1.4)、式 (1.23)、式 (1.28)、式(1.38) 和式(1.39) 都是二阶偏微分方程。这些方程有适用各种脉冲形状传播的通解。这里只对单轴位移 u 求解，即

$$\frac{\partial^2 u}{\partial t^2}=C_0^2\frac{\partial^2 u}{\partial x^2}$$

此方程是线性的、齐次的、二阶偏微分方程。

对下述一般偏微分方程

$$A\frac{\partial^2}{\partial x^2}+B\frac{\partial^2}{\partial x\partial t}+C\frac{\partial^2}{\partial t^2}+\cdots=0$$

当 $B^2-4AC>0$ 时，以上方程是双曲线型的；

当 $B^2-4AC=0$ 时，以上方程是为抛物线型的；

当 $B^2-4AC<0$ 时，以上方程是为椭圆型的。

所遇到的情况为

$$C_0^2\frac{\partial^2 u}{\partial x^2}-\frac{\partial^2 u}{\partial t^2}=0$$

$$A=C_0^2,\quad B=0,\quad C=-1$$

$$B^2-4AC=4C_0^2>0$$

此时方程形式为双曲线型，求解它有两个主要的方法：分离变量法和变换法。其中，分离变量法非常适用于驻波的求解，变换法更适用于行进波的求解。若曼(Reinmann) 和罕德玛(Hadamart) 首先提出了变换法 (同样称为特征法)，把原方程变换成一组新变量。虽然这个变换可以通过正式方法推导得到，但实际上它常常是通过经验取得的。对驻波求解，谐波在变量分离后可表示为

$$u(x,t)=u_0\sin\frac{n\pi x}{l}\cos\frac{n\pi C_0 x}{l}$$

式中：l 是特征长度；C_0 是波速。可以把此三角函数项表示为

$$\sin\frac{n\pi x}{l}\cos\frac{n\pi C_0 x}{l}=\frac{1}{2}\left[\sin\frac{n\pi}{l}(x-C_0 t)+\sin\frac{n\pi}{l}(x+C_0 t)\right]$$

这样，位移 u 可以表示为

$$u(x,t)=\frac{u_0}{2}\sin\frac{n\pi}{l}(x-C_0t)+\frac{u_0}{2}\sin\frac{n\pi}{l}(x+C_0t)$$

归纳上述方程,假设存在非谐波函数 F 和 G,有

$$u(x,t)=F(x-C_0t)+G(x+C_0t)$$

下面证明 $x+C_0t$ 和 $x-C_0t$ 是方程的正确解。首先进行下述变量替换,即

$$\xi=x+C_0t,\quad \eta=x-C_0t \tag{1.40}$$

现在将 $\mathrm{d}u(\xi,\eta)$ 和 $\partial u/\partial x$ 表示为

$$\mathrm{d}u=\left(\frac{\partial u}{\partial \xi}\right)\mathrm{d}\xi+\left(\frac{\partial u}{\partial \eta}\right)\mathrm{d}\eta$$

$$\frac{\partial u}{\partial x}=\left(\frac{\partial u}{\partial \xi}\right)\frac{\partial \xi}{\partial x}+\left(\frac{\partial u}{\partial \eta}\right)\frac{\partial \eta}{\partial x}$$

由于

$$\frac{\partial \xi}{\partial x}=\frac{\partial x}{\partial x}+C_0\frac{\partial t}{\partial x}=1$$

$$\frac{\partial \eta}{\partial x}=\frac{\partial x}{\partial x}-C_0\frac{\partial t}{\partial x}=1$$

这样有

$$\frac{\partial u}{\partial x}=\frac{\partial u}{\partial \xi}+\frac{\partial u}{\partial \eta}$$

$$\frac{\partial^2 u}{\partial x^2}=\frac{\partial}{\partial x}\left(\frac{\partial u}{\partial \xi}+\frac{\partial u}{\partial \eta}\right)=\left(\frac{\partial}{\partial \xi}+\frac{\partial}{\partial \eta}\right)\left(\frac{\partial u}{\partial \xi}+\frac{\partial u}{\partial \eta}\right)=$$

$$\frac{\partial^2 u}{\partial \xi^2}+2\frac{\partial^2 u}{\partial \xi\partial \eta}+\frac{\partial^2 u}{\partial \eta^2} \tag{1.41}$$

对 $\partial^2 u/\partial t^2$ 进行同样的推导,有

$$\frac{\partial u}{\partial t}=\left(\frac{\partial u}{\partial \xi}\right)\frac{\partial \xi}{\partial t}+\left(\frac{\partial u}{\partial \eta}\right)\frac{\partial \eta}{\partial t}$$

由式(1.40) 有

$$\frac{\partial \xi}{\partial t}=\frac{\partial x}{\partial t}+C_0\frac{\partial t}{\partial t}=C_0$$

$$\frac{\partial \eta}{\partial t}=\frac{\partial x}{\partial t}-C_0\frac{\partial t}{\partial t}=-C_0$$

这样

$$\frac{\partial u}{\partial t}=C_0\frac{\partial u}{\partial \xi}-C_0\frac{\partial u}{\partial \eta}$$

$$\frac{\partial^2 u}{\partial t^2}=C_0\frac{\partial}{\partial t}\left(\frac{\partial u}{\partial \xi}-\frac{\partial u}{\partial \eta}\right)=C_0^2\left(\frac{\partial}{\partial \xi}-\frac{\partial}{\partial \eta}\right)\left(\frac{\partial u}{\partial \xi}-\frac{\partial u}{\partial \eta}\right)$$

$$\frac{\partial^2 u}{\partial t^2}=C_0^2\left(\frac{\partial^2 u}{\partial \xi^2}-2\frac{\partial^2 u}{\partial \xi\partial \eta}+\frac{\partial^2 u}{\partial \eta^2}\right) \tag{1.42}$$

把式(1.41) 和式(1.42) 代入波动方程得

$$\frac{\partial^2 u}{\partial \xi \partial \eta}=0 \tag{1.43}$$

直接积分式(1.43) 可得

$$u(\eta,\xi)=F(\eta)+G(\xi)$$

其中,F 和 G 是两个函数。

至此,波动方程式(1.5) 的通解可以表示为

$$u(x,t)=F(x-C_0t)+G(x+C_0t) \tag{1.44}$$

这个方程的物理意义是,函数 F 和 G 分别描述了以速度 C_0 各自向正向和负向传播的脉冲波形。这些波的形状不随时间变化,即按照图 1.11 所示的方式传播。如果仅有在正向 x 的单程传播,则有 $G=0$,即

$$u(x,t)=f(x-C_0t) \tag{1.45}$$

为简单起见,设 $t=0$ 时波的前沿位于 x_0 处,因此有

$$u(x,t)=f(x_0-0)=f(x_0) \tag{1.46}$$

当 $t=t_1$ 时,波的前沿达到 x_1(注意 $x_1=x_0+C_0t_1$) 处,则有

$$u(x_1,t_1)=f(x_1-C_0t_1)=f(x_0+C_0t_1-C_0t_1)=f(x_0)$$

即波的形状不随时间变化(注意:这里是忽略了横向惯性的结果)。

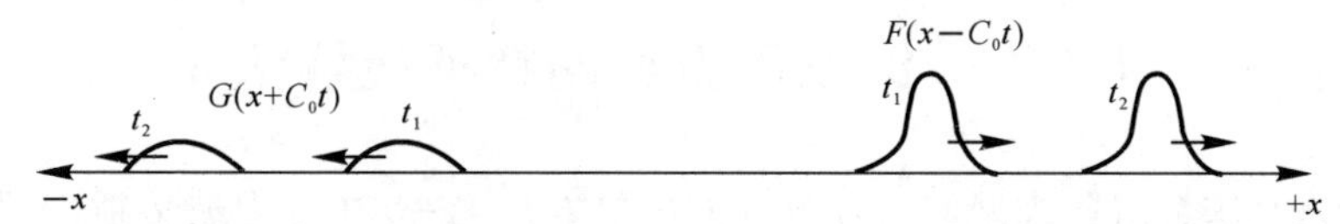

图 1.11　在单轴应力下波动方程的通解:图为在 $-x$ 和 $+x$ 方向传播的两个分量的情况

对于

$$\begin{cases}u(x,t)=f(x-C_0t) & (\text{右行波})\\ u(x,t)=g(x+C_0t) & (\text{左行波})\end{cases}$$

质点速度为

$$\left.\begin{aligned}v(x,t)&=\frac{\partial u_x}{\partial t}=-C_0f'(x-C_0t) \quad (\text{右行波})\\ v(x,t)&=\frac{\partial u_x}{\partial t}=C_0g'(x+C_0t) \quad (\text{左行波})\end{aligned}\right\} \tag{1.47}$$

应变为

$$\left.\begin{aligned}\varepsilon(x,t)&=\frac{\partial u_x}{\partial x}=f'(x-C_0t) \quad (\text{右行波})\\ \varepsilon(x,t)&=\frac{\partial u_x}{\partial x}=g'(x+C_0t) \quad (\text{左行波})\end{aligned}\right\} \tag{1.48}$$

应力为

$$\left.\begin{aligned}\sigma(x,t)&=E\varepsilon=Ef'(x-C_0t) \quad (\text{右行波})\\ \sigma(x,t)&=E\varepsilon=Eg'(x+C_0t) \quad (\text{左行波})\end{aligned}\right\} \tag{1.49}$$

由此,如果应力波前沿到达前质点的速度和应力(或应变) 均为 0 时,可得应力、应变和速

度的关系为

$$\left.\begin{array}{l}v(x,t)=-C_0\varepsilon(x,t)=-\dfrac{C_0}{E}\sigma(x,t)\quad\text{（右行波）}\\ v(x,t)=C_0\varepsilon(x,t)=\dfrac{C_0}{E}\sigma(x,t)\quad\text{（左行波）}\end{array}\right\}\tag{1.50}$$

和

$$\left.\begin{array}{l}\sigma=-\rho C_0 v\quad\text{（右行波）}\\ \sigma=\rho C_0 v\text{（左行波）}\end{array}\right\}\tag{1.51}$$

式中，“—”号表示拉应力使介质中的粒子向 x 轴负方向运动。例如：右行拉伸波向 x 轴正向传播时，引起的介质质点向 x 轴负向运动，因此如果定义拉应力（或应变）为“+”，则质点速度为“—”；同理，如果是右行压缩波，则介质质点向 x 轴正向运动；如果是左行压缩波（应力或应变为“—”），介质质点向 x 轴负向运动，质点运动方向与波传播方向相同。另外需要说明的是，式(1.51)表示的应力与质点速度之间的关系仅适用于初始条件为0的情况，即应力波前沿到达前质点的速度和应力（或应变）均为0。如果应力波到达前质点的速度或应力不为0，则对应的质点速度和应力（或应变）之间的关系必须以增量形式给出，即

$$\left.\begin{array}{l}\Delta\sigma=-\rho C_0\Delta v\quad\text{（右行波）}\\ \Delta\sigma=\rho C_0\Delta v\quad\text{（左行波）}\end{array}\right\}\tag{1.52}$$

1.9 一维波动方程的特征线解法

特征线方法是求解双曲线型偏微分方程的主要方法之一，在应力波传播的研究中占有重要的地位，特别是在一维波的传播研究中得到了广泛的应用。实质上，特征线方法是把解两个自变量的二阶拟线性偏微分方程的问题转化为解特征线上的常微分方程的问题。

$$\frac{\partial^2 u}{\partial t^2}=C_0^2\frac{\partial^2 u}{\partial X^2}\tag{1.53}$$

由于已经假设应力只是应变的线性单值函数，则波速 C_0 也只是应变的函数，因此方程式(1.53)对于位移 u 的二阶偏导数是线性的，即式(1.53)是线性偏微分方程。

由于这里只考虑弹性问题，因此应力总是随应变单调上升的，而密度总是正值，因此方程式(1.53)为双曲线型偏微分方程，在$(X,\ t)$平面上有两条实特征线，可用特征线方法来求解（即将两个自变量的偏微分方程转化为特征线上的常微分方程的问题）。

设在平面(X,t)上有某条曲线 $Q(X,t)$，则位移 u 的一阶偏导数，即 v 和 ε 沿此曲线方向的微分分别为

$$\mathrm{d}v=\frac{\partial v}{\partial X}\mathrm{d}X+\frac{\partial v}{\partial t}\mathrm{d}t=\frac{\partial^2 u}{\partial X\partial t}\mathrm{d}X+\frac{\partial^2 u}{\partial t^2}\mathrm{d}t\tag{1.55}$$

$$\mathrm{d}\varepsilon=\frac{\partial \varepsilon}{\partial X}\mathrm{d}X+\frac{\partial \varepsilon}{\partial t}\mathrm{d}t=\frac{\partial^2 u}{\partial X^2}\mathrm{d}X+\frac{\partial^2 u}{\partial X\partial t}\mathrm{d}t\tag{1.56}$$

如果曲线 $Q(X,t)$ 是一维波动方程式(1.53)的特征线，则式(1.54)应该能转化成只包含此曲线的方向微分。为此，将式(1.54)和式(1.55)做如下的线性组合并令其等于零：

$$\mathrm{d}v+\lambda\,\mathrm{d}\varepsilon=\frac{\partial^2 u}{\partial t^2}\mathrm{d}t+(\lambda\,\mathrm{d}t+\mathrm{d}X)\frac{\partial^2 u}{\partial X\partial t}+\lambda\frac{\partial^2 u}{\partial X^2}\mathrm{d}X=0\tag{1.56}$$

式中，λ 为待定系数。将式(1.56) 与式(1.53) 进行对比可得

$$\frac{1}{\mathrm{d}t}=\frac{0}{\lambda\mathrm{d}t+\mathrm{d}X}=-\frac{C^2}{\lambda\mathrm{d}X} \tag{1.57}$$

由式(1.57) 可得

$$\lambda=-\frac{\mathrm{d}X}{\mathrm{d}t} \quad 和 \quad \frac{\mathrm{d}X}{\mathrm{d}t}=\pm C$$

故有

$$\mathrm{d}X=\pm C\mathrm{d}t \tag{1.58}$$

式(1.58) 就是方程式(1.53) 特征线的微分方程，只需要对其积分，就可以得到特征线方程。

如果把式(1.58) 代回式(1.57)，可得

$$\lambda=\mp C$$

则由式(1.56) 可知，一维波动方程式(1.53) 可转化为只含特征线方向微分的常微分方程：

$$\mathrm{d}v=\pm C\mathrm{d}\varepsilon \tag{1.59}$$

注意：式(1.59) 规定了特征线上的 v 和 ε 必须满足的相互制约关系，故称为特征线上的相容关系。至此，解一维波动偏微分方程的问题就转化为解特征线方程式(1.58) 和相应的相容关系式(1.59) 的问题。

通常，(X,t) 平面称为物理平面，(v,ε) 平面称为速度平面。故式(1.58) 和式(1.59) 分别被称为物理平面和速度平面上的相容关系，它们分别表示 (X,t) 和 (v,ε) 平面上两族特征线之间的对应关系，如图 1.12 所示。

在一维应力状态下，如果将物理方程代入式(1.59) 可得

$$\mathrm{d}\sigma=\pm\rho C\mathrm{d}v \tag{1.60}$$

这与速度平面上的相容关系是等价的。

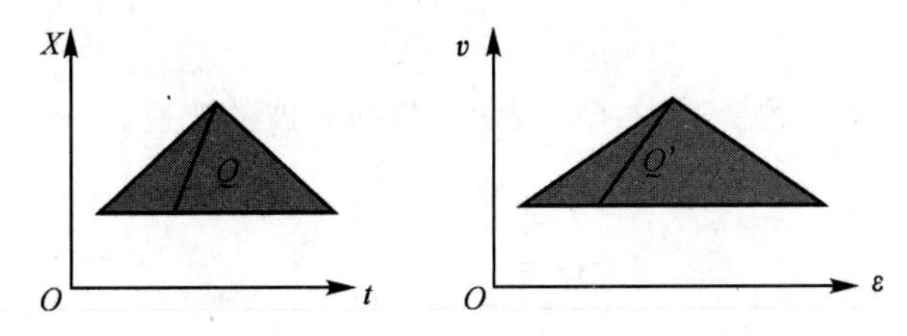

图 1.12　(X,t) 和 (v,ε) 平面上两族特征线之间的对应关系

1.10　细长杆中的扭转波

在平截面不变的假定下，我们来研究某等截面均匀圆柱杆的纯扭转运动，如图 1.13 所示。

M 为扭矩，φ 为扭转角，ω 为角速度，$\omega=\dfrac{\partial\varphi}{\partial t}$，$\theta$ 为单位扭转角，$\theta=\dfrac{\partial\varphi}{\partial X}$。

ω 和 θ 间的相容方程为

$$\frac{\partial \omega}{\partial X}=\frac{\partial \theta}{\partial t} \tag{1.61}$$

微元段 dX 的角动量守恒方程为

$$I\ \frac{\partial \omega}{\partial t}=\frac{\partial M}{\partial X} \tag{1.62}$$

I 是单位长度杆元对扭转轴 X 的转动惯量，有

$$I=\int r^2\,\mathrm{d}m \tag{1.63}$$

m 是线密度。对于线弹性材料，剪应力 γ 和剪切模量 G 间有如下关系：

$$\tau=G\gamma \tag{1.64}$$

根据材料力学的知识，在扭转截面不变形的假设下，有

$$\left.\begin{aligned}\tau&=\frac{\rho_0 Mr}{I}\\ \gamma&=r\theta\end{aligned}\right\} \tag{1.65}$$

式中，r 表示截面上任意一点距转轴的距离。将剪应力 γ 和剪切模量 G 间的关系代入式(1.65) 可得

$$M=\frac{GI\theta}{\rho_0} \tag{1.66}$$

将该式带入角动量守恒方程可得

$$\frac{\partial \omega}{\partial t}=\frac{G}{\rho_0}\ \frac{\partial \theta}{\partial X}=C_{\mathrm{T}}^2\ \frac{\partial \theta}{\partial X}(令\ C_{\mathrm{T}}=\sqrt{\frac{G}{\rho_0}}\ ) \tag{1.67}$$

更进一步，将 $\omega=\frac{\partial \varphi}{\partial t}$ 和 $\theta=\frac{\partial \varphi}{\partial X}$ 代上式(1.67) 可得

$$\frac{\partial^2 \varphi}{\partial t^2}-C_{\mathrm{T}}^2\ \frac{\partial^2 \varphi}{\partial X^2}=0 \tag{1.68}$$

这就是扭转波的波动方程。其中，C_{T} 表示弹性扭转波的波速。

由于

$$G=\frac{E}{2(1+\upsilon)}$$

而泊松比 υ 总是介于 0 ～ 0.5 之间，即剪切模量总小于弹性模量。因此扭转波速小于纵波波速，一些常用材料的纵波和扭转波波速见表 1.6。

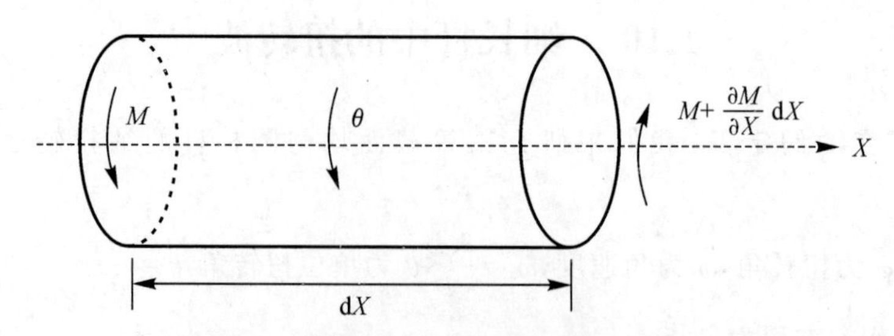

图 1.13　某等截面均匀圆柱体的纯扭转运动

表 1.6　一些常用材料的纵波和扭转波波速

材料	钢	铜	铝	玻璃	橡胶
$C/(\mathrm{m \cdot s^{-1}})$	5 190	3 670	5 090	5 300	46
$C_T/(\mathrm{m \cdot s^{-1}})$	3 220	2 250	3 100	3 350	27

如图 1.14 所示，若研究对象为平均半径为 a 的薄壁圆管，可以近似认为切应力在管的横截面上均匀分布，则有

$$M=\frac{GI\theta}{\rho_0},\quad \tau=\frac{\rho_0 Mr}{I}(\text{这里 } r=a)$$

可得

$$\theta=\frac{\tau}{aG} \tag{1.69}$$

将该式代入 ω 和 θ 间的相容方程和角动量守恒方程：

$$\frac{\partial\omega}{\partial X}=\frac{\partial\theta}{\partial t},\quad I\frac{\partial\omega}{\partial t}=\frac{\partial M}{\partial X} \tag{1.70}$$

可得

$$\frac{\partial(a\omega)}{\partial X}=\frac{1}{\rho_0 C_T^2}\frac{\partial\tau}{\partial t},\quad \frac{\partial(a\omega)}{\partial t}=\frac{1}{\rho_0}\frac{\partial\tau}{\partial X} \tag{1.71}$$

这与一维纵波的两个方程形式上相同，故可以采用特征线法求解。

可得沿特征线

$$\mathrm{d}X=\pm C_T\mathrm{d}t$$

存在着相容关系

$$\mathrm{d}\omega=\mp C_T\mathrm{d}\theta$$

或

$$\mathrm{d}\tau=\mp\rho_0 C_T\mathrm{d}(a\omega)$$

式中，“－”号对应于右行波，“＋”号对应于左行波。这个相容关系与纵波特征线上的相容关系类似。

注意：这里的扭转波波速实际上就是无限弹性介质中的等容波波速。由于不同频率的扭转谐波波速相同，因此，扭转波传播时不会发生弥散效应。

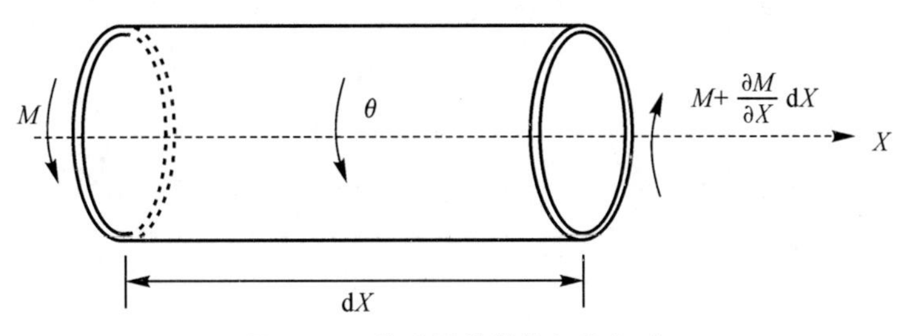

图 1.14　薄壁圆管的纯扭转运动

习　题

1. 什么是波速？什么是质点速度？
2. 一维波速 C_0 和平面波速 C_L 的主要区别是什么？
3. 哪一类波是表面波？
4. 试推导并求解波动方程$\frac{\partial^2 u}{\partial x^2}=\frac{1}{C^2}\frac{\partial^2 u}{\partial t^2}$。

第 2 章　一维弹性应力波

当材料受到突然作用的冲击载荷时，其变形和应力不会立即传播到整个物体，这是因为在一定时间内远端还没有受到扰动。物体内的变形和应力是以一次或多次的应力扰动形式通过材料传播的。从冲击作用处产生的材料内的传播速度是有限的，它和材料的特性有关。

现在来讨论由一冲击载荷所产生的两种形式的应力脉冲。一种是纵波，也叫做膨胀波、无旋波或初级波(P)。在纵波脉冲中，质点的移动方向是与脉冲传播的方向平行的，而应变是单纯的膨胀。另一种是横波，也叫做畸变波、旋转波、次级波(S) 或剪切波。在横波中，质点的移动方向是与脉冲传播的方向垂直的，而应变是剪切应变。

脉冲可以用下列任意一种方式来表示：

(1) 应力对时间。

(2) 质点速度对时间。

(3) 应力对距离。

(4) 质点速度对距离。

在波的传播中，必须考虑两种速度：① 扰动的传播速度 C；② 质点移动速度 v，材料内某一点以此速度移动犹如扰动经过这一点移动一样。用不同的速度参数得出的方程是不同的。

2.1　细长杆中应力的传播

现讨论图 2.1 所示的细长杆，在左端突然作用一均匀分布的压应力 σ。在撞击的瞬时，杆端有限薄层内将产生一个均匀压缩，这个压缩将依次地传到相邻的薄层。压缩波开始以某个速度 C_L 沿杆 x 方向移动。经过时间 dt 后，杆端的部分长度 $dl = C_L dt$ 将受到压缩，而其余部分仍处于静止的无应力状态。

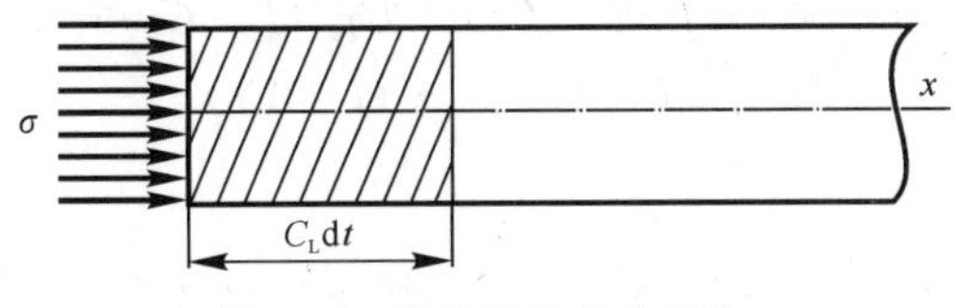

图 2.1　圆柱杆的冲击压缩

波的传播速度 C_L 与杆端被压缩区(图中的阴影线部分)内质点的速度 v_L 是不同的。由牛顿第二定律，不难得出

$$F_L dt = m dv_L \tag{2.1}$$

式中：m 是杆内质点被扰动部分的质量，$m = \rho A dl$(A 为杆的横截面积，ρ 为材料密度)。因为 $\sigma = F_L/A$，所以

$$\left.\begin{aligned}\sigma A\,\mathrm{d}t &= \rho A\,\mathrm{d}l\,\mathrm{d}v_{\mathrm{L}}\\ \sigma &= \rho\,\frac{\mathrm{d}l}{\mathrm{d}t}\mathrm{d}v_{\mathrm{L}}\end{aligned}\right\}\tag{2.2}$$

$\mathrm{d}l/\mathrm{d}t$ 是脉冲速度 C_{L}，即有

$$\sigma = \rho C_{\mathrm{L}}(\Delta v_{\mathrm{L}})\tag{2.3}$$

类似地，对横向的脉冲可以写为

$$\tau = \rho C_{\mathrm{S}}(\Delta v_{\mathrm{S}})\tag{2.4}$$

式中：τ 是剪应力；C_{S} 是横向扰动传播速度；Δv_{S} 是质点速度在剪切波作用前、后的变化。

2.2　波的反射和叠加

当任何一弹性波达到材料的某一自由表面时，将会发生反射，之后波在材料内继续传播。最简单的情形是波垂直地撞击材料的表面。对于纵波，因为自由表面的应力必须为零，所以反射脉冲一定与入射脉冲方向相反（压缩反射为拉伸，反之亦然）。为了理解，现讨论一入射脉冲引起的位移是沿着 x 方向传播：$u_{\mathrm{I}} = f(x - Ct)$，在撞击一自由表面后，一个反射波会往 $-x$ 方向传播。令反射波引起的位移是 $u_{\mathrm{R}} = g(x + Ct)$。在自由边界处，即 $x = l$ 处（l 为杆长），其应力必定为零，即

$$\sigma_{\mathrm{net}} = \sigma_{\mathrm{I}} + \sigma_{\mathrm{R}} = 0\tag{2.5}$$

因为应力 $\sigma = E\varepsilon = E(\partial u/\partial x)$，所以

$$\sigma_{\mathrm{net}} = E[f'(l - Ct) + g'(l + Ct)] = 0\tag{2.6}$$

或

$$f'(l - Ct) = -g'(l + Ct)$$

这说明，反射脉冲的形状与入射脉冲是一样的，但方向相反。

在 $x = l$ 处，质点的速度可由叠加得到，即

$$v_{\mathrm{net}} = v_{\mathrm{I}} + v_{\mathrm{R}} = \frac{\partial u_{\mathrm{I}}}{\partial t} + \frac{\partial u_{\mathrm{R}}}{\partial t} = C(-f' + g') = 2Cg'\tag{2.7}$$

所以，在入射脉冲和反射脉冲重合处的质点速度是两者任一脉冲的 2 倍。在固定边界，质点的位移和速度为零。故

$$v_{\mathrm{net}} = -Cf'(l - Ct) + Cg'(l + Ct) = 0\tag{2.8}$$

或

$$f'(l - Ct) = g'(l + Ct)$$

净应力

$$\sigma_{\mathrm{net}} = E\left(\frac{\partial u_{\mathrm{I}}}{\partial x} + \frac{\partial u_{\mathrm{R}}}{\partial x}\right) = E[f'(l - Ct) + g'(l + Ct)] = 2Ef'(l - Ct)\tag{2.9}$$

即在固定边界处，当净位移和质点速度为零时，净应力增大 1 倍。

式(2.5)、式(2.6)、式(2.8) 和式(2.9) 可分别用图 2.2 和图 2.3 的描述加以说明。

图 2.2 表示在自由面的左、右两侧有两个简单的方波脉冲。设想自由面右侧的波形为入射脉冲（黑色的），左侧的波（白色的）其形状与右侧的一样，而应力与入射脉冲符号相反（即右侧是压缩波的话，左侧即是拉伸波），两者以相同的速度运行。设想左、右两脉冲波同时在自由面处相撞，之后，允许入射脉冲穿过材料，左侧脉冲穿入材料，而材料本身不发生任何畸变（注意：一般在撞击自由表面时，横向扰动会产生横波）。

由于拉伸脉冲位移拉伸脉冲、位移和质点速度与脉冲传播方向相反，而压缩脉冲的位移和质点速度与脉冲的传播方向相同，因此，在图 2.2 中，当左、右两侧应力脉冲重叠时，其应力变为零而位移和质点速度则增大 1 倍。

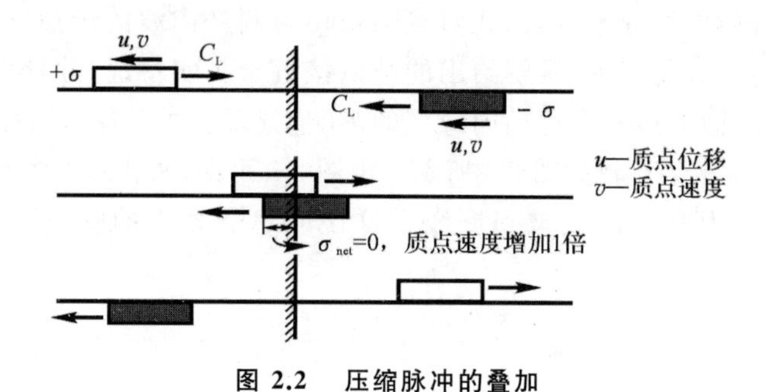

图 2.2　压缩脉冲的叠加

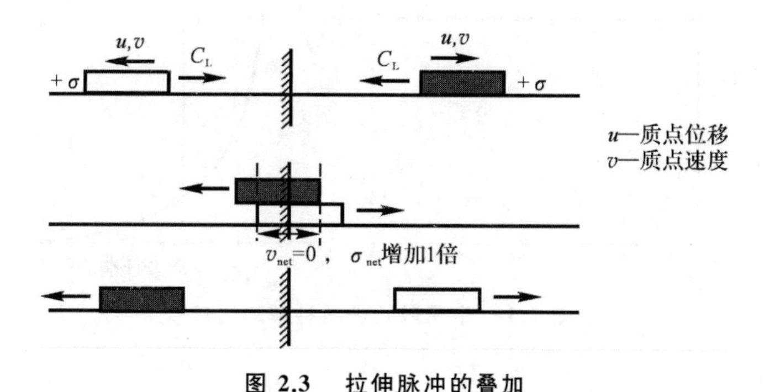

图 2.3　拉伸脉冲的叠加

固定边界情况如图 2.3 所示，固定边界两侧有两个应力幅值和符号一样、波形形状相同的脉冲，向着固定边界以速度 v 传播。设想右侧为一入射脉冲，左、右两侧同时在固定边界处相撞(即重叠)时，总应力增大 1 倍，而质点速度为零。因此，在固定端产生的反射波在形状和强度上完全不发生改变。

下面讨论一个刚性壁受到速度为 v_0 的长为 l 的杆的撞击情况，其撞击过程如图 2.4 所示。

(1) 在冲击后，强度为 $\rho v_0 C_L$ 的压缩波向杆内传播。$0 \leqslant t \leqslant l/C_L$ 时，被波“扫过”的所有质点静止。

(2) $t = l/C_L$ 时，杆是静止的，但处于压缩状态。全部的动能转变为应变能。

动能为

$$E_K = \frac{1}{2} m v_0^2 = \frac{1}{2} A_0 l \rho v_0^2 \tag{2.10}$$

应变能为

$$E_I = \frac{\sigma^2}{2E} V = \frac{A_0 l}{2E} (\rho C_L v_0)^2 = \frac{1}{2} A_0 l \rho v_0^2 \tag{2.11}$$

(3) $t = l/C_L$ 时，压缩波在杆的后端反射成为拉伸

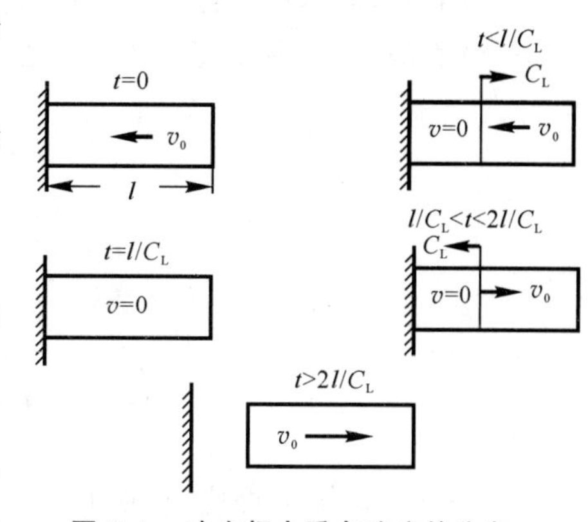

图 2.4　冲击杆内质点速度的分布

波。拉伸波起着卸载波的作用,抵消了入射压缩波的影响。

(4)$t=2l/C_L$ 时,杆完全处于零应力状态。反射的拉伸波给予全部质点一个速度 v_0,但其方向与压缩脉冲相反。因此 $2l/C_L$ 时,杆以大小相同但方向相反的速度离开撞击界面。

由于不易引入杆端的边界条件,因此对有限长均匀圆杆内波的传播进行分析也较难。但是只要杆的长度比直径大得多,一维解给出的结果接近于真实情况(除杆端附近处以外)。思伽勒克(Skalak)利用叠加方法,考虑横向应变的影响,分析了两个各向同性的半无限长杆的撞击问题。其结果与一维解的比较如图 2.5 所示。由图 2.5 可知,两者的主要差别是在脉冲端部附近,高频分量引起了应力脉冲的衰减和振溢。这说明思伽勒克的解只在远离冲击端部处才有效。

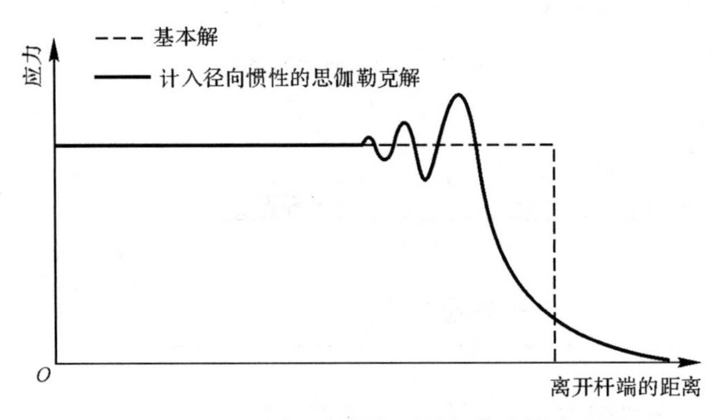

图 2.5　半无限长杆两种解的比较

2.3　在不同材料与截面杆中的应力波

现讨论用两种不同材料制成的变截面杆。如图 2.6 所示,假定作用于杆左端 1 的扰动产生一强度为 σ_I 的弹性压缩脉冲向右端传播。在杆端 2 的界面处,该压缩波将一部分发生透射,一部分发生反射。把透射波的幅值用 σ_T 表示,反射波的幅值用 σ_R 表示,则在界面处,必须满足如下两个条件:

(1) 在界面处,两侧杆的内力必须相等。

(2) 在界面处,质点速度必须是连续的。

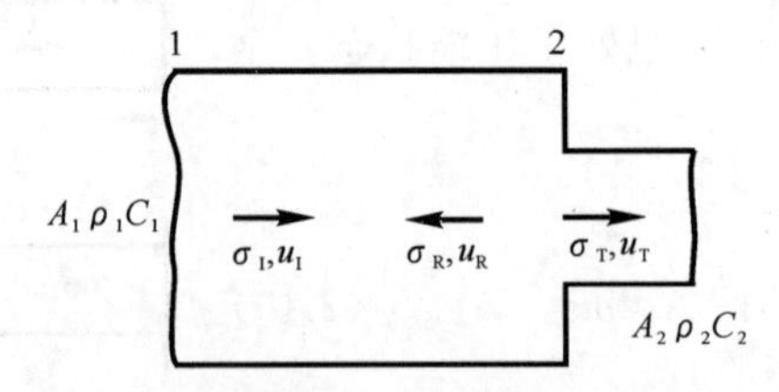

图 2.6　在横截面变化时波的反射和透射

令 σ_R 和 σ_T 是压缩应力,则由条件(1) 得

$$A_1(\sigma_I+\sigma_R)=A_2\sigma_T \tag{2.12}$$

式中：A_1，A_2 分别表示左、右杆的横截面积。由条件(2) 得

$$v_I + v_R = v_T \tag{2.13}$$

利用 $\sigma = \pm \rho C v$，式(2.13) 可写为

$$\frac{\sigma_I}{\rho_1 C_1} - \frac{\sigma_R}{\rho_1 C_1} = \frac{\sigma_T}{\rho_2 C_2} \tag{2.14}$$

联合式(2.12) 和式(2.14) 即可写出用 σ_I 表示的 σ_R 和 σ_T 的表达式，即

$$\sigma_T = \frac{2A_1\rho_2 C_2}{A_1\rho_1 C_1 + A_2\rho_2 C_2}\sigma_I \tag{2.15}$$

$$\sigma_R = \frac{A_2\rho_2 C_2 - A_1\rho_1 C_1}{A_1\rho_1 C_1 + A_2\rho_2 C_2}\sigma_I \tag{2.16}$$

现讨论式(2.15) 和式(2.16) 的含义：

(1) 如果两杆的材料相同，那么 $\rho_1 = \rho_2$，$C_1 = C_2$，即

$$\sigma_T = \frac{2A_1\sigma_I}{(A_1 + A_2)} \tag{2.17}$$

$$\sigma_R = \frac{(A_2 - A_1)}{(A_1 + A_2)}\sigma_I \tag{2.18}$$

式中：若 $A_2 > A_1$，则 σ_T 和 σ_R 都是正的；若 $A_2 < A_1$，则 σ_R 为负，这就说明反射波是拉伸波。

(2) 如果 $A_2/A_1 \longrightarrow 0$，则杆完全不受约束，$\sigma_R \longrightarrow -\sigma_I$；若$\dfrac{A_2}{A_1} \longrightarrow \infty$，则杆犹如固定端一样，$\sigma_R \longrightarrow \sigma_I$。故 $\sigma_T \longrightarrow 0$。

(3) 对于在杆的不连续处(即交界面处) 无波的反射发生，则 $\sigma_R = 0$，所以

$$A_2\rho_2 C_2 = A_1\rho_1 C_1,\quad \sigma_T = \sigma_I\sqrt{E_2\rho_2/(E_1\rho_1)} \tag{2.19}$$

(4) 在式(2.15) 中，σ_T 的系数(即$\dfrac{2A_1\rho_2 C_2}{A_1\rho_1 C_1 + A_2\rho_2 C_2}$) 永远不是负的。这意味着拉伸波透射后仍是拉伸波，压缩波透射后仍是压缩波。对于 $\rho_2 C_2 \gg \rho_1 C_1$ 的情况，也就是介质“2” 比介质“1” 要刚硬得多，那么透射脉冲的应力 σ_R 近似地为入射波应力的 2 倍。

(5) 在式(2.16) 中，σ_R 的系数(即$\dfrac{A_2\rho_2 C_2 - A_1\rho_1 C_1}{A_1\rho_1 C_1 + A_2\rho_2 C_2}$) 的符号可能是正的，也可能是负的，这取决于 $\rho_1 C_1 < \rho_2 C_2$ 还是 $\rho_1 C_1 > \rho_2 C_2$。如果系数是负的，则入射压缩波反射成拉伸波，反之，入射拉伸波反射成压缩波。如果系数是正的，则入射压缩波反射仍为压缩波。这些结论完全与动量和动能守恒定律一致。

2.4　横向惯性引起的弥散效应

上述分析都是基于一维应力波理论的基础，即是以杆的平截面在变形后仍保持平截面并且在截面上只作用着均布的轴向应力 σ_x 这一假设为基本前提，但是根据弹性力学的知识，轴向应力必然会引起质点在横向的运动，因此以上的假设实际上忽略了质点横向运动的惯性作用，是一种近似的理论。因此，有必要研究横向惯性的影响，以搞清初等理论的局限性。下面

以弹性波为例。

一、截面面积变化引起的弥散

设在一根变截面杆中有一列弹性应力波传播，取一个分离的微元体，如图 2.7 所示。

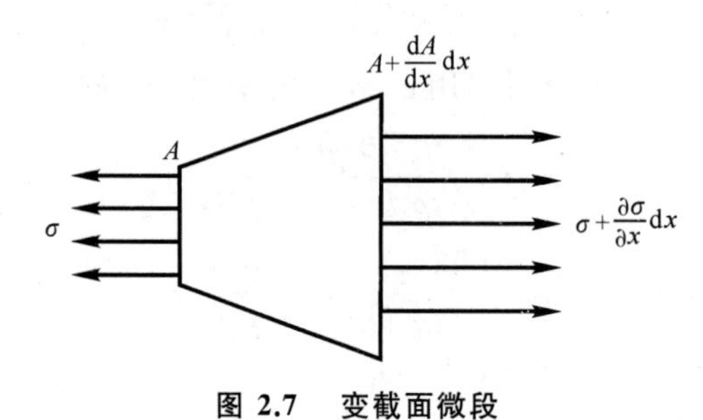

图 2.7　变截面微段

其运动方程可以表示为

$$-\sigma A+\left(\sigma+\frac{\partial \sigma}{\partial x}\mathrm{d}x\right)\left(A+\frac{\partial A}{\partial x}\mathrm{d}x\right)=\frac{1}{2}\rho\left[A+\left(A+\frac{\partial A}{\partial x}\mathrm{d}x\right)\right]\mathrm{d}x\ \frac{\partial^2 u}{\partial t^2} \tag{2.20}$$

经过运算并略去$(\mathrm{d}x)^2$ 项，式(2.20) 可简化为

$$A\ \frac{\partial \sigma}{\partial x}+\sigma\ \frac{\partial A}{\partial x}=\rho A\ \frac{\partial^2 u}{\partial t^2} \tag{2.21}$$

将$\frac{\partial(\sigma A)}{\partial x}=A\ \frac{\partial \sigma}{\partial x}+\sigma\ \frac{\partial A}{\partial x}$代入式(2.21) 有

$$\frac{1}{A}\ \frac{\partial(\sigma A)}{\partial x}=\rho\ \frac{\partial^2 u}{\partial t^2} \tag{2.22}$$

如果考虑材料为线弹性，则将胡克定律代入式(2.21) 可得如下的波动方程：

$$\frac{\partial^2 u}{\partial x^2}+\frac{1}{A}\ \frac{\partial A}{\partial x}\ \frac{\partial u}{\partial x}=\frac{1}{C_0^2}\ \frac{\partial^2 u}{\partial t^2} \tag{2.23}$$

由式(2.23) 可以看到，当杆的横截面积不发生变化时，$\frac{\partial A}{\partial x}$为零，此时式(2.23) 就成为一维均匀直杆中应力波传播的波动方程。然而，由于杆的横截面积的变化将会使得波动方程中增加一个与横截面积有关的项，因而未考虑横截面积变化时所得到的解就不再适用于式(2.23)。但是应该注意到的是，当杆的横截面积变化不太剧烈时，仍然可以忽略横截面积的变化，把它当做均匀杆来对待。

二、横向惯性效应引起的弥散

在推导一维杆的波动方程时曾经作了如下的两个假设：

(1) 应力在横截面上均匀分布；

(2) 材料均匀，且服从胡克定律。

并且，特别强调了忽略横向惯性效应。现在从能量的角度来重新讨论惯性效应的影响。

根据弹性力学理论，如果给杆施加一个轴向的应力σ_x，除了产生轴向的应变$\varepsilon_x=\frac{\sigma_x}{E}$外，杆在另外两个方向上也会产生变形。由物理方程可得

$$\varepsilon_y = -\upsilon\varepsilon_x,\quad \varepsilon_z = -\upsilon\varepsilon_x \tag{2.24}$$

式中:υ 为材料的泊松比(这里只考虑材料是各向同性情况)。代入几何方程可得

$$\left.\begin{aligned}\varepsilon_x &= \frac{\partial u_x}{\partial x}\\ \varepsilon_y &= \frac{\partial u_y}{\partial y} = -\upsilon\frac{\partial u_x}{\partial x}\\ \varepsilon_z &= \frac{\partial u_z}{\partial z} = -\upsilon\frac{\partial u_x}{\partial x}\end{aligned}\right\} \tag{2.25}$$

因为变形只是由轴向应力 σ_x 引起的,所以与坐标 y,z 无关,故对式(2.25) 积分可得杆在横向的位移(为了简单起见,取横截面的中心作为 y 轴和 z 轴的坐标原点),将它们分别表示为

$$\left.\begin{aligned}u_y &= -\upsilon y\varepsilon_x = -\upsilon y\frac{\partial u_x}{\partial x}\\ u_z &= -\upsilon z\varepsilon_x = -\upsilon z\frac{\partial u_x}{\partial x}\end{aligned}\right\} \tag{2.26}$$

将式(2.26) 对时间分别求一、二阶导数可得截面上质点在横向的速度和加速度分量,即

$$\left.\begin{aligned}v_y &= -\upsilon y\frac{\partial^2 u_x}{\partial x\partial t} = -\upsilon y\frac{\partial v_x}{\partial x}\\ a_y &= -\upsilon y\frac{\partial^3 u_x}{\partial x\partial t^2} = -\upsilon y\frac{\partial a_x}{\partial x}\\ v_z &= -\upsilon z\frac{\partial^2 u_x}{\partial x\partial t} = -\upsilon z\frac{\partial v_x}{\partial x}\\ a_z &= -\upsilon z\frac{\partial^3 u_x}{\partial x\partial t} = -\upsilon z\frac{\partial a_x}{\partial x}\end{aligned}\right\} \tag{2.27}$$

式(2.27) 表明,在只有轴向应力 σ_x 作用下,杆中的质点在横向也会产生运动。由于同一横截面上的质点运动的速度和加速度有所不同,因此运动的结果必然是横截面的歪曲,杆中的应力状态不再是一维的,严格来说是三维的。如果从能量角度来看,忽略了杆在横向的变形就是忽略了杆的横向动能,因此,由横向作用引起的影响可以通过横向动能来讨论。

取图 2.8 所示的长度为 $\mathrm{d}x$、横截面积为 A_0 的一段微元。由横向运动产生的单位体积内的横向动能就可以表示为

$$\frac{1}{A_0\mathrm{d}x}\int_{A_0}\frac{1}{2}\rho_0(v_y^2+v_z^2)\mathrm{d}x\mathrm{d}y\mathrm{d}z = \frac{1}{2}\rho_0\upsilon^2 r_g^2\left(\frac{\partial\varepsilon_x}{\partial t}\right)^2 \tag{2.28}$$

式中:$r_g = \dfrac{1}{A_0}\displaystyle\int_{A_0}(y^2+z^2)\mathrm{d}y\mathrm{d}z$,是截面绕 x 轴旋转时的回转半径。

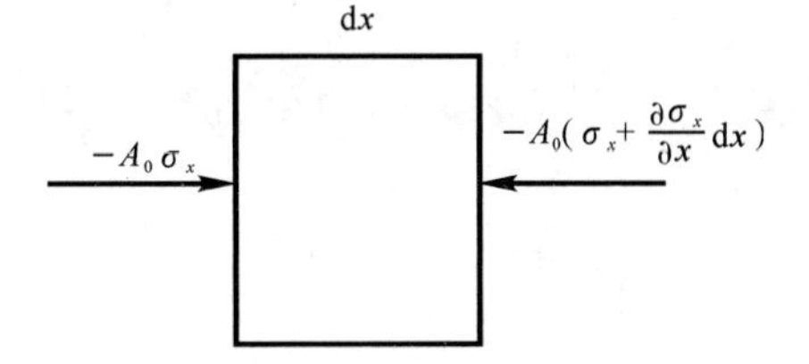

图 2.8　长度为 dx 的微段

对于图 2.8 所示的微元，纵向非平衡力 $A_0\dfrac{\partial\sigma}{\partial x}\mathrm{d}x$ 使微元体产生纵向动能，而一对平衡力作用的结果是其中一部分功使微元体的应变能增加，同时另一部分可以近似地认为是通过横向运动产生的横向应力的做功转化为横向动能，即对微元段来说有

$$\sigma_x A_0 \mathrm{d}u_x = \frac{1}{2}E\varepsilon_x^2 A_0 \mathrm{d}x + \frac{1}{2}\rho_0 \upsilon^2 r_g^2 \left(\frac{\partial \varepsilon_x}{\partial t}\right)^2 A_0 \mathrm{d}x$$

将上式化为单位体积、单位时间内的关系，有

$$\sigma_x \frac{\partial \varepsilon_x}{\partial t} = \frac{\partial}{\partial t}\left(\frac{1}{2}E\varepsilon_x^2\right) + \frac{\partial}{\partial t}\left[\frac{1}{2}\rho_0 \upsilon^2 r_g^2 \left(\frac{\partial \varepsilon_x}{\partial t}\right)^2\right] \tag{2.29}$$

由此可得

$$\sigma_x = E\varepsilon_x + \rho_0 \upsilon^2 r_g^2 \frac{\partial^2 \varepsilon_x}{\partial t^2} \tag{2.30}$$

观察式(2.30) 发现，如果将第二项忽略掉，得到的恰好是一维应力下的线弹性应力-应变关系式 —— 胡克定律，而被忽略掉的项恰好反映的是横向动能。

式(2.30) 中，惯性修正项 $\rho_0 \upsilon^2 r_g^2 \dfrac{\partial^2 \varepsilon_x}{\partial t^2}$ 表现出与应变对时间的二阶导数成正比，换言之，惯性修正项只有在载荷随时间有显著变化的情况下才有很大的影响。通常，准静态载荷下，载荷随时间的变化不显著，因此忽略了横向惯性修正项的一维应力状态下的胡克定律足够精确。

如果将式(2.30) 代入运动方程并转化为以位移为未知函数的形式，即

$$\frac{\partial^2 u}{\partial t^2} - \upsilon^2 r_g^2 \frac{\partial^4 u}{\partial x^2 \partial t^2} = C_0^2 \frac{\partial^2 u}{\partial x^2} \tag{2.31}$$

式(2.31) 中左边第二项就代表了横向惯性效应。与忽略横向惯性的一维应力波波动方程相比，有了这一项，杆中的弹性纵波将不再以恒速 C_0 传播，而是对不同频率的谐波将以不同的波速传播。这可以通过谐波解的形式来理解。

将解函数以谐波的形式给出，有

$$u(x,t) = u_0 \exp[\mathrm{i}(\omega t - kx)] \tag{2.32}$$

并代入式(2.31) 可得

$$\omega^2 + \upsilon^2 r_g^2 \omega^2 k^2 = C_0^2 k^2 \tag{2.33}$$

式中：$\omega = 2\pi f$ 为圆频率；$k = \dfrac{2\pi}{\lambda}$ 为波数；λ 为波长。因此，频率为 ω 的谐波其波速 $C = \dfrac{\omega}{k} = f\lambda$ 可以由下式确定：

$$C^2 = C_0^2 - \upsilon^2 r_g^2 \omega^2 = \frac{C_0^2}{1 + \upsilon^2 r_g^2 k^2} \tag{2.34}$$

$$\frac{C}{C_0} \approx 1 - \frac{1}{2}(\upsilon r_g k)^2 = 1 - 2\upsilon^2 \pi^2 \left(\frac{r_g}{\lambda}\right)^2 \tag{2.35}$$

$$\frac{C}{C_0} \approx 1 - \upsilon^2 \pi^2 \left(\frac{a}{\lambda}\right)^2 \tag{2.36}$$

式中：$a = \sqrt{2}\, r_g$。

由式(2.34) 可以看到，对于不同频率的谐波，它们将以不同的波速在杆中传播。如果波动

方程中忽略了横向惯性,则相当于认为不同频率的谐波以相同的速度沿杆轴向传播。如果 $\upsilon^2 r_g^2 k^2 < 1$,那么就近似地有

$$C = C_0$$

从这个式子中可看出,杆的形状对于不同频率应力波的传播会产生影响。如对一根半径为 a 的圆杆来说,其 $r_g = a/\sqrt{2}$,则

$$\frac{C}{C_0} \approx 1 - \upsilon^2 \pi^2 \left(\frac{a}{\lambda}\right)$$

这就是考虑了横向惯性效应的表面波近似解。由此可见:在 $\frac{a}{\lambda} \leqslant 0.7$ 范围内,Rayleigh 解能给出足够好的近似。此外,对于波长较短的波(高频波),其传播速度与长波(低频波)相比要慢。在线弹性范围内,任意的波形总可以按照傅立叶(Fourier)级数展开为不同频率的谐波分量的叠加,然而在实际中,由于不同频率的谐波分量将以各自的速度传播,因此在波的传播过程中波形不能再保持原来的形状,必定会分散开来,出现所谓波的弥散现象。在霍普金森杆实验中就能看到这种由于波的弥散现象导致的波形逐渐拉长变平,同时出现局部的震荡。实验得到曲线如图 2.9 所示。

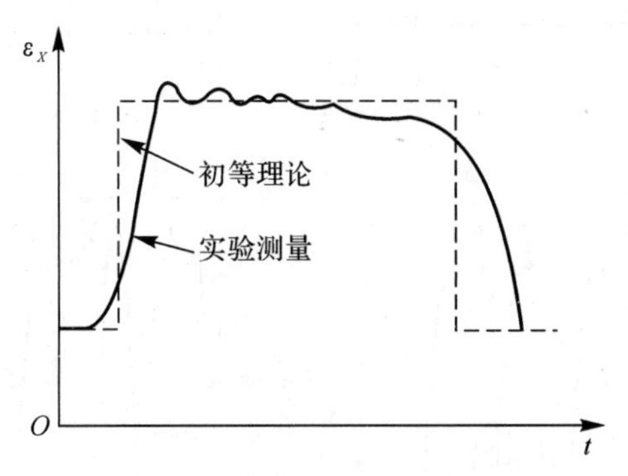

图 2.9　实验中的波形振荡现象

虽然横向效应对于应力波的传播有着影响,但是只要杆的横向尺寸与波长相比小得多,则杆中的横向动能就远小于纵向动能,此时应用一维应力波理论就能够得到较好的近似结果,否则就需要考虑横向惯性引起的波的弥散。

为研究一维杆中由横向惯性引起的波的弥散现象,现对图 2.10 所示三维有限元模型做相应数值分析。其中 D 和 L 分别表示波导杆的直径与长度,以常用 TC4 钛合金材料为例,其参数设置如下:弹性模量 $E = 114$ GPa,密度 $\rho = 4.43 \times 10^3$ kg/m^3,泊松比 $\upsilon = 0.3$。

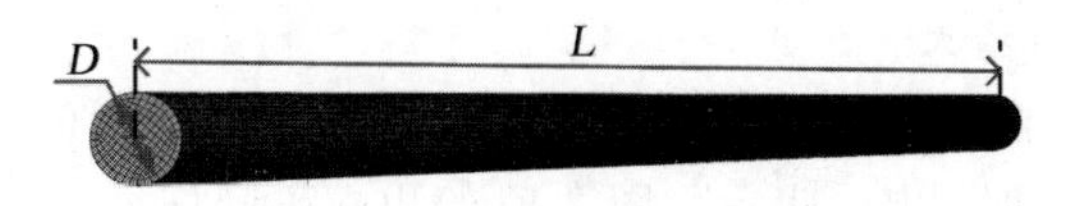

图 2.10　三维有限元模型

数值分析结果表明,由横向惯性引起的波的弥散主要体现在以下几方面。

1. 波形震荡

由式$\frac{C}{C_0} \approx 1-\pi^2 \upsilon^2 \left(\frac{a}{\lambda}\right)^2$可知,谐波的相速依赖于弹性杆直径与波长之比,比值越大,波形弥散现象越明显。图 2.11 展示了相同幅值的梯形脉冲在不同杆径的波导杆中传播时的情况,其中梯形脉冲的幅值为 500 MPa,总加载时间为 140 μs,其中上升沿和下降沿各 20 μs,作用于波导杆的自由端。图中 X 表示距加载杆端的距离,观察各应力波形貌可得如下结论:

(1) 随着传播距离的增大,波形震荡现象愈发明显;

(2) 随着杆径的增大,波形震荡现象愈发明显。

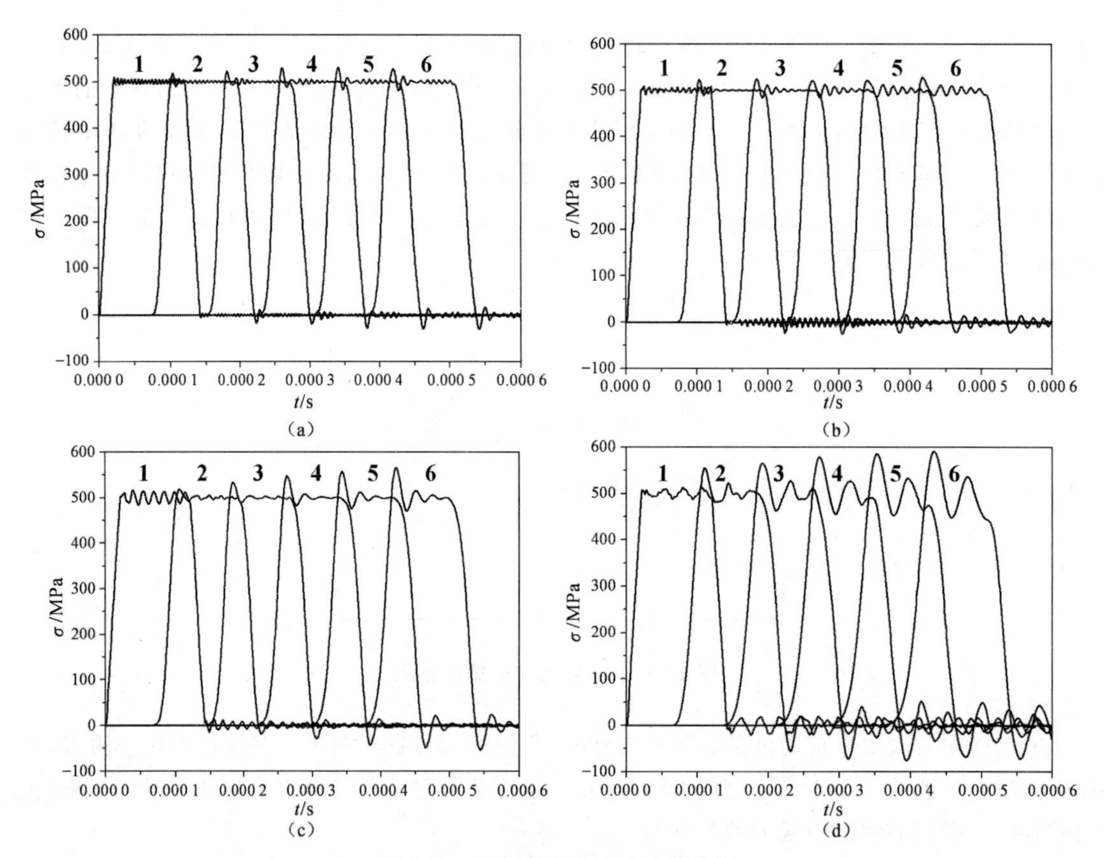

图 2.11　不同杆径中应力波的传播

(a)$D = 6$ mm; (b)$D = 20$ mm; (c)$D = 40$ mm; (d)$D = 80$ mm

1—$X = 0$ mm; 2—$X = 40$ mm; 3—$X = 80$ mm; 4—$X = 120$ mm; 5—$X = 160$ mm; 6—$X = 200$ mm

2. 应力脉冲前沿升时增大

由图 2.11 还可看出,随着传播距离的增大,应力脉冲达到最大值的时间也逐渐增大,定义此时间为应力脉冲前沿升时,以 t_s 表示。图 2.12 给出在不同杆径中应力脉冲前沿升时随传播距离的变化,可得到以下结论:

(1)应力脉冲前沿随传播距离的增大而逐渐由陡变缓,升时也逐渐增大;

(2)杆径越大,横向惯性效应越显著,脉冲前沿升时随传播距离增大而产生的变化也越明显。

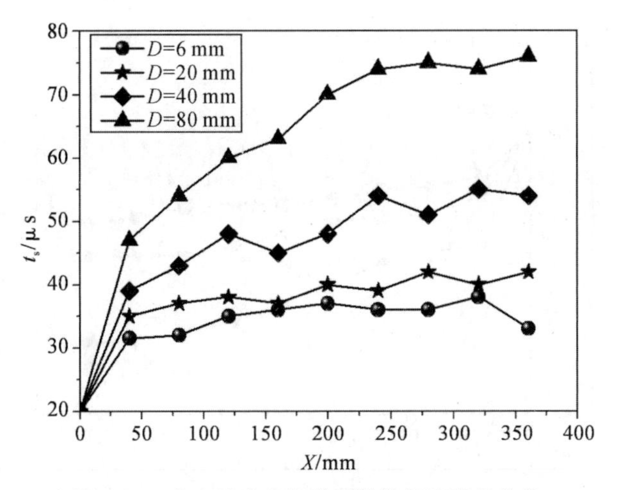

图 2.12　应力脉冲前沿升时随传播距离的变化

3. 应力脉冲幅值的衰减

数值仿真结果还表明，应力脉冲的幅值同样受传播距离的影响。由图 2.11 可知梯形波在传波过程中的波形震荡现象愈发明显，因此会对应力脉冲的幅值观测产生影响。为避免此观测误差，可选用三角波作为初始加载波形，设定应力幅值同样为 500 MPa，脉宽长度同样为 140 μs，上升沿和下降沿分别为 70 μs。图 2.13 给出了三角波在杆径为 20 mm 的波导杆中的传播情况，可见应力脉冲幅值随传播距离的增大而减小。

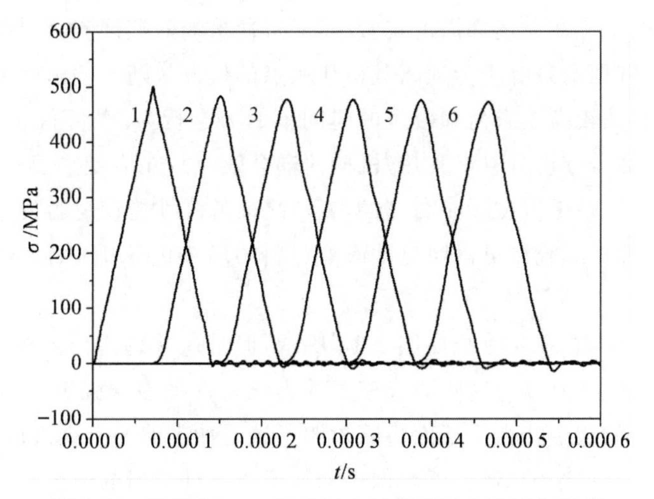

图 2.13　直径 20 mm 波导杆中三角形应力脉冲的传播

1—X=0 mm；2—X=40 mm；3—X=80 mm；4—X=120 mm；5—X=160 mm；6—X=200 mm

图 2.14 统计了不同杆径波导杆中三角形应力脉冲的幅值随传播距离的变化情况，可得到以下结论：

(1)随着传播距离的增大，应力脉冲幅值减小；

(2)波导杆杆径越大，应力脉冲幅值的衰减越明显。

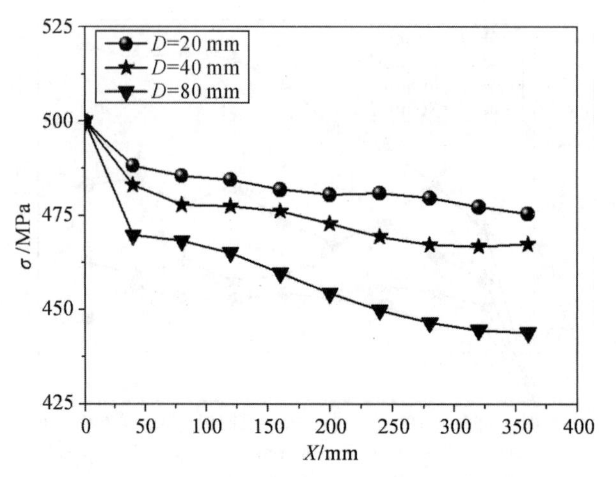

图 2.14　不同杆径波导杆中三角形应力脉冲幅值随传播距离的变化

2.5　冲击波问题

上面讨论了用一维理论近似地分析圆柱杆撞击的单轴应力状态。一维弹性波在杆内的传播过程是连续的,即波阵面通过后介质的参数发生有限的变化。当冲击波撞击平板时,其应力状态是三维的,波阵面通过后介质的参数发生突然变化。显然,平板的高速撞击必然得到较高的应力和较高的应变率。在上述杆撞击实验中,靠近冲击端的塑性流会引起三维效应(径向的惯性,加热),所以一维理论只能用于远离载荷作用点的地方。随着冲击速度增加,就要求用三维理论近似分析材料在较高的载荷和极短的时间下的力学行为。然而,和杆分析时忽略其横向惯性一样,在平板冲击分析时忽略其热-机械的耦合效应。在应变小于 30%的情况下,这个近似是可以容许的。但是平板在瞬时高速冲击下,之前的弹性能使材料发生明显的体积应变。在塑性波到达以前,弹性卸载波可以明显地改变材料的局部状态,所以需要考虑有限弹性和塑性效应。

普通单轴加载的应力-应变曲线如图 2.15 所示,但是这些理想化的模型并不能代表冲击载荷下的应力-应变状态,所以与这些曲线相关的力学特性如屈服强度、极限强度和延伸率等都不适用于描述材料的相关特性。下面将简单明了地对冲击波的一维近似角法加以概述。如果设想一种变形限制于一维的情况,就好像平面波通过一种材料的情况一样,尺度的约束使其横向应变为零,特征的应力-应变曲线如图 2.16 所示。这种情况一般叫做单轴应变。

为了了解为什么发生这样的变化,下面来讨论一维应变情况下的应力-应变关系。在一般情况下(应变<30%),三个主应变可以分为弹性和塑性两部分,即

$$\left.\begin{aligned}\varepsilon_1 &= \varepsilon_1^e + \varepsilon_1^p \\ \varepsilon_2 &= \varepsilon_2^e + \varepsilon_2^p \\ \varepsilon_3 &= \varepsilon_3^e + \varepsilon_3^p\end{aligned}\right\} \tag{2.37}$$

式中:上脚标“e”和“p”分别表示弹性和塑性;下脚标“1,2,3”表示三个主方向。

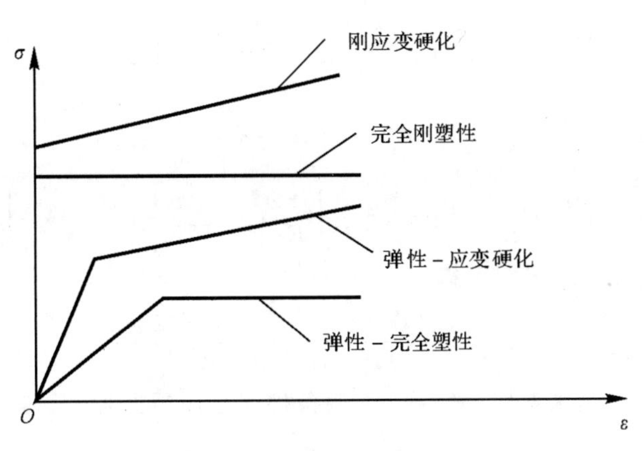

图 2.15　单轴应力-应变曲线

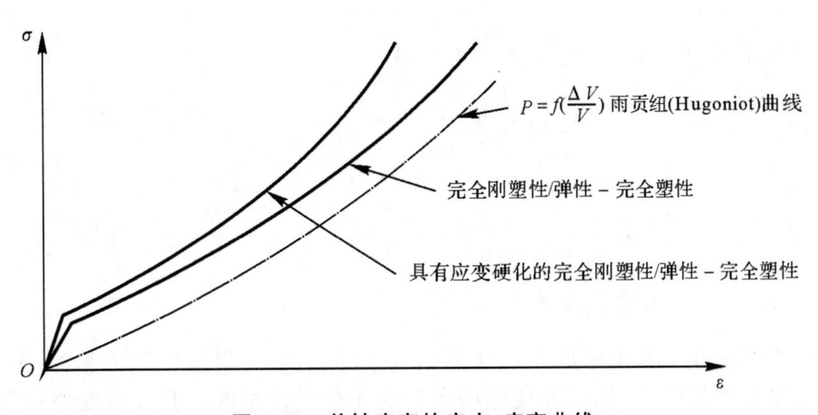

图 2.16　单轴应变的应力-应变曲线

在一维变形中,则有

$$\varepsilon_2=\varepsilon_3=0 \tag{2.38}$$

$$\left.\begin{aligned}\varepsilon_2^p&=-\varepsilon_2^e\\\varepsilon_3^p&=-\varepsilon_3^e\end{aligned}\right\} \tag{2.39}$$

应变的塑性部分是不可压缩的,所以

$$\varepsilon_1^p+\varepsilon_2^p+\varepsilon_3^p=0 \tag{2.40}$$ 以

因为对称性,由式(2.39)得以

$$\varepsilon_1^p=-\varepsilon_2^p-\varepsilon_3^p=-2\varepsilon_2^p \tag{2.41}$$

$$\varepsilon_1^p=2\varepsilon_2^e \tag{2.42}$$ 以

所以总应变可以写为以

$$\varepsilon_1=\varepsilon_1^e+\varepsilon_1^p=\varepsilon_1^e+2\varepsilon_2^e \tag{2.43}$$ 以

用应力和弹性常数表示的弹性应变表达式为

$$\left.\begin{aligned}
\varepsilon_1^e &= \frac{\sigma_1}{E} - \frac{\upsilon}{E}(\sigma_2 + \sigma_3) = \frac{\sigma_1}{E} - \frac{2\upsilon}{E}\sigma_2 \quad (\text{因为 } \sigma_2 = \sigma_3) \\
\varepsilon_2^e &= \frac{\sigma_2}{E} - \frac{\upsilon}{E}(\sigma_1 + \sigma_3) = \frac{(1-\upsilon)}{E}\sigma_2 - \frac{\upsilon}{E}\sigma_1 \\
\varepsilon_3^e &= \frac{\sigma_3}{E} - \frac{\upsilon}{E}(\sigma_1 + \sigma_2) = \frac{(1-\upsilon)}{E}\sigma_3 - \frac{\upsilon}{E}\sigma_1
\end{aligned}\right\} \tag{2.44}$$

将式(2.44)和式(2.43)组合可得

$$\varepsilon_1 = \frac{\sigma_1(1-2\upsilon)}{E} + \frac{2\sigma_2(1-2\upsilon)}{E}$$

式中，υ 为泊松比。不管是米塞斯(Mises)屈服条件还是屈雷斯加(Tresca)屈服条件，在此情况下都可表达为

$$\sigma_1 - \sigma_2 = y_0 \tag{2.45}$$

式中，y_0 是静屈服强度。

利用式(2.45)来定义 σ_2，并代入式(2.44)得

$$\left(\frac{E}{1-2\upsilon}\right)\varepsilon_1 = 3\sigma_1 - 2y_0$$

或写为

$$\sigma_1 = \frac{E}{3(1-2\upsilon)}\varepsilon_1 + \frac{2}{3}y_0 = K\varepsilon_1 + \frac{2y_0}{3} \tag{2.46}$$

式中，$K = E\big/3(1-2\upsilon)$，为体积模量。

单轴应力和单轴应变最重要的差别是体积可压缩项——单轴应变情况下，不论是屈服强度还是应变引起的硬化应力，都可连续地增大。对于弹道冲击或者其高应变率现象，这时材料来不及发生横向变形，单轴应变在一开始就发生。稍后，横向变形发生，一个接近单轴应力的情况会发生，且应力会减小。

对于特殊的一维弹性应变情况，则有

$$\varepsilon_1 = \varepsilon_1^e$$

$$\varepsilon_2 = \varepsilon_2^e = \varepsilon_3 = \varepsilon_3^e = 0$$

$$\varepsilon_1^p = \varepsilon_2^p = \varepsilon_3^p = 0$$

$$\varepsilon_2^e = 0 = \frac{1-\upsilon}{E}\sigma_2 - \frac{\upsilon}{E}\sigma_1$$

$$\sigma_2 = \left(\frac{\upsilon}{1-\upsilon}\right)\sigma_1$$

和

$$\varepsilon_1 = \frac{\sigma_1}{E} - \frac{2\upsilon^2\sigma_1}{E(1-\upsilon)}$$

或

$$\sigma_1 = \frac{(1-\upsilon)E}{(1-2\upsilon)(1+\upsilon)}\varepsilon_1 \tag{2.47}$$

式(2.47)表明，在一维应变中，弹性线的斜率是$(1-\upsilon)E\big/[(1-2\upsilon)(1+\upsilon)]$。当考虑很高的压力(载荷)时，图2.16的压力可压缩性曲线$P = f\left(\frac{\Delta V}{V}\right)$，$\frac{\Delta V}{V}$是体积应变$J$，即是熟知的雨

贡纽曲线，这仅仅是描述材料行为所采用的一种曲线。在较小的压力下，由普通冲击所产生的曲线将与雨贡纽曲线有很大的偏离。例如：相应于弹性材料和完全塑性材料的单轴应力情况，其应力-应变曲线如图 2.17 所示，而单轴应变的应力-应变曲线如图 2.18 所示。

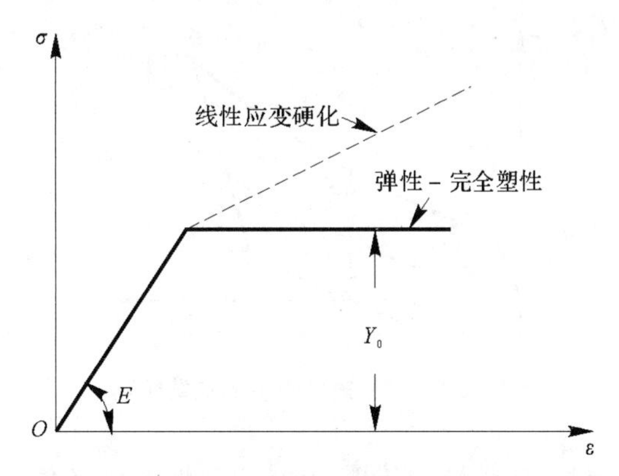

图 2.17　弹性-完全塑性材料的单轴应力状态

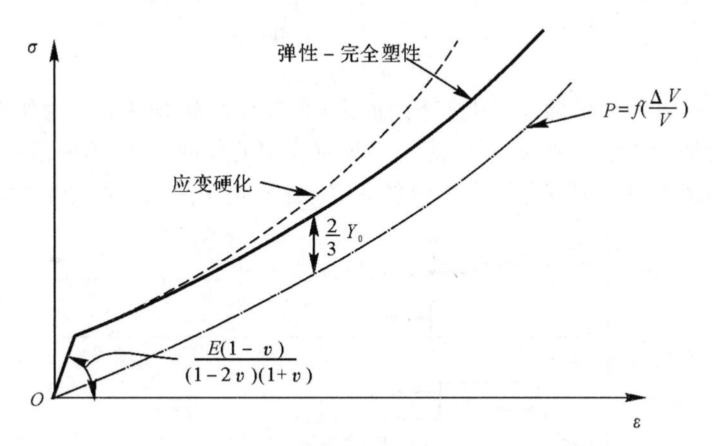

图 2.18　弹性-完全塑性材料的单轴应变状态

由图 2.17 可看出：

(1) 弹性模量增加一因子：$(1-\upsilon)\Big/[(1-2\upsilon)(1+\upsilon)]$。

(2) 雨贡纽的弹性极限 σ_{HEL} 是一维弹性波传播的最大应力(单轴应变)。

(3) 应力 σ_1 经雨贡纽曲线恒值上移 $\frac{2}{3}y_0$。如果材料硬化，则屈服强度改变，因而 σ_1 和 P 曲线之间的偏离值不同。对于一种弹性-完全塑性的材料，一个典型的单轴应变下的加载循环如图 2.19 所示。注意到反向的屈服发生在点 C，假如反向加载发生，像应力波从自由面反射一样，线段 CD 延伸到应变轴下面负的(拉伸) 区域。若拉伸和屈服强度相等，其与静水压力曲线(即雨贡纽曲线) 偏离的大小同样为 $2y_0/3$。

如果作用的应力脉冲幅值大于 σ_{HEL}，则有两个波(弹性波和塑性波) 将通过介质传播，弹性波传播的速度为

$$C_{\mathrm{e}}^{2}=\frac{\sigma_{\mathrm{E}}-\sigma_{\mathrm{A}}}{\rho_0(1-2\upsilon)(1+\upsilon)} \tag{2.48}$$

塑性波的传播速度为

$$C_p^2=\frac{\sigma_B-\sigma_A}{\rho_{HEL}(\varepsilon_B-\varepsilon_A)} \tag{2.49}$$

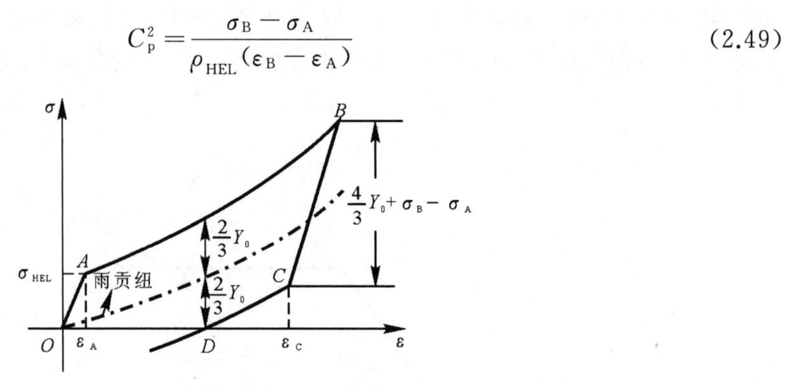

图 2.19　单轴应变下的加载循环

在第 4 章将会进一步讨论塑性波的传播,并指出塑性波的速度是应力-应变曲线上给定某一应变值处的斜率的函数,即

$$C_p(\sigma)=\sqrt{\frac{1}{\rho_0}\frac{d\sigma}{d\varepsilon}} \tag{2.50}$$

若作用的应力有短暂的滞留,则在外载消失后,弹性卸载波将会发生如图 2.20 所示的行为。卸载波的传播比压缩波要快,所以对于一短暂滞留的脉冲,压缩的幅值可以通过其后面的卸载而变窄。卸载发生的那一点称作"追赶"距离,通常定义为入射脉冲的厚度。

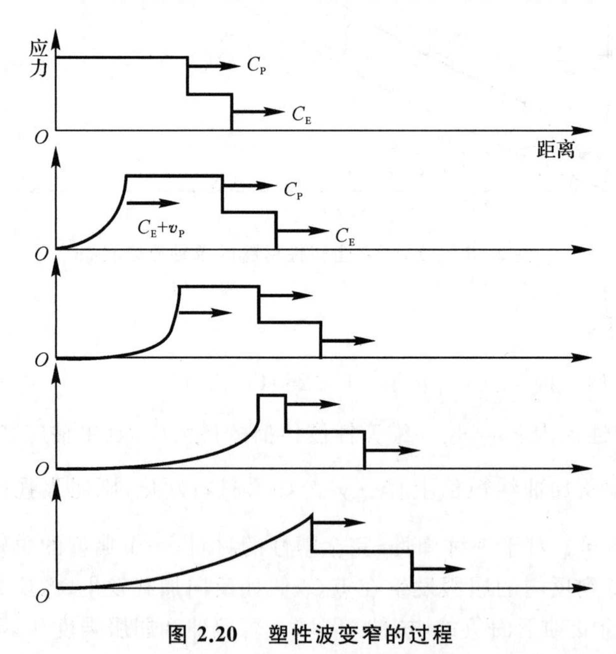

图 2.20　塑性波变窄的过程

若塑性波的传播速度大于弹性波,即 $C_p(\sigma)>C_e$,则会产生一陡峭的塑性波前阵面。较快的传播应力分量会赶上较慢的。连续的塑性波前破断而形成一单个不连续的冲击波前(Shock Front)以冲击速度 v 传播。穿过冲击波前,其应力、密度、速度和内能等均具有不连续

性(即突变)。冲击波在极高的脉冲应力作用下形成并将在材料内以类似于流体动力学的解的方式传播。因此,可认为固体的变形行为与由形式为 $P=f(V)$ 的状态方程(一般是压力、密度和内能之间的一个关系式)所描述的可压缩流的流动行为一样(式中 $V=\frac{1}{\rho}$)。

类似于弹性波(线弹性行为)情形可以对一维应变情况进行某些简化一样,塑性波的传播也有内在的简化特点(状态的简化方程)。

为了更好地了解塑性波传播的物理概念,举例如下:假若有一均匀压力突然施加于一可压缩材料的板面,该板面上的初始压力为 P_0,脉冲是以速度为 v_S 的波前进的方式传播的,并同时将可压缩材料加速到速度 v_p。现在来讨论一段与波前进方向相垂直的横截面为单位面积的材料。冲击波的前阵面在某一瞬时的位置如图 2.21 所示(用 AA 线表示)。经过 dt 时间后,冲击波前阵面推进到 CC,此时,开始在 AA 面上的一些质点移动到 BB。通过冲击波的前阵面,其质量、动量和能量是守恒的。

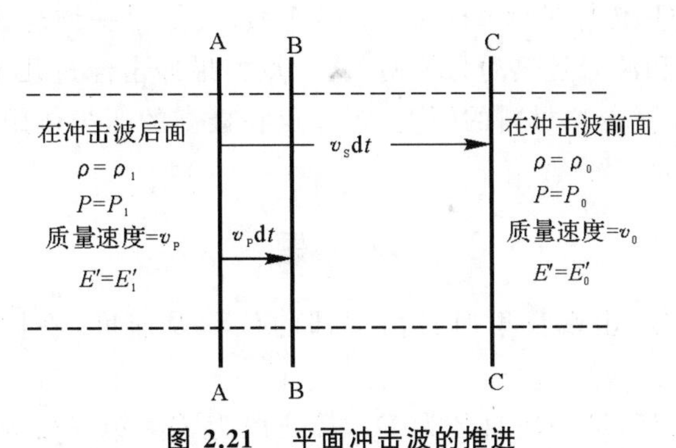

图 2.21　平面冲击波的推进

质量守恒方程:注意到冲击波前所含的材料质量 $\rho_0 v_S \mathrm{d}t$ 占有的体积为 $(v_S-v_p)\mathrm{d}t$ 时,质量为 $\rho_1(v_S-v_p)\mathrm{d}t$。于是有

$$\rho_0 v_S=\rho_1(v_S-v_p) \tag{2.51}$$

或

$$V_1 v_S=V_0(v_S-v_p)$$

式中:$V_0=\frac{1}{\rho_0}$;$V_1=\frac{1}{\rho_1}$。

动量方程:在时间 dt 内,材料质量的动量被净压力 P_1-P_0 加速到速度为 v_p 时的动量为 $\rho_0 v_S v_p$,故有

$$P_1-P_0=\rho_0 v_S v_p \tag{2.52}$$

能量守恒方程:使冲击波所做功与该系统的动能和内能增加之和相等,即得

$$P_1 v_p \mathrm{d}t=\frac{1}{2}\rho_0 v_S \mathrm{d}t v_p^2+\rho_0 v_S \mathrm{d}t(E'_1-E'_0) \tag{2.53}$$

故有

$$P_1 v_p=\frac{1}{2}\rho_0 v_S v_p^2+\rho_0 v_S(E'_1-E'_0)$$

式(2.51)～式(2.53)总共包含 8 个参数($\rho_0,\rho_1,P_0,P_1,v_S,v_p,E'_1,E'_0$)。如果假定 ρ_0,P_0,E'_0 是已知的,最终将得出熟知的兰金-雨贡纽(Rankine－Hugoniot)关系式:

$$E'_1 - E'_0 = \frac{1}{2}(V_0 - V_1)(P_1 + P_0) = \frac{1}{2}\left(\frac{1}{\rho_0} - \frac{1}{\rho_1}\right)(P_1 + P_2) \tag{2.54}$$

式(2.51)、式(2.52)以及方程式(2.53)、式(2.54)都是“阶跃条件”,即必须满足波前两边的材料参数。因此由初始状态(E'_0, ρ_0, P_0)即可得到状态(E'_1, ρ_1, P_1)。

由质量和动量方程消去质点速度,即可得出冲击波速度表达式为

$$v_S^2 = \frac{1}{\rho_0^2}\frac{P_1 - P_0}{V_0 - V_1} \tag{2.55}$$

式中:$V_0 = \frac{1}{\rho_0}$;$V_1 = \frac{1}{\rho_1}$。

于是只要测定冲击波速度 v_S 和质点速度 v_p,即可以计算出经过冲击波波前的压力、密度和内能变化。压力-密度的变化关系被称为材料的兰金-雨贡纽曲线或简单叫作雨贡纽曲线。该曲线经常被用来表示5个变量(压力、密度、内能、冲击波和质点速度)中,任意两个变量的关系。上述雨贡纽曲线的热传导过程基于如下的3个假设:① 是一维运动,这个假设实验一般能满足;② 假设冲击波前和波后是热动力平衡,这一点如果冲击经过几十微秒之内能达到热动力平衡的话,即可满足;③ 忽略材料的刚度,这一点在极高的压力作用下(超过材料屈服强度两个阶次以上)才能满足。

习　题

1. 试确定应力波在自由端反射时自由端部的位移及速度,在固支端反射时固支端的应力。

2. 有一阶梯形细长杆,第一段直径为 D_1,第二段为 D_2,第三段为 D_3,假设 $D_1 = 2D_2 = 3D_3$。如有一幅值为 A 的无限长应力脉冲由第一段输入给梯形杆,求应力波传播到第三段的幅值及此时第二段上的应力值。

3. 什么是完全状态方程? 热力学势函数有哪几种? 当变形能很小时,冲击压缩的热力学能否用静水压缩的热力学方程来表示?

4. 试考虑给出状态方程时如何计算雨贡纽曲线。

第 3 章　杆中弹性波的相互作用

第 2 章给出了一维应力波的基本控制方程及相应的求解方法。本章将从两弹性杆的共轴撞击入手，探讨一维弹性应力波的相互作用、在固定或自由端的反射以及在不同介质界面反射、透射等问题的求解方法，最后通过算例介绍弹性波与裂纹尖端的相互作用过程。

3.1　两半无限长弹性杆的共轴撞击

如果两个物体发生相互碰撞，两物体从接触部位开始就会有变形发生，也就是说从接触部位开始有应力产生，并按照应力波的形式向物体的其他部位传播。这一节将重点研究两根半无限长杆纵向共轴撞击后产生的现象。

如图 3.1(a) 所示，有两根半无限长均匀弹性圆杆 A 和 B，它们有相同的横截面积，其波阻抗分别为$(\rho_0 C_0)_1$ 和$(\rho_0 C_0)_2$。在撞击之前，两杆中均无初始应力，且分别具有初始质点速度 v_1 和 v_2，这里假定 $v_1 < v_2$。两杆的初始状态在(v,σ) 平面上[见图 3.1(d)] 分别对应于点 1 和点 2。

在某一个时刻，两杆将发生共轴碰撞。撞击后，从撞击端开始，杆中质点的速度将会发生改变。在撞击的同时，从撞击界面处将会分别产生在杆 A 中传播的右行弹性波和在杆 B 中传播的左行弹性波。设撞击后杆 A 和 B 中质点速度分别为 v_A 和 v_B，应力为 σ_A 和 σ_B。

由于是在弹性范围内考虑问题，且两根杆都是均匀直杆，故它们各自的波阻抗为常数，因此由图 3.1(a)(b) 并考虑波的传播方向可以表示为：

右行波

$$\sigma_A = -(\rho_0 C_0)_1 (v_A - v_1) \tag{3.1}$$

左行波

$$\sigma_B = (\rho_0 C_0)_2 (v_B - v_2) \tag{3.2}$$

根据连续性条件，在撞击处，两杆应该具有相同的质点速度；又根据作用力与反作用力原理，撞击处的应力也应该相等。即有

$$v = v_A = v_B, \quad \sigma = \sigma_A = \sigma_B$$

将式(3.1) 和式(3.2) 代入可得

$$\sigma = -(\rho_0 C_0)_1 (v - v_1) = (\rho_0 C_0)_2 (v - v_2) \tag{3.3}$$

解式(3.3) 可得两半无限长弹性杆的共轴碰撞后，杆中的质点速度和应力分别为

$$v = \frac{(\rho_0 C_0)_1 v_1 + (\rho_0 C_0)_2 v_2}{(\rho_0 C_0)_1 + (\rho_0 C_0)_2} \tag{3.4a}$$

$$\sigma = -\frac{(\rho_0 C_0)_1 (\rho_0 C_0)_2 (v_2 - v_1)}{(\rho_0 C_0)_1 + (\rho_0 C_0)_2} \tag{3.4b}$$

如果是两根完全相同的弹性杆纵向共轴碰撞，即它们的波阻抗同为 $\rho_0 C_0$，则撞击后两杆中的质点速度和应力分别为

$$v=\frac{1}{2}(v_1+v_2) \tag{3.5a}$$

$$\sigma=-\frac{1}{2}(\rho_0 C_0)(v_2-v_1) \tag{3.5b}$$

如果再进一步考虑,当 $v_1=-v_2$ 时,撞击后,两杆的质点速度和应力分别为 $v=0$,$\sigma=-\rho_0 C_0 v_2$,这和$(\rho_0 C_0)_1 \longrightarrow \infty$,$v_1=0$ 的结果相同,而这个条件就相当于直接设 A 杆为刚壁。因此,当两根无初始应力的相同的弹性杆以相同的速度纵向对撞时的结果就相当于杆 B 以速度 v_2 撞击刚壁的情况。相反,如果假设$(\rho_0 C_0)_2 \longrightarrow \infty$,此时撞击的结果是 $v \longrightarrow v_2$,$\sigma \longrightarrow -(\rho_0 C_0)_1(v_2-v_1)$,这相当于刚性杆 B 对弹性杆 A 的撞击。

在(v,σ)平面上表示两杆撞击的结果,如图 3.1(d) 所示,平面上经过点 1 的斜率为$-(\rho_0 C_0)_1$ 的左行特征线,与经过点 2 的斜率为$(\rho_0 C_0)_2$ 的右行特征线的交点 3,表示撞击后的质点速度和应力。

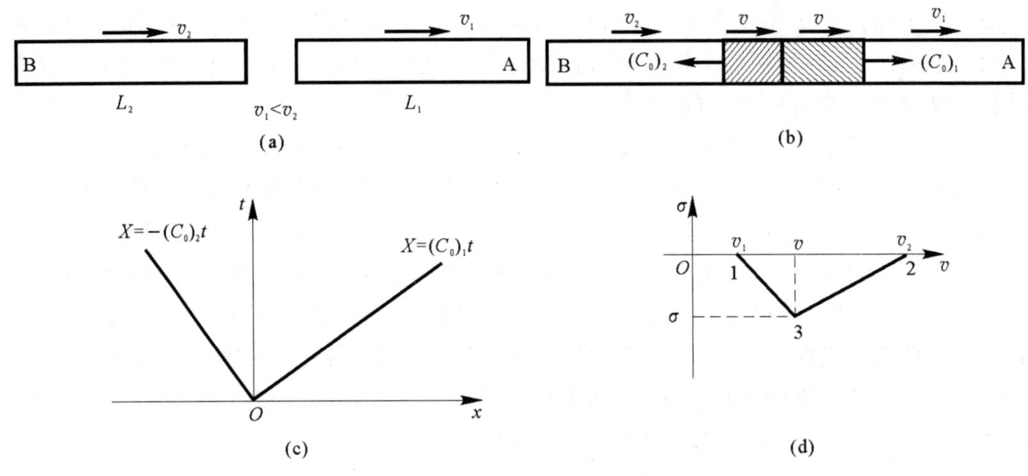

图 3.1 两半无限长杆共轴撞击

以上讨论了两根半无限长杆的共轴撞击问题,对于有限长杆的共轴撞击将在下节讨论。

3.2 弹性波的相互作用

在实际中常常遇到若干个波相互干扰的情况,因此有必要研究两列波相遇后相互发生干涉时所产生的应力和质点速度。

假定有两个脉宽和幅值均不相同的矩形脉冲作用于同一根直杆中,且在两脉冲的波阵面到达之前杆处于静止状态,如图 3.2 所示。其中,由左向右传播的一列波初始的加载波阵面和卸载波阵面分别为 A,B,应力幅值为 σ_1;由右向左传播的一列波的初始加载波阵面和卸载波阵面分别为 C,D,应力幅值为 σ_2。在物理平面上分别绘出这两列波加载和卸载波阵面的特征线 AE,BF,CG 和 DH。这四条特征线将物理平面分为 9 个区域,其中的区域 1,3,5 和 9 不会受到任何一列波的影响,是 $v=\varepsilon=0$ 的恒值区;区域 2 和 8 只受到右行波的作用,因此这两个区域应力、质点速度和应变仅由右行波就可以确定;同样地,区域 4 和 6 的应力、质点速度和应变仅由左行波就可以确定;对于区域 7,它是两列波相互作用的区域,该区域中质点的应力、速度、

应变与两列波的参量之间的关系须仔细进行分析。

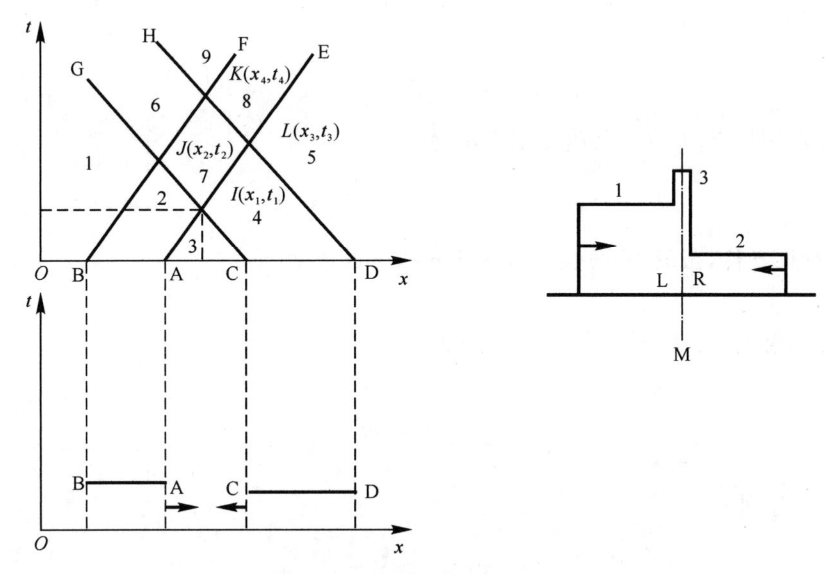

图 3.2　两弹性波的相互作用

从图 3.2 中看到，两列波的加载波阵面的特征线在 $I(x_1, t_1)$ 点相交，这说明在 t_1 时刻两列波的加载面将在杆中的 x_1 相遇，从这个时刻起两列波开始相互作用。至 t_4 时刻，两条特征线 BF 和 DH 在 $K(x_4, t_4)$ 相交，这说明此时两列波的卸载波阵面在此时相遇，此后，两列波将结束相互作用，各自沿原来的传播方向继续传播。下面重点讨论两列波相互作用时的应力、质点速度、应变。

由前述可知，区域 7 是两列波相互作用的区域，设在 t 时刻两列波在 M 截面处相遇并设右行波波幅为 σ_1，左行波幅为 σ_2，那么两波相遇后相互发生干扰产生应力 σ_3 和质点速度 v_3。当右行波的波前到达 M 截面左侧质点 L 时，该点的应力将出现一个突跃，将从零应力升高到 σ_1。根据动量守恒，该点的质点速度必然也由零获得了一个增量，将这个增量记为 v_L^+，根据右行波波阵面上的守恒条件，它可以表示为

$$v_L^+ = -\frac{\sigma_1 - 0}{\rho_0 C_0} = -\frac{\sigma_1}{\rho_0 C_0} \tag{3.6}$$

通常将 $\rho_0 C_0$ 称为波阻抗。

两列波相互作用后，强度为 $\sigma_3 - \sigma_1$ 的左行波使质点 L 由应力 σ_1 又突跃到 σ_3，使点 L 的速度又获得增量 v_L^-，可以表示为

$$v_L^- = \frac{\sigma_3 - \sigma_1}{\rho_0 C_0} \tag{3.7}$$

这样两列波相互作用后点 L 的速度为

$$v_L = 0 + v_L^+ + v_L^- = \frac{\sigma_3 - 2\sigma_1}{\rho_0 C_0} \tag{3.8}$$

类似地，当左行波到达 M 截面右侧质点 R 时，该点的应力也会出现一个突跃，从零应力升高到 σ_2。根据动量守恒，该点的质点速度必然也获得了一个增量，将这个增量记为 v_R^-，它可以表示为

$$v_R^- = \frac{\sigma_2 - 0}{\rho_0 C_0} = \frac{\sigma_2}{\rho_0 C_0} \tag{3.9}$$

当右行波到达时，点 R 的应力又会在增量 $\sigma_3-\sigma_1$ 的作用下跃升至 σ_3。相应地，该点的质点速度也会有增量：

$$v_R^+=-\frac{\sigma_3-\sigma_2}{\rho_0C_0} \tag{3.10}$$

因此，两列波作用后点 R 的质点速度就表示为

$$v_R=0+v_R^++v_R^-=-\frac{\sigma_3-2\sigma_2}{\rho_0C_0} \tag{3.11}$$

根据连续性条件，截面 M 两侧应该有相同的质点速度，即

$$v_3=v_R=v_L \tag{3.12}$$

将式(3.8) 和式(3.11) 代入式(3.12) 可得

$$\sigma_3=\sigma_1+\sigma_2 \tag{3.13}$$

$$v_3=v_R=v_L=\frac{\sigma_2-\sigma_1}{\rho_0C_0}=v_1+v_2 \tag{3.14}$$

其中，v_1 和 v_2 分别为

$$v_1=-\frac{\sigma_1}{\rho_0C_0} \tag{3.15}$$

$$v_2=\frac{\sigma_2}{\rho_0C_0} \tag{3.16}$$

它们分别是右行波和左行波通过静止的介质时质点所获得的速度。

在两列波结束了相互作用之后，它们将分别以各自原有的波形向前传播，如同没有经过相互作用一样。

在(v,σ)平面上绘出各个区域的质点速度和应力，如图 3.3 所示，图中数字与图 3.2 中各个区域相对应。

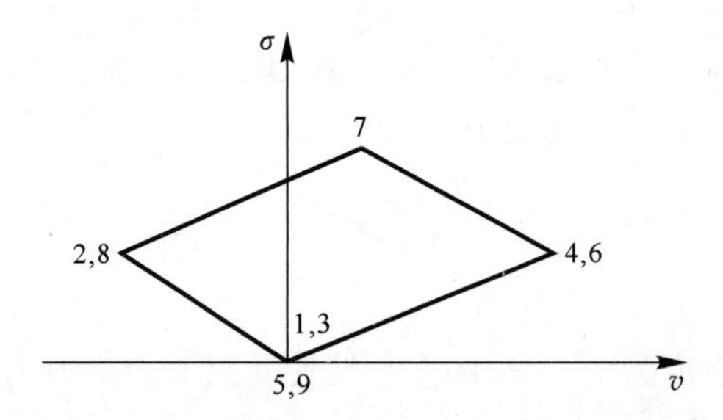

图 3.3　两弹性波相互作用的(v,σ)示意图

从上面的推导可以看到，两列弹性波相互作用时，无论是加载波或卸载波相互作用，还是加载波和卸载波之间的相互作用，只要将它们的应力和质点速度分别叠加起来，就是在两列波共同作用下的应力和质点速度，这就是弹性波叠加原理。类似地，也可以把这个叠加原理推广到若干列弹性波相互作用的情况，但是应该注意的是，无论是几列弹性波相互叠加，其中任意若干列波的总应力不能超过材料的屈服应力，否则不能应用叠加原理。

实质上，弹性波叠加原理成立的原因是：各种强度、各种类型的波都具有相同的波速。当然，归根到底还是因为介质在弹性范围内有着唯一的且是线性的应力-应变关系。

3.3　有限长杆与半无限长杆的共轴撞击

3.1 节中曾经讲过两根半无限长弹性杆的共轴碰撞，在碰撞的过程中由于是半无限长杆碰撞，考虑的只是撞击引起的一次弹性波，并没有涉及波在杆的另一端面反射后再次作用的情况。因此，本节将重点讨论有限长杆与半无限长杆的共轴碰撞，$v_2 > v_1$，考虑两杆的波阻抗不同时的撞击结果。

假设有 A，B 两根截面积相同的均匀直杆，其中杆 A 是半无限长杆，杆 B 是一根长为 L_2 的有限长杆，如图 3.4 所示，两根杆的波阻抗分别为 $(\rho_0 C_0)_1$ 和 $(\rho_0 C_0)_2$。在撞击之前，两杆中均无初始应力。为了使问题简化，假定撞击前杆 A 的速度 $v_1=0$，杆 B 以速度 v_2 与杆 A 发生纵向的共轴碰撞。碰撞后，从撞击界面将分别向两杆传出两压缩应力波。撞击之后质点的速度和应力可以按照 3.1 节中的半无限长弹性杆的共轴碰撞公式(3.4) 计算得出

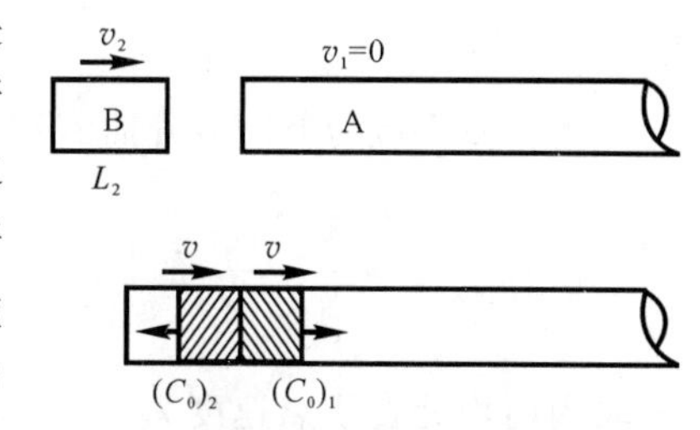

图 3.4　有限长杆共轴碰撞

$$v=\frac{(\rho_0 C_0)_2 v_2}{(\rho_0 C_0)_1+(\rho_0 C_0)_2} \tag{3.17a}$$

$$\sigma=-\frac{(\rho_0 C_0)_1(\rho_0 C_0)_2 v_2}{(\rho_0 C_0)_1+(\rho_0 C_0)_2} \tag{3.17b}$$

如果设撞击时刻 $t=0$，当 $t=L_2/(C_0)_2$ 时，杆 B 中的左行压缩波将到达其另一端面，由于该端面是自由端，根据第 2 章中讲到的波在自由端的反射，压缩波将被反射成拉伸波。由于杆 B 中反射波与入射波的应力幅值相同，性质相反，两列波经过叠加后应力为 $\sigma_2=0$，即杆 B 中 $\Delta\sigma=\sigma_2-\sigma=-\sigma$。根据右行波波阵面上的相容关系，有

$$-(\rho_0 C_0)_2\Delta v=-(\rho_0 C_0)_2(v_3-v)=\Delta\sigma=-\sigma \tag{3.18}$$

其中，v_3 是撞击后产生的弹性波在杆中的质点速度。由式(3.17a)、式(3.17b) 和式(3.18) 可得

$$v_3=\frac{[(\rho_0 C_0)_2-(\rho_0 C_0)_1]v_2}{(\rho_0 C_0)_2+(\rho_0 C_0)_1} \tag{3.19}$$

当 $t=2L_2/(C_0)_2$ 时，反射波的波前到达了两杆间的撞击界面，这时杆 B 中的应力波已经完全卸载。此后的情况必须视两杆的波阻抗的比值而定，具体可以分为以下三种情况。

1. $(\rho_0 C_0)_1/(\rho_0 C_0)_2=1$

当杆 B 中的反射波到达撞击界面时，由于两根杆有着相同的波阻抗，卸载波可以没有反射地完全通过两杆的接触面，此时，这个卸载波将会使其波前之后的质点速度和应力都降为零。这样，杆 A 中将传播着脉冲长度 $\lambda=2L_2(C_0)_1/(C_0)_2$ 的一列具有加载强间断波阵面和带有卸载强间断波阵面的应力脉冲，而杆 B 则停止运动。撞击结束后，短杆 B 的动量和动能全部传给了长杆 A。

根据已知条件，可知几个典型时刻的应力和速度分布图，如图 3.5 所示。

在 $t=\dfrac{L_2}{2(C_0)_2}$ 时刻，从应力分布图中可以看到，在两杆中分别向两端传播着一个带有加载强间断波阵面的压缩应力波。在杆 A 中波阵面的前方是应力和质点速度均为零的恒值区(对

应于物理平面中的1区）；在杆B中，波阵面前方则应力为零，速度为v_2（对应于物理平面中的2区）。再看波阵面后方的区域，在杆A中，当由于撞击产生的向右传播的带有加载强间断波阵面经过后，该区域将处于质点速度为$v=\dfrac{v_2}{2}$，$\sigma=-\dfrac{(\rho_0C_0)_2v_2}{2}$（式中，“$-$”表示是压缩波）的状态（对应于物理平面中的3区）；在杆B中，当向左传播的加载波阵面通过后，波阵面后方区域质点速度将会变为$v=\dfrac{v_2}{2}$［见图3.5(d)］，应力$\sigma=-\dfrac{(\rho_0C_0)_2v_2}{2}$（也对应于物理平面中的3区）。

当杆B中应力波的波阵面到达自由端时，即$t=\dfrac{L_2}{(C_0)_2}$时刻，整个杆B都处于质点速度$v=\dfrac{v_2}{2}$，应力$\sigma=-\dfrac{(\rho_0C_0)_2v_2}{2}$的状态；在杆A中，在从自由端面起始的一个长为$L_2(C_0)_1/(C_0)_2$的区域内的均处在质点速度为$v=\dfrac{v_2}{2}$，应力$\sigma=-\dfrac{(\rho_0C_0)_2v_2}{2}$的状态，杆中的其他区域仍然是应力和质点速度均为零的恒值区。

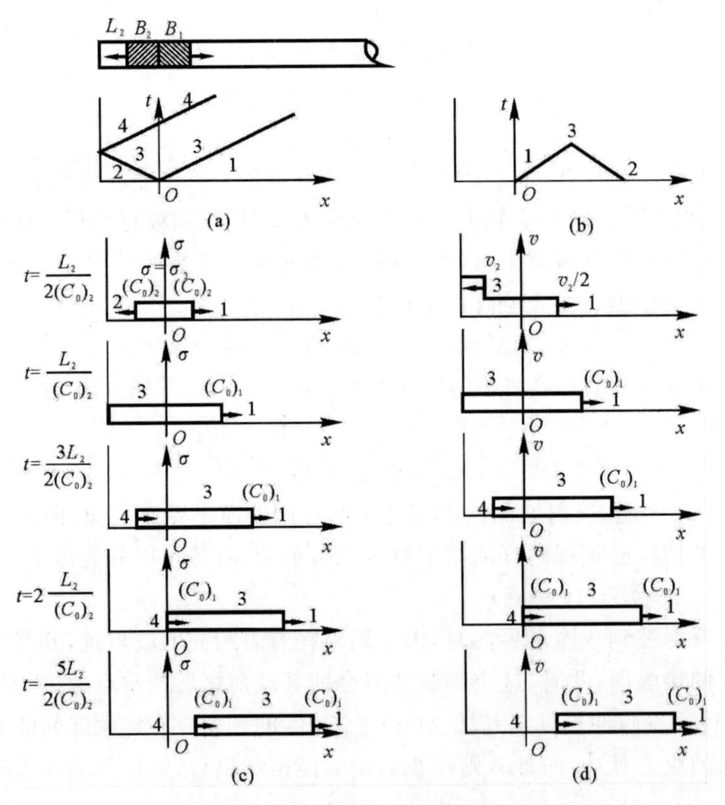

图 3.5　有限长杆与半无限长杆碰撞

(a) 物理平面；(b) 速度平面；(c) 典型时刻的应力分布；(d) 典型时刻的速度分布

应力波在杆B的自由端反射后，会成为一列向右传播的带有卸载强间断波阵面的应力脉

冲，该脉冲经过后的区域质点速度和应力必然会发生变化，下面以 $t=\dfrac{3L_2}{2(C_0)_2}$ 时刻为例。此时，在杆 A 中应力波的波阵面已经到达 $x=\dfrac{3}{2}L_2(C_0)_1/(C_0)_2$ 截面，在该截面左侧的区域内质点速度 $v=\dfrac{v_2}{2}$，应力 $\sigma=-\dfrac{(\rho_0C_0)_2v_2}{2}$，在截面的右侧仍然对应于物理平面中的 1 区；在杆 B 中，由于在自由端反射产生的由左向右传播的带有卸载波阵面的应力波的作用，所有反射波经过的地方，质点的速度和应力均变为零（对应于物理平面中的 4 区）。

当反射波到达两杆的接触面时，即 $t=2\dfrac{L_2}{(C_0)_2}$ 时刻，整个杆 B 都将处于应力和质点速度均为零的状态；在杆 A 中，此时加载波阵面到达 $x=2L_2(C_0)_1/(C_0)_2$ 截面。

当 $t>2\dfrac{L_2}{(C_0)_2}$ 时（如 $t=\dfrac{5L_2}{2(C_0)_2}$ 时刻），反射波将经过两杆的界面进入杆 A 中，这样杆 A 中在带有加载波阵面的应力波传播的同时也以相同的速度传播着一列具有卸载波阵面的应力波，同杆 B 中相同的是，卸载波阵面经过的区域质点速度和应力都将为零，这样在杆 A 中就传播着一列具有强间断波阵面和带有卸载强间断波阵面的应力脉冲，这个脉冲的波长

$$\lambda=2L_2(C_0)_1/(C_0)_2$$

以上考虑的是杆 A 为半无限长杆的情况，如果杆 A 也是有限长杆，且其长度满足

$$L_1/(C_0)_1=L_2/(C_0)_2$$

这时由于撞击产生的两列加载波的波前在 $t=L_2/(C_0)_2$ 时刻都将到达杆的自由端并发生反射，其中杆 B 中的反射波将会使得其后的质点速度和应力降为零。但是对于杆 A，入射波在自由端反射后虽然应力降为零，但是质点速度却升高为 v_2。在 $t=2L_2/(C_0)_2$ 时刻，这两列反射波又同时到达两根杆的撞击界面，这时杆 B 将完全处于质点速度和应力均为零的状态，而整个杆 A 则处于应力为零、质点速度为 v_2 的状态。在物理平面、速度平面上表示，如图 3.6 所示。

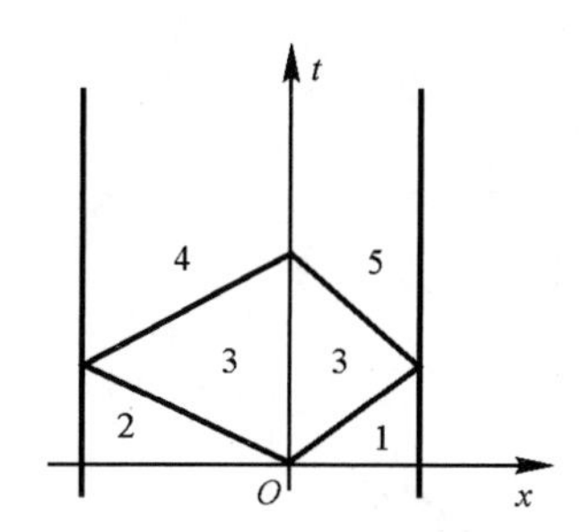

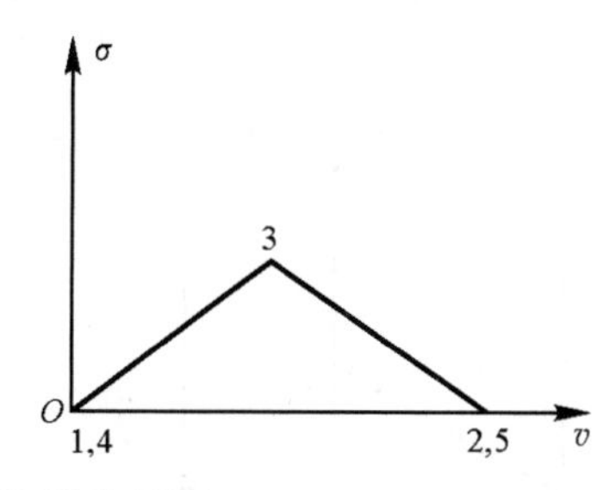

图 3.6　物理平面和速度平面

因此可见，在撞击前杆 B 的质点速度为 v_2，杆 A 静止，而撞击后杆 B 静止，杆 A 的质点速度为 v_2。通过撞击，杆 B 的动量和动能完全传给了杆 A（这与普通物理学中两个均质的小球发生完全弹性对心碰撞的情况相类似）。

如果两杆的长度关系满足 $L_2<L_1$，那么撞击结束后虽然整个杆 B 静止，但是杆 A 并非处于整个杆以共同的质点速度做刚体运动的状态，而处于应力波来回传播的动态过程之中。

2. $(\rho_0 C_0)_2/(\rho_0 C_0)_1 < 1$

当杆 B 中的应力波在自由端反射后,应力降为零,根据式(3.19) 可知,质点的速度将成为负值。当 $t=2\dfrac{L_2}{(C_0)_2}$ 时,该反射波到达撞击界面,此时整个杆 B 处于质点速度 $v_B=v_3<0,\sigma=0$ 的状态;而对杆 A,撞击界面处的应力和质点速度均卸载到零。由于两杆接触界面处的质点速度不同,两杆将脱离接触,即短杆 B 以负向的速度回弹,撞击过程结束。此后的时间内,在杆 A 中传播着一列波长 $\lambda=2L_2(C_0)_1/(C_0)_2$ 的压缩应力脉冲。整个撞击过程在物理平面和速度平面上表示,如图 3.7 所示。

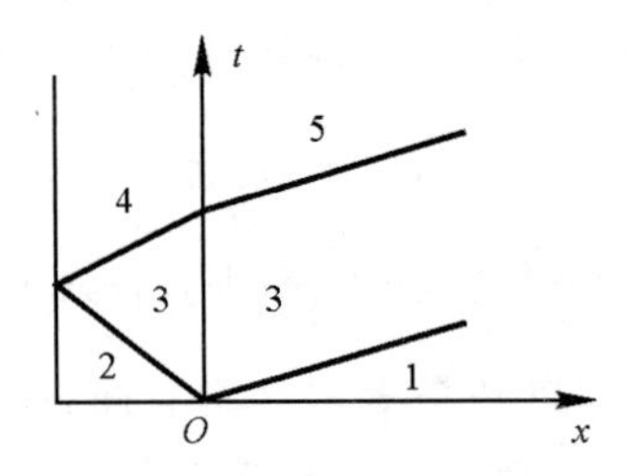

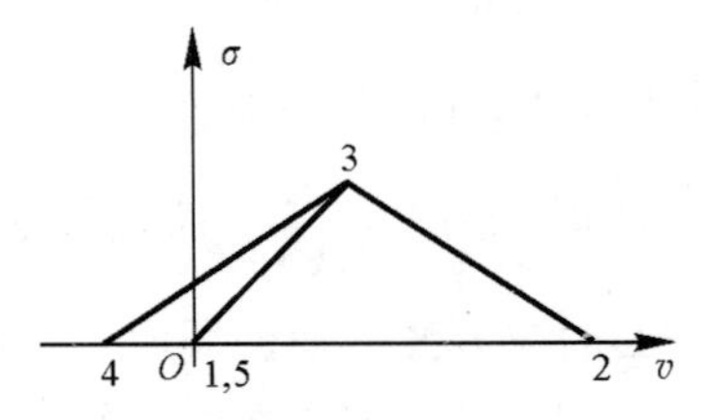

图 3.7　$(\rho_0 C_0)_2/(\rho_0 C_0)_1 < 1$ 时撞击结果

如果杆 A 也是有限长杆,特殊情况下,其长度也满足

$$L_1/(C_0)_1 = L_2/(C_0)_2$$

在 $t=\dfrac{L_2}{(C_0)_2}$ 时刻,两列反射波同时到达撞击界面时,两杆端的应力同时卸载为零。撞击结束后,杆 B 处于质点速度为 $v_B=v_3<0,\sigma=0$ 的状态(见图 3.8 中的点 4),而杆 A 处于

$$v_A=\frac{2(\rho_0 C_0)_2 v_2}{(\rho_0 C_0)_1+(\rho_0 C_0)_2},\quad \sigma=0$$

的状态(见图 3.8 中的点 5)。即撞击结束后,入射杆 B 以一个速度回弹,而被撞击杆 A 则以速度

$$v_A=\frac{2(\rho_0 C_0)_2 v_2}{(\rho_0 C_0)_1+(\rho_0 C_0)_2}$$

飞出。

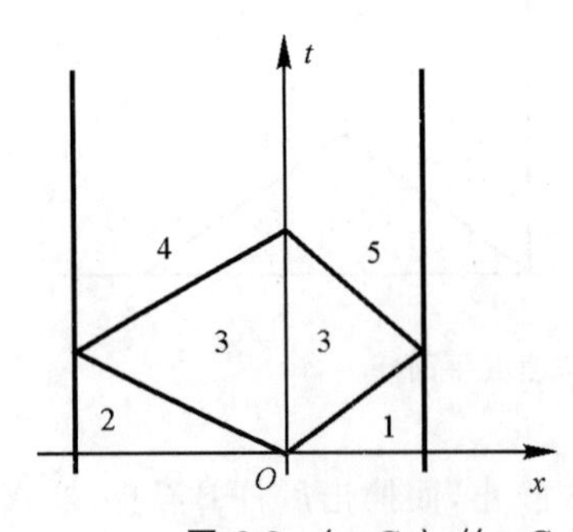

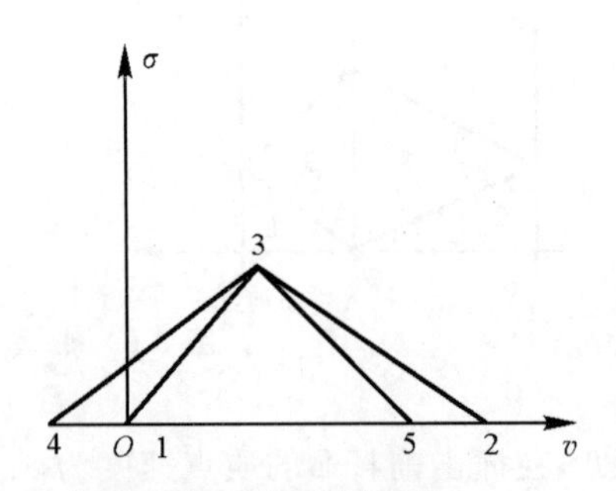

图 3.8　$(\rho_0 C_0)_2/(\rho_0 C_0)_1 < 1$,A 杆也是有限长杆的情形

3. $(\rho_0 C_0)_2/(\rho_0 C_0)_1 > 1$

如果入射杆 B 的波阻抗大于被撞击杆 A 的波阻抗,杆 B 中由于撞击产生的左行波在杆的

自由端反射后，应力降为零，质点速度变为

$$v_B = \frac{[(\rho_0 C_0)_2 - (\rho_0 C_0)_1]v_2}{(\rho_0 C_0)_2 + (\rho_0 C_0)_1} > 0$$

当 $t = 2\dfrac{L_2}{(C_0)_2}$ 时，该反射波到达撞击界面，此时整个杆B已经处在应力为零，但质点速度 $v_B >$ 0 的状态；对于杆 A，此时不但应力卸载到零，质点速度也降低为零。此后，由于撞击杆 B 速度 $v_B > 0$，将会有二次撞击产生，但由于此时撞击杆 B 的速度小于第一次撞击时的速度，因此二次撞击产生的应力波的幅值小于第一次撞击产生的应力波的幅值。这样在杆 A 中的应力波幅值将随之降低。当 $t = 4\dfrac{L_2}{(C_0)_2}$ 时，二次撞击产生的应力波在杆 B 自由端反射后又回到了撞击界面，并再次使得杆 B 中应力卸载到零，同时杆 A 的撞击界面上应力和质点速度也卸载到零，但此时由于杆B仍然有正向的速度（该速度要小于第二次撞击的速度），第三次撞击发生。以此类推，杆B将会不断以逐渐减小的速度撞击杆A，使得杆A中传播着一列具有阶梯形的应力波，且每个阶梯的长度均为

$$\lambda = 2L_2(C_0)_1/(C_0)_2$$

在物理和速度平面上表示出整个撞击过程，如图 3.9 所示。

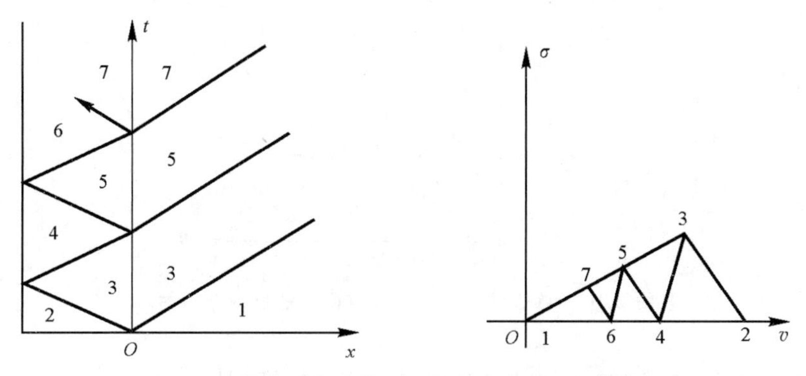

图 3.9 撞击过程在物理平面和速度平面上的表示

3.4 弹性波在不同介质界面上的反射与透射

与光波一样，在应力波的传播过程中，当它从一种介质进入与之相接触的另一种介质时，考虑到两种介质的波阻抗可能不同，应力波将在两种介质的分界面上同时发生反射和透射现象。本节重点讨论弹性应力波垂直入射截面几何形状相同的两种介质截面上的反射和透射。

仍假设有两根均匀弹性圆杆 A 和 B，它们有相同的横截面积，其波阻抗分别为 $(\rho_0 C_0)_1$ 和 $(\rho_0 C_0)_2$。在杆 B 中由左向右传播着一列强度为 σ_1 的弹性波，入射波前方的所有质点都处于自由静止状态（包括杆 A），即无质点初速度和应力。在某一时刻，入射波到达两杆的界面后发生反射和透射，设反射波的强度为 σ_2，透射波的强度为 σ_3。

在界面两侧取两个紧邻界面的质点 M，N，如图 3.10 所示。当入射波的波阵面到达界面左

侧时,由波阵面上的相容条件可得质点获得的速度增量为

$$v_1=-\frac{\sigma_1}{(\rho_0 C_0)_2} \tag{3.20}$$

当入射波在界面反射后,质点又获得一个速度增量为

$$v_2=\frac{\sigma_2}{(\rho_0 C_0)_2} \tag{3.21}$$

因此,反射和入射叠加后紧邻界面左侧的质点 M 的速度和应力分别为

$$v_M=v_1+v_2=-\frac{\sigma_1}{(\rho_0 C_0)_2}+\frac{\sigma_2}{(\rho_0 C_0)_2} \tag{3.22a}$$

$$\sigma_M=\sigma_1+\sigma_2 \tag{3.22b}$$

在接触面的右侧,只有透射波通过,因此,质点 N 的速度和应力分别为

$$v_N=v_3=-\frac{\sigma_3}{(\rho_0 C_0)_1} \tag{3.23a}$$

$$\sigma_N=\sigma_3 \tag{3.23b}$$

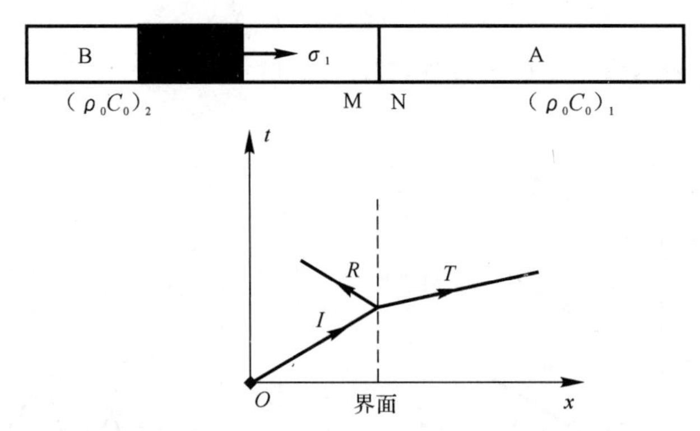

图 3.10　弹性波在不同介质界面上的反射与透射

根据连续性条件,在界面上的质点速度和应力应该相等,即有

$$v_M=v_N,\quad \sigma_M=\sigma_N \tag{3.24}$$

将式(3.22a)、式(3.22b)、式(3.23a) 和式(3.23b) 代入式(3.24) 可得

$$\sigma_3=\sigma_1+\sigma_2 \tag{3.25a}$$

$$-\frac{\sigma_1}{(\rho_0 C_0)_2}+\frac{\sigma_2}{(\rho_0 C_0)_2}=-\frac{\sigma_3}{(\rho_0 C_0)_1} \tag{3.25b}$$

从中可解出反射波和透射波的强度以及由它们引起的质点的速度增量分别为

$$\sigma_2=\frac{(\rho_0 C_0)_1-(\rho_0 C_0)_2}{(\rho_0 C_0)_1+(\rho_0 C_0)_2}\sigma_1,\quad v_2=-\frac{(\rho_0 C_0)_1-(\rho_0 C_0)_2}{(\rho_0 C_0)_1+(\rho_0 C_0)_2}v_1$$

$$\sigma_3=\frac{2(\rho_0 C_0)_1}{(\rho_0 C_0)_1+(\rho_0 C_0)_2}\sigma_1,\quad v_3=\frac{2(\rho_0 C_0)_2}{(\rho_0 C_0)_1+(\rho_0 C_0)_2}v_1$$

如果定义　$F=\frac{(\rho_0 C_0)_1-(\rho_0 C_0)_2}{(\rho_0 C_0)_1+(\rho_0 C_0)_2},\quad T=\frac{2(\rho_0 C_0)_1}{(\rho_0 C_0)_1+(\rho_0 C_0)_2}$

分别为反射系数和透射系数，那么上面的式子就可以表示为

$$\sigma_2 = F\sigma_1,\quad v_2 = -Fv_1 \tag{3.26a}$$

$$\sigma_3 = T\sigma_1,\quad v_3 = \frac{(\rho_0 C_0)_2}{(\rho_0 C_0)_1}Tv_1 \tag{3.26b}$$

观察式(3.26a)和式(3.26b)可知：透射系数 T 总是正值，因此透射波总是和入射波的性质相同。但是反射系数可正可负，因此反射波的性质必须视具体情况而定。下面将具体讨论材料的波阻抗对反射和透射波的影响。

(1)$(\rho_0 C_0)_2 > (\rho_0 C_0)_1$，即波从波阻抗大的介质中传播到波阻抗小的介质中。

这种情况下，反射系数 $F < 0$，透射系数 $0 < T < 1$。因此，反射波与入射波的应力符号相反，而透射波虽然和入射波的应力符号相同，但是幅值要小于入射波。这种情况也就相当于波从较"硬"的材料传入较"软"的材料。

在速度平面上画出这种情况，如图 3.11 所示。

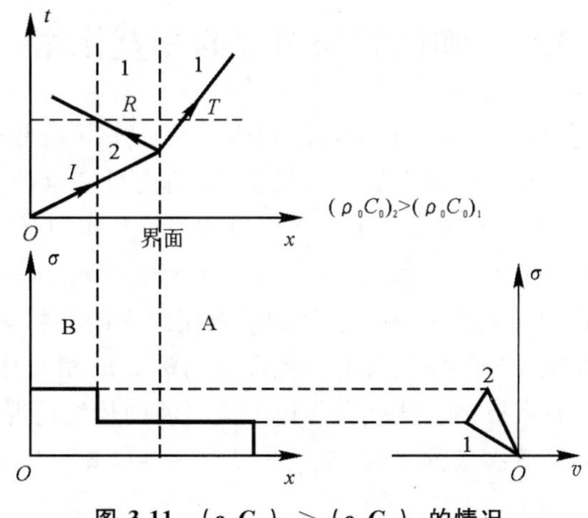

图 3.11　$(\rho_0 C_0)_2 > (\rho_0 C_0)_1$ 的情况

如果取$(\rho_0 C_0)_1 \longrightarrow 0$，即第二种材料相当于真空，这时 $F = -1$，$T = 0$，这就相当于弹性波在自由表面反射。

(2)$(\rho_0 C_0)_2 < (\rho_0 C_0)_1$，即波从波阻抗小的介质中传播到波阻抗大的介质中。

这时，反射系数 $F > 0$，透射系数 $T > 1$。因此，反射波与入射波的应力符号相同，而透射波虽然和入射波的应力符号相同，但是幅值要大于入射波。这种情况也就相当于波从较"软"的材料传入较"硬"的材料。在速度平面上画出这种情况，如图 3.12 所示。

(3)$(\rho_0 C_0)_2 = (\rho_0 C_0)_1$，即两种介质的波阻抗相同。

如果两种介质的波阻抗相同，则反射系数 $F = 0$，透射系数 $T = 1$。因此，当波到达两种介质的界面时将全部透过，并无反射波产生。这说明：两种不同的介质，虽然 ρ_0 和 C_0 不同，但是只要波阻抗相同，弹性波在通过其界面时就不会产生反射，这称为波阻抗匹配。在不希望产生反射波的情况下，选材时就可以通过考虑波阻抗匹配的问题来满足要求。

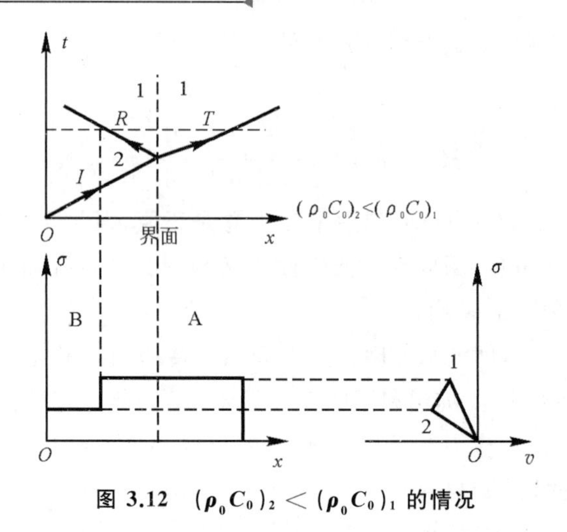

图 3.12　$(\rho_0 C_0)_2 < (\rho_0 C_0)_1$ 的情况

3.5　弹性波与裂尖的相互作用

在工程实际中，经常会遇到一些带有裂纹的结构受到冲击载荷的作用。当冲击载荷较大时，其惯性载荷不能忽略，要分析构件内的应力状态，必须进行完全的动态分析。带裂纹结构的动态问题是比较复杂的，必须考虑裂纹尖端与应力波的相互作用。讨论结构是否会断裂，就要计算裂尖动态应力强度因子 $K_{\rm I}(t)$ 的大小，当 $K_{\rm I}(t)=K_{\rm Id}$（动态应力强度因子的临界值，称为动态断裂韧性）时，结构就会发生破坏。这样的问题用封闭的解析解是很困难的，一般只能借助数值计算方法进行求解。为了使读者能对弹性波与裂尖的相互作用有所认识，本节将介绍一个带有中心穿透裂纹的平板在阶跃载荷作用下应力波的传波情况。

图3.13为一个带中心穿透裂纹的平板，裂纹长度为 $2a=4.8$ mm，板长 $L=40$ mm，宽 $W=20$ mm，材料的弹性模量 $E=200$ GPa，泊松比 $\upsilon=0.3$，密度 $\rho=5.0$ g/cm^3。板端作用的冲击载荷如图 3.14 所示。

用有限元计算方法，通过裂尖应力场的计算得出动态应力强度因子（有兴趣的读者可参阅李玉龙、刘元镛等著的《动态起裂韧性及动态裂纹扩展的理论与实验研究》一书）。图 3.15 示出裂尖的应力强度因子在应力波作用下随时间的变化。图中的纵坐标用无量纲系数 $k_{\rm I}(t)=K_{\rm I}(t)/\sigma\sqrt{\pi a}$ 表示，称为动载影响系数，其表示较准静态载荷作用下，动态载荷作用时无限大板裂尖应力强度因子的增大倍数。

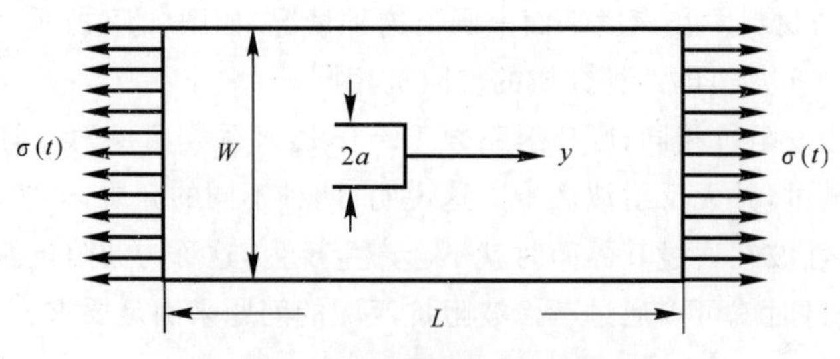

图 3.13　带裂纹平板的几何形状

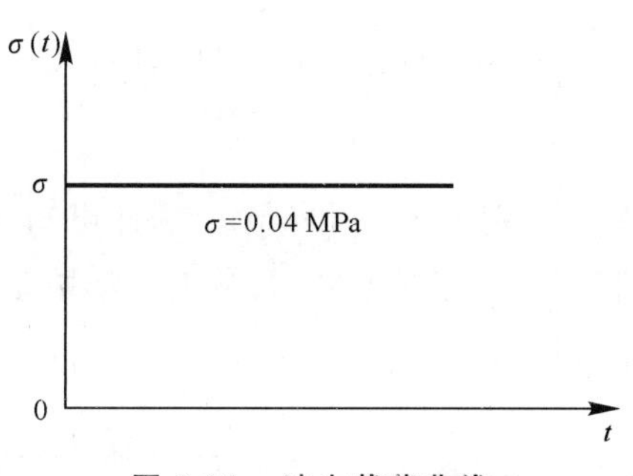

图 3.14　冲击载荷曲线

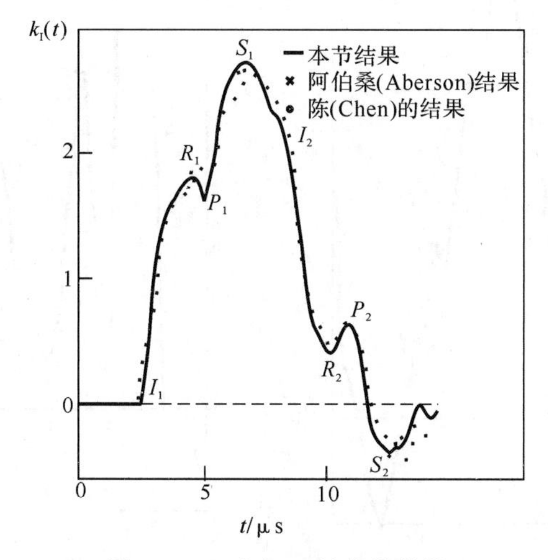

图 3.15　$k_1(t)-t$ 的变化曲线

由图 3.15$k_1(t)-t$ 曲线可以看出，其传播过程中存在很多振荡，这是板内存在裂纹，应力波和裂纹尖端相互作用的结果。图 3.15 中所示的点 I_1 表示板端受冲击载荷作用后所产生的初始应力波从板端传播到裂尖所需要的时间，也就是载荷作用以后，裂纹尖端感受到应力作用时所需要的时间。(R_1-I_1) 表示瑞利波从裂纹尖端传播到另一尖端所需要的时间；(P_1-I_1) 表示纵波从裂尖传播到最近边界(另一端)经反射后返回到裂纹尖端所需要的时间；(S_1-I_1) 表示横波从裂尖传播到最近的边界经反射后返回到裂纹尖端所需要的时间；I_2 表示初始应力波传播到另一个板端经表面反射后再传播到裂纹尖端所需要的时间。R_2-I_2，P_2-I_2 和 S_2-I_2 表示第二次传播到裂尖的初始应力波与裂尖作用后所产生的各种应力波再传播到裂尖所需要的时间。这样可以看出：各种波与裂纹尖端相互作用的时间与曲线上的突变点对应的时间，说明通过裂纹尖端的应力波会和裂纹尖端发生作用，并使动态应力强度因子发生突变。

顺便指出：材料特性和平板的几何尺寸会对动态应力强度因子产生影响。弹性模量 E 和材料密度 ρ 影响较小，泊松比 υ 的影响稍微大一些，这主要是由于泊松比的变化会改变纵波和瑞利波的波速，从而使应力波与裂尖的作用次序发生变化。几何尺寸对动态应力强度因子的

影响较大。图 3.16 分别示出了$\frac{2a}{W}=0.3$和$\frac{2a}{W}=0.096$时，两种波的传播过程对动态应力强度的影响。

在两种情况下得到$k_{\mathrm{I}}(t)_{\max}$分别为 2.68 和 3.04。由此可知，随着板宽尺寸的不同，各种应力波和裂尖相互作用的时间和先后次序是不同的，从而也影响动态应力强度因子的最大值和最小值及达到最大值所需的时间。

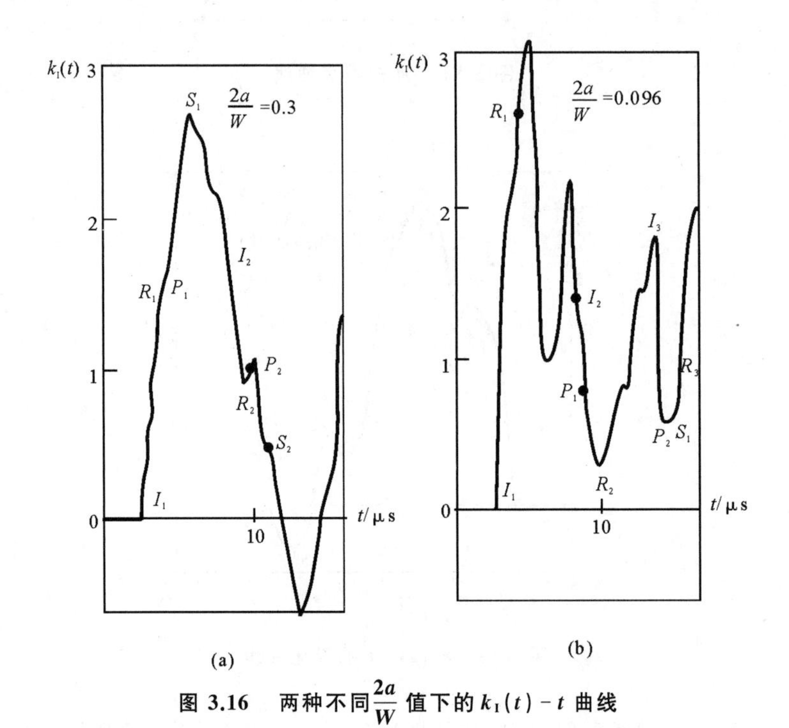

图 3.16　两种不同$\frac{2a}{W}$值下的$k_{\mathrm{I}}(t)-t$曲线

习　题

1. 对于半无限长弹性杆共轴撞击，试求弹性杆中产生的应力脉冲幅值和撞击界面的质点速度。

2. 两相同材料的弹性杆共轴撞击如图 3.17 所示，试求两杆分离后各自的整体飞行速度。

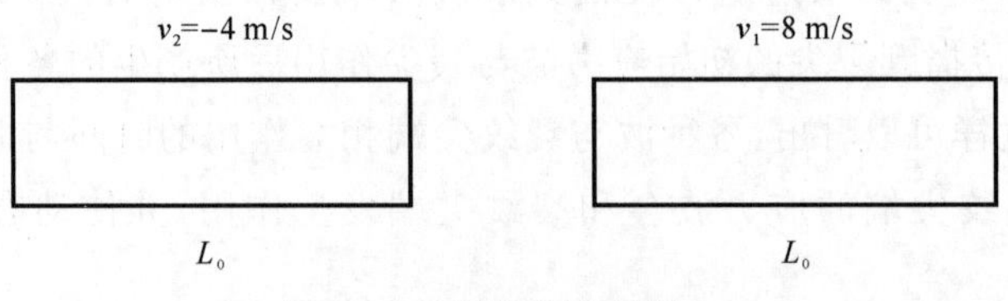

图 3.17　弹性杆共轴撞击

3. 已知图 3.18 中两杆材料中的$\rho=8\ \mathrm{g/cm^3}$，$E=200\ \mathrm{GPa}$，试求出撞击结束时间、分离时间以及分离后各杆整体的飞行速度。

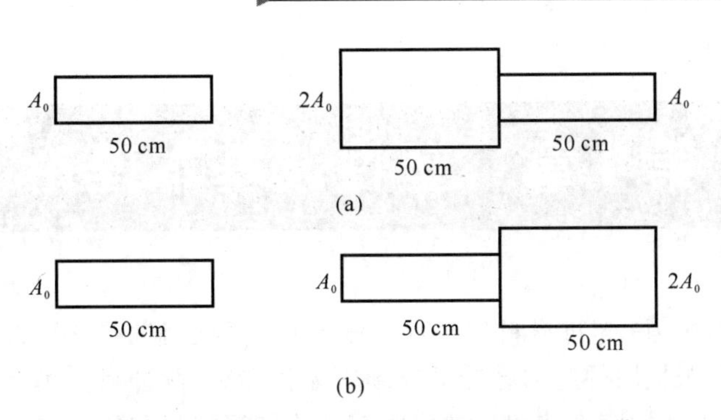

图 3.18　等截面杆对变截面杆共轴撞击的两种情况

4. 已知抗压强度为 1 000 MPa，抗拉强度为 400 MPa 的细圆柱杆传播一压缩三角波，其幅值为 500 MPa，波宽为 200 μs，在自由端反射时将产生层裂，问是否产生二次层裂，如果会产生，则第二个飞片的长度及速度是多少？

第4章　塑性波基本理论

通常，外载荷（即应力）超过材料的弹性极限或材料的屈服极限时，将出现塑性变形或塑性流动。这种超过屈服极限的应力脉冲沿连续固体传播时，脉冲可分解为弹性波和塑性波。在本章中，首先对一维塑性应力波和一维塑性应变波进行解释和描述，推导出控制方程，然后对著名的泰勒试验进行介绍，最后通过几个典型例题对塑性波速和塑性发生的现象进行说明。

4.1　塑性波的定义

力作用于材料，当应力超过韧性材料的弹性极限时，出现塑性变形。超过弹性极限的应力脉冲传到材料时，这个脉冲分解为弹性波和塑性波。塑性波通常有以下3类：

（1）在圆棒、线和长杆中的塑性波，典型例子是长弹塑性棒撞击刚性目标。如果棒的直径相对长度很小，即属于单轴（一维）应力状态，将在下节讨论。

（2）在半无限体中的塑性波，当侧向应变（垂直应力波前传播方向）是零时，即属于单轴（一维）应变状态，形成的塑性波有明显的波前，因此也称它为冲击波，这将在其他部分讨论。

（3）塑性剪切波。杆中的扭转波或半无限体中的剪切波，若它们的幅值足够高，也会产生塑性变形。本书不讨论此内容。

4.2　一维塑性应力波

通常可用两种参考坐标来处理扰动问题（或是流体位移问题）。一是考虑材料的质点，观察其位置随时间的变化，这是拉格朗日（Lagrangian）方法的物质坐标；二是考虑空间中某个区域，观察材料流入和流出，这是欧拉（Eulerian）方法。为简化起见，本书采用物质坐标。

当一个物理量 F 随时间变化时，以质点位置 x 表示，即

$$F = f(x, t) \tag{4.1}$$

现考虑最简单的一个塑性波传播问题，一个半无限长细线受到速度为 v_1 的向下运动的撞击拉伸，如图4.1所示。试样是退火的铜线，将这个铜线等间隔平分并做上标记，然后进行试验。

线一端连接到刚性板（P），图4.1(a)是整个试验布局，重物W从某一距离 d 落下，并通过连接的橡皮筋带（R）加速。重物撞击刚性板后，线产生塑性变形，总伸长距离为 D。把线的初始端位置取做原点，观察距离为 x 的质点位移。在时间 t，它有位移 u。应用牛顿第二定律，有

$$\mathrm{d}F = \mathrm{d}m\,\frac{\partial^2 u}{\partial t^2} = \rho_0 \mathrm{d}V\,\frac{\partial^2 u}{\partial t^2} = \rho_0 A_0 \mathrm{d}x\,\frac{\partial^2 u}{\partial t^2}$$

因而

$$\frac{\mathrm{d}\sigma}{\mathrm{d}x} = \rho_0\,\frac{\partial^2 u}{\partial t^2} \tag{4.2}$$

式中：ρ_0 和 A_0 分别是线的初始密度和横截面积；σ 是应力。由于是塑性变形状态，假定在加载中应力与应变是一一对应的(不考虑卸载是因为过程的不可逆性)。式(4.2) 可写为

$$\rho_0 \frac{\partial^2 u}{\partial t^2} = \frac{d\sigma}{d\varepsilon} \frac{\partial \varepsilon}{\partial x}$$

因应力、应变有一一对应关系，所以用 d 取代 ∂。而且 $\varepsilon = \dfrac{\partial u}{\partial x}$，上式可写为

$$\frac{\partial^2 u}{\partial t^2} = \frac{d\sigma / d\varepsilon}{\rho_0} \frac{\partial^2 u}{\partial x^2} \tag{4.3}$$

对弹性波，波速为 $C_0 = \sqrt{\dfrac{E}{\rho}}$。现对塑性波，在一个常数应变 ε 下塑性波速度从式(4.3) 可推断为

$$C_p = \left(\frac{d\sigma / d\varepsilon}{\rho_0} \right)^{1/2} \tag{4.4}$$

在弹性区，$\dfrac{d\sigma}{d\varepsilon} = E$，即有波速 $C_0 = C_p = \left(\dfrac{E}{\rho_0} \right)^{1/2}$。

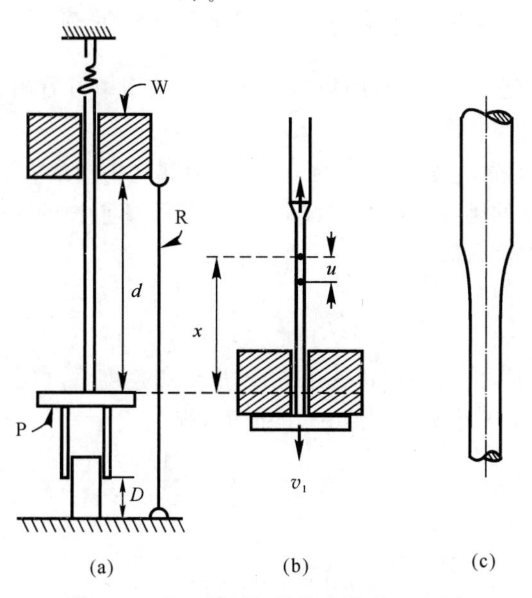

图 4.1　半无限长细丝撞击拉伸示意图

(a) 初始位置；(b) 撞击后的位置；(c) 塑性波传播过程中线的形状

当脉冲的持续长度 Λ 相对棒的半径 r 超过 10 倍时，即 $r/\Lambda < 0.1$ 时，式(4.4) 是塑性波在棒(杆) 中的精确波速。它比无约束介质纵波波速稍低。在泊松比为 0.3 的无约束介质中，纵波波速是 $1.16C_0$。

应用边界条件，可以确定波的构形。边界条件为

$$u = \begin{cases} v_1 t, & x = 0 \\ 0, & x \to \infty, \quad t > 0 \end{cases}$$

(1)$0 \leqslant x \leqslant C_1 t$($C_1$ 是塑性波波前传播的速度)，应变为常数并等于 ε_1。

(2)$C_1 t < x < C_0 t$(C_0 是棒或杆的弹性纵波波速) 在此间隔

$$\frac{x}{t}=\left(\frac{\mathrm{d}\sigma/\mathrm{d}\varepsilon}{\rho_0}\right)^{1/2}$$

(3)$x>C_0t$，　$\varepsilon_1=0$。

图 4.2(a) 给出了应变作为 x/t 的函数的变化情况。在撞击后任何时刻都可画出波形剖面图。为了求解问题，要求出作为撞击速度函数的最大应变 ε_1。

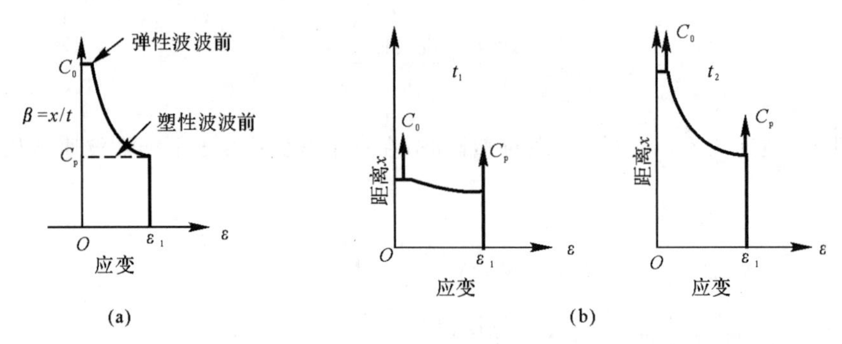

图 4.2　波形剖面图

(a) 应变是 $\beta=x/t$ 的函数；(b) 撞击产生一个总应变 ε_1 在不同时间 t_1 和 t_2 应变的分布变化

图 4.2(b) 给出了时刻 t_1 和 t_2 时的波形剖面图。从图中可看出，波前随时间 t 增加而展开。这是波本身的弥散现象，其原因是 $C_p<C_0$。

为了求出在某一确定撞击速度 v_1 时的 σ_1 和 ε_1(金属线中的最大应力和塑性应变)，首先建立线底端位移作为时间 t 的函数。这个位移 $u\big|_{x=0}$ 等于下落重物的速度 v_1(下落体的重量是常数并不受线的影响) 乘时间，即

$$v_1=\frac{u\big|_{x=0}}{t}$$

现考虑在应力为 σ_0 时，力的增量 $\mathrm{d}(A\sigma_0)$ 沿金属线以速度 C_{p0}(C_{p0} 是在应力 σ 的塑性波速) 移动。任取一个微段 $\mathrm{d}x$，$\mathrm{d}t$ 是塑性波沿 $\mathrm{d}x$ 的时间，则

$$C_{p0}=\frac{\mathrm{d}x}{\mathrm{d}t},\quad \mathrm{d}t=\frac{\mathrm{d}x}{C_{p0}}$$

应用动量守恒定律得

$$m\,\mathrm{d}v=\mathrm{d}(A\sigma_0)\,\mathrm{d}t$$

线段 $\mathrm{d}x$ 的质量是 $\mathrm{d}x\rho_0A$(忽略 A 的变化)，再由动量变化等于冲量变化的关系，有

$$(\mathrm{d}x\rho_0A)\,\mathrm{d}v=\mathrm{d}(A\sigma_0)\,\mathrm{d}t=\mathrm{d}(A\sigma_0)\frac{\mathrm{d}x}{C_{p0}}$$

$$\mathrm{d}v=\frac{1}{\rho_0}\frac{\mathrm{d}\sigma_0}{C_{p0}}$$

在 $x=0$ 时，速度 v_1 可通过以上方程积分得到，即

$$v_1=\int\mathrm{d}v=\int_0^{\sigma_1}\frac{\mathrm{d}\sigma_0}{\rho_0\sqrt{\dfrac{\mathrm{d}\sigma_0/\mathrm{d}\varepsilon}{\rho_0}}}$$

整理后得

$$v_1=\int_0^{\sigma_1}\frac{\mathrm{d}\varepsilon^{1/2}}{\rho_0^{1/2}}\mathrm{d}\sigma_0^{1/2}$$

若积分限采用应变 ε，重新整理后得

$$v_1 = \int_0^{\varepsilon_1} \sqrt{\frac{\mathrm{d}\sigma_0 / \mathrm{d}\varepsilon}{\rho_0}}\, \mathrm{d}\varepsilon$$

由于被积函数是变量，这个积分只能数字求解，所以得不到通解，除非 σ 和 ε 之间的关系式被假定。对已知的撞击速度和已知 $\sigma-\varepsilon$ 的关系，可得到 ε_1。假定指数关系式可以描述大多数韧性材料的塑性行为：

$$\sigma = k\varepsilon^n$$

$$\frac{\mathrm{d}\sigma}{\mathrm{d}\varepsilon} = kn\varepsilon^{n-1}$$

$$v_1 = \left(\frac{kn}{\rho_0}\right)^{1/2} \int_0^{\varepsilon_1} \varepsilon^{(n-1)/2}\, \mathrm{d}\varepsilon$$

$$v_1 = \left(\frac{kn}{\rho_0}\right)^{1/2} \left(\frac{n-1}{2} + 1\right)^{-1} \varepsilon_1^{(n+1)/2}$$

和

$$\varepsilon_1 = \left[\frac{\rho_0 v_1^2 (n+1)^2}{4kn}\right]^{1/(n+1)}$$

若认为使试样产生颈缩的速度为最大撞击速度，则最大速度容易求出。对服从指数率（$\sigma = k\varepsilon^n$）的材料，很容易找出试样开始颈缩的应力。根据判据，这个应变在数值上等于 n，即

$$\varepsilon_{\max} = n$$

故

$$v_1 = \frac{k^{1/2} n^{(n+2)/2}}{\rho_0^{1/2} \left[\frac{1}{2}(n+1)\right]}$$

4.3　一维塑性应变波

为了构建塑性波传播的模型，建立了许多数学方程，这些数学方程以本构方程的形式描述了材料性能。本构方程是应力与应变、应变率、温度等的一个关系式。这些关系式是非线性的。一些方程称为有限变形的弹塑性，而多数方程是将材料的响应分为几个类别，这些类别依赖于波传播的特征，并按线性黏弹性、无限小的理想弹塑性、非线性黏弹性和热弹性行为等进行分析。

随着一个系统侧面尺寸的增加，边界条件已发生变化，中心应力状态将不同于表面。对一极限情况，侧面尺寸为无限且无侧面应变（即垂直于应力波传播方向无应变）。这样单轴应力状态就成为单轴应变状态，式(4.4) 中 $C_{\mathrm{p}} = \left(\frac{\mathrm{d}\sigma/\mathrm{d}\varepsilon}{\rho}\right)^{1/2}$ 将会改变。斜率 $\mathrm{d}\sigma/\mathrm{d}\varepsilon$ 随塑性应变增加而增大，应力-应变曲线将成为凹陷的。当塑性波传播时，塑性波波前会变得逐渐“陡峭”，并因此成为一个不连续的跳跃，称为“冲击波前”。若忽略材料强度，可采用简单的流体计算来处理这类冲击问题。但在一定速度以下，这种简单的流体计算处理过于简单而不能预测该类冲击的现象。

4.4 有限长杆的撞击

4.4.1 泰勒实验

泰勒对高应变率变形的试样进行了大量的分析，这些试验涉及塑性变形按照波的过程进行传播。这个分析属于经典工作，需做简要介绍。泰勒试验已成为验证材料本构关系的标准方法。图 4.3(a) 是一个试样准静态压缩变形。其均匀变形，忽略端面摩擦影响，在任何时刻试样横截面为常数。另外，若变形为动态，像一圆柱杆撞击刚性墙壁，变形过程中和变形后的试样形状不均匀。圆柱撞击部分经历一个较大的变形，泰勒按弹、塑性波，基于圆柱体的传播顺序描述了变形过程。

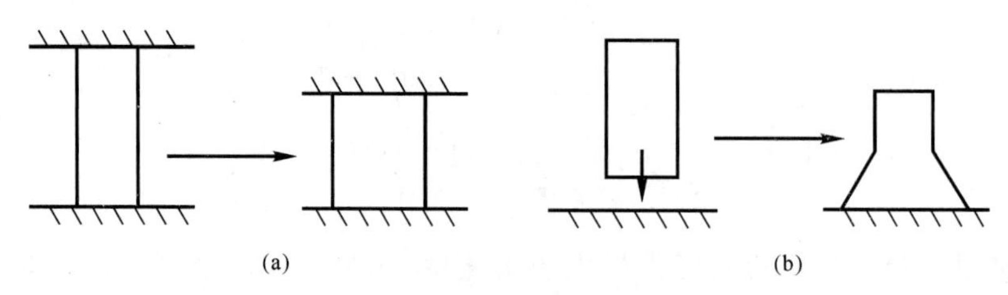

图 4.3 圆柱的变形

(a) 准静态； (b) 动态

图 4.4 是简化了的泰勒方法所描述的变形的次序。长为 L_0 的圆柱弹体杆以速度 v_0 撞击目标。在此刻，弹性波传播时要比塑性波快，且具有速度 C。

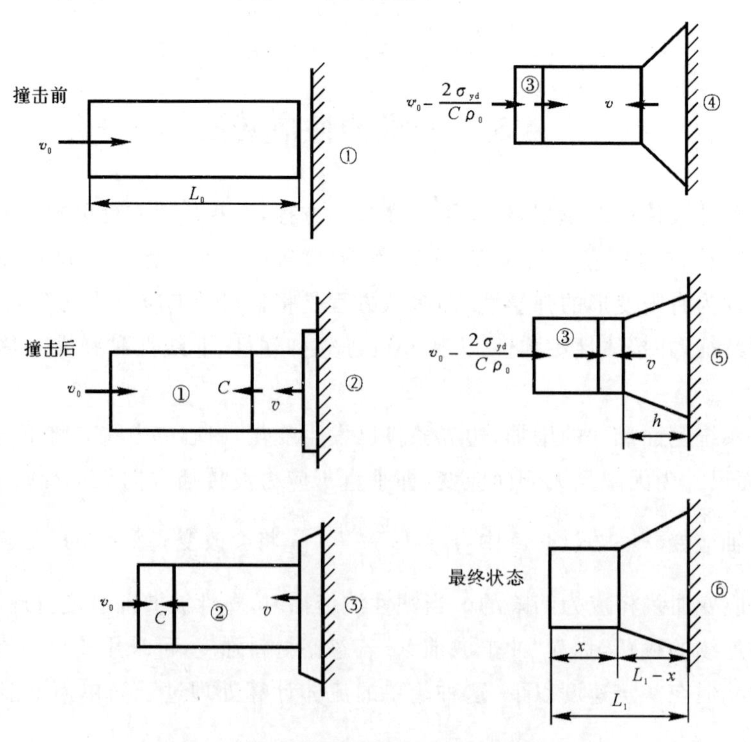

图 4.4 圆柱杆撞击刚性墙壁后变形的次序

这个弹性压缩波传播到圆柱弹体的后表面，反射并按卸载波返回。当它向塑性波返回时，它与塑性波相互作用应力降为零，变形过程结束。在塑性变形区中的应力被假定为常数，并等于在该应变率下的材料的屈服应力 σ_{yd}（动态屈服应力）。图 4.5 给出了弹性区、塑性区及以速度 v_0+v 运动到界面 Ⅰ 的未塑性变形材料，而塑性变形的材料以速度 v 离开界面。

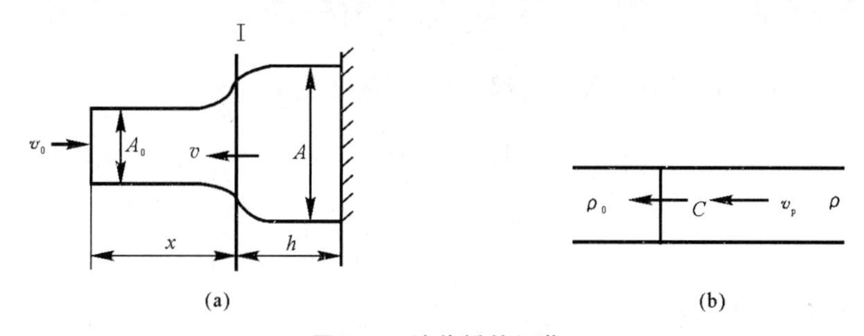

图 4.5　波传播的细节

(a) 塑性波前；(b) 弹性波前

按质量守恒定律（流入质量等于流出质量）

$$A_0(v_0+v)=Av,\quad \rho_0\approx\rho \tag{4.5}$$

据动量守恒，动量的变化等于冲量。若假定界面两侧的应力是 σ_{yd}（弹性波幅值），得到

$$\rho A_0(v_0+v)v=\sigma_{yd}(A-A_0) \tag{4.6}$$

通过式(4.5) 和式(4.6) 消除 v，且知 $\varepsilon=1-L/L_0$，V_p 是体积，且对塑性变形为常数（在压缩下应变被定义为正的）。式中，L_0 和 L 分别表示杆受冲击压缩前、后的长度。

$$\varepsilon=\frac{L_0-L}{L_0}=\frac{V_0/A_0-V_0/A}{V_0/A_0}=1-\frac{A_0}{A}$$

$$\frac{\rho v_0^2}{\sigma_{yd}}=\frac{\varepsilon^2}{1-\varepsilon} \tag{4.7}$$

现分析弹性区中质点的速度 v_p。将质量守恒定律应用到以速度 C 传播的弹性波波前，得

$$\rho_0 C=\rho(C-v_p)$$

假定弹性波的压缩使材料的密度从初始 ρ_0 变到 ρ，在压缩过程中的材料中质点速度为

$$v_p=\frac{\rho-\rho_0}{\rho}C$$

当 A_0 为常数，应变同样为

$$\varepsilon=\frac{L_0-L}{L_0}=\frac{V_0-V}{V_0}=\frac{\rho-\rho_0}{\rho}$$

这样

$$v_p=\varepsilon C=\frac{\sigma C}{E}$$

若材料是弹性的并服从胡克定律 $\varepsilon=\sigma/E$，根据弹性波速 $E=\rho_0C^2$ 得

$$v_p=\frac{\sigma}{C\rho_0} \tag{4.8}$$

自由表面的速度是这个速度的 2 倍，图 4.4 中，存在三个区域①，②和③，质点速度分别是 v_0，$v_0-\sigma_{yd}/C\rho_0$ 和 $v_0-2\sigma_{yd}/C\rho_0$（由于反射）。

参考图 4.5(a)，从弹性边界到自由表面然后弹性波再返回的双程持续时间 $\mathrm{d}t=\dfrac{2x}{C}$，但

$$v=\frac{\mathrm{d}h}{\mathrm{d}t}$$

所以

$$\mathrm{d}h=v\mathrm{d}t=v\frac{2x}{C}$$

式中，h 是塑性区厚度，在这期间，弹体后部速度 v_0 的变化是

$$\mathrm{d}v_0=-\frac{2\sigma_{\mathrm{yd}}}{\rho_0 C} \tag{4.9a}$$

同样有

$$\mathrm{d}x=-(v_0+v)(2x/C) \tag{4.9b}$$

得出 v_0，h 和 x 的变分：

$$\frac{\mathrm{d}h}{\mathrm{d}t}=v \tag{4.10}$$

$$\frac{\mathrm{d}x}{\mathrm{d}t}=-(v_0+v) \tag{4.11}$$

$$\frac{\mathrm{d}v_0}{\mathrm{d}t}=-\frac{\sigma_{\mathrm{yd}}}{\rho_0 x} \tag{4.12}$$

式(4.11) 与式(4.12) 相除有

$$\frac{\mathrm{d}x}{\mathrm{d}v_0}=\frac{(v_0+v)\rho_0 x}{\sigma_{\mathrm{yd}}} \tag{4.13a}$$

但是

$$v=\frac{A_0 v_0}{A-A_0}=\frac{A_0/A}{1-A_0/A}v_0=\frac{1-\varepsilon}{\varepsilon}v_0 \tag{4.13b}$$

将式(4.13b) 代入式(4.13a)，得到

$$\frac{\mathrm{d}x}{\mathrm{d}v_0}=\frac{[v_0+v_0(1-\varepsilon)/\varepsilon]\rho_0 x}{\sigma_{\mathrm{yd}}}=\frac{\rho_0 x}{\sigma_{\mathrm{yd}}\varepsilon}v_0$$

$$\frac{\mathrm{d}x}{x}=\frac{\rho_0}{\sigma_{\mathrm{yd}}\varepsilon}v_0\mathrm{d}v_0$$

由式(4.7)，得

$$\frac{\mathrm{d}x}{x}=\frac{\rho_0}{2\sigma_{\mathrm{yd}}\varepsilon}\mathrm{d}v_0^2=\frac{\rho_0}{2\sigma_{\mathrm{yd}}\varepsilon}\mathrm{d}\left(\frac{\sigma_{\mathrm{yd}}}{\rho_0}\frac{\varepsilon^2}{1-\varepsilon}\right)=\frac{1}{2\varepsilon}\mathrm{d}\left(\frac{\varepsilon^2}{1-\varepsilon}\right)$$

通过积分，得

$$\begin{aligned}\ln x^2&=\int\frac{1}{\varepsilon}\mathrm{d}\left(\frac{\varepsilon^2}{1-\varepsilon}\right)=\frac{\varepsilon^2}{\varepsilon(1-\varepsilon)}-\int\frac{\varepsilon^2}{1-\varepsilon}\mathrm{d}\left(\frac{1}{\varepsilon}\right)=\\&\frac{\varepsilon}{1-\varepsilon}+\int\frac{1}{1-\varepsilon}\mathrm{d}\varepsilon=\frac{\varepsilon}{1-\varepsilon}-\ln(1-\varepsilon)+K=\\&\frac{1}{1-\varepsilon}-\ln(1-\varepsilon)+K'\end{aligned}$$

式中，K' 是积分常数。

在撞击时刻，$x=L$，$\varepsilon=\varepsilon_1$。这个边界条件可完全决定积分常数。当撞击弹体变为静止时，

长度为 x[见图 4.5(a)],$\varepsilon = 0$。这表明弹体的塑性区会形成一个截锥形,如图 4.4 所示。

$$\ln\left(\frac{x}{L}\right)^2 = \frac{1}{1-\varepsilon} - \ln(1-\varepsilon) - \frac{1}{1-\varepsilon_1} + \ln(1-\varepsilon_1)$$

在长度为 x ,$\varepsilon = 0$ 处,有

$$\ln\left(\frac{x}{L}\right)^2 = 1 - \frac{1}{1-\varepsilon_1} + \ln(1-\varepsilon_1) \tag{4.14}$$

但式(4.7) 为

$$\frac{\rho v_0{}^2}{\sigma_{yd}} = \frac{\varepsilon_1^2}{1-\varepsilon_1} \tag{4.15}$$

通过消除式(4.14) 和式(4.15) 中的 ε_1,可确定出 L_1/L 作为 $\rho v_0^2/\sigma_{yd}$ 的函数关系,其中,L_1 表示变形后的长度(包括弹性与塑性变形),如图 4.6 所示。在此图中,L_1/L 和$(L_1 - x)/L(= L_1/L - x/L)$ 相对 $\rho v_0^2/\sigma_{yd}$ 画出。因此,只要知道 x/L 和 ε_1,就可得到 L_1/L 和$(L_1 - x)/L$。图 4.6 表明,当 $\rho v_0^2/\sigma_{yd}$ 从 0 增到 3.5 时,L_1/L 从 1 下降到 0.3。圆柱(L_1/L)的缩短随冲击速度的平方变化,它是基于动能考虑的并且是屈服应力的反函数。图 4.6 中的试验结果来自钢弹体。泰勒注意到,试验获得的弹体形状与式(4.7) 中撞击速度达到 $\rho v_0^2/\sigma_{yd} = 0.5$ 的形状相近。

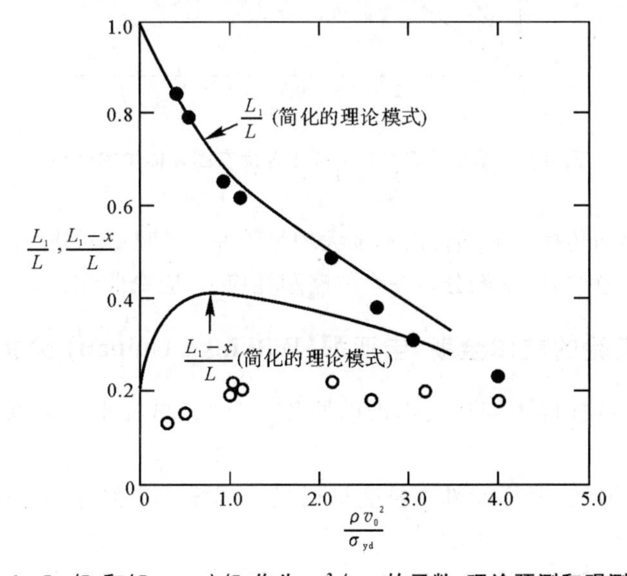

图 4.6　L_1/L 和$(L_1 - x)/L$ 作为 $\rho v_0^2/\sigma_{yd}$ 的函数,理论预测和观测结果

泰勒分析的一个重要结果是塑性区传播速度 dh/dt。弹性界面的距离 h 随时间的变化,给出了塑性区传播的速度,也有人指出其实际上是塑性波的波速。为了确定 h 随 t 的变化,根据时间 t,泰勒将式(4.12) 表示为

$$t = -\int \frac{\rho x}{\sigma_{yd}} dv_0$$

由式(4.7) 得

$$v_0 = \sqrt{\frac{\sigma_{yd}}{\rho} \frac{\varepsilon^2}{1-\varepsilon}}$$

这样

$$t = \left(\frac{\rho}{\sigma_{yd}}\right)^{1/2} \int_0^{\varepsilon_1} x \frac{1-0.5\varepsilon}{(1-\varepsilon)^{3/2}} d\varepsilon$$

但已知

$$\frac{\rho}{\sigma_{yd}}=\frac{1}{v_0^2}\frac{\varepsilon_1^2}{1-\varepsilon_1}$$

$$\frac{v_0 t}{L}=\frac{\varepsilon_1}{(1-\varepsilon_1)^{1/2}}\int_0^{\varepsilon 1}\frac{x}{L}\frac{1-0.5\varepsilon}{(1-\varepsilon)^{3/2}}\mathrm{d}\varepsilon$$

对不同的 ε_1 值，对此方程的数字积分导出曲线，如图 4.7 所示。从图中可看出 h/L 与 $v_0 t/L$ 几乎呈线性变化，导致塑性波前($\mathrm{d}h/\mathrm{d}t$)几乎是常数速度。对应变 0.5，坐标纵横之比为

$$\frac{h/L}{v_0 t/L}=\frac{h}{v_0 t}=\frac{1}{v_0}\frac{h}{t}\approx 1$$

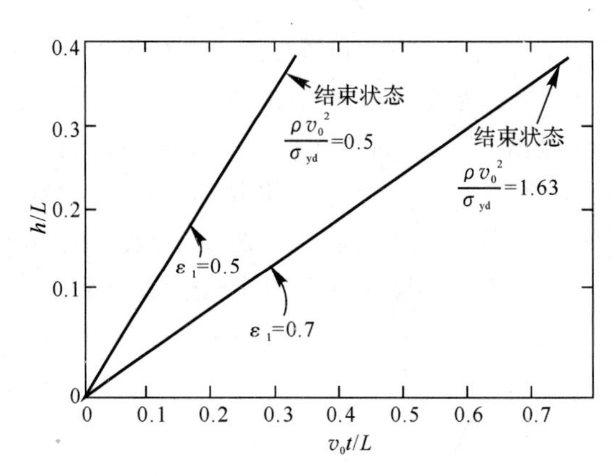

图 4.7 塑性波波前作为撞击速度在圆弹体中的传播

对应变弹塑性界面传播 0.5，塑性波速度大约等于冲击速度。对应变 0.7，它大约等于冲击速度的一半。值得注意的是，泰勒分析完全忽略塑性应力-应变曲线。

4.4.2 泰勒实验的威尔金斯-圭亚那(Wilkins - Guinan)分析

图 4.8 给出了铜试样以不同速度撞击的照片。显然，试样形态与泰勒分析有较大的偏离。主要差别如下：

(1) 随撞击速度增加，试样端部本身变形增强。试样变形部分不是圆锥状，而是呈现蘑菇状。

(2) 不易分清塑性变形与非变形区的边界。这样，不易获得可靠的距离 x。

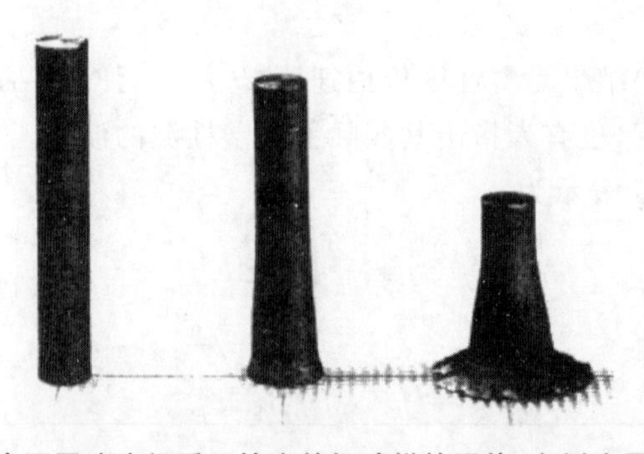

图 4.8 在不同速度经受正撞击的铜试样的照片，左侧为原始尺寸

威尔金斯和圭亚那进行了简单的数学分析，可以很好地预测许多材料的长度 L_1/L_0 分数减少。他们首先验证 L_1/L_0 与初始长度 L_0 无关。如图 4.9 所示，对 1090 钢试样，其长度分别为 0.782 cm，2.347 cm 和 4.694 cm。

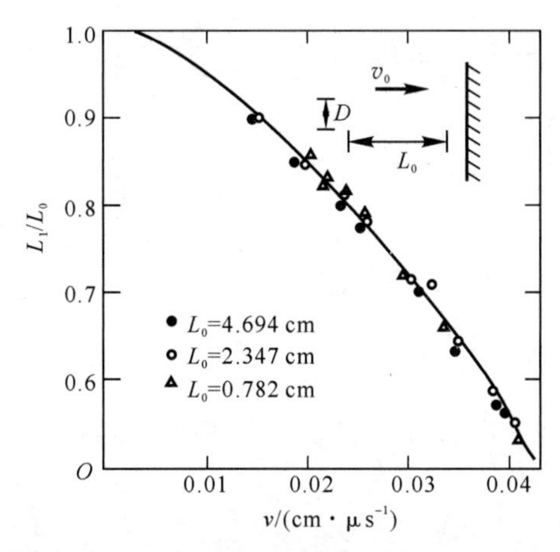

图 4.9　验证钢圆柱体撞击刚性壁，L_1/L_0 与 L_0

借助这个新思路，其分析推导如下：

假定试样长度随时间的变化等于瞬时速度 v_0，即

$$\frac{\mathrm{d}L}{\mathrm{d}t}=-v_0 \tag{4.16}$$

利用牛顿第二定律，试样在刚壁上施加的力为

$$\sigma_{\mathrm{yd}}A=-\rho_0 LA\frac{\mathrm{d}v_0}{\mathrm{d}t} \tag{4.17}$$

式中：$\rho_0 LA$ 是试样的质量；$\frac{\mathrm{d}v_0}{\mathrm{d}t}$ 是它的减加速度。将式(4.17) 代入式(4.16) 得

$$\frac{\mathrm{d}L}{L}=\frac{\rho_0 v_0}{\sigma_{\mathrm{yd}}}\mathrm{d}v_0,\quad \ln\frac{L_1}{L_0}=-\frac{\rho_0 v_0^2}{2\sigma_{\mathrm{yd}}}$$

上式给出了 L_1/L_0 依赖于 $\rho v_0^2/\sigma_{\mathrm{yd}}$，其相似于泰勒的分析。威尔金斯和圭亚那修正了这个公式，使它可以应用于许多材料中。假定塑性波波前在距冲击面 h 处形成并在这个波前定义了一个新的边界条件，这个塑性波前在塑性变形的早期阶段将从冲击面移到一个固定位置。这个距离 h 与速度无关，且与试样长度 L_0 成比例变化，$h/L_0=$ 常数，这样

$$\ln L\left|\frac{L_1-h}{L_0-h}=\frac{\rho_0 U^2}{2\sigma_{\mathrm{yd}}}\right|_{v0}^{0}$$

$$\frac{L_1}{L_0}=\left(1-\frac{h}{L_0}\right)\exp\left(-\frac{\rho_0 v_0^2}{2\sigma_{\mathrm{yd}}}\right)+\frac{h}{L_0} \tag{4.18}$$

例 4.1　铜的应力-应变曲线如图 4.10 所示。求：

(1) 最大应变 ε_1；

(2) 应力 σ_1；

(3) 作为冲击速度函数的塑性波速 C_1。

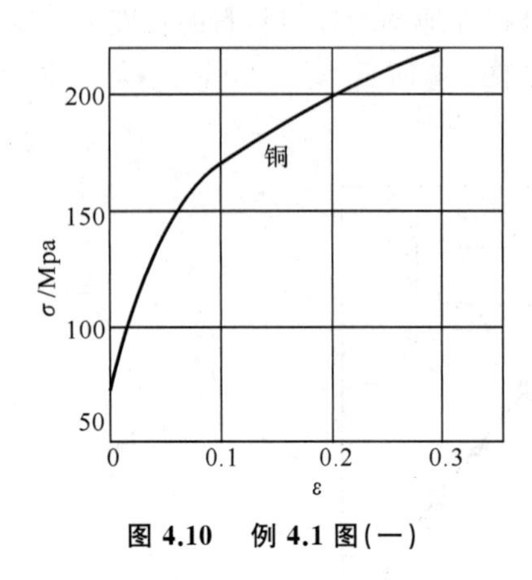

图 4.10　例 4.1 图(一)

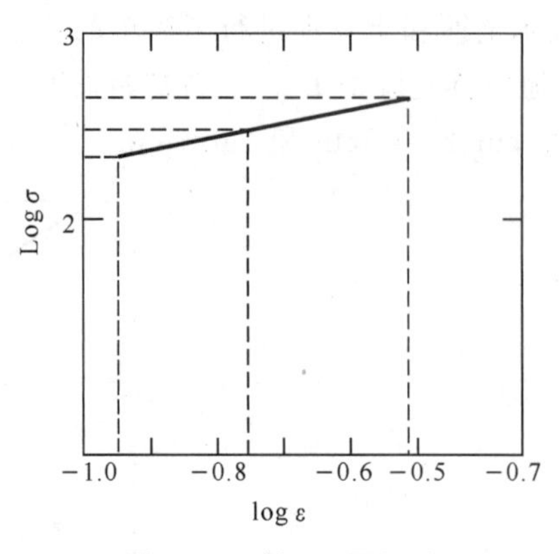

图 4.11　例 4.1 图(二)

首先必须得到应力-应变曲线方程。假设应力-应变关系可表示为$\sigma = k\varepsilon^n$。在对数坐标上画出曲线,得到图 4.11。

(1) 方程 $\log\sigma = k + n\log\varepsilon$ 中给出

$$k \rightarrow \text{截矩},\quad k = 2.54 \qquad\qquad n \rightarrow \text{斜率},\quad n = 0.33$$

最大应变
$$\varepsilon_{\max} = n = 0.33$$

给出的最大波速为

$$C_1 = \left(\frac{\mathrm{d}\sigma/\mathrm{d}\varepsilon}{\rho_0}\right)^{1/2} = \left(\frac{kn\varepsilon^{n-1}}{\rho_0}\right)^{1/2}$$

$$C_0 = \sqrt{\frac{E}{\rho}} = 3\ 812\ \mathrm{m/s}\quad(\text{对线或细杆})$$

$$C_1 = 164.1\ \mathrm{m/s}$$

超出以上速度,线会断。

对作为冲击速度函数的应变,利用前面推导的方程

$$\varepsilon_1 = \left[\frac{\rho_0 v_1^2 (n+1)^2}{4kn}\right]^{1/(n+1)}$$

得到

$$\varepsilon_1 = \left[\frac{\rho_0 v_1^2 (n^6+1)^2}{4kn}\right]^{1/(n+1)} = 4.4 \times 10^{-4} v_1^{1.5}$$

(2) 以冲击速度作为函数的应力有

$$\sigma = k\varepsilon_1^n = 27.09 v_1^{0.5}$$

(3) 作为冲击速度函数的塑性波速为

$$C_1 = \left(\frac{\mathrm{d}\sigma/\mathrm{d}\varepsilon}{\rho_0}\right)^{1/2} = \left(\frac{kn\varepsilon^{n-1}}{\rho_0}\right)^{1/2} = \left[\frac{(kn)^{2/(n-1)} v_1^2 (n+1)^2}{4\rho_0^{2/(n-1)}}\right]^{(n-1)/2(n+1)}$$

例 4.2　对以上所知的材料,确定当重物冲击线底端后,在 0.05 ms 和 0.1 ms 时的近似波前的形状,假定重物从 1 m 处落下。

首先计算冲击速度 v_1 为

$$v_1 = \sqrt{2gh} = \sqrt{2 \times 9.8 \times 1} = 4.4\ \mathrm{m/s}$$

将此值代入例 4.1 中最后的方程得

$$C_1 = \left[\frac{(346\times10^6\times0.33)^{2/(0.33-1)}(0.33+1)^2v_1^2}{4\times(8.9\times10^3)^{2/(0.33-1)}}\right]^{(0.33-1)/(0.33+1)}$$

$$\log C_1 = -0.25(-2.98\log12.8\times10^3+\log8.49)$$

$$C_1 = 660\ \text{m/s}$$

计算的值比容许的速度值高，线将断开。假定 $C_1 = 164$ m/s，获得的曲线如图 4.12 所示。

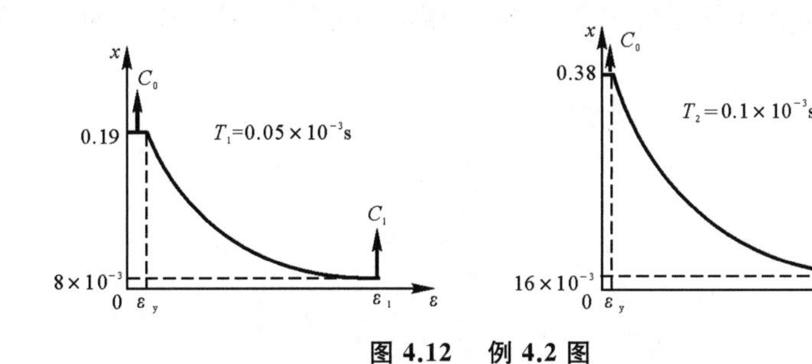

图 4.12　例 4.2 图

例 4.3　一圆柱形铜弹体，长为 10 cm，直径为 3 cm，以速度 150 m/s 和 400 m/s 撞击刚性目标，如图 4.13 所示。应用泰勒分析确定弹体最终形状，假定屈服应力等于 100 MPa。

从方程式(4.15) 和图 4.4，可知

$$\frac{\rho v_0^2}{\sigma_{yd}} = \frac{8\ 930\times150^2}{100\times10^6} = 2$$

$$\frac{\rho v_0^2}{\sigma_{yd}} - \frac{8\ 930\times400^2}{100\times10^6} = 14.2$$

泰勒理论对 400 m/s 无效。仅对 100 m/s 计算，从图 4.4 可知

$$\frac{L_1-x}{L} = 0.35,\quad \frac{L_1}{L} = 0.5$$

得

$$L_1 = 4.8\times10^{-2}\ \text{m},\quad x = 1.28\times10^{-2}\ \text{m}$$

同样须找出撞击界面的直径，考虑到弹体的高硬性(体积不变)，$V_0 = V_f$，有

$$\frac{\pi D_0^2}{4}L = \left(\frac{\pi D_0^2}{4}x\right) + \frac{1}{3}\pi(L_1-x)\left(\frac{D_0^2}{4}+\frac{D_0D_f}{4}+\frac{D_f^2}{4}\right)$$

$$D_f^2 = D_0D_f - \frac{3L-L_1-2x}{L_1-x}D_0^2 = 0$$

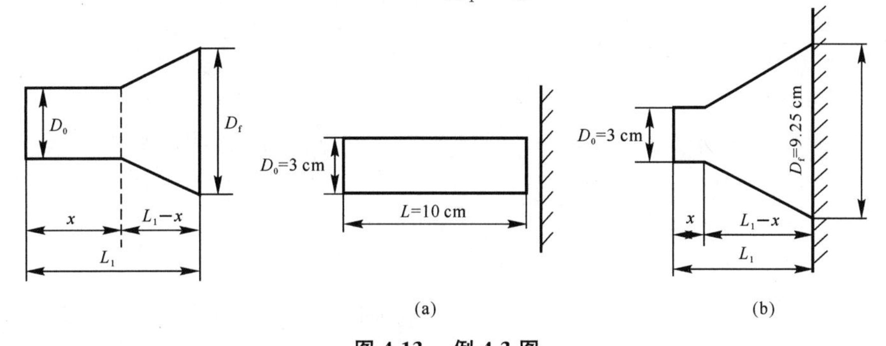

图 4.13　例 4.3 图

(a) 撞击前；(b) 撞击后

习　题

1. 什么是弹性波速？什么是塑性波速？其主要区别在哪里？

2. 分析泰勒实验的意义。

3. 一长度为500 mm，直径为50 mm的钽合金杆以速度200 m/s和600 m/s撞击刚性靶板，试应用泰勒分析确定弹体的最终形状，假定屈服应力分别为350 MPa和950 MPa。

第5章　弹塑性波的相互作用

弹塑性波的相互作用是一个相对复杂的现象。在本章中，首先对描述材料应力-应变关系的各种本构模型进行简化，使得在后续几节描述弹塑性波的相互作用时比较简洁；然后介绍在细长杆中两弹塑性波的相遇和卸载（通过 $x-t$ 图和 $\sigma-v$ 图进行描述），解释一维弹塑性应力波的相互作用、在固定或自由端的反射以及在不同介质界面的反射、透射等问题；通过控制方程和特征方法的引出和推导，对弹塑性应力波在各种情况下的现象进行阐述。

5.1　材料本构关系的简化

从第4章可知塑性波的波速 C_p 取决于材料的密度 ρ_0 及材料的动态应力-应变曲线塑性部分的斜率 $d\sigma/d\varepsilon$，因此材料的应变硬化特性对波的传播有很大影响。材料的硬化效应与包辛格效应使得塑性应力、应变关系的描述变得相当复杂，为了简化描述，下面介绍几种塑性应力-应变关系的简化模型。

5.1.1　材料的塑性应力-应变关系

1. 凸型应力-应变曲线

材料的塑性段应力-应变曲线向上凸（$\frac{d^2\sigma}{d\varepsilon^2}<0$）的材料称为递减硬化材料，如图5.1(a)所示，属于这类材料的有碳钢、铜以及各种铝合金等，这些材料的塑性段的斜率（切线模量）随着应变的增加而减小，因此，塑性波速度也随之下降，塑性加载波在传播过程中其波形越拉越长，初始为强间断的塑性波将会变成连续波。

2. 凹型应力-应变曲线

塑性段应力-应变曲线向下凹（$\frac{d^2\sigma}{d\varepsilon^2}>0$）的材料称为递增硬化材料，如图5.1(b)所示，诸如各种强度的合金钢、橡皮和一些塑料等属于这类材料。由于塑性部分$\frac{d\sigma}{d\varepsilon}$随着应变的增大而增加，塑性波速度 C_p 也随之增加，因此对于一个初始的连续塑性加载波，在传播过程中波形不断缩短，变得越来越陡峭，导致形成强间断的冲击波。

3. 凸凹变向的应力-应变曲线

在某一个应变范围内，应力-应变曲线的凹向发生变化，如图5.1(c)所示。曲线曲率在点 m 发生变化，许多材料具有这样的本构关系，波阵面先是发散（$\frac{d^2\sigma}{d\varepsilon^2}<0$），然后会聚（$\frac{d^2\sigma}{d\varepsilon^2}>0$）。

图5.1(a)(b)都有共同的弹性部分，而且如果加载到塑性段 AB 开始卸载时，应力、应变不按原来的路线返回，而是从某个最大值（σ^*,ε^*）遵循一条与弹性段 OA 相平行的直线 BC 卸载

到应力零点，如果重新加载，则应力-应变关系将沿着刚才卸载的途径 CB 返回，直到达到最大应力点 B 之后才按照原来的加载路线进行，因此弹性加载段 OA 和弹性卸载段 BC 的应力、应变关系分别是

$$\left.\begin{aligned}\sigma &= E\varepsilon \\ \sigma &= \sigma^{*} + E(\varepsilon - \varepsilon^{*})\end{aligned}\right\} \tag{5.1}$$

而在塑性加载段 AB 有

$$\sigma = \sigma(\varepsilon) \tag{5.2}$$

因此塑性段的应力-应变关系与弹性段不同。

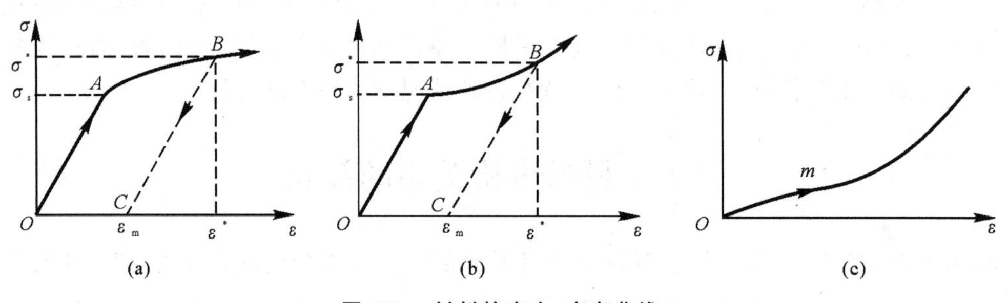

图 5.1　材料的应力-应变曲线

(a) 递减硬化材料；(b) 递增硬化材料；(c) 递减后递增硬化材料

材料的应力-应变关系受温度与应变率的影响，为讨论简化起见，首先考虑室温下某些材料的工程应用。单向拉伸(或压缩)、薄壁管扭转实验所得到的应力-应变曲线基本上表明了材料的强度和塑性性能，有些材料的试验曲线可以近似地用解析式表示，例如，对于凸面应力-应变曲线，一般可以表示为

$$\sigma = A\varepsilon^{n} \tag{5.3}$$

式中，n 称为硬化系数，是介于0与1之间的正数，A 与 n 是由实验确定的常数，由于这种解析式很简单，因而在工程中常常被使用。由图 5.1(a)(b) 可以看出，材料加载到某一应力如 σ^{*} 开始卸载，若重新加载，则要达到历史上曾经达到过的最大塑性应力 σ^{*} 时才开始重新屈服，这如同材料的屈服极限提高了，这一现象称为硬化。塑性波的传播速度是

$$C_{\mathrm{p}}(\varepsilon) = \sqrt{\frac{An}{\rho_0}}\,\varepsilon^{\frac{n-1}{2}} \tag{5.4}$$

对于凹型应力-应变曲线材料，例如镍铬钢，一个近似的解析表示式为

$$\sigma = Y + \frac{a(\varepsilon - \varepsilon_{\mathrm{S}})}{\varepsilon_{\mathrm{S}} + b - \varepsilon},\quad \varepsilon \geqslant \varepsilon_{\mathrm{y}} \tag{5.5}$$

式中：σ 是垂直应力；$a = 13.06 \times 10^{8}$ Pa；$b = 0.888\ 6$；$Y = 1.81 \times 10^{9}$ Pa；$\varepsilon_{\mathrm{S}} = 0.014$；$E = 1.28 \times 10^{11}$ Pa。塑性波的传播速度是

$$C_{\mathrm{p}}(\varepsilon) = \sqrt{\frac{ab}{\rho_0}}\,\frac{1}{\varepsilon_{\mathrm{S}} + b - \varepsilon} \tag{5.6}$$

对于S形状(凸凹变向)的应力-应变曲线，如图 5.1(c) 所示，本构方程可以表示为

$$\sigma = \alpha\varepsilon + \beta\varepsilon^{2} + \gamma\varepsilon^{3} \tag{5.7}$$

式中：α，β 和 γ 是常数。许多材料具有这样的本构方程。曲线的斜率在点 m 发生变化。

假设杆端的应变按线性变化增加到某一个最大值 ε_m 以后保持常数，在这种情况下，从杆端开始的塑性波是连续波而传播一定时间以后出现冲击波，最后冲击波波阵面与相应的 $\varepsilon=\varepsilon_{max}$ 的特征线一致。塑性波不存在应力-应变的单值对应关系，应力不仅与应变有关，还与加载历史有关，这表明塑性应变的不可逆性。

实验证明，如果材料从塑性段某点卸载到应力零点以后反向加载，应力在低于屈服极限 σ_S 的数值就开始屈服，这种现象称做包辛格效应。由于上面两个效应的存在，塑性段的应力-应变关系的描述就变得相当复杂。为了简化，人们提出了几种塑性应力-应变关系的简化模型。

5.1.2　简化模型

1. 各向同性硬化模型

这种模型认为，如果材料从塑性段的某点 $B(\sigma^*)$ 开始卸载，一直卸到反向应力绝对值达到原来加载历史上曾经达到过的最大应力(σ^*)时，材料开始反向屈服，而屈服以后应力-应变关系将遵循原来的塑性加载段 BD 的规律，即沿着 B_1D_1 发展。这种模型如图 5.2(a) 所示，它在一定程度上反映了实际情况。

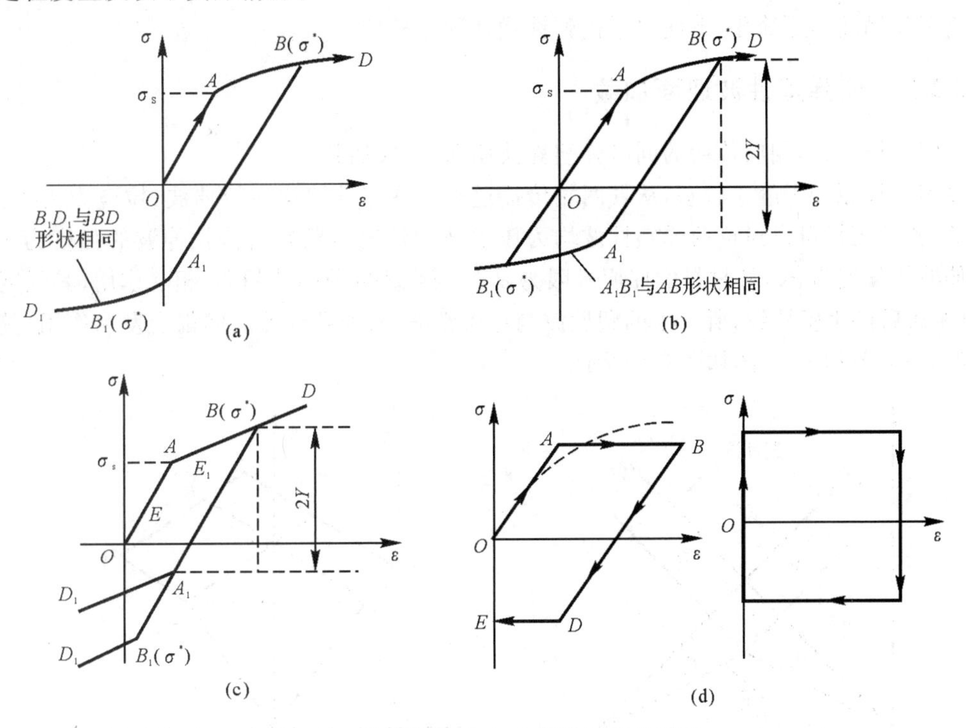

图 5.2　材料塑性应力-应变关系简化模型

(a) 各向同性硬化模型；(b) 随动硬化模型；(c) 线性硬化模型；(d) 完全塑性和刚塑性硬化模型

2. 随动硬化模型

此模型认为，若材料从塑性段的某点 $B(\sigma^*)$ 开始卸载，一旦反向应力降至 $2Y$ 时[见图 5.2(b)]就认为材料开始反向屈服，以后遵循塑性加载段的规律沿着 A_1B_1 流动，如图 5.2(b) 所示，此模型过高地估计了包辛格效应，比实际的屈服点估计得高。

3. 线性硬化模型

本模型以某一平均的直线段 ABD 代替塑性曲线段，如图 5.2(c) 所示。在此假设下所有的塑性增量波、间断波都以相同的速度 C_p（一般是弹性纵波波速的 1/10）传播，而且随动硬化和各向同性硬化模型的屈服面分别是两条平行的直线 AD 和 A_1D_1 与 AB 和 B_1D_1。这样，可以将塑性段用直线表示，使斜率和原曲线的初始斜率基本一致，从而简化问题。

4. 完全塑性和刚塑性模型

完全塑性模型是把塑性段曲线拉平，保持原曲线和应变轴之间的面积不变。由于刚塑性模型的弹性变形很小，通常约为千分之一的应变量级，因而忽略不计，使问题的研究进一步简化，如图 5.2(d) 所示。

以上所讨论的都是静态等温试验结果，而在爆炸或高速撞击的条件下材料处于快速动态变形过程。虽然弹性模量变化不大，但屈服强度仍有所提高，应力-应变曲线有所变化，当应变率的变化达到几个数量级时，应力-应变曲线的变化是很显著的。

5.2 弹塑性加载波的相互作用

为了使描述问题简化，下面仅讨论弹性线性硬化模型。

5.2.1 两弹塑性波迎面加载

在细长杆中，两相向传播的同号弹塑性波相遇，造成加载。

设细长杆原处于静止状态，从杆两端传播过来的弹塑性波均为拉伸波（拉应力为正，压应力为负，此外同样可以讨论两弹塑性波均为压缩波的情况），已知右传拉伸波的强度为 σ_M，左传拉伸波的强度为 σ_N，杆材料的屈服极限为 σ_S。两弹塑性前驱波相遇，相互作用，其强度均为 σ_S，故相遇后产生塑性波，所产生的塑性波与原塑性波，及原塑性波之间都会发生作用，其传播过程的 $x-t$ 图和 $\sigma-v$ 图如图 5.3 所示。

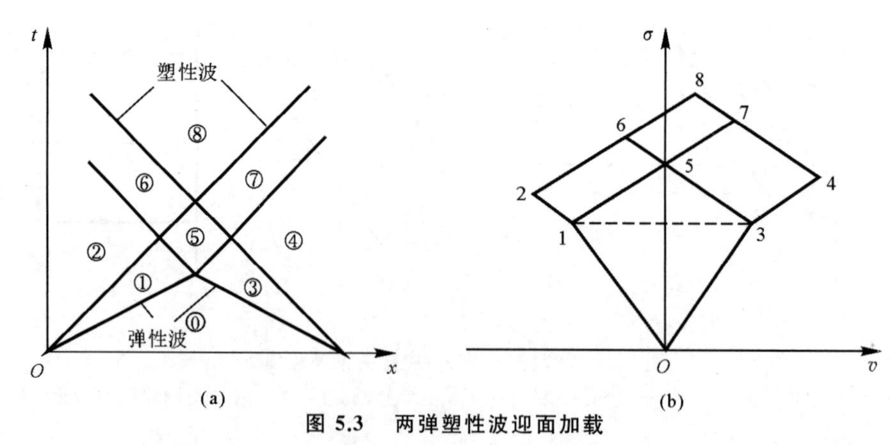

图 5.3 两弹塑性波迎面加载

(a)$x-t$ 图；(b)$\sigma-v$ 图

图 5.3 中 ⓪ 区为静止区，$\sigma_0=0$，$v_0=0$；① 区、③ 区为弹性前驱波通过后的区域，有

$$\sigma_1=\sigma_S,\quad v_1=-\frac{\sigma_S}{\rho_0 C_e}$$

$$\sigma_3 = \sigma_S, \quad v_3 = \frac{\sigma_S}{\rho_0 C_e}$$

式中：C_e 表示弹性波速。

② 区、④ 区为两端传播过来的初始塑性波波后的区域，有

$$\sigma_2 = \sigma_M, \quad v_2 = -\frac{\sigma_S}{\rho_0 C_e} - \frac{\sigma_M - \sigma_S}{\rho_0 C_p}$$

$$\sigma_4 = \sigma_N, \quad v_4 = \frac{\sigma_S}{\rho_0 C_e} + \frac{\sigma_N - \sigma_S}{\rho_0 C_p}$$

式中：C_p 表示塑性波速。

⑤ 区为两弹性前驱波相互作用后的区域，按照 ① 区 → ⑤ 区和 ③ 区 → ⑤ 区的传播方向，得

$$\sigma_5 - \sigma_1 = \rho_0 C_p (v_5 - v_1)$$

$$\sigma_5 - \sigma_3 = -\rho_0 C_p (v_5 - v_3)$$

代入 $\sigma_1, \sigma_3, v_1, v_3$，解得

$$\sigma_5 = \sigma_S \left(1 + \frac{C_p}{C_e}\right), \quad v_5 = 0 \tag{5.8}$$

⑥ 区、⑦ 区、⑧ 区皆为两塑性波相互作用后的区域。按照 ② 区 → ⑥ 区和 ⑤ 区 → ⑥ 区，得

$$\sigma_6 - \sigma_2 = \rho_0 C_p (v_6 - v_2)$$

$$\sigma_6 - \sigma_5 = -\rho_0 C_p (v_6 - v_5)$$

代入 $\sigma_2, \sigma_5, v_2, v_5$，解得

$$\left.\begin{aligned} \sigma_6 &= \sigma_M + \frac{C_p}{C_e}\sigma_S \\ v_6 &= -\frac{\sigma_M - \sigma_S}{\rho_0 C_p} \end{aligned}\right\} \tag{5.9}$$

按照 ④ 区 → ⑦ 区和 ⑤ 区 → ⑦ 区，得

$$\sigma_7 - \sigma_4 = -\rho_0 C_p (v_7 - v_4)$$

$$\sigma_7 - \sigma_5 = \rho_0 C_p (v_7 - v_5)$$

代入 $\sigma_4, \sigma_5, v_4, v_5$，解得

$$\left.\begin{aligned} \sigma_7 &= \sigma_N + \frac{C_p}{C_e}\sigma_S \\ v_7 &= \frac{\sigma_N - \sigma_S}{\rho_0 C_p} \end{aligned}\right\} \tag{5.10}$$

按照 ⑥ 区 → ⑧ 区和 ⑦ 区 → ⑧ 区，得

$$\sigma_8 - \sigma_6 = \rho_0 C_p (v_8 - v_6)$$

$$\sigma_8 - \sigma_7 = -\rho_0 C_p (v_8 - v_7)$$

代入 $\sigma_6, \sigma_7, v_6, v_7$，解得

$$\left.\begin{aligned} \sigma_8 &= \sigma_M + \sigma_N - \left(1 - \frac{C_p}{C_e}\right)\sigma_S \\ v_8 &= \frac{\sigma_N - \sigma_M}{\rho_0 C_p} \end{aligned}\right\} \tag{5.11}$$

5.2.2　两弹塑性波迎面卸载

在细长杆中,两相向传播的异号弹塑性波相遇,造成卸载。

设杆原处于静止状态,从杆左端传入弹塑性压缩波,从杆右端传入弹塑性拉伸波,已知弹塑性压缩波的强度为 σ_M($\sigma_M < 0$),弹塑性拉伸波的强度为 σ_N,杆材料的屈服极限为 σ_S。两弹塑性波在杆中相遇,首先是两弹性前驱波相遇,弹性压缩前驱波的强度为 $-\sigma_S$。弹性拉伸前驱波的强度为 σ_S,两弹性前驱波卸载后,产生新波继续向前传播,对塑性波产生作用,使之卸载,如图 5.4 和图 5.6 所示。图 5.4 和图 5.6 中,⓪ 区为静止区,① 区、② 区为右传弹性压缩前驱波和塑性压缩波后的区域,③ 区、④ 区为左传弹性拉伸前驱波和塑性拉伸波后的区域,各区参数如下:

$$\sigma_0 = 0,\quad v_0 = 0$$

$$\sigma_1 = -\sigma_S,\quad v_1 = \frac{\sigma_S}{\rho_0 C_e}$$

$$\sigma_2 = \sigma_M,\quad v_2 = \frac{\sigma_S}{\rho_0 C_e} - \frac{\sigma_M + \sigma_S}{\rho_0 C_p}$$

$$\sigma_3 = \sigma_S,\quad v_3 = \frac{\sigma_S}{\rho_0 C_e}$$

$$\sigma_4 = \sigma_N,\quad v_4 = \frac{\sigma_S}{\rho_0 C_e} + \frac{\sigma_N - \sigma_S}{\rho_0 C_p}$$

⑤ 区为两异号弹性前驱波相互作用后的区域,按照 ① 区 → ⑤ 区和 ③ 区 → ⑤ 区,得

$$\sigma_5 - \sigma_1 = \rho_0 C_p (v_5 - v_1)$$

$$\sigma_5 - \sigma_3 = -\rho_0 C_p (v_5 - v_3)$$

代入 $\sigma_1, \sigma_3, v_1, v_3$,解得

$$\left.\begin{aligned} \sigma_5 &= 0 \\ v_5 &= \frac{2\sigma_S}{\rho_0 C_e} \end{aligned}\right\} \tag{5.12}$$

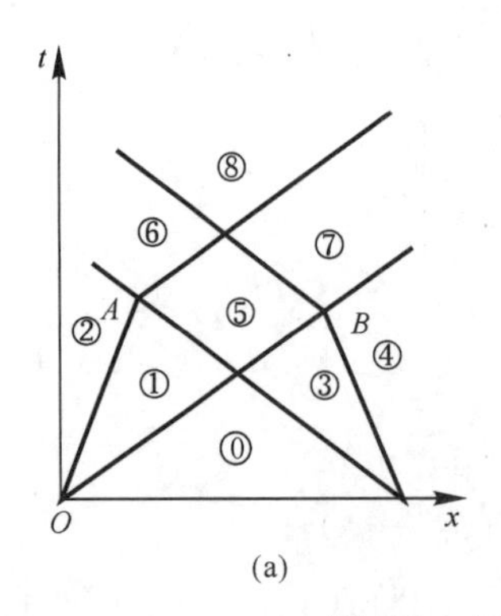

(a)

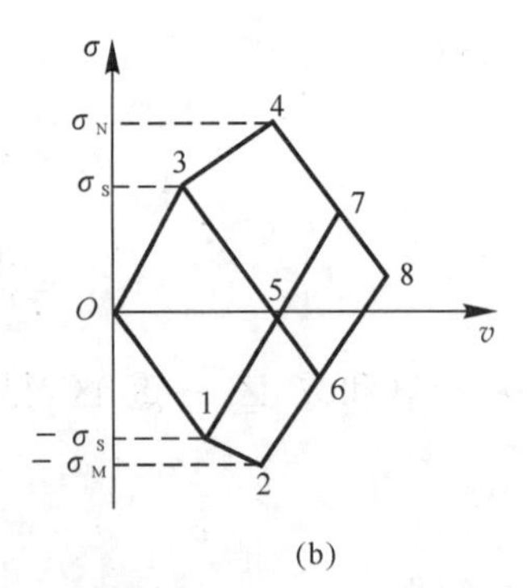

(b)

图 5.4　两弹塑性波迎面卸载

(a)$x-t$ 图;(b)$\sigma-v$ 图

弹性卸载波与塑性波的作用,随塑性波强度的不同而不同。当塑性波较弱时,塑性波受到弹性卸载波的作用后,马上卸载成为弹性波;当塑性波较强时,塑性波受到弹性卸载波的作用

后，仍然为塑性波，卸载后的塑性波再次互相作用，直至卸载为弹性波。用 σ_p 表示塑性波部分的强度，当塑性波强度的绝对值

$$|\sigma_p| = \frac{2C_p}{C_e + C_p}\sigma_S \tag{5.13}$$

是塑性波受到弹性卸载波作用后，马上卸载为弹性波的极限条件。下面分别讨论两种情况：

1. $|\sigma_p| \leqslant \dfrac{2C_p}{C_e + C_p}\sigma_S$

弹塑性波相互作用过程的 $x-t$ 图和 $\sigma-v$ 图，如图 5.4 所示。

⑥ 区为 ② 区跨过左传波和 ⑤ 区跨过右传波所达到的区域。参看图 5.4(b) 可知，从 ② 区到 ⑥ 区为卸载过程，从 ⑤ 区到 ⑥ 区为加载过程，⑤ 区应力的加载过程必然是先进行弹性加载，若加载达到屈服极限后再进行塑性加载。在 $|\sigma_M| - \sigma_S \leqslant \dfrac{2C_p}{C_e + C_p}\sigma_s$ 的条件下，从 ② 区到 ⑥ 区跨过左传卸载波和从 ⑤ 区到 ⑥ 区跨过右传弹性加载波的交点在屈服极限范围之内，因而右传塑性压缩波卸载后，仅形成弹性压缩波，按照

$$\sigma_6 - \sigma_2 = \rho_0 C_e(v_6 - v_2)$$

$$\sigma_6 - \sigma_5 = -\rho_0 C_e(v_6 - v_5)$$

代入 $\sigma_2, \sigma_5, v_2, v_5$，解得

$$\left.\begin{aligned} \sigma_6 &= \frac{1}{2}\left(1 + \frac{C_e}{C_p}\right)(\sigma_M + \sigma_S) \\ v_6 &= \frac{1}{2\rho_0 C_e}\left[-\left(1 + \frac{C_e}{C_p}\right)\sigma_M + \left(3 - \frac{C_e}{C_p}\right)\sigma_S\right] \end{aligned}\right\} \tag{5.14}$$

⑦ 区为 ④ 区跨过右传波和 ⑤ 区跨过左传波所达到的区域。同样，在 $\sigma_N - \sigma_S \leqslant \dfrac{2C_p}{C_e + C_p}\sigma_S$ 的条件下，从 ④ 区到 ⑦ 区跨过右传卸载波和从 ⑤ 区到 ⑦ 区跨过左传弹性加载波的交点在屈服极限范围之内，因而左传塑性拉伸波卸载后，仅形成弹性拉伸波，按照

$$\sigma_7 - \sigma_4 = -\rho_0 C_e(v_7 - v_4)$$

$$\sigma_7 - \sigma_5 = \rho_0 C_e(v_7 - v_5)$$

代入 $\sigma_4, \sigma_5, v_4, v_5$，解得

$$\left.\begin{aligned} \sigma_7 &= \frac{1}{2}\left(1 + \frac{C_e}{C_p}\right)(\sigma_N - \sigma_S) \\ v_7 &= \frac{1}{2\rho_0 C_e}\left[\left(1 + \frac{C_e}{C_p}\right)\sigma_N + \left(3 - \frac{C_e}{C_p}\right)\sigma_S\right] \end{aligned}\right\} \tag{5.15}$$

⑧ 区为两异号弹性波相互作用后的区域，按照 ⑥ 区 → ⑧ 区和 ⑦ 区 → ⑧ 区，得

$$\sigma_8 - \sigma_6 = \rho_0 C_e(v_8 - v_6)$$

$$\sigma_8 - \sigma_7 = -\rho_0 C_e(v_8 - v_7)$$

代入 $\sigma_6, \sigma_7, v_6, v_7$，解得

$$\left.\begin{aligned} \sigma_8 &= \frac{1}{2}\left(1 + \frac{C_e}{C_p}\right)(\sigma_M + \sigma_N) \\ v_8 &= \frac{1}{\rho_0 C_e}\left[\frac{1}{2}\left(1 + \frac{C_e}{C_p}\right)(\sigma_N - \sigma_M) - \left(\frac{C_e}{C_p} - 1\right)\sigma_S\right] \end{aligned}\right\} \tag{5.16}$$

卸载问题复杂之处，还在于应力、应变之间不存在一一对应关系。应变不仅与应力有关，还与该状态材料加载的历史有关，使得同一应力区域内因曾经达到过的应力不同而具有不同的应变，图5.5是该迎面卸载条件下的应力-应变关系图。假设右传塑性压缩波遇到左传弹性拉伸波时，在杆上的位置为点A[见图5.4(a)]，对于由点A向两边伸展的⑥区，点A右侧材料经历的应力为$\sigma_0=0,\sigma_1=-\sigma_S,\sigma_5=0$，材料一直处于弹性状态。在图5.5上示出在点$A$右侧⑥区材料的$\sigma-\varepsilon$关系对应于点$6'$；点$A$左侧材料受到的应力为$\sigma_0=0,\sigma_1=-\sigma_S,\sigma_2=\sigma_M$，材料所达到的最大应力是$\sigma_M$(塑性压应力)，在图5.5中，⑥区在点$A$左侧材料的$\sigma-\varepsilon$关系由下而上卸载而得，对应于点$6''$。这样，⑥区虽然具有相同的应力和相同的质点速度，但应变不同，也就是说⑥区出现了应变间断面，该应变间断面位于右传塑性压缩波遇到左传弹性拉伸波的位置，并且应变间断面一直存在于此位置上。同样，假设左传塑性拉伸波遇到右传弹性压缩波时，在杆上的位置为点B[见图5.4(a)]，对于由点B向两边扩展的⑦区，点B左侧材料经历的应力为$\sigma_0=0,\sigma_3=\sigma_S,\sigma_5=0$，材料一直处于弹性状态。在图5.5上示出在点$B$左侧⑦区材料的$\sigma-\varepsilon$关系对应于$7'$点；点$B$右侧材料经历的应力为$\sigma_0=0,\sigma_3=\sigma_S,\sigma_4=\sigma_N$，材料所达到的最大应力是$\sigma_N$(塑性拉应力)，在图5.5上⑦区在点$B$右侧材料的$\sigma-\varepsilon$关系由4点卸载而得，对应于$7''$点。这样，⑦区也出现了应变间断面，该应变间断面存在于左传塑性拉伸波遇到右传弹性压缩波的位置，并且一直存在于此位置上。当两塑性波卸载后，成为两弹性波，再次相互作用出现⑧区，由于A,B两个应变间断面的存在，⑧区将呈现三种不同的应变，这三个应变在图5.5中分别对应于$8'$,$8''$和$8'''$三个点。

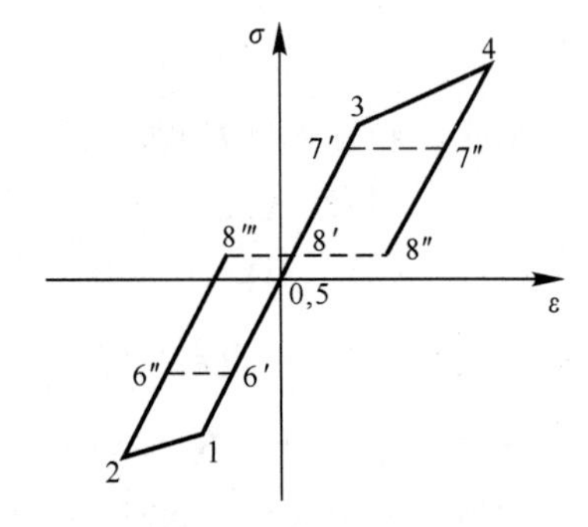

图5.5　两弹塑性波迎面卸载的$\sigma-\varepsilon$图(Ⅰ)

2. $|\sigma_p|>\dfrac{2C_p}{C_e+C_p}\sigma_S$

弹塑性波相互作用过程的$x-t$图和$\sigma-v$图，如图5.6所示。

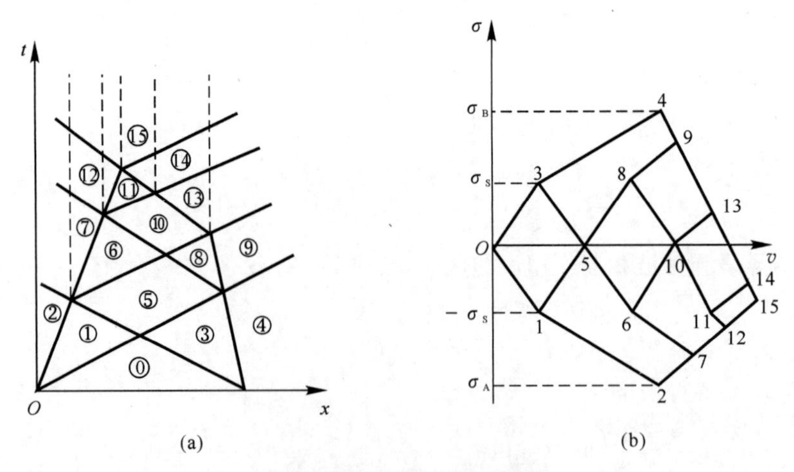

图5.6　两弹塑性波迎面卸载

(a)$x-t$图；(b)$\sigma-v$图

⑦ 区为 ② 区跨过左传波和 ⑤ 区跨过右传波所达到的区域，参看图 5.6(b)，从 ② 区到 ⑦ 区为卸载过程，从 ⑤ 区到 ⑦ 区为加载过程。在 $|\sigma_M|-\sigma_S>\dfrac{2C_p}{C_e+C_p}\sigma_S$ 的条件下，从 ⑤ 区加载到 ⑦ 区需要经过两个阶段，第一个阶段跨过右传弹性加载波，使应力达到屈服极限[见图 5.6(b) 上点 6]，第二个阶段再从屈服极限状态跨过右传塑性加载波继续加载，使之与从 ② 区跨过左传卸载波的卸载线相交于点 7。这样，在 ⑤ 区和 ⑦ 区之间，还存在一个区域——⑥ 区，这个区域是由于弹性阶段和塑性阶段应力-应变关系不同所造成的。应力从 0 加载到塑性区需要经过弹性阶段，此时，同时产生弹性波和塑性波。⑥ 区、⑦ 区的应力和质点速度为

$$\left.\begin{aligned}&\sigma_6=-\sigma_S\\&v_6=\frac{3\sigma_S}{\rho_0C_e}\\&\sigma_7=\sigma_M+\frac{2C_p}{C_e+C_p}\sigma_S\\&v_7=-\frac{\sigma_M}{\rho_0C_p}+\left(\frac{3C_p}{C_e}-\frac{C_e}{C_p}\right)\frac{\sigma_s}{\rho_0(C_e+C_p)}\end{aligned}\right\}\tag{5.17}$$

⑨ 区为 ④ 区跨过右传波和 ⑤ 区跨过左传波所达到的区域。在 $\sigma_N-\sigma_S>\dfrac{2C_p}{C_e+C_p}\sigma_S$ 的条件下，从 ⑤ 区加载到 ⑨ 区需要经过两个阶段，第一个阶段跨过左传弹性加载波使应力达到屈服极限[见图 5.6(b) 上点 8]，第二个阶段再从屈服极限状态跨过左传塑性加载波继续加载，使之与从 ④ 区跨过右传卸载波的卸载线相交[见图 5.6(b) 上点 9]。这样，在 ⑤ 区和 ⑨ 区之间也存在一个处于屈服极限状态的区域——⑧ 区。⑧ 区、⑨ 区的应力和质点速度为

$$\left.\begin{aligned}&\sigma_8=\sigma_S\\&v_8=\frac{3\sigma_S}{\rho_0C_e}\\&\sigma_9=\sigma_N-\frac{2C_p}{C_e+C_p}\sigma_s\\&v_9=\frac{\sigma_N}{\rho_0C_p}+\left(\frac{3C_p}{C_e}-\frac{C_e}{C_p}\right)\frac{\sigma_S}{\rho_0(C_e+C_p)}\end{aligned}\right\}\tag{5.18}$$

⑩ 区是两异号弹性前驱波相互作用后产生的区域，有

$$\left.\begin{aligned}&\sigma_{10}=0\\&v_{10}=\frac{4\sigma_S}{\rho_0C_e}\end{aligned}\right\}\tag{5.19}$$

卸载后的塑性加载波遇到迎面弹性卸载波后，仍然会再次卸载。在图 5.6(b) 中所表示应力和质点速度值的条件下，$|\sigma_7|-\sigma_S>\dfrac{2C_p}{C_e+C_p}\sigma_S$，右传塑性压缩波与左传弹性拉伸波相遇后，产生 ⑪ 和 ⑫ 两个区，其应力和质点速度为

$$\left.\begin{aligned}
\sigma_{11} &= -\sigma_S \\
v_{11} &= \frac{5}{\rho_0 C_e}\sigma_S \\
\sigma_{12} &= \sigma_M + \frac{4C_p}{C_e + C_p}\sigma_S \\
v_{12} &= -\frac{\sigma_M}{\rho_0 C_p} + \left(\frac{5C_p}{C_e} - \frac{C_e}{C_p}\right)\frac{\sigma_S}{\rho_0 (C_e + C_p)}
\end{aligned}\right\} \tag{5.20}$$

如图 5.6(b) 所示，$\sigma_9 - \sigma_S < \dfrac{2C_p}{C_e + C_p}\sigma_S$，左传塑性拉伸波与右传弹性压缩波相遇后，只产生一个弹性区 ——⑬ 区，其应力和质点速度为

$$\left.\begin{aligned}
\sigma_{13} &= \frac{1}{2}\left[\left(1 + \frac{C_e}{C_p}\right)\sigma_N - \left(3 + \frac{C_e}{C_p}\right)\sigma_S\right] \\
v_{13} &= \frac{1}{2\rho_0 C_e}\left[\left(1 + \frac{C_e}{C_p}\right)\sigma_N + \left(5 - \frac{C_e}{C_p}\right)\sigma_S\right]
\end{aligned}\right\} \tag{5.21}$$

⑭ 区为两弹性波相互作用后的区域，有

$$\left.\begin{aligned}
\sigma_{14} &= \frac{1}{2}\left[\left(1 + \frac{C_e}{C_p}\right)\sigma_N - \left(5 + \frac{C_e}{C_p}\right)\sigma_S\right] \\
v_{14} &= \frac{1}{2\rho_0 C_e}\left[\left(1 + \frac{C_e}{C_p}\right)\sigma_N + \left(7 - \frac{C_e}{C_p}\right)\sigma_S\right]
\end{aligned}\right\} \tag{5.22}$$

卸载后的右传塑性压缩波再次与左传弹性拉伸波相遇，如图 5.6(b) 所示，此时 $|\sigma_{12}| - \sigma_S < \dfrac{2C_p}{C_e + C_p}\sigma_S$，右传塑性压缩波被卸载成弹性压缩波，其应力和质点速度为

$$\left.\begin{aligned}
\sigma_{15} &= \frac{1}{2}\left(1 + \frac{C_e}{C_p}\right)(\sigma_M + \sigma_N) \\
v_{15} &= \frac{1}{\rho_0 C_e}\left[\frac{1}{2}\left(1 + \frac{C_e}{C_p}\right)(\sigma_N - \sigma_M) - \left(\frac{C_e}{C_p} - 1\right)\sigma_S\right]
\end{aligned}\right\} \tag{5.23}$$

至此，弹塑性波相互作用完毕，塑性波最终卸载成为弹性波。

在 $|\sigma_p| > \dfrac{2C_p}{C_e + C_p}\sigma_S$ 条件下，弹塑性波迎面卸载的应力-应变关系如图 5.7 所示。随着塑性加载波与弹性卸载波相互作用，在杆上将出现 5 个应变间断面，使得 ⑥ 区、⑨ 区具有两种不同的应变，⑫ 区、⑬ 区和 ⑭ 区具有三种不同的应变，⑮ 区具有 6 种不同的应变。

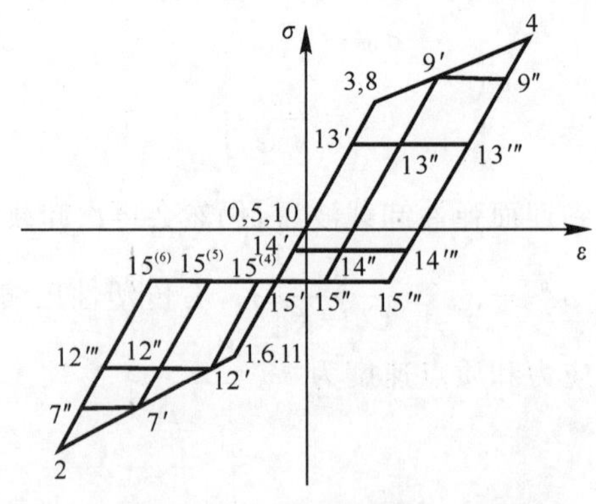

图 5.7　两弹塑性波迎面卸载的 $\boldsymbol{\sigma}-\boldsymbol{\varepsilon}$ 图(Ⅱ)

5.3　弹塑性加载波在固定端和自由端的反射

5.3.1　弹塑性波固定端反射

弹塑性波在固定端反射,造成加载,其条件为固定端面处质点速度等于零。

弹塑性波在固定端反射,相当于两等强度弹塑性波迎面加载的情况。设弹塑性波为右传弹塑性压缩波,强度为 σ_M,杆材料屈服极限为 σ_S,固定端反射的 $x-t$ 图、$\sigma-v$ 图和 $\sigma-\varepsilon$ 图如图 5.8 所示。

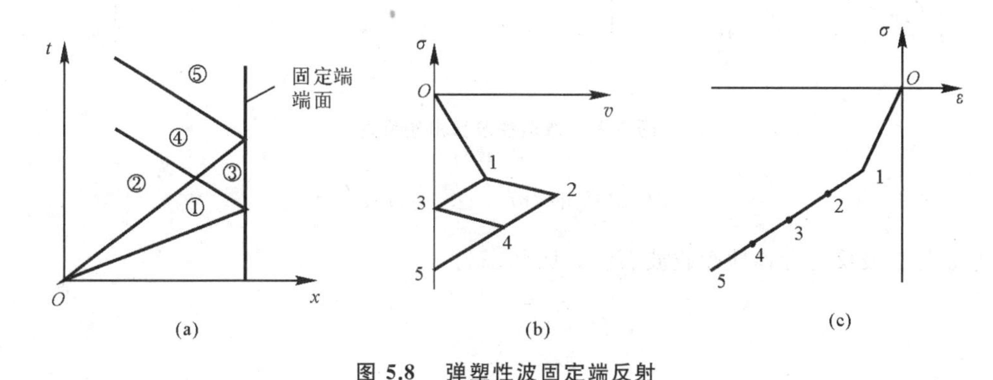

图 5.8　弹塑性波固定端反射

(a)$x-t$ 图；(b)$\sigma-v$ 图；(c)$\sigma-\varepsilon$ 图

弹性前驱波反射为塑性加载波,其 ③ 区状态为

$$\left.\begin{aligned}\sigma_3&=-\left(1+\frac{C_p}{C_e}\right)\sigma_S\\ v_3&=0\end{aligned}\right\}\tag{5.24}$$

右传塑性压缩波与弹性前驱波反射的左传塑性压缩波相互作用,产生两道塑性加载波,④ 区状态为

$$\left.\begin{aligned}\sigma_4&=\sigma_M-\frac{C_p}{C_e}\sigma_S\\ v_4&=-\frac{\sigma_M+\sigma_S}{\rho_0 C_p}\end{aligned}\right\}\tag{5.25}$$

加载后的右传塑性压缩波继续向右传播,达到固定端后反射为更强的左传塑性压缩波,⑤ 区状态为

$$\left.\begin{aligned}\sigma_5&=2\sigma_M+\left(1-\frac{C_p}{C_e}\right)\sigma_S\\ v_5&=0\end{aligned}\right\}\tag{5.26}$$

5.3.2　弹塑性波自由端反射

弹塑性波在自由端反射,造成卸载,其条件为自由端面处应力等于零。

弹塑性波在自由端反射,相当于两等强度异号弹塑性波迎面卸载的情况。设弹塑性波为右传弹塑性压缩波，强度为σ_M，杆材料屈服极限为σ_S，自由端反射的$x-t$图、$\sigma-v$图和$\sigma-\varepsilon$图如图5.9 所示。

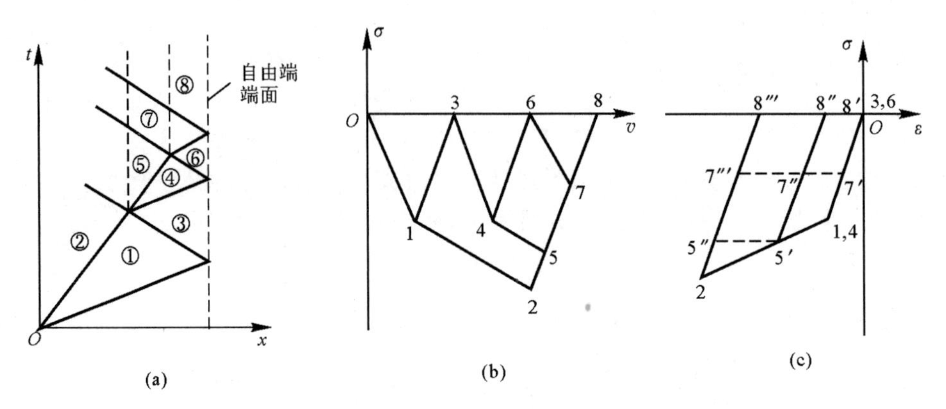

图 5.9　弹塑性波自由端反射

(a)$x-t$ 图；(b)$\sigma-v$ 图；(c)$\sigma-\varepsilon$

弹性前驱波反射为弹性卸载波，其 ③ 区状态为

$$\left.\begin{aligned}\sigma_3&=0\\ v_3&=\frac{2\sigma_S}{\rho_0 C_e}\end{aligned}\right\}\tag{5.27}$$

右传塑性压缩波与弹性前驱波反射的左传弹性拉伸波相互作用，使右传塑性压缩波卸载。当塑性波较弱时，塑性波马上卸载成弹性波；当塑性波较强时，塑性波卸载为弹塑性波，该弹塑性波再次在自由端反射，直至卸载成弹性波。按照图 5.9(b) 所示塑性波强度，右传塑性压缩波首先卸载成弹塑性压缩波，④ 区和 ⑤ 区状态为

$$\left.\begin{aligned}\sigma_4&=-\sigma_S\\ v_4&=\frac{3\sigma_S}{\rho_0 C_e}\\ \sigma_5&=\sigma_M+\frac{2C_p}{C_e+C_p}\sigma_S\\ v_5&=-\frac{\sigma_M}{\rho_0 C_p}+\frac{\sigma_S}{\rho_0(C_e+C_p)}\left(\frac{3C_p}{C_e}-\frac{C_e}{C_p}\right)\end{aligned}\right\}\tag{5.28}$$

由于经过 ② 区所达到的 ⑤ 区部分，历史上曾经达到最大塑性应力σ_M；经过 ③ 区所达到的 ⑤ 区部分，历史上达到的最大应力为$-\sigma_S$，所以 ⑤ 区存在应变间断面。

新产生的弹性前驱波到达自由端反射后，⑥ 区状态为

$$\left.\begin{aligned}\sigma_6&=0\\ v_6&=\frac{4\sigma_S}{\rho_0 C_e}\end{aligned}\right\}\tag{5.29}$$

卸载后的右传塑性压缩波，再次遇到弹性前驱波反射的左传弹性拉伸波，按照图 5.9(b) 所示，此时塑性波强度将卸载成弹性压缩波，卸载后 ⑦ 区状态为

$$
\left.\begin{aligned}
\sigma_7 &= \frac{\sigma_M}{2}\left(1+\frac{C_e}{C_p}\right)+\frac{\sigma_S}{2}\left(3+\frac{C_e}{C_p}\right)\\
v_7 &= \frac{1}{2\rho_0 C_e}\left[-\left(1+\frac{C_e}{C_p}\right)\sigma_M+\left(5-\frac{C_e}{C_p}\right)\sigma_S\right]
\end{aligned}\right\} \tag{5.30}
$$

⑦ 区除存在 ⑤ 区所产生的应变间断面外，还产生了新的应变间断面。

不论塑性波多强，在传播过程中经过多次与弹性前驱波反射所造成的弹性卸载波作用后，最后必定要卸载成为弹性波，塑性波永远不会达到自由端面，自由端面也不会发生塑性变形。卸载后的弹性波最终从自由端反射回去，自由端最终的状态（在图 5.9 中表示为 ⑧ 区）为

$$
\left.\begin{aligned}
\sigma_8 &= 0\\
v_8 &= -\frac{1}{\rho_0 C_e}\left[\left(1+\frac{C_e}{C_p}\right)\sigma_M+\left(\frac{C_e}{C_p}-1\right)\sigma_S\right]
\end{aligned}\right\} \tag{5.31}
$$

⑧ 区存在着两个应变间断面。

5.4　卸载波的控制方程和特征线

对于大多数弹塑性材料，尤其是金属，在整个加载期间，杆的每个截面都满足相同的本构方程 $\sigma=\sigma(\varepsilon)$。卸载过程是理想弹性过程，如图 5.10(a) 所示，从点 B 开始卸载，沿着平行于初始弹性段 OA 的直线 BC 进行，因此在卸载期间利用下面的本构方程式：

$$
\bar{\sigma}=\sigma_m(x)+E[\bar{\varepsilon}-\varepsilon_m(x)] \tag{5.32}
$$

式中：$\bar{\sigma}$ 是流动应力；$\bar{\varepsilon}$ 为对应的应变；$\sigma_m(x)$ 和 $\varepsilon_m(x)$ 是相应于点 B 的应力和应变。

对于每个截面 x，$\sigma_m(x)$ 和 $\varepsilon_m(x)$ 分别是最大应力和应变，卸载问题的困难就在于杆的不同截面是以不同的最大应力 $\sigma_m(x)$ 和不同的最大应变开始卸载，也就是说杆的每个截面利用不同的本构方程式(5.32)。用 $\bar{\varepsilon}$，$\bar{u}$，$\bar{v}$ 表示卸载区的参量。

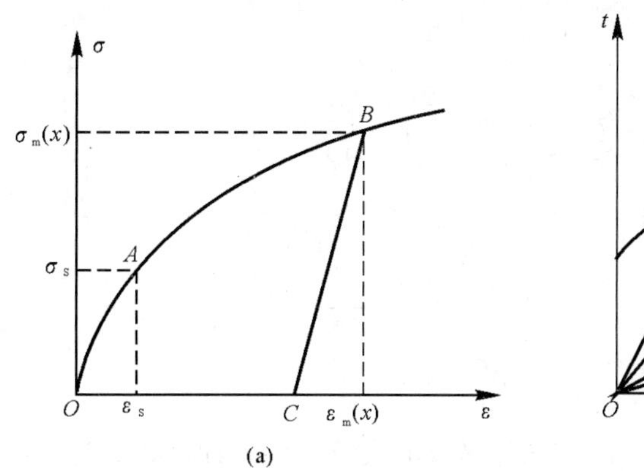

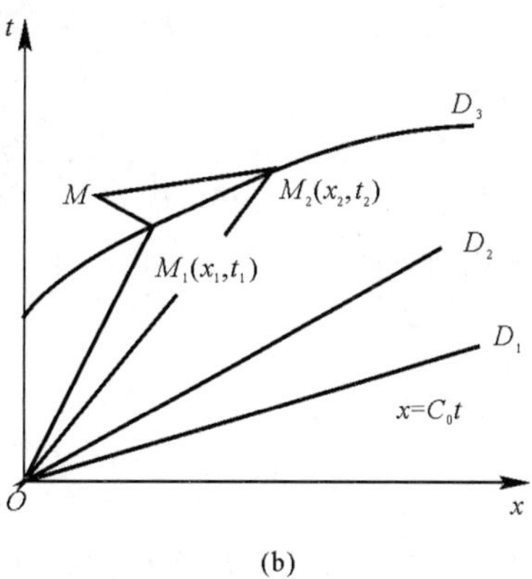

图 5.10　递减硬化材料理想弹性卸载以及特征线场

(a) 理想弹性卸载区应力-应变曲线；(b) 卸载边界及特征线场

由连续方程：
$$
\frac{\partial \varepsilon}{\partial t}+\frac{\partial v}{\partial x}=0
$$

运动方程：
$$\frac{\partial v}{\partial t}+\frac{1}{\rho_0}\frac{\partial \sigma}{\partial n}=0$$

状态方程：
$$\sigma=\sigma(\varepsilon)$$

并代入
$$\varepsilon=\frac{\partial \bar{u}}{\partial x},\quad v=\frac{\partial \bar{u}}{\partial t}$$

连同方程式 (5.32) 得到卸载区的运动方程为

$$\frac{\partial^2 \bar{u}}{\partial t^2}=C_0^2\frac{\partial^2 \bar{u}}{\partial x^2}+\frac{1}{\rho_0}\frac{\partial \sigma_m(x)}{\partial x}-C_0^2\frac{\mathrm{d}\varepsilon_m(x)}{\mathrm{d}x} \tag{5.33}$$

式中，$\bar{u}$ 是卸载区点 x 处的位移。

式(5.33) 的特征线是

$$\frac{\mathrm{d}x}{\mathrm{d}t}=\pm C_0 \tag{5.34}$$

而沿着特征线的微分关系是

$$\mathrm{d}\bar{v}=\mp\frac{1}{\rho_0 C_0}\mathrm{d}\bar{\sigma} \tag{5.35}$$

方程式(5.34) 和式(5.35) 中的正、负符号有着对应关系。式(5.35) 也可写成

$$\mathrm{d}\bar{v}=\mp\left[C_0\mathrm{d}\bar{\varepsilon}+\frac{1}{\rho_0 C_0}\mathrm{d}\sigma_m(x)-C_0\mathrm{d}\varepsilon_m(x)\right] \tag{5.36}$$

从积分角度来说，式(5.35) 比式(5.36) 更方便。

因为连续方程和运动方程不受 $\sigma-\varepsilon$ 关系影响，所以卸载区的控制方程为

$$\left.\begin{aligned}&\frac{\partial \bar{\varepsilon}}{\partial t}=\frac{\partial \bar{v}}{\partial x},\quad \frac{\partial \bar{v}}{\partial t}=\frac{1}{\rho_0}\frac{\partial \bar{\sigma}}{\partial x}\\&\bar{\sigma}=\sigma_m+E(\bar{\varepsilon}-\varepsilon_m)\end{aligned}\right\} \tag{5.37}$$

消去 $\bar{\sigma}$ 后得到

$$\left.\begin{aligned}&\frac{\partial \bar{v}}{\partial x}=\frac{\partial \bar{\varepsilon}}{\partial t}\\&\frac{\partial \bar{v}}{\partial t}=C_0^2\frac{\partial \bar{\varepsilon}}{\partial x}+\frac{1}{\rho_0}\frac{\mathrm{d}\sigma_m}{\mathrm{d}x}-C_0^2\frac{\mathrm{d}\varepsilon_m}{\mathrm{d}x}\end{aligned}\right\} \tag{5.38}$$

如果消去 $\bar{\varepsilon}$ 得到

$$\left.\begin{aligned}&\frac{\partial \bar{\sigma}}{\partial t}=\rho_0 C_0^2\frac{\partial \bar{v}}{\partial x}\\&\frac{\partial \bar{\sigma}}{\partial x}=\rho_0\frac{\partial \bar{v}}{\partial t}\end{aligned}\right\} \tag{5.39}$$

上面方程中 C_0 是弹性波的传播速度，而 σ_m 和 ε_m 是仅取决于 x 的未知函数。为了寻找 $\sigma_m(x)$ 和 $\varepsilon_m(x)$，必须在加载区和卸载区确定方程(或有关方程组)的解。利用越过加载、卸载边界应力和质点速度的连续条件寻找加载、卸载边界，通过寻找加载、卸载区域里满足初始和边界条件的解，可以确定边界的形状。从一定意义上说，加载、卸载边界形状反过来有利于求得在加载、卸载区域里满足应力和质点速度连续条件的解。

如图 5.10(b) 所示，在边界上取两个任意点 $M_1(x_1,t_1)$ 和 $M_2(x_2,t_2)$，在卸载区通过 M_1 画出负向特征线，类似地通过 M_2 画出正向特征线。这两条特征线相交于一点 $M(x,t)$[见图

5.10(b)]，特征线方程以及所满足的微分关系如下：

沿负向特征线

$$x - x_1 = -C_0(t - t_1)$$

得到

$$v - v_1 = C_0(\varepsilon - \varepsilon_1) + \frac{1}{\rho_0 C_0}[\sigma_m(x) - \sigma_m(x_1)] - C_0[\varepsilon_m(x) - \varepsilon_m(x_1)] \tag{5.40}$$

沿正向特征线

$$x - x_2 = C_0(t - t_2)$$

得到

$$v - v_2 = -\left\{C_0(\varepsilon - \varepsilon_2) + \frac{1}{\rho_0 C_0}[\sigma_m(x) - \sigma_m(x_2)] - C_0[\varepsilon_m(x) - \varepsilon_m(x_2)]\right\} \tag{5.41}$$

基于这些方程，考虑到在加载、卸载边界上

$$\varepsilon_1 = \varepsilon_m(x_1),\quad \varepsilon_2 = \varepsilon_m(x_2)$$
$$v_1 = \varphi[\varepsilon_m(x_1)],\quad v_2 = -\varphi[\varepsilon_m(x_2)]$$

得到

$$\left.\begin{aligned} v &= \frac{1}{2}\{\varphi[\varepsilon_m(x_1)] - \varphi[\varepsilon_m(x_2)]\} + \frac{1}{2\rho_0 C_0} \times [\sigma_m(x_2) - \sigma_m(x_1)] \\ \varepsilon &= -\frac{1}{2C_0}\{\varphi[\varepsilon_m(x_2)] + \varphi[\varepsilon_m(x_1)]\} + \frac{1}{2E} \times [2\sigma_m(x) - \sigma_m(x_1) - \sigma_m(x_2)] - \varepsilon_m(x) \end{aligned}\right\} \tag{5.42}$$

如果已知加载、卸载边界，那么这些公式就给出了卸载区点 M 的速度和应变。

5.5　应变间断面和接触面对波的干扰

由于应变间断面两侧材料的加载历史不同，有着不同的动态应力-应变关系，曾经达到过的最大塑性应力 σ_{max} 也不同，因此在新的条件下，屈服应力就不同。入射波通过后，可能使得一侧材料处于弹性状态，而使另一侧进入塑性状态，导致间断面两侧质点速度不同，从而在间断面上引起材料的内部拉伸(也叫内撞击)，出现波的反射和透射现象。应变间断面两侧材料好像是两种不同材料的介质一样，因为当弹塑性波传播到两种不同材料的间断面上时，必然要产生反射和透射现象。下面通过具体例子进行讨论。

1. 应变间断面对波的干扰

前面讨论了追赶卸载与迎面卸载两种类型。每一种卸载均分为两种情况，相对应地也存在着两种类型的应变间断面：第一类为 $\sigma' < \sigma'_{max}$，第二类为 $\sigma' = \sigma'_{max}$。根据入射弹性波强度的不同，又可分为两种情况：第一种情况为 $\sigma_2 \leqslant \sigma'_{max} < \sigma''_{max}$，第二种情况为 $\sigma'_{max} < \sigma_2 < \sigma''_{max}$，其中 σ_2 表示入射波后方的应力。本节所有符号上的“′”和“″”分别表示应变面、间断面两侧的量。

假设有一加载波从左侧入射到第一类间断面上，现在考察间断面对波的干扰，如图 5.11 所示。

由于间断面左侧是弹性区，因此入射波不可能是塑性波，因为强度很高的应力波首先分解成弹性前驱波和塑性波，而能够到达间断面的必定是弹性前驱波。首先考虑第一种情况，即

“弱”弹性入射波入射到第一类间断面上。因为 $\sigma_2 \leqslant \sigma'_{max}$，间断面两侧的动态反应是重合的，弹性波不受应变间断面的干扰，不改变强度地通过应变间断面，即

$$\varepsilon''_2 - \varepsilon'_2 = \varepsilon''_1 - \varepsilon'_1$$

在 $\sigma_2 < \sigma'_{max}$ 时，右侧仍为弹性区，间断面仍为第一类。当 $\sigma_2 = \sigma'_{max}$ 时右侧为塑性区，间断面变为第二类图 5.11(b) 中所有括号的(2′)，(2″) 等都表示 $\sigma_2 = \sigma'_{max}$ 的情况。

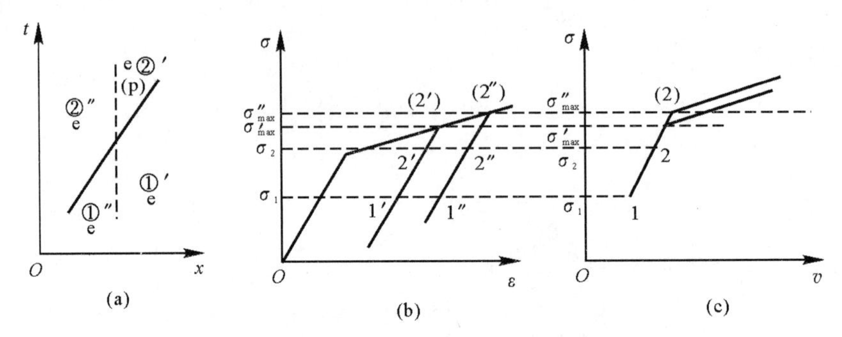

图 5.11 “弱”弹性波入射到第一类应变间断面上

(a) 物理平面；(b) 应力-应变关系；(c) 速度平面

对于强弹性波，入射到第一类应变间断面，如图 5.12 所示，假设 $\sigma_2 > \sigma'_{max}$，则 σ_2 通过应变间断面以后又可能是弹性加载波，而且向左反射弹性卸载波。这是因为右侧透射波的波阻小于左侧弹性波的波阻，右侧介质力图脱离左侧介质，必然引起反射的卸载波 2 - 4，现简单分析。

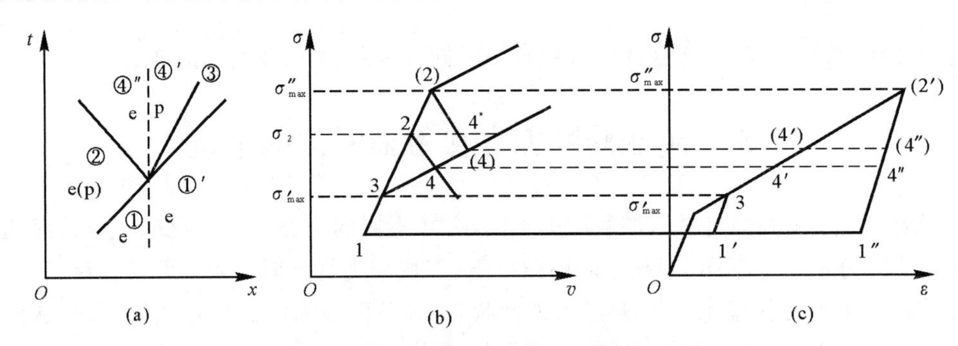

图 5.12 “强”弹性波入射到第一类应变间断面

(a) 物理平面；(b) 速度平面；(c) 应力-应变关系

如图 5.12(b) 所示，如果 σ_2 通过应变间断面以后，只透过弹塑性波而不反射弹性卸载波 2 - 4，那么，右侧材料将对应点 4′，透射波阻为

$$(\sigma'_4 - \sigma_1)/(v_4 - v_1) < \rho_0 C_0$$

左侧材料对应于点 2，入射波阻为

$$(\sigma_2 - \sigma_1)/(v_2 - v_1) = \rho_0 C_0$$

于是

$$v_4^* = \int_0^{\sigma_4^*} \frac{d\sigma}{\rho_0 C} = \frac{\sigma_3 - \sigma_1}{\rho_0 C_0} + \frac{\sigma_2 - \sigma_3}{\rho_0 C_p} = \frac{\sigma_2 - \sigma_1}{\rho_0 C_0} + (\sigma_2 - \sigma_3)\left(\frac{1}{\rho_0 C_p} - \frac{1}{\rho_0 C_0}\right)$$

$$v_2 = \int_1^2 \frac{d\sigma}{\rho_0 C} = \frac{\sigma_2 - \sigma_1}{\rho_0 C_0}$$

显然 $v_4^* > v_2$，因此与内压缩撞击相反，应变间断面右侧对间断面产生内拉伸撞击，导致在应变间断面左侧反射弹性卸载波 2-4，透射波的强度达不到 1-3-4*，而只有 1-3-4，其中 $\sigma_3 = \sigma'_{max}$，这样就确定了点 4，即在 (v,σ) 图上作右行塑性加载波 3-4 和左行弹性卸载波 2-4 得到交点 4。从图 5.12(c) 即 $\sigma-\varepsilon$ 图上看到，经反射和透射以后，应变间断面 $(\varepsilon''_4 - \varepsilon'_4)$ 比原来的 $(\varepsilon''_1 - \varepsilon'_1)$ 降低了，并且应变间断面的性质由第一类变成了第二类。但即使 $\sigma_2 = \sigma''_{max}$，应变间断面也不会消失。其中括号内的数字表示 $\sigma_2 = \sigma''_{max}$ 的情况。

弹性加载波 1-2 入射到第二类应变间断面，即 $\sigma_2 > \sigma_1 = \sigma'_{max}$ 时，与上面讨论的弹性加载波入射到第一类应变间断面的第二种情况类似，只是透射过去的是塑性加载波（因 $\sigma_2 = \sigma_1 = \sigma'_{max}$），干扰后应变间断值降低了，但仍属于第二类应变间断面，如图 5.13 所示。对于应变间断面与入射波相互作用的其他情况可做类似考虑。

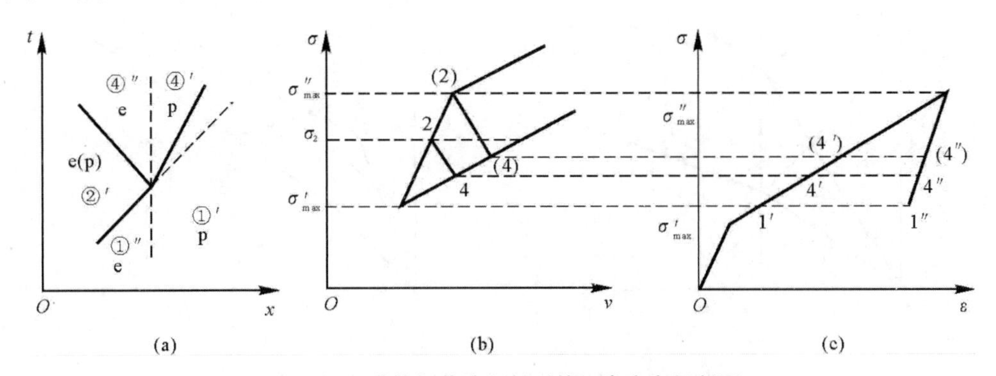

图 5.13　弹性加载波入射到第二类应变间断面

(a) 物理平面；(b) 速度平面；(c) 应力-应变关系

2. 介质接触面对波的干扰

弹性波由第一种介质运动到第二种介质时，反射性质取决于第一种和第二种介质的声阻抗比，即 $(\rho_0 C_0)_1/(\rho_0 C_0)_2$。同时要注意每种介质有两种波阻抗，即弹性波阻抗和塑性波阻抗。弹性波阻抗大的介质，其塑性波阻抗不一定就大。例如，甲介质的弹性波阻抗比乙介质的大，但其塑性波阻抗可能会比乙介质的小。另外，两种介质的屈服极限、入射波强度对材料动态反应也有很大影响，它们会影响到透射、反射波的性质，因此当说到介质的“软”和“硬”时，必须把材料性质和入射波强度联系在一起考虑。下面将通过具体例子加以阐述。

如图 5.14 所示，假设 $t=0$ 时，在第一种介质（介质 Ⅰ）中由 $x=0$ 截面向右传播弹塑性加载波 0-1 和 1-2，在 (v,σ) 平面上表示在 0-1-2 线。其中点 1 表示弹性屈服极限，点 2 是塑性区 2 区应力。弹性前驱波运动到 Ⅰ、Ⅱ 界面时向第二种介质（介质 Ⅱ）透射弹性加载波 $a-b$。在 (v,σ) 平面上，介质 Ⅱ 屈服点表示在点 C，其塑性段用 $C(d)$ 表示。图 5.14(b) 表明 $(\rho_0 C_0)_{\text{Ⅰ}} < (\rho_0 C_0)_{\text{Ⅱ}}$，而 $(\rho_0 C_p)_{\text{Ⅰ}} > (\rho_0 C_p)_{\text{Ⅱ}}$。由于介质 Ⅰ 的弹性波阻比介质 Ⅱ 的弹性波阻小，因此反射波 1-3 是塑性加载波，在 (v,σ) 平面上是 1-3，其斜率为 $-(\rho_0 C_p)_2$。在交界面上，介质应力和质点速度均连续，所以点 3 和点 b 反映为同一点，也就是 $a-b$ 和 1-3 的交点。所求的点 b 和点 3 就是弹性前驱波 0-1 在界面上透、反射的结果。若介质 Ⅱ 所透射的，就不是弹性加载波而是弹塑性加载波。

在介质 Ⅰ 中，反射塑性加载波 1-3 和入射的塑性加载波 1-2 发生迎面卸载，结果各自以不变的强度穿过去，产生两个塑性加载波2-4和3-4。在(v,σ)平面上两条曲线的交点4就是4区的状态。塑性加载波3-4传播到二介质界面上，由于在介质Ⅱ中b点未达到屈服状态，透射的是弹性前驱波$b-c$和塑性加载波$c-d$。在(v,σ)平面上，介质Ⅱ以点b为基点的动态反应bcd和介质Ⅰ以点4为基点的动态反应$45(d)$的交点$5(d)$就是透射反射波交界面上5区的状态。由于点4较高，处在bcd之上，因此交点5和d只能处于介质Ⅱ的动态反应的弹性段上。因此，反射波4-5是弹性卸载波，而透射波$b-c-d$是弹塑性加载波，其C区值即σ_c等于介质Ⅱ的屈服点。到此为止，整个透、反射过程的第一阶段结束，而弹性卸载波4-5对塑性加载波2-4的追赶卸载以及反射的弹性加载波再一次与交界面相互作用的另一个过程可做类似分析。

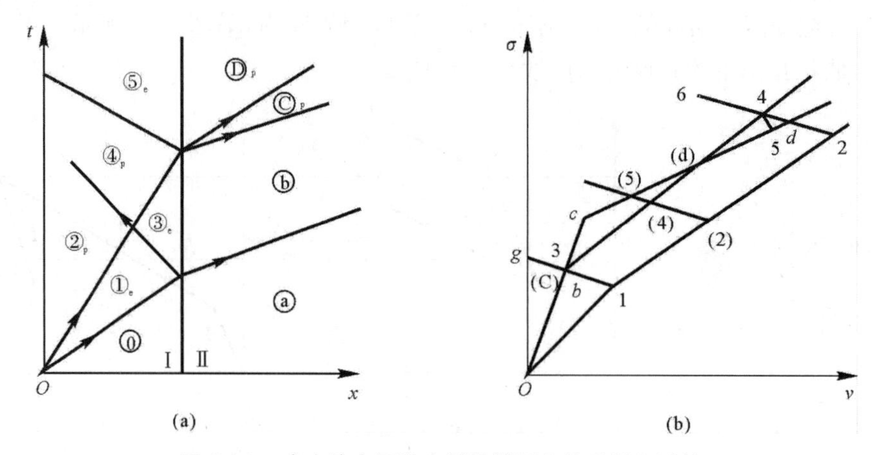

图 5.14　应力波在两种介质接触面上的反射和透射

(a) 物理平面；(b) 速度平面

综上所述，一个加、卸载波入射到两个介质的界面时，透射波一定是加载波。而反射波是加载波还是卸载波，取决于入射波后方状态是处于介质Ⅱ的动态反应曲线的上方还是下方。对于第一种情况，表明介质Ⅰ比介质Ⅱ显得软，将反射加载波；对于第二种情况，表明介质Ⅰ比介质Ⅱ显得硬，故反射卸载波。

3. 刚壁和自由面对波的干涉

若介质Ⅱ与介质Ⅰ相比非常硬，即波阻抗非常高，则可以将介质Ⅱ近似看成是刚壁。仍以上题为例，其动态反射应力沿σ轴向表示，如图5.15所示，由此得到反射应力为

$$\sigma_3-\sigma_1=-\rho_0 C_p(v_3-v_1) \tag{5.43}$$

即

$$\sigma_3=\sigma_1\left(1+\frac{\rho_0 C_p}{\rho_0 C_0}\right)$$

$$\sigma_5=\sigma_3+\rho_0 C_p(v_4-v_3)-\rho_0 C_p(v_5-v_4)$$

即

$$\sigma_5=\sigma_3+2(\sigma_2-\sigma_1)=2\sigma_2-\left(1-\frac{\rho_0 C_p}{\rho_0 C_0}\right)\sigma_1$$

下面讨论第Ⅱ种介质是自由面的情况，即波在自由面上的反射问题。

假设有塑性加载波0-1-2射向自由面，其反射的物理过程如图5.16(a)所示，首先弹性前

驱波 0-1 入射到自由面上，因反射波后的区域与自由面相邻，所以 $\sigma_3=0$，得到图 5.16(b) 上的点 3，所以 1-3 是弹性卸载波。此弹性卸载波与塑性加载波 1-2 在 A 处相遇，发生迎面卸载，这情况在前面已讨论过。假设 1-2 是强塑性加载波，它被削弱成弹塑性加载波 3-4-5，如图 5.16 所示。同时向左透过弹性卸载波 2-5″，最后在 5′ 和 5″ 区域之间形成第二类应变间断面 AB，其间断强度 $\varepsilon''_5-\varepsilon'_5$ 如图 5.16(c) 所示。在 A 处产生的弹性前驱波 3-4 在自由表面上反射为弹性卸载波 4-6，而与自由面相邻的 6 区应力卸载到零，此外，弹性卸载波 4-6 又对塑性加载波 4-5′ 进行迎面卸载。强弹性卸载波对弱塑性加载波的卸载，导致塑性加载波 4-5′ 被削弱为弹性加载波 6-7。而向左穿过弹性卸载波 5′-7′，在 E 处又形成一个第一类应变间断面 EF。在这里遇到波和应变间断面的作用问题，弹性卸载波 5′-7′ 从 AB 右边的塑性波区传播到第二类间断面 AB 上，因 σ'_7 高于 AB 左侧的下屈服应力，即 $\sigma'_7>\sigma_2-2Y$，$\sigma''_5<\sigma_2$，故弹性卸载波 5′-7′ 将不改变强度地穿过 AB，如图 5.16(a) 中的弹性卸载波 5″-7″。间断面 BC 两边的应变间断值和 AB 两边的相等，即 $\varepsilon''_7-\varepsilon'_7=\varepsilon''_5-\varepsilon'_5$，但是变成了第一类间断面。

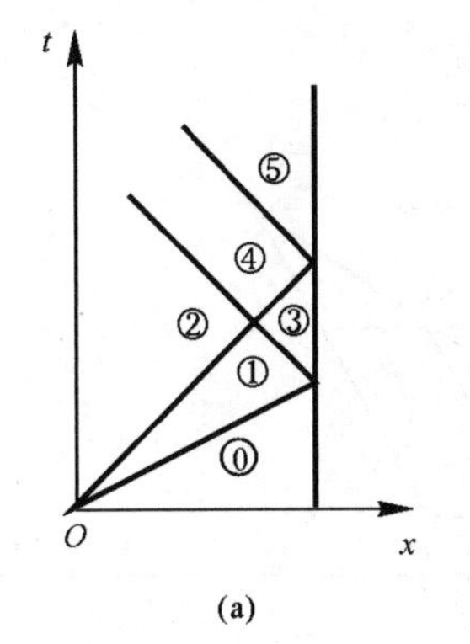

(a)

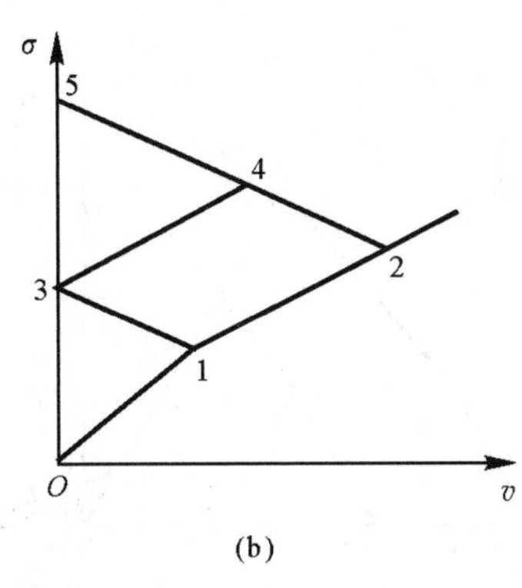

(b)

图 5.15　弹塑性加载波在刚壁上的反射

(a) 物理平面；(b) 速度平面

弹性加载波 6-7 在自由面上反射弹性卸载波 7-8，从左边入射到第一类应变间断面 EF 上，与前类似，由于 σ_8 高于 EF 左侧的下屈服应力即 $\sigma_8>\sigma_5-2Y$，故弹性卸载波 7-8 也是强度不变地穿过 EF，而且通过后，间断面 FG 两侧的应变间断面也与以前的 EF 两侧的间断值相同，即 $\varepsilon'_7-\varepsilon_7=\varepsilon'_8-\varepsilon_8$。

弹性卸载波 7′-8′ 射到应变间断面 BC 上时，低于 BC 左侧材料的下屈服应力，即 $\sigma'_8<\sigma_2-2Y$，所以弹性卸载波 7′-8′ 将分别以弹性和塑性卸载波 7″-9″ 和 9″-10″ 穿过 BC，其中 $\sigma_9=\sigma_2-2Y$。同时因内撞击而向右反射弹性加载波 8′-10′，如图 5.16(b) 中的 10′ 的状态为折线 7-9-10 和直线 8-10 的交点 10。

弹性加载波 8′-10′ 射到间断面 FG 上时，因 σ'_{10} 低于 FG 右侧材料的上屈服应力 σ_1($\sigma_1=Y$)，因此也是强度不变地穿过。弹性加载波 8-10 在自由面上反射为弹性卸载波 10-11，而 σ_{11} 高于 GH 左侧材料的下屈服应力 σ'_5-2Y，此弹性卸载波也是不受干扰地穿过 GH 而射在间断面 CD 上。CD 是第二类应变间断面，而左侧应力 σ''_{10} 已处于下屈服面上，如图 5.16(c) 所示，故弹性卸载波 10′-11′ 将变成塑性卸载波 10″-12″ 穿过应变间断面。同时向右反射弹性加载波 11′-12′，此弹性加载波又以不变的强度穿过 HI 射向自由面上，并从图 5.16(a) 的点 K 开始将重复 $JHDIK$ 的过程，但是波的强度却越来越小，最后趋于零。

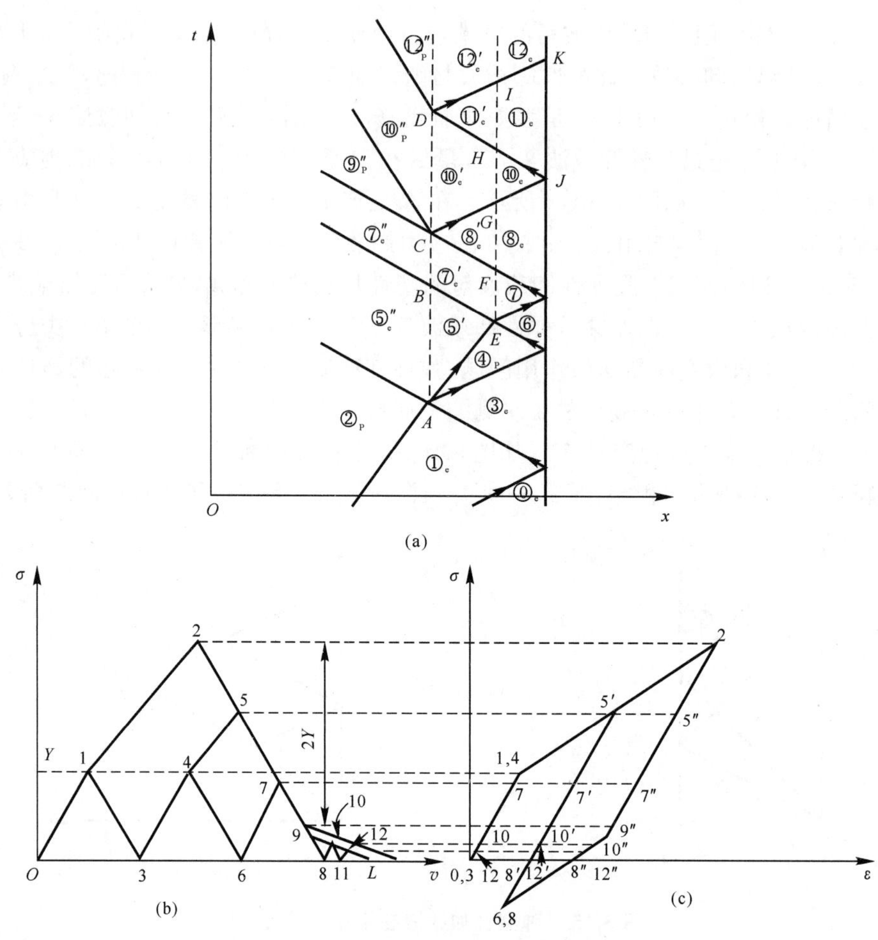

图 5.16　弹塑性加载波在自由面上的反射

(a) 物理平面；(b) 速度平面；(c) 应力-应变关系

5.6　加载、卸载边界的确定

在一般情况下，塑性加载区和弹性卸载区的边界随着应力波的传播和相互作用在杆中变化着。它不是机械扰动本身的传播轨迹，而是在应力波的相互作用下，不同质点 x 在不同时刻 t 从塑性状态卸载进入弹性状态的临界点的连线轨迹(卸载边界)，或从弹性状态(包括卸载状态) 加载进入塑性状态的临界点的连线的轨迹(加载边界)。

对于半无限长杆，弹塑性加载波是简单波，因此加载边界容易确定，而卸载边界的确定比较困难。下面用特征线法(图解法) 来分析半无限长杆中弱间断卸载边界的一般传播特性，并讨论边界传播速度与哪些因素有关。

1. 图解分析法

夏皮罗-比德曼(Shapiro - Biderman) 提出了用图解分析方法决定加载、卸载边界。这种方法适用于初始是静止的没有变形的杆(没有波的反射)，按两个阶段决定加载、卸载边界的形状。在第一个阶段找出靠近杆端边界的斜率，第二个阶段决定边界的剩余部分，如图 5.17 所示。

假设杆端应力按一定的规律增加到最大值 $\sigma_{\max}$，然后减少到零，如图 5.17(a) 所示。首先看到杆端应力的变化规律以及在最大应力处斜率是不连续的。当应力达到最大值的瞬间，加载、卸载边界出现。在此边界上将考虑坐标 $x_2=\mathrm{d}x$ 及 $t_2=t_0+\mathrm{d}t$ 的点 M_2。通过点 M_2 向卸载区画正负向特征线，向加载区画正向特征线。这导致了下面的时间、位置关系：

$$\left.\begin{aligned}&t'_1=t_0-\left(\frac{\mathrm{d}x}{C_1}-\mathrm{d}t\right),\quad t_1=t_0+\left(\mathrm{d}t-\frac{\mathrm{d}x}{C_0}\right)\\&t_3=t_0+\left(\mathrm{d}t+\frac{\mathrm{d}x}{C_0}\right)\end{aligned}\right\}\tag{5.44}$$

式中，t_0 是点 M_0 的坐标，而 $C_1=C(\sigma_{\max})$ 是相应于最大应力的塑性波传播速度。假设间隔 M'_1-M_0 的速度 $C(\sigma)$ 近似保持常数，并等于 $C(\sigma_{\max})$。

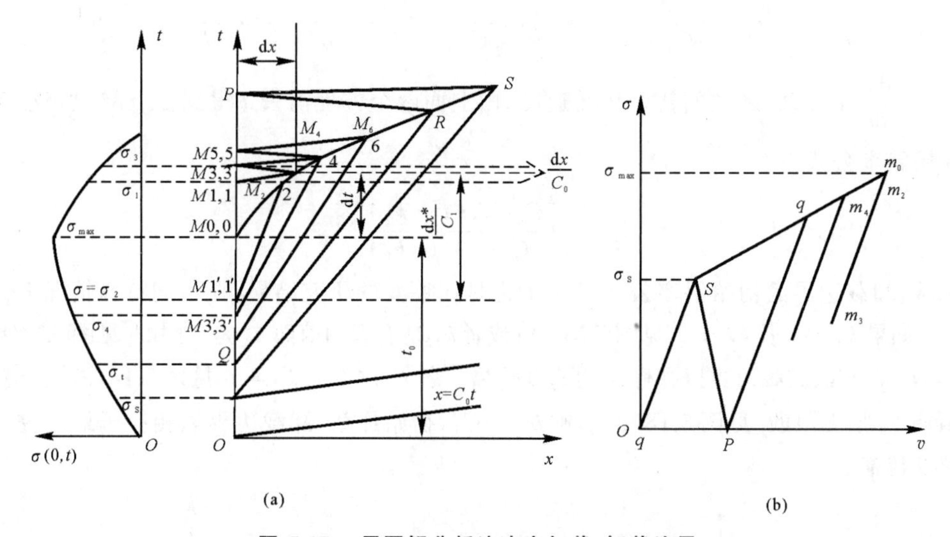

图 5.17　用图解分析法决定加载、卸载边界

(a) 特征线场；(b) 联系特征线场的速度平面

如果杆端应力变化曲线的斜率在 $\sigma(0,t_0)=\sigma_{\max}$ 处不连续，那么在此点附近的应力

$$\sigma^-(0,t)=\sigma_{\max}+k_1(t-t_0),\quad t<t_0$$

$$\sigma^+(0,t)=\sigma_{\max}+k_2(t-t_0),\quad t>t_0$$

式中，k_1 和 k_2 分别是导数 $\dfrac{\mathrm{d}\sigma^-(0,t)}{\mathrm{d}t}$，$\dfrac{\mathrm{d}\sigma^+(0,t)}{\mathrm{d}t}$ 值(忽略高阶项)，点 M'_1 的应力和速度分别是

$$\left.\begin{aligned}&\sigma'_1=\sigma_{\max}-k_1(t_0-t'_1)=\sigma_{\max}-k_1\left(\frac{\mathrm{d}x}{C_1}-\mathrm{d}t\right)\\&v'_1=\int_0^{\sigma'_1}\frac{\mathrm{d}\sigma}{\rho C(\sigma)}=\int_0^{\sigma\max}\frac{\mathrm{d}\sigma}{\rho C(\sigma)}+\frac{\sigma'_1-\sigma_{\max}}{\rho C_1}=v_{\max}-\frac{k_1}{\rho C_1}\left(\frac{\mathrm{d}x}{C_1}-\mathrm{d}t\right)\end{aligned}\right\}\tag{5.45}$$

式中，$v_{\max}$ 是点 M_0 的速度，显然 $\sigma_2=\sigma'_1$，$v_2=v'_1$。对于点 M_1 和 M_3，同样得到

$$\left.\begin{aligned}&\sigma_1=\sigma_{\max}+k_2(t_1-t_0)=\sigma_{\max}+k_2\left(\mathrm{d}t-\frac{\mathrm{d}x}{C_0}\right)\\&v_1=v_{\max}-a(t_1-t_0)=v_{\max}+a\left(\mathrm{d}t-\frac{\mathrm{d}x}{C_0}\right)\end{aligned}\right\}\tag{5.46}$$

$$\left.\begin{array}{l}\sigma_3=\sigma_{\max}+k_2(t_3-t_0)=\sigma_{\max}+k_2\left(\mathrm{d}t-\dfrac{\mathrm{d}x}{C_0}\right)\\ v_3=v_{\max}+a(t_3-t_0)=v_{\max}+a\left(\mathrm{d}t+\dfrac{\mathrm{d}x}{C_0}\right)\end{array}\right\}\tag{5.47}$$

式中,$a=\dfrac{\mathrm{d}v}{\mathrm{d}t}$ 是 $t\geqslant t_0$ 时杆端的加速度。

利用式(5.35),沿着特征线 M_1M_2 和 M_2M_3 应力和速度的基本关系,并考虑到在式(5.45)中,$\sigma'_1=\sigma_2$,$v'_1=v_2$,代入式(5.45)~式(5.47)后便得到

$$a\left(\frac{1}{b^*}-\frac{1}{C_0}\right)-\frac{k_1}{\rho C_1}\left(\frac{1}{C_1}-\frac{1}{b^*}\right)=+\frac{1}{\rho C_0}\left[k_1\left(\frac{1}{C_1}-\frac{1}{b^*}\right)+k_2\left(\frac{1}{b^*}-\frac{1}{C_0}\right)\right]$$

$$a\left(\frac{1}{b^*}+\frac{1}{C_0}\right)-\frac{k_1}{\rho C_1}\left(\frac{1}{C_1}-\frac{1}{b^*}\right)=\frac{1}{\rho C_0}\left[k_1\left(\frac{1}{C_1}-\frac{1}{b^*}\right)+k_2\left(\frac{1}{b^*}+\frac{1}{C_0}\right)\right]$$

式中,$b^*=\dfrac{\mathrm{d}x}{\mathrm{d}t}$ 是加载、卸载的初始传播速度,由上面两个方程消去 a 得到在点 M_0 加载、卸载边界的初始斜率公式:

$$b^*=\left[\frac{C_1^2C_0^2(k_1-k_2)}{(C_0^2k_1-C_1^2k_2)}\right]^{\frac{1}{2}}\tag{5.48}$$

加载、卸载边界的初始斜率公式(5.48)也是比德曼的研究结果,在不同特殊情况下分别进行讨论。如果 $k_1=0$ 及 $k_2\neq 0$[见图 5.18(a)]或者 k_1 是有限的值而 k_2 是无限的[见图 5.18(b)],那么 $b^*=C_0$,加载、卸载边界以弹性波的速度传播。若 $k_1\neq 0$ 而 $k_2=0$[见图 5.18(c)]或者 k_2 是有限值而 k_1 是无限的[见图 5.18(d)],则 $b^*=C_1$,初始加载、卸载边界以相应于最大应力的塑性波速度传播。

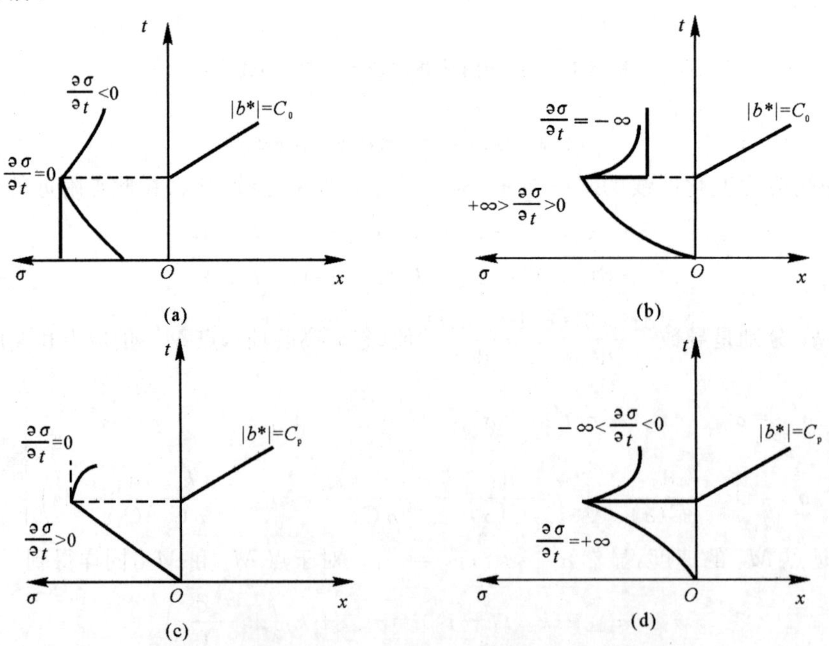

图 5.18　特殊情况下,初始加载,卸载边界的传播速度

(a)$k_1=0,k_2\neq 0,b^*=C_0$;(b)$k_1\neq\infty,k_2=\infty,b^*=C_0$

(c)$k_1\neq 0,k_2=0,b^*=C_1$;(d)$k_1=\infty,k_2\neq\infty,b^*=C_1$

如果在外载曲线$\sigma(0,t)=\sigma_{\max}$的点上，应力变量$\sigma(0,t)$的曲线的斜率是连续的($k_1=k_2=0$)，在这种情况下，应该考虑高阶导数。当$k_1=k_2=0$且导数$\dfrac{\mathrm{d}^2\sigma(0,t)}{\mathrm{d}t^2}$连续于$\sigma(0,t)=\sigma_{\max}$时，比德曼得到了下面的公式：

$$b^*=C_0\left(\sqrt{\frac{C_0}{C_1^2}+3}-\frac{C_0}{C_1}\right) \tag{5.49}$$

因此，在任何情况下加载、卸载边界的初始方向都可以计算。这条边界的剩余部分可以用夏皮罗的方法决定。画出加载、卸载边界的初始方向以后，选择接近M_0的一点M_2，由式(5.45)可以计算出点M_2的应力。在图解平面[见图 5.17(b)]画出加载、卸载边界的镜像。这部分由$\sigma=\sigma_S$和$\sigma=\sigma_{\max}$之间的曲线组成。标记m_0和m_2是特征平面(x,t)里M_0和M_2的镜像。然后画特征线m_2m_3，它相应于(x,t)平面里的特征线M_2M_3。点m_3在特征线上位置可以找到，因为由边界条件可以知道σ_3，因此可以画特征线M_3M_4以及在(v,σ)平面上的m_3m_4。直线m_3m_4和加载、卸载边界的方程的交点确定了应力σ_4，因此点m_4的位置可以确定。又因为$\sigma'_3=\sigma_4$也是M'_3点的应力位置，所以可以在加载区画出特征线：

$$x=C_{(\sigma_4)}(t-t_{M3})$$

它与特征线M_3M_4的交点确定了点M_4在加载、卸载边界上的位置。按类似方法一步一步进行下去，可以将加载、卸载边界上的另外一些点确定下来。

下面还必须确定加载、卸载边界上的最后点S，其应力是σ_S。点S相应于(v,σ)平面上坐标为σ_S和$v_S=\sigma_S/C_0$的点。在(v,σ)平面里画直线即正负向特征线SP(与v轴相交于点P)以及P_q，这就给出了σ_r，以此在特征平面里确定点Q的位置($\sigma_r=\sigma_q$)。然后在加载区画自向特征线QR，与已经建立的加载、卸载边界相交于点R。接着可以从点R画出特征线RP和PS。后者与第一道塑性波加载面相交。

$$x=C_{(\sigma_S)}(t-t_S)$$

这就在(x,t)平面里给出了点S的位置。这一点的横坐标是由于撞击引起的塑性变形的长度。杆的其余部分仅仅发生了弹性振动。知道了应力沿着加载、卸载边界的分布，就能容易地获得特征平面上所有点的应力、应变和质点速度。

2. 图解法举例

这里列举的例子是热克玛丘林-夏皮罗(Rakhmatulin－Shapiro)的工作。假设杆端应力单调地增加，达到最大值以后保持常数一定时间，然后单调地减少到零，如图 5.19 左边所示。假设是线性加工硬化，不难做出加载、卸载边界。观察三角形$M_0M_1M_2$，它们的应力、应变和质点速度都是常数。进一步考虑到这个三角形也是属于加载、卸载边界，在$t_0\leqslant t\leqslant t_1$期间，如果杆端应力是常数，那么点$M_2$的坐标是

$$x_2=\frac{C_0C_1}{C_0-C_1}(t-t_0),\quad t_2=\frac{C_0t_1-C_1t_0}{C_0-C_1}$$

三角形$M_0M_1M_2$上面的所有点相应于(v,σ)平面上一个点，从M_2开始，在加载、卸载边界上找后续点M_4等的应力。在图解平面(v,σ)上，加载、卸载边界的图像表示在图 5.19 右图中的直线加载、卸载边界上，最后一点S近似地用插值法得到。在图解平面里画出SP和PY，找到σ_S的应力数值以后，通过插值法确定点Q在 2-4 之间的位置，然后画特征线QP和PS，从而确

定了点 S，点 M_2 的横坐标 x_2 也是杆中塑性应变为常数的部分。一个类似的公式

$$x_S = \frac{C_0 C_1}{C_0 - C_1}(t_p - t_Y) \tag{5.50}$$

给出了加载、卸载边界的最后点 S 的横坐标 x_S 以及在相同的时间里杆发生塑性变形的长度。杆的其余部分是弹性的。

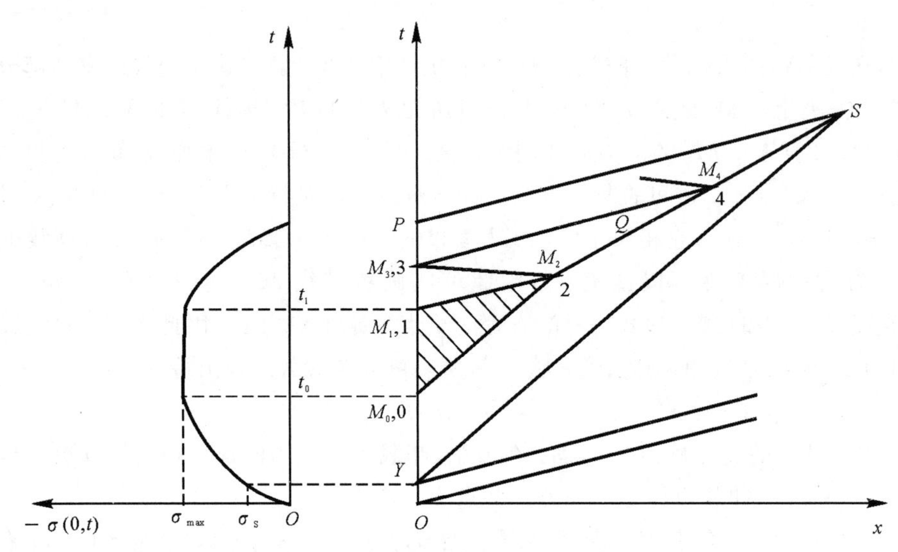

图 5.19　决定加载、卸载边界的图例

习　题

1. 描述弹性材料和弹塑性材料在加载和卸载时控制方程的区别。

2. 一根线性硬化材料有限长杆的 ρ_0、C_0(弹性波速)、C_p(塑性波速)均为已知，其左端 $x=0$ 处施加如图 5.20 所示的载荷，图中 $v_0 > v_p$(屈服速度)，另一端 $x=l$ 固定。试画出 $t=5l/C_1$ 之间的 $x-t$ 图和 $\sigma-v$ 图。

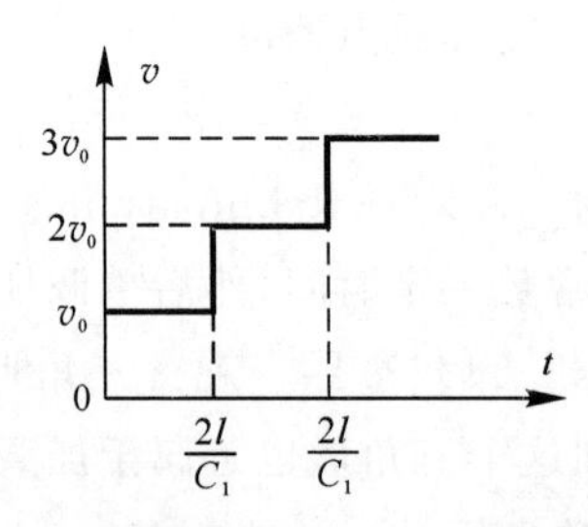

图 5.20　有限长杆左端 $x=0$ 处施加的载荷

3. 一根有限长杆 $0 \leqslant x \leqslant l$，设其弹性波速 C_0，塑性波速 C_p 均已知，且其一端 $x=0$ 处施加图 5.21 所示的载荷。讨论在下列三种情况下，在杆另一端 $x=1$ 处应分别有什么样的边界载荷条件(以图解表示)才不会发生波的反射?

(1)$v_0 < v_p$(屈服速度)，即杆处于弹性阶段。

(2)$v_0 < 2v_p$(屈服速度)，若为线性硬化材料。

(3)$v_0 < 2v_p$(屈服速度),若为递减硬化材料。

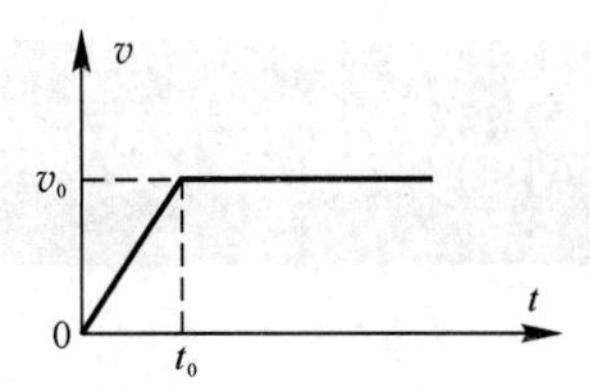

图 5.21　有限长杆左端 $x = 0$ 处施加的载荷

第6章　一维应变弹塑性波

一维应变问题是与一维应力问题不同的另一种极限情况。一维应力问题要求仅存在一维应力，这只有在横向尺寸相当小的细长杆中，既不存在横向约束，又可以忽略杆横向变形的条件下才能成立。一维应变问题要求仅存在一维应变，这只有在横向尺寸相当大的板或半无限介质中，由于横向约束存在而阻碍了横向变形的条件下才能成立。

一维应变问题，不存在横向的运动和变形，但是由于横向约束的存在，相应地存在横向正应力。因而，一维应变问题的介质处于三维应力状态。

6.1　一维应变问题与一维应力问题的异同点

6.1.1　基本方程相同

一维应变问题虽然与一维应力问题有很大的不同，但是在研究波运动规律和波前、后介质状态关系上，它们是一致的。以x作为一维应变平面波传播方向的拉格朗日坐标，ρ_0为介质初始密度，C是拉格朗日坐标中应力波传播速度，σ_x、ε_x是波阵面法线方向的正应力和正应变，v_x是x方向介质质点运动速度。连续方程和运动方程可以写为

$$\frac{\partial v_x}{\partial x}=\frac{\partial \varepsilon_x}{\partial t}$$

$$\rho_0\frac{\partial v_x}{\partial t}=\frac{\partial \sigma_x}{\partial x}$$

对于一维应变问题，材料应力-应变关系仍然采用形式：

$$\sigma_x=\sigma_x(\varepsilon_x)$$

在上述基本方程和应力-应变关系条件下，一维应变问题同样可以用特征线解法，并且具有与一维应力问题相同的形式。特征线方程为

$$\frac{\mathrm{d}x}{\mathrm{d}t}=\pm C \tag{6.1}$$

沿特征线状态变化为

$$\mathrm{d}\sigma_x=\pm\rho_0 C\mathrm{d}v \tag{6.2}$$

$$\mathrm{d}\varepsilon_x=\pm\frac{1}{C}\mathrm{d}v \tag{6.3}$$

式中："+"号对应于右传波，"−"号对应于左传波。

一维应变问题的波前、后介质状态关系，同样可以按照动量守恒关系求出，并具有与一维应力波相同的形式。对一维应力波，$\mathrm{d}\sigma=\mp\rho_0 C\mathrm{d}v$和$\mathrm{d}\varepsilon=\mp\frac{1}{C}\mathrm{d}v$；对于一维应变间断波，波前、后状态变化满足

$$\sigma_{x2}-\sigma_{x1}=\mp\rho_0 C(v_{x2}-v_{x1}) \tag{6.4}$$

$$\varepsilon_{x2}-\varepsilon_{x1}=\mp\frac{1}{C}(v_{x2}-v_{x1}) \tag{6.5}$$

式中,“—”号对应于右传波前、后状态,“+”号对应于左传波前、后状态。

6.1.2　本构关系不同

1. 弹性阶段

一维应变问题与一维应力问题一样,弹性阶段应力-应变关系皆遵从胡克定律,但是由于一维应变问题中介质处于三维应力、一维应变状态,而一维应力问题中介质处于一维应力、一维应变状态,因而具体表达式不同。各向同性材料的广义胡克定律中正应力和正应变的关系为

$$\sigma_x=\frac{E}{(1+\upsilon)(1-2\upsilon)}[(1-\upsilon)\varepsilon_x+\upsilon(\varepsilon_y+\varepsilon_z)]$$

$$\sigma_y=\frac{E}{(1+\upsilon)(1-2\upsilon)}[(1-\upsilon)\varepsilon_y+\upsilon(\varepsilon_z+\varepsilon_x)]$$

$$\sigma_z=\frac{E}{(1+\upsilon)(1-2\upsilon)}[(1-\upsilon)\varepsilon_z+\upsilon(\varepsilon_x+\varepsilon_y)]$$

式中:E 是材料的弹性模量;υ 是泊松比。对于一维应变问题,代入 $\varepsilon_y=0$,$\varepsilon_z=0$,得

$$\left.\begin{aligned}\sigma_x&=\frac{(1-\upsilon)E}{(1+\upsilon)(1-2\upsilon)}\varepsilon_x\\ \sigma_y=\sigma_z&=\frac{\upsilon}{(1+\upsilon)(1-2\upsilon)}\varepsilon_x\end{aligned}\right\} \tag{6.6}$$

对于一维应变下纵向应力和应变的关系,也可以写成

$$\sigma_x=\left(K+\frac{4}{3}G\right)\varepsilon_x \tag{6.7}$$

式中:K 为材料体积模量;G 为材料切变模量。

一维应变弹性波波速

$$C_e=\sqrt{\frac{1}{\rho_0}\frac{d\sigma_x}{d\varepsilon_x}}=\sqrt{\frac{1}{\rho_0}\frac{(1-\upsilon)E}{(1+\upsilon)(1-2\upsilon)}}=\sqrt{\frac{K+\frac{4}{3}G}{\rho_0}} \tag{6.8}$$

由于泊松比的数值大于 0,小于 0.5,故

$$\frac{1-\upsilon}{(1+\upsilon)(1-2\upsilon)}>1$$

因而,一维应变弹性波传播速度比一维应力弹性波传播速度大,其值是一维应力弹性波传播速度的

$$\sqrt{\frac{1-\upsilon}{(1+\upsilon)(1-2\upsilon)}}$$

倍。当 $\upsilon=0.25$ 时

$$\sqrt{\frac{1-\upsilon}{(1+\upsilon)(1-2\upsilon)}}=1.1$$

当 $\upsilon=0.4$ 时

$$\sqrt{\frac{1-\upsilon}{(1+\upsilon)(1-2\upsilon)}}=1.46$$

可以按照一维应力弹性波波速和材料泊松比换算一维应变弹性波波速。

按照式(6.6),可以得到一维应变下侧向应力和纵向应力之间的关系:

$$\sigma_y=\sigma_z=\frac{\upsilon}{1-\upsilon}\sigma_x \tag{6.9}$$

式中,$\frac{\upsilon}{1-\upsilon}$为小于1的正值。当$\upsilon=0.25$时,$\frac{\upsilon}{1-\upsilon}=0.4$;当$\upsilon=0.4$时,$\frac{\upsilon}{1-\upsilon}=0.66$。可以看出一维应变下侧向应力约为纵向应力的$\frac{1}{3}\sim\frac{2}{3}$,并且与纵向应力同号,表明介质处于三向压应力状态,或者处于三向拉应力状态。

2. 屈服准则

在一维应力问题中,当轴向应力达到屈服极限时,材料发生屈服。在复杂应力问题中,判别材料是否达到屈服状态,经常采用米塞斯(Mises)准则或者屈雷斯加(Tresca)准则。

按米塞斯准则

$$(\sigma_x-\sigma_y)^2+(\sigma_y-\sigma_z)^2+(\sigma_z-\sigma_x)^2=2\sigma_S^2$$

按屈雷斯加准则

$$\max\left(\frac{|\sigma_x-\sigma_y|}{2},\frac{|\sigma_y-\sigma_z|}{2},\frac{|\sigma_z-\sigma_x|}{2}\right)=\frac{\sigma_S}{2}$$

对于一维应变问题,代入$\sigma_y=\sigma_z=\frac{\upsilon}{1-\upsilon}\sigma_x$,由上述两个准则皆可得到

$$\sigma_x=\pm\frac{1-\upsilon}{1-2\upsilon}\sigma_S \tag{6.10}$$

以及

$$\sigma_x-\sigma_y=\pm\sigma_S \tag{6.11}$$

式(6.10)给出了一维应变问题材料屈服时的应力值,其值是一维应力问题中屈服极限的$\frac{\upsilon}{1-\upsilon}$倍。当$\upsilon=0.25$时,$\frac{\upsilon}{1-2\upsilon}=1.5$;当$\upsilon=0.4$时,$\frac{\upsilon}{1-2\upsilon}=3$。可以看出一维应变问题材料屈服极限是一维应力问题材料屈服极限的1.5～3倍。式(6.11)所确定的斜率为1,截距为$\pm\sigma_S$的两条平行直线,称为屈服轨迹线,两条轨迹线之间的范围是弹性区。如图6.1所示,材料进行弹性变形时,随着应力的增加,在σ_x-σ_y平面上沿着直线$\sigma_y=\frac{\upsilon}{1-\upsilon}\sigma_x$变化。对于拉伸变形,当直线$\sigma_y=\frac{\upsilon}{1-\upsilon}\sigma_x$与上屈服轨迹线$\sigma_x-\sigma_y=\sigma_S$相交时,材料达到屈服状态,其应力值为$\sigma_x=\frac{1-\upsilon}{1-2\upsilon}\sigma_S$;对于压缩变形,当直线$\sigma_y=\frac{\upsilon}{1-\upsilon}\sigma_S$与下屈服轨迹线$\sigma_x-\sigma_y=-\sigma_S$相交时,材料达到屈服状态,其应力值为$\sigma_x=\frac{1-\upsilon}{1-2\upsilon}\sigma_S$。

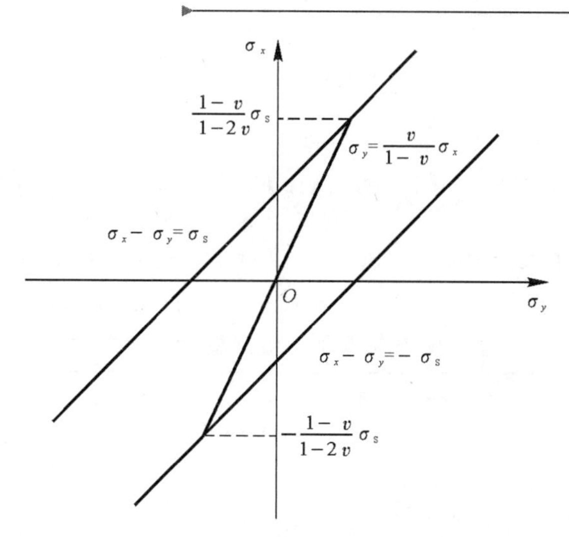

图 6.1　一维应变问题的应力平面

3. 塑性阶段

研究塑性阶段的应力-应变关系，首先要研究塑性阶段的加载规律，然后研究在这种加载条件下应力-应变关系的表示方法。在一维应力问题中，曾讨论了线硬化、递减硬化和递增硬化三种模型；在一维应变问题中，由于介质处于三向应力状态，问题比较复杂，因此只讨论最为简单的理想塑性模型。

理想塑性模型完全忽略硬化效应的存在，在加载达初始屈服之后，塑性变形应在初始屈服面上发展。在一维应变问题理想塑性模型中，按照米塞斯准则或屈雷斯加准则，塑性应力之间都应该满足

$$\sigma_x-\sigma_y=\pm\sigma_S$$

式中，σ_S 为一维应力问题的材料屈服极限。

下面研究一维应变问题理想塑性模型在塑性阶段的应力-应变关系。将应力写成静水压力和应力偏量两部分，静水压力 p 与体积应变成正比，比例系数为体积模量，这部分应力只引起体积变化，不造成塑性变形，在一维应变条件下 $\varepsilon_y=\varepsilon_z=0$，有

$$p=-K\varepsilon_x$$

应力偏量引起形状畸变，是塑性变形的原因，在一维应变条件下侧向应力处于均匀状态 $\sigma_y=\sigma_z$，有

$$S_x=\sigma_x+p=\frac{2}{3}(\sigma_x-\sigma_y)$$

若进入塑性阶段，对于理想塑性模型，其应力之间应该满足 $\sigma_x-\sigma_y=\pm\sigma_S$，因而偏应力

$$S_x=\pm\frac{2}{3}\sigma_S$$

将上述两部分叠加，获得一维应变问题在理想塑性模型条件下塑性阶段应力-应变关系：

$$\sigma_x=-p+S_x=K\varepsilon_x\pm\frac{2}{3}\sigma_x \tag{6.12}$$

由式(6.12) 看出，一维应变问题的理想塑性模型与一维应力问题的理想塑性模型大不相同，在 σ_x -ε_x 图上，一维应力问题理想塑性模型的塑性应力-应变曲线是截距为 $\pm\sigma_S$ 的两条水平线，一维应

变问题理想塑性模型的塑性应力-应变曲线是斜率为 K、截距为 $\pm\frac{2}{3}\sigma_S$ 的两条直线。

一维应变塑性波波速

$$C_p=\sqrt{\frac{1}{\rho_0}\frac{d\sigma_x}{d\varepsilon_x}}=\sqrt{\frac{K}{\rho_0}} \tag{6.13}$$

该塑性波波速小于弹性波波速。因此，和一维应力问题一样，在一维应变问题中也出现了弹塑性双波。表 6.1 给出了按式(6.8)、式(6.13) 计算的一维应变弹、塑性波波速。

表 6.1　理想塑性条件下一维应变弹、塑性波波速计算值

材料	$\rho_0/(g\cdot cm^{-3})$	$C_e/(m\cdot s^{-1})$	$C_p/(m\cdot s^{-1})$
镁	1.74	5 775	4 575
铍	1.85	12 945	7 850
铝	2.7	6 470	5 385
硬铝	2.79	6 215	5 085
锌	6.92	4 265	3 180
不锈钢	7.81	5 820	4 575
钢	7.82	5 560	4 155
电解铁	7.86	5 935	4 620
黄铜	8.6	4 690	4 010
镍	8.8	6 065	4 970
铜	8.9	5 005	4 260
莫涅耳合金	8.9	5 345	4 335
银	10.49	3 645	3 140
铅	11.34	1 965	1 795
金	19.30	3 275	2 960
钨	19.30	5 485	4 565
聚乙烯	0.9	1 945	1 840
聚苯乙烯	1.056	2 345	1 995
尼龙	1.11	2 610	2 310
丙烯树脂	1.182	2 680	2 360
熔融石英	2.2	5 975	4 095
轻氯铜银铅冕玻璃	2.24	5 095	3 900
硼硅酸玻璃	2.3	5 635	4 150
重硅钾铅玻璃	3.88	3 975	2 880

4. 卸载规律

材料进入塑性阶段之后，随着应力降低而进行卸载时，其应力-应变关系不是沿加载时的应力-应变曲线返回的，而是从塑性加载所达到的最大应力、应变点按照弹性规律进行卸载的。不过，与一维应力问题卸载有不同的地方，当应力卸载到零之前，一维应变问题会产生反向屈服，以致造成反向塑性加载。图 6.2 是在理想塑性材料中一维应变问题从加载开始到卸载结束的整个过程。

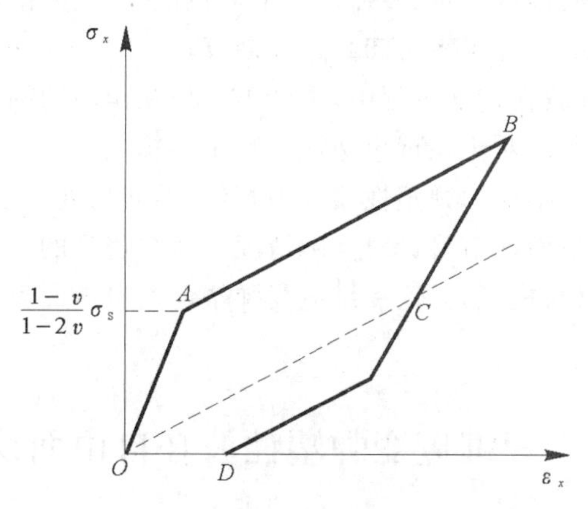

图 6.2　理想塑性材料加、卸载过程

当材料从初始状态($\sigma_x=0$，$\varepsilon_x=0$)开始拉伸加载时，首先沿 OA 进行弹性变形，弹性线 OA 的方程为

$$\sigma_x=\left(K+\frac{4}{3}G\right)\varepsilon_x$$

这个阶段在材料中对应传播弹性波，弹性波的速度为

$$C_e=\sqrt{\frac{1}{\rho_0}\left(K+\frac{4}{3}G\right)}$$

当弹性变形应力达到 $\sigma_x=\frac{1-\upsilon}{1-2\upsilon}\sigma_S$ 时，材料发生屈服。然后沿 AB 进行塑性变形，塑性线 AB 的方程为

$$\sigma_x=K\varepsilon_x+\frac{2}{3}\sigma_S$$

对应塑性波的速度为 $C_p=\sqrt{\frac{K}{\rho_0}}$，这时材料中传播着弹塑性双波。

当塑性加载达到某点(如点 B)进行卸载时，应力、应变沿 BC 变化，直线 BC 平行于 OA，弹性卸载线 BC 的方程为

$$\sigma_x-\sigma_{xB}=\left(K+\frac{4}{3}G\right)(\varepsilon_x-\varepsilon_{xB})$$

对应弹性卸载波的速度为

$$C_e=\sqrt{\frac{1}{\rho_0}\left(K+\frac{4}{3}G\right)}$$

当弹性卸载线 BC 与反向塑性线 CD 相交时，材料发生反向屈服。反向屈服后，继续沿 CD

进行反向塑性加载，反向塑性加载线 CD 的方程为

$$\sigma_x = K\varepsilon_x - \frac{2}{3}\sigma_S$$

对应反向塑性加载波的速度为 $C_p = \sqrt{\frac{K}{\rho_0}}$，反向塑性加载波的速度小于弹性卸载波的速度，即卸载过程也出现弹塑性双波结构，但在传播过程中双波间距离愈来愈远。随着反向塑性加载的进行，应力愈来愈低，当应力等于零时卸载过程结束。

另外，一维应变弹塑性波在传播过程中，也会出现相互作用的问题；当介质存在界面时，还会出现波的反射和透射问题。对于在理想塑性材料中传播的一维应变弹塑性波来说，这些问题与线硬化材料中传播的一维应力弹塑性波极为相似；不同之处在于前者存在反向塑性加载，其波的作用过程更复杂。下面两节将针对实际情况中经常遇到的板背面反射和多层板应力波传播问题，采用理想塑性材料模型，讨论一维应变弹塑性波自由面反射和一维应变弹塑性波在不同介质中的传播问题。

6.2　一维应变弹塑性波在自由面反射

一维应变弹塑性波在板中传播，经常会遇到自由面反射造成卸载，自由面条件同样为界面处应力等于零。

设板原处于静止状态，板材料符合理想塑性材料模型，材料屈服极限为 σ_S。假若板中传播着强度为 σ_M 的一维应变弹塑性压缩波，该波波阵面与板背面（自由面）相平行，取波传播方向为 x，研究一维应变弹塑性波在自由面反射的过程。具体反射过程的 $x-t$ 图、$\sigma-v$ 图和 $\sigma-\varepsilon$ 图，如图 6.3 所示。

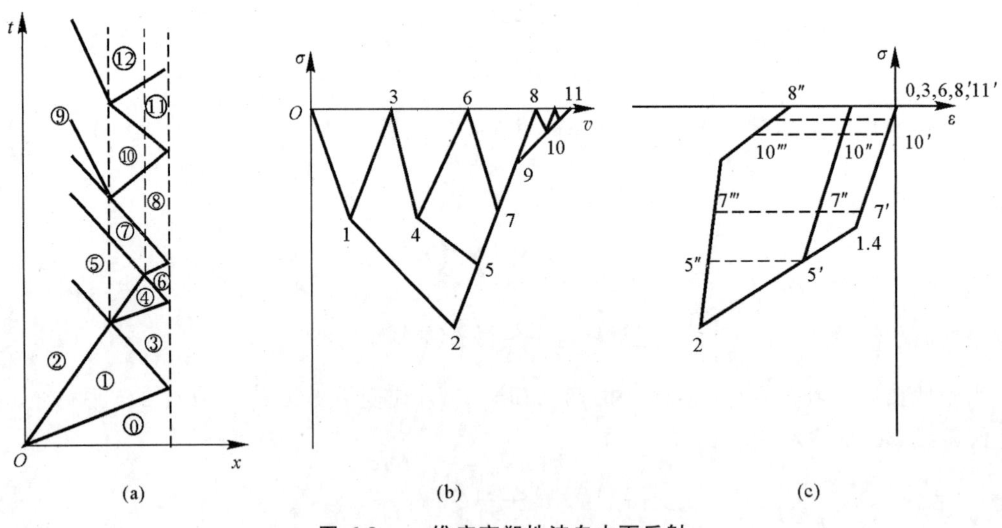

图 6.3　一维应变塑性波自由面反射

(a)$x-t$ 图；(b)$\sigma-v$ 图；(c)$\sigma-\varepsilon$ 图

一维应变弹塑性压缩波是双波结构，弹性前驱波的强度为 $-\frac{1-\upsilon}{1-2\upsilon}\sigma_S$，塑性波部分的强度

为 $\sigma_M - \left(-\frac{1-\upsilon}{1-2\upsilon}\sigma_S\right)$，弹塑性波传播后 ① 区、② 区的状态为

$$\left.\begin{aligned}\sigma_1 &= -\frac{1-\upsilon}{1-2\upsilon}\sigma_S \\ v_1 &= \frac{1-\upsilon}{1-2\upsilon}\frac{\sigma_S}{\rho_0 C_e} \\ \sigma_2 &= \sigma_M \\ v_2 &= -\frac{\sigma_M}{\rho_0 C_p} + \frac{1-\upsilon}{1-2\upsilon}\frac{\sigma_S}{\rho_0 C_e}\left(1-\frac{C_e}{C_p}\right)\end{aligned}\right\} \tag{6.14}$$

弹性前驱波首先到达自由面，在自由面反射为弹性卸载波，卸载后自由面处应力为零，③区状态为

$$\left.\begin{aligned}\sigma_3 &= 0 \\ v_3 &= 2v_1 = \frac{2(1-\upsilon)}{1-2\theta}\frac{\sigma_S}{\rho_0 C_e}\end{aligned}\right\} \tag{6.15}$$

反射弹性卸载波与右传塑性波相遇，使右传塑性波卸载，同时向左继续传播弹性卸载波。右传塑性波卸载后是弹性波还是塑性波，与右传塑性波的强度有关，按照图 6.3(b) 由点 3 作斜率为 $-\rho_0 C_p$ 的直线，与过点 1 的水平线相交于点 4；再过点 4 作斜率为 $-\rho_0 C_p$ 的直线，与过点 2 斜率为 $\rho_0 C_p$ 的直线相交于点 5，因而右传塑性波卸载后成为弹塑性双波。另外，由 ③ 区到 ⑤ 区和由 ② 区到 ⑤ 区的两侧，由于历史上曾经达到过的最大塑性应力不同，因而 ⑤ 区存在应变间断面。④ 区、⑤ 区状态为

$$\left.\begin{aligned}\sigma_4 &= -\frac{1-\upsilon}{1-2\upsilon}\sigma_S \\ v_4 &= 3v_1 = \frac{3(1-\upsilon)}{1-2\upsilon}\frac{\sigma_S}{\rho_0 C_e} \\ \sigma_5 &= \sigma_M + \frac{2(1-\upsilon)}{1-2\upsilon}\frac{C_p}{C_e+C_p}\sigma_S \\ v_5 &= -\frac{\sigma_M}{\rho_0 C_p} + \frac{(1-\upsilon)}{1-2\upsilon}\frac{\sigma_S}{\rho_0(C_e+C_p)}\left(\frac{3C_p}{C_e}-\frac{C_e}{C_p}\right)\end{aligned}\right\} \tag{6.16}$$

卸载后右传弹塑性波的弹性前驱波，在自由面反射为弹性卸载波，波后 ⑥ 区状态为

$$\left.\begin{aligned}\sigma_6 &= 0 \\ v_6 &= 4v_1 = \frac{4(1-\upsilon)}{1-2\upsilon}\frac{\sigma_S}{\rho_0 C_e}\end{aligned}\right\} \tag{6.17}$$

反射弹性卸载波再次与右传塑性波相遇，使右传塑性波卸载。按照图 6.3(b)，由点 6 作斜率为 $-\rho_0 C_e$ 的直线，由点 5 作斜率为 $\rho_0 C_e$ 的直线，二直线相交于点 7，点 7 应力的绝对值低于点 4 应力的绝对值，因而右传塑性波卸载成为弹性波，并且 ⑦ 区除原来的应变间断面继续存在之外，又产生一道新的应变间断面。⑦ 区状态为

$$\left.\begin{aligned}\sigma_7&=\frac{1}{2}\left(1+\frac{C_e}{C_p}\right)\sigma_M+\frac{1-\upsilon}{2(1-2\upsilon)}\left(3+\frac{C_e}{C_p}\right)\sigma_S\\ v_7&=\frac{1}{2}\left(1+\frac{C_e}{C_p}\right)\frac{\sigma_M}{\rho_0 c_e}+\frac{1-\upsilon}{2(1-2\upsilon)}\frac{\sigma_S}{\rho_0 c_e}\left(5-\frac{C_e}{C_p}\right)\end{aligned}\right\}\tag{6.18}$$

卸载后的右传弹性波在自由面仍然反射为弹性卸载波，波后 ⑧ 区状态为

$$\left.\begin{aligned}\sigma_8&=0\\ v_8&=-\left(1+\frac{C_e}{C_p}\right)\frac{\sigma_M}{\rho_0 c_e}+\frac{1-\upsilon}{1-2\upsilon}\frac{\sigma_S}{\rho_0 c_e}\left(\frac{C_e}{C_p}-1\right)\end{aligned}\right\}\tag{6.19}$$

从较高的塑性应力状态进行卸载时，在应力卸载到零之前往往会出现反向塑性加载现象。参照图 6.3(c)，⑦ 区具有三种不同的应变，分别对应于点 $7'$，$7''$，$7'''$，过点 $7'$，$7''$ 沿弹性卸载线可以将应力卸载到零，但过点 $7'''$ 要使应力卸载到零，必须经过弹性卸载线、反向屈服点和反向塑性加载线。这样，反射弹性卸载波传播到左边应变间断面时，会发生波的反射和透射现象，向左传入弹性卸载波和反向塑性加载波，向右传入弹性加载波。再按照图 6.3(b)，由点 7 作斜率为 $\rho_0 C_e$ 的直线，与 $\sigma=\sigma_M+\frac{2(1-\upsilon)}{1-2\upsilon}\sigma_S$ 的水平线相交于点 9；然后再过点 9 作斜率为 $\rho_0 C_p$ 的直线，过点 8 作斜率为 $-\rho_0 C_e$ 的直线，二直线相交于点 10。新产生的 ⑨ 区和 ⑩ 区的状态分别为

$$\left.\begin{aligned}\sigma_9&=\sigma_M+\frac{2(1-\upsilon)}{1-2\upsilon}\sigma_S\\ v_9&=-\frac{\sigma_M}{\rho_0 C_p}+\frac{1-\upsilon}{1-2\upsilon}\frac{\sigma_S}{\rho_0 C_e}\left(3-\frac{C_e}{C_p}\right)\\ \sigma_{10}&=\frac{C_e-C_p}{C_e+C_p}\left[\sigma_M+\frac{4(1-\upsilon)}{1-2\upsilon}\sigma_S\right]\\ v_{10}&=\frac{1}{\rho_0 C_p}\left[-\frac{C_e+3C_p}{C_e+C_p}\sigma_M+\frac{1-\upsilon}{1-2\upsilon}\left(1-\frac{C_p}{C_e}\right)\left(\frac{C_e-3C_p}{C_e+C_p}\right)\sigma_S\right]\end{aligned}\right\}\tag{6.20}$$

⑩ 区由两道应变间断面分成三部分。右侧靠自由面部分只经历了弹性变化；中间部分历史最大塑性应力曾达到 σ_5，然后从 σ_5 进行弹性卸载；左侧部分历史上最大塑性应力曾达到 σ_2，然后先是进行弹性卸载，达到反向屈服后又进行反向塑性加载。

随着在应变间断面所产生的右传弹性波到达自由面，在自由面反射为弹性卸载波，该弹性卸载波到达应变间断面又会出现反射和透射现象，产生反向塑性加载波，并且，上述现象不断重复，但是就波的强度来说逐渐减小，就应力值来说也逐渐卸载到零。最终应力卸载到零时，质点速度为

$$v=-\frac{2\sigma_M}{\rho_0 C_p}+\frac{3(1-\upsilon)}{1-2\upsilon}\frac{\sigma_S}{\rho_0 C_e}\left(1-\frac{C_e}{C_p}\right)\tag{6.21}$$

例 6.1 设一维应变平面波在铝板中传播，已知铝密度 $\rho_0=2.79\ \mathrm{g/cm^3}$，体积模量 $K=7.22\times10^{10}\ \mathrm{Pa}$，切变模量 $G=2.67\times10^{10}\ \mathrm{Pa}$，屈服极限 $\sigma_S=2.76\times10^8\ \mathrm{Pa}$。问强度为 $\sigma_M=-1.5\times10^9\ \mathrm{Pa}$ 的一维应变平面波在铝板背面反射后会不会产生反向屈服现象，若发生，计算反向屈服时的应力和质点速度，以及最终自由面所达到的速度。

解 已知铝材料的 ρ_0、K、G，可以计算出一维应变弹性波和塑性波速度：

$$C_e=\sqrt{\frac{K+\frac{4}{3}G}{\rho_0}}=\sqrt{\frac{\left(7.22+\frac{4}{3}\times 2.67\right)\times 10^{10}}{2.79\times 10^3}}=6\ 215\ \text{m/s}$$

$$C_p=\sqrt{\frac{K}{\rho_0}}=\sqrt{\frac{7.22\times 10^{10}}{2.79\times 10^3}}=5\ 085\ \text{m/s}$$

泊松比可以按体积模量和切变模量换算出，即

$$\upsilon=\frac{3K-2G}{2(3K+G)}=\frac{3\times 7.22-2\times 2.67}{2(3\times 7.22+2.67)}=0.335$$

计算一维应变问题中材料屈服时的应力：

$$\frac{1-\upsilon}{1-2\upsilon}\sigma_S=\frac{1-0.335}{1-2\times 0.335}\times 2.76\times 10^8=5.56\times 10^8\ \text{Pa}$$

由于 $|\sigma_M|>\frac{2(1-\upsilon)}{1-2\upsilon}\sigma_S$，因此一维应变弹塑性波在板背面（自由面）反射后，会产生反向屈服现象，参照图 6.3，反向屈服时的状态为

$$\sigma_9=\sigma_M+\frac{2(1-\upsilon)}{1-2\upsilon}\sigma_S=-1.5\times 10^9+2\times 5.56\times 10^8=-3.88\times 10^8\ \text{Pa}$$

$$v_9=-\frac{\sigma_M}{\rho_0 C_p}+\frac{1-\upsilon}{1-2\upsilon}\frac{\sigma_S}{\rho_0 C_e}\left(3-\frac{C_e}{C_p}\right)=$$

$$\frac{1.5\times 10^9}{2.79\times 10^3\times 5\ 085}+\frac{5.56\times 10^8}{2.78\times 10^3\times 621\ 5}\left(3-\frac{6\ 215}{5\ 085}\right)=162.7\ \text{m/s}$$

反射后自由面最终达到的速度为

$$v=-\frac{2\sigma_M}{\rho_0 C_p}+\frac{3(1-\upsilon)}{1-2\upsilon}\frac{\sigma_S}{\rho_0 C_e}\left(1-\frac{C_e}{C_p}\right)=$$

$$\frac{2\times 1.5\times 10^9}{2.79\times 10^3\times 5\ 085}+\frac{3\times 5.56\times 10^8}{2.79\times 10^3\times 6\ 215}\left(1-\frac{6\ 215}{5\ 085}\right)=190\ \text{m/s}$$

6.3　一维应变弹塑性波在不同介质中的传播

一维应变平面波在多层材料板的传播中，经常会遇到在不同介质接触面上的反射和透射问题。理想塑性材料中一维应变平面波在不同介质接触面上的反射和透射，与线性硬化材料中一维应力波在不同介质接触面上的反射和透射问题相似，不过由于一维应变中可能出现反向屈服现象，因此问题较一维应力问题更加复杂。

一维应变平面波从一种介质向另一种介质传播时，透射波性质与入射波性质相同，即入射波是压缩波，透射波也是压缩波；入射波是拉伸波，透射波也是拉伸波。反射波的性质与介质弹、塑性波阻抗有关，一般来说当由波阻抗大的介质向波阻抗小的介质传播时，反射波为卸载波；当由波阻抗小的介质向波阻抗大的介质传播时，反射波为加载波。但是，由于每种介质都有弹、塑性两种波阻抗，一种介质的弹性波阻抗大，并不能保证这种介质的塑性波阻抗也比另一种介质的塑性波阻抗大，另外，屈服极限的高低以及入射波的强度对反射波的性质都有直接影响。因此，反射和透射的具体情况要依据实际计算或图解来确定。

假若两种介质紧紧地连接在一起，并且都处于静止状态，记第一种介质为 A，第二种介质为 B，设有一维应变弹塑性压缩波从 A 介质向 B 介质传播，已知弹塑性压缩波的强度为 σ_M，且两种介质都符合理想塑性材料模型。现在按照两种介质波阻抗以及屈服极限的大小，分几种情况讨论弹塑性波在两介质界面上反射和透射情况。

在讨论反射和透射问题之前，首先计算出一维应变弹塑性压缩波在 A 介质传播过后的状态

$$\sigma_1 = -\left(\frac{1-\upsilon}{1-2\upsilon}\sigma_S\right)_A$$

$$v_1 = \left(\frac{1-\upsilon}{1-2\upsilon}\frac{\sigma_S}{\rho_0 C_e}\right)_A$$

$$\sigma_2 = \sigma_M$$

$$v_2 = -\frac{\sigma_M}{(\rho_0 C_p)_A} + \left(\frac{1-\upsilon}{1-2\upsilon}\frac{\sigma_S}{\rho_0 C_e}\right)_A\left(1-\frac{C_e}{C_p}\right)_A$$

当 $(\rho_0 C_e)_A < (\rho_0 C_e)_B$，$(\rho_0 C_p)_A < (\rho_0 C_p)_B$，以及 $\left(\frac{1-\upsilon}{1-2\upsilon}\sigma_S\right)_A < \left(\frac{1-\upsilon}{1-2\upsilon}\sigma_S\right)_B$ 时，一维应变弹塑性波在界面上反射和透射的 $x-t$ 图、$\sigma-v$ 图和 $\sigma-\varepsilon$ 图如图 6.4 所示。在 $x-t$ 图和 $\sigma-\varepsilon$ 图中，用不带撇数字表示 A 介质中各区，用带撇数字表示 B 介质中各区。

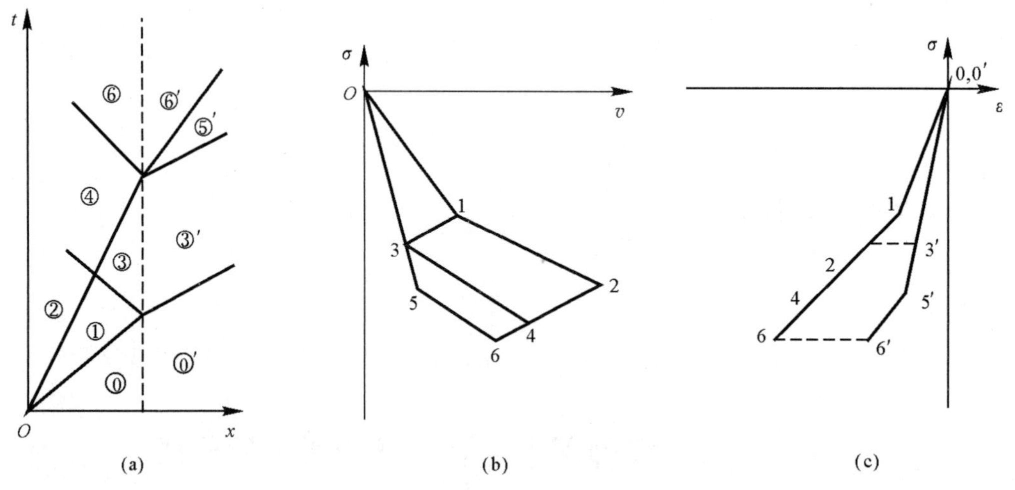

图 6.4　两介质界面上的反射和透射(Ⅰ)

(a)$x-t$ 图；(b)$\sigma-v$ 图；(c)$\sigma-\varepsilon$ 图

由图 6.4 可以看出，当弹性前驱波在界面上进行反射和透射时，在 A 介质中从 ① 区跨左传波到达 ③ 区，在 B 介质中从 ⓪′ 区跨右传波到达 ③′ 区，③ 区和 ③′ 区是两介质界面上相邻的区域，其应力和质点速度分别相等，在 $\sigma-v$ 图上是一个点(3 点)。由于 $(\rho_0 C_e)_A < (\rho_0 C_e)_B$，在 $\sigma-v$ 图上点 3 肯定在点 1 的左下方，因而 A 介质中的反射波一定是塑性加载波，B 介质中的透射波为弹性加载波(若点 3 应力在 B 介质屈服点之下，就会成为弹塑性加载波)。当塑性波在界面上进行反射和透射时，在 A 介质中从 ④ 区跨左传波到达 ⑥ 区，在 B 介质中从 ③′ 区跨右传波到达 ⑥′ 区，由于 $\left(\frac{1-\upsilon}{1-2\upsilon}\sigma_S\right)_A < \left(\frac{1-\upsilon}{1-2\upsilon}\sigma_S\right)_B$，$(\rho_0 C_e)_A < (\rho_0 C_e)_B$，$\sigma-v$ 图上点 6 肯定在点 4 的左下方，因而 A 介质中的反射波一定是塑性加载波，B 介质中的透射波为弹塑性加载波(若点 6 应力在 B 介质屈服点之上，仍是弹性加载波)。各区状态如下：

$$\sigma_3=-\left(\frac{1-\upsilon}{1-2\upsilon}\sigma_S\right)_A\frac{(\rho_0C_e)A+(\rho_0C_p)_A}{(\rho_0C_e)_B+(\rho_0C_p)_A}\frac{(\rho_0C_e)_B}{(\rho_0C_e)_A}$$

$$v_3=\left(\frac{1-\upsilon}{1-2\upsilon}\frac{\sigma_S}{\rho_0C_p}\right)_A\frac{(\rho_0C_e)_A+(\rho_0C_p)_A}{(\rho_0C_e)_B+(\rho_0C_p)_A}$$

$$\sigma_4=\sigma_M-\left(\frac{1-\upsilon}{1-2\upsilon}\frac{C_p}{C_e}\sigma_S\right)_A\frac{(\rho_0C_e)_B-(\rho_0C_e)_A}{(\rho_0C_e)_B+(\rho_0C_p)_A}$$

$$v_4=-\frac{\sigma_M}{(\rho_0C_p)_A}+\left(\frac{1-\upsilon}{1-2\upsilon}\frac{\sigma_S}{\rho_0C_e}\right)_A\left[\frac{(\rho C_e)_A+(\rho_0C_p)_A}{(\rho_0C_e)_B+(\rho_0C_p)_A}-\left(\frac{C_e}{C_p}\right)_A\right]$$

$$\sigma_5=-\left(\frac{1-\upsilon}{1-2\upsilon}\sigma_S\right)_B,\quad v_5=\left(\frac{1-\upsilon}{1-2\upsilon}\frac{\sigma_S}{\rho_0C_e}\right)_B$$

$$\sigma_6=\frac{2(\rho_0C_p)_B}{(\rho_0C_p)_A+(\rho_0C_p)_B}\sigma_M+\left(\frac{1-\upsilon}{1-2\upsilon}\sigma_S\right)_A\frac{(\rho_0C_e)_A-(\rho_0C_p)_A}{(\rho_0C_p)_A+(\rho_0C_p)_B}\frac{(\rho_0C_p)_B}{(\rho_0C_e)_A}-$$
$$\left(\frac{1-\upsilon}{1-2\upsilon}\sigma_S\right)_B\frac{(\rho_0C_e)_B-(\rho_0C_p)_B}{(\rho_0C_p)_A+(\rho_0C_p)_B}\frac{(\rho_0C_p)_A}{(\rho_0C_e)_B}$$

$$v_6=-\frac{2\sigma_M}{(\rho_0C_p)_A+(\rho_0C_p)_B}-\left(\frac{1-\upsilon}{1-2\upsilon}\frac{\sigma_S}{\rho_0C_e}\right)_A\frac{(\rho_0C_e)_A-(\rho_0C_p)_A}{(\rho_0C_p)_A+(\rho_0C_p)_B}-$$
$$\left(\frac{1-\upsilon}{1-2\upsilon}\frac{\sigma_S}{\rho_0C_e}\right)_B\frac{(\rho_0C_e)_B-(\rho_0C_p)_B}{(\rho_0C_p)_A+(\rho_0C_p)_B}$$

当$(\rho_0C_p)_A>(\rho_0C_p)_B$，且其他条件不变时，若入射弹塑性压缩波强度较低(使得 $\sigma-v$ 图中点 4 在点 6 之上)，仍能保持图 6.4 的状态；若入射弹塑性压缩波强度较高(使得 $\sigma-v$ 图中点 4 在点 6 之下)，反射波将为弹性卸载波。图 6.5 给出了这种情况下界面反射和透射的 $x-t$ 图、$\sigma-v$ 图和 $\sigma-\varepsilon$ 图。

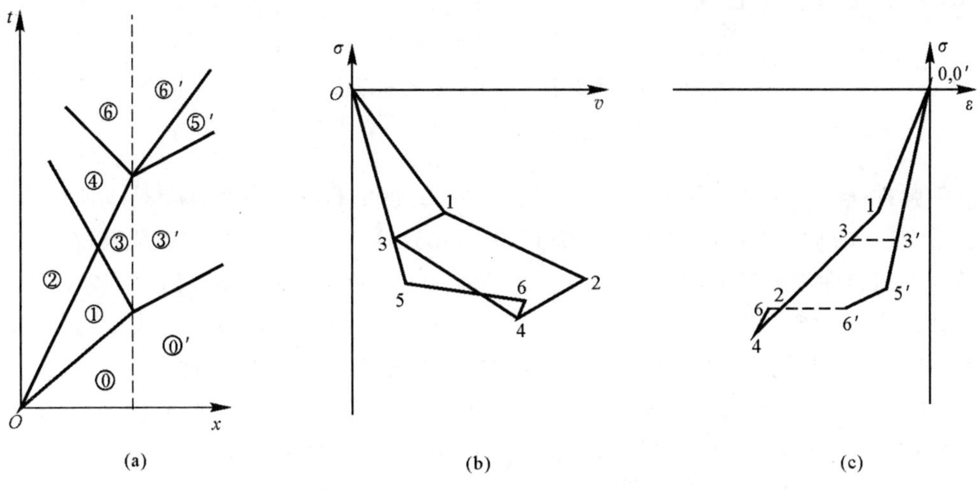

图 6.5　两介质界面上的反射和透射(Ⅱ)

(a)$x-t$ 图；(b)$\sigma-v$ 图；(c)$\sigma-\varepsilon$ 图

在图 6.5 中，⑥ 区状态

$$\sigma_6=\frac{(\rho_0C_e)_A+(\rho_0C_p)_A}{(\rho_0C_e)_A+(\rho_0C_p)_B}\frac{(\rho_0C_p)_B}{(\rho_0C_p)_A}\sigma_M+\left(\frac{1-\upsilon}{1-2\upsilon}\sigma_S\right)_A\frac{(\rho_0C_e)_A^2-(\rho_0C_p)_A^2}{[(\rho_0C_e)_A+(\rho_0C_p)_B][(\rho_0C_e)_B+(\rho_0C_p)_A]}\times$$
$$\frac{(\rho_0C_e)_B(\rho_0C_p)_B}{(\rho_0C_e)_A(\rho_0C_p)_A}-\left(\frac{1-\upsilon}{1-2\upsilon}\sigma_S\right)_B\frac{(\rho_0C_e)_B-(\rho_0C_p)_B}{(\rho_0C_e)_A+(\rho_0C_p)_B}\frac{(\rho_0C_e)_A}{(\rho_0C_e)_B}$$

$$v_6=-\frac{(\rho_0C_e)_A+(\rho_0C_p)_A}{(\rho_0C_e)_A+(\rho_0C_p)_B}\frac{\sigma_M}{(\rho_0C_p)_A}-\left(\frac{1-\upsilon}{1-2\upsilon}\frac{\sigma_S}{\rho_0C_p}\right)_A\times$$
$$\frac{(\rho_0C_e)_A^2-(\rho_0C_p)_A^2}{[(\rho_0C_e)_A+(\rho_0C_p)_B][(\rho_0C_e)_B+(\rho_0C_p)_A]}\frac{(\rho_0C_e)_B}{(\rho_0C_e)_A}-$$
$$\left(\frac{1-\upsilon}{1-2\upsilon}\frac{\sigma_S}{\rho_0C_e}\right)_B\frac{(\rho_0C_e)_B-(\rho_0C_p)_B}{(\rho_0C_e)_A+(\rho_0C_p)_B}$$

当$(\rho_0C_p)_A>(\rho_0C_p)_B$，且$\left(\frac{1-\upsilon}{1-2\upsilon}\sigma_S\right)_A>\left(\frac{1-\upsilon}{1-2\upsilon}\sigma_S\right)_B$时，入射弹塑性波在界面上全部反射为弹性卸载波，如图 6.6 所示，由于参数计算过于繁杂，下面仅从图解上进行说明。

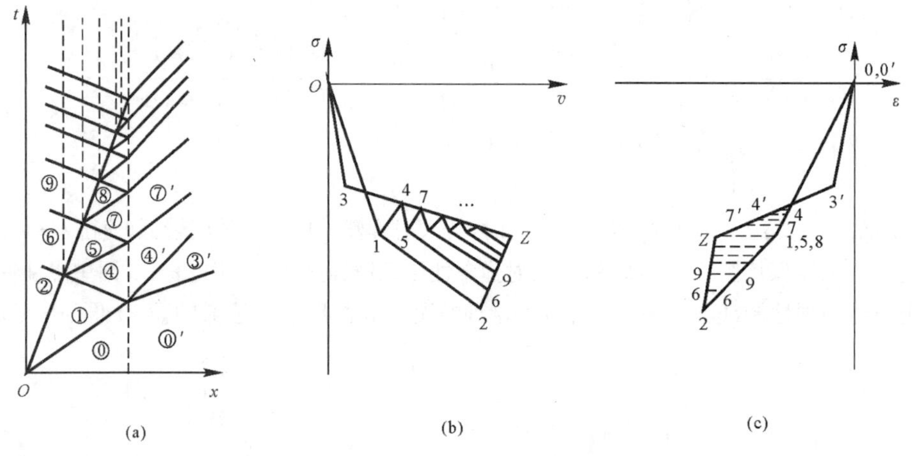

图 6.6　两介质界面上的反射和透射(Ⅲ)

(a)$x-t$ 图；(b)$\sigma-v$ 图；(c)$\sigma-\varepsilon$ 图

入射弹性前驱波到达界面，此时$\sigma-v$图上表示①区的状态点在B介质$\sigma-v$曲线的下方，反射波后④区的状态点肯定在①区状态点的上方，这样一定反射为弹性卸载波；在反射弹性卸载波与右传塑性波相遇后，所形成新区的状态点也必定在②区状态点的上方，右传塑性波一定卸载为弹塑性波。卸载后的弹性前驱波再次从界面上反射使右传塑性波卸载，经过多次卸载后，右传塑性波可能一直传播到界面，也可能在到达界面之前已经卸载成为弹性波。其区别在于：在$\sigma-v$图上过点2(初始塑性波后状态点)斜率为$(\rho_0C_e)_A$的直线和过点3(B介质屈服状态点)斜率为$-(\rho_0C_p)_B$直线的交点，是在过点1(A介质屈服状态点)水平线之上还是之下，若交点在水平线之上则入射塑性波最终被卸载为弹性波，若交点在水平线之下则入射塑性卸载波后一直仍为塑性波。按照

$$\frac{|\sigma_M|}{(\rho_0C_e)_A}+\frac{|\sigma_M|-\left(\frac{1-\upsilon}{1-2\upsilon}\sigma_S\right)_A}{(\rho_0C_p)_A}$$

和
$$\left(\frac{1-\upsilon}{1-2\upsilon}\frac{\sigma_S}{\rho_0 C_e}\right)_A+\frac{\left(\frac{1-\upsilon}{1-2\upsilon}\sigma_S\right)_A-\left(\frac{1-\upsilon}{1-2\upsilon}\sigma_S\right)_B}{(\rho_0 C_p)_B}$$
的大小，可以求出若
$$|\sigma_M|<\left(\frac{1-\upsilon}{1-2\upsilon}\sigma_S\right)_A\frac{(\rho_0 C_p)_A+(\rho_0 C_p)_B}{(\rho_0 C_e)_A+(\rho_0 C_p)_A}\frac{(\rho_0 C_e)_A}{(\rho_0 C_p)_B}-$$
$$\left(\frac{1-\upsilon}{1-2\upsilon}\sigma_S\right)_B\frac{(\rho_0 C_e)_B-(\rho_0 C_p)_B}{(\rho_0 C_e)_A+(\rho_0 C_p)_A}\frac{(\rho_0 C_e)_A}{(\rho_0 C_e)_B}\frac{(\rho_0 C_p)_A}{(\rho_0 C_p)_B}$$
时，则入射塑性波最终卸载为弹性波；反之，入射塑性波卸载后一直仍为塑性波。

当$(\rho_0 C_p)_A$较$(\rho_0 C_p)_B$大很多，以及在$|\sigma_M|$较大时，介质A中可能会出现反向屈服现象，图6.7描述了这种情况。入射塑性压缩波在反射弹性卸载波的作用下不断卸载，卸载后的区域在$\sigma-\upsilon$图上过点2，沿斜率为$(\rho_0 C_p)_A$的直线变化，但若A介质反向屈服对应的状态点在B介质$\sigma-\upsilon$曲线的下方时，卸载过程中必然经过反向屈服点（$\sigma-\upsilon$图中点16），然后再过点16沿斜率为$(\rho_0 C_p)_A$的直线进行反向塑性加载，使历史上曾经达到σ_M的部分A介质产生反向塑性变形。按照
$$\frac{3\left(\frac{1-\upsilon}{1-2\upsilon}\sigma_S\right)_A}{(\rho_0 C_e)_A}+\frac{|\sigma_M|-\left(\frac{1-\upsilon}{1-2\upsilon}\sigma_S\right)_A}{(\rho_0 C_p)_A}$$
$$\frac{\left(\frac{1-\upsilon}{1-2\upsilon}\sigma_S\right)_B}{(\rho_0 C_e)_B}+\frac{|\sigma_M|-2\left(\frac{1-\upsilon}{1-2\upsilon}\sigma_S\right)_A-\left(\frac{1-\upsilon}{1-2\upsilon}\sigma_S\right)_B}{(\rho_0 C_p)_B}$$
的大小，可以求出若
$$|\sigma_M|>\left(\frac{1-\upsilon}{1-2\upsilon}\sigma_S\right)_A\left[1+\frac{(\rho_0 C_e)_A+3(\rho_0 C_p)_B}{(\rho_0 C_p)_A-(\rho_0 C_p)_B}\left(\frac{C_p}{C_e}\right)_A\right]+$$
$$\left(\frac{1-\upsilon}{1-2\upsilon}\sigma_S\right)_B\frac{(\rho_0 C_e)_B-(\rho_0 C_p)_B}{(\rho_0 C_p)_A-(\rho_0 C_p)_B}\frac{(\rho_0 C_p)_A}{(\rho_0 C_e)_B}$$
则发生反向屈服现象。不过，此时应力σ_M已经很高，一维应变弹塑性波往往可以作为固体中的冲击波进行研究。

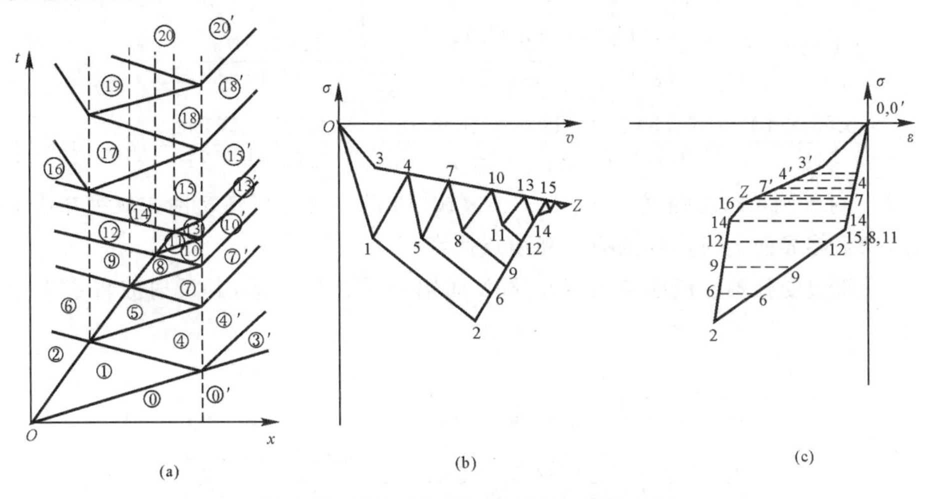

图 6.7　两介质界面上的反射和透射(Ⅳ)

(a)$x-t$图；(b)$\sigma-\upsilon$图；(c)$\sigma-\varepsilon$图

例 6.2　一维应变平面波在多层板中由铝板向钢板传播，已知铝材料的性能参数 $\rho_0 = 2.79\ \mathrm{g/cm^3}$，$\upsilon = 0.335$，$C_e = 5\ 560\ \mathrm{m/s}$，$C_p = 4\ 155\ \mathrm{m/s}$，$\sigma_S = 6 \times 10^8\ \mathrm{Pa}$。设一维应变弹塑性波强度为 $\sigma_M = -1.5 \times 10^9\ \mathrm{Pa}$，且假定铝、钢都符合理想塑性材料模型，求界面上最终所达到的应力和质点速度。

解　一维应变弹塑性压缩波从铝介质(A) 向钢介质(B) 中传播，各有关参数如下：

$$(\rho_0 C_e)_A = 2.79 \times 10^3 \times 6\ 125 = 1.734 \times 10^7 (\mathrm{kg \cdot m^{-2} \cdot s^{-1}})$$

$$(\rho_0 C_p)_A = 2.79 \times 10^3 \times 5\ 085 = 1.419 \times 10^7 (\mathrm{kg \cdot m^{-2} \cdot s^{-1}})$$

$$\left(\frac{1-\upsilon}{1-2\upsilon}\sigma_S\right)_A = \frac{1-0.335}{1-2\times 0.335} \times 2.76 \times 10^8 = 5.56 \times 10^8\ \mathrm{Pa}$$

$$(\rho_0 C_e)_B = 7.8 \times 10^3 \times 5\ 560 = 4.337 \times 10^7 (\mathrm{kg \cdot m^{-2} \cdot s^{-1}})$$

$$(\rho_0 C_p)_B = 7.8 \times 10^3 \times 4\ 155 = 3.21 \times 10^7 (\mathrm{kg \cdot m^{-2} \cdot s^{-1}})$$

$$\left(\frac{1-\upsilon}{1-2\upsilon}\sigma_S\right)_B = \frac{1-0.25}{1-2\times 0.25} \times 6 \times 10^8 = 9 \times 10^8\ \mathrm{Pa}$$

由于$(\rho_0 C_e)_A < (\rho_0 C_e)_B$，$(\rho_0 C_p)_A < (\rho_0 C_e)_B$，$\left(\frac{1-\upsilon}{1-2\upsilon}\sigma_S\right)_A < \left(\frac{1-\upsilon}{1-2\upsilon}\sigma_S\right)_B$，反射波和透射波都是加载波，其界面上反射和透射的具体情况见图 6.4。界面最终所达到的压力和质点速度为

$$\sigma_6 = \frac{2(\rho_0 C_p)_B}{(\rho_0 C_p)_A + (\rho_0 C_p)_B} + \left(\frac{1-\upsilon}{1-2\upsilon}\sigma_S\right)_A \frac{(\rho_0 C_e)_A - (\rho_0 C_p)_A}{(\rho_0 C_p)_A + (\rho_0 C_p)_B} \frac{(\rho_0 C_p)_B}{(\rho_0 C_e)_A} -$$

$$\left(\frac{1-\upsilon}{1-2\upsilon}\sigma_S\right)_B \frac{(\rho_0 C_p)_B - (\rho_0 C_p)_B}{(\rho_0 C_p)_A + (\rho_0 C_p)_B} \frac{(\rho_0 C_p)_A}{(\rho_0 C_e)_B} =$$

$$-\frac{2 \times 3.21}{1.419 + 3.21} \times 1.5 \times 10^9 + 5.56 \times 10^8 \times \frac{1.734 - 1.419}{1.419 + 3.21} \times \frac{3.21}{1.734} -$$

$$9 \times 10^8 \times \frac{4.337 - 3.21}{1.419 + 3.21} \times \frac{1.419}{4.337} = -2.08 \times 10^9\ \mathrm{Pa}$$

$$v_6 = -\frac{2\sigma_M}{(\rho_0 C_p)_A + (\rho_0 C_p)_B} - \left(\frac{1-\upsilon}{1-2\upsilon} \frac{\sigma_S}{\rho_0 C_e}\right)_A \frac{(\rho_0 C_e)_A - (\rho_0 C_p)_A}{(\rho_0 C_p)_A + (\rho_0 C_p)_B} -$$

$$\left(\frac{1-\upsilon}{1-2\upsilon} \frac{\sigma_S}{\rho_0 C_e}\right)_B \frac{(\rho_0 C_e)_B - (\rho_0 C_p)_B}{(\rho_0 C_p)_A + (\rho_0 C_p)_B} = \frac{2 \times 1.5 \times 10^9}{(1.419 + 3.21) \times 10^7} -$$

$$\frac{5.56 \times 10^8}{1.734 \times 10^7} \times \frac{1.734 - 1.419}{1.419 + 3.21} - \frac{9 \times 10^8}{4.337 \times 10^7} \times \frac{4.337 - 3.21}{1.419 + 3.21} = 42.5\ \mathrm{m/s}$$

例 6.3　对于例 6.2，若强度为 $\sigma_M = -1.5 \times 10^9\ \mathrm{Pa}$ 的一维应变弹塑性波从钢介质中向铝介质中传播，求最终界面上所达到的应力和质点速度。

解　一维应变弹塑性压缩波从钢介质 A 向铝介质 B 中传播，其反射波肯定为弹性卸载波。计算：

$$\left(\frac{1-\upsilon}{1-2\upsilon}\sigma_S\right)_A \frac{(\rho_0 C_p)_A + (\rho_0 C_p)_B}{(\rho_0 C_e)_A + (\rho_0 C_p)_A} \frac{(\rho_0 C_e)_A}{(\rho_0 C_p)_B} -$$

$$\left(\frac{1-\upsilon}{1-2\upsilon}\sigma_S\right)_B \frac{(\rho_0 C_e)_B - (\rho_0 C_p)_B}{(\rho_0 C_e)_A + (\rho_0 C_p)_A} \frac{(\rho_0 C_e)_A}{(\rho_0 C_e)_B} \frac{(\rho_0 C_p)_A}{(\rho_0 C_p)_B} =$$

$$9 \times 10^8 \times \frac{3.21 + 1.419}{4.337 + 3.21} \times \frac{4.337}{1.419} -$$

$$5.56 \times 10^8 \times \frac{1.734 - 1.419}{4.337 + 3.21} \times \frac{4.337}{1.734} \times \frac{3.21}{1.419} =$$

$$1.56 \times 10^9 \text{ Pa}$$

由于 $|\sigma_M| < 1.56 \times 10^9$ Pa，因而入射塑性波最终必将卸载为弹性波。再计算：

$$\left(\frac{1-\upsilon}{1-2\upsilon}\sigma_S\right)_A \left[1 + \frac{(\rho_0 C_e)_A + 3(\rho_0 C_p)_B}{(\rho_0 C_p)_A - (\rho_0 C_p)_B}\left(\frac{C_p}{C_e}\right)_A\right] +$$

$$\left(\frac{1-\upsilon}{1-2\upsilon}\sigma_S\right)_B \frac{(\rho_0 C_e)_B - (\rho_0 C_p)_B}{(\rho_0 C_p)_A - (\rho_0 C_p)_B} \frac{(\rho_0 C_p)_A}{(\rho_0 C_e)_B} =$$

$$9 \times 10^8 \left[1 + \frac{4.337 + 3 \times 1.419}{3.21 - 1.419} \times \frac{4\ 155}{5\ 560}\right] +$$

$$5.56 \times 10^8 \times \frac{1.734 - 1.419}{3.21 - 1.419} \times \frac{3.21}{1.734} = 4.31 \times 10^9 \text{ Pa}$$

由于 $|\sigma_M| < 4.31 \times 10^9$ Pa，因而在钢介质中不会出现反向屈服现象。此时界面上反射和透射的 $x-t$ 图和 $\sigma-v$ 图如图 6.8 所示。

先求出 ② 区和 ③ 区状态：

$$\sigma_2 = \sigma_M = -1.5 \times 10^9 \text{ Pa}$$

$$v_2 = -\frac{\sigma_M}{(\rho_0 C_p)_A} + \left(\frac{1-\upsilon}{1-2\upsilon}\frac{\sigma_S}{\rho_0 C_e}\right)_A \left(1 - \frac{C_e}{C_p}\right)_A =$$

$$\frac{1.5 \times 10^9}{3.21 \times 10^7} + \frac{9 \times 10^8}{4.337 \times 10^7}\left(1 - \frac{5\ 560}{4\ 155}\right) = 39.7 \text{ m/s}$$

$$\sigma_3 = -\left(\frac{1-\upsilon}{1-2\upsilon}\sigma_S\right)_B = -5.56 \times 10^8 \text{ Pa}$$

$$v_3 = \left(\frac{1-\upsilon}{1-2\upsilon}\frac{\sigma_S}{\rho_0 C_e}\right)_B = \frac{5.56 \times 10^8}{1.734 \times 10^7} = 32 \text{ m/s}$$

按照图 6.8(b)，钢铝界面上反射和透射的最终状态是点 12。由点 2 作斜率为$(\rho_0 C_e)_A$ 的直线，由点 3 作斜率为 $-(\rho_0 C_e)_B$ 的直线，二直线的交点即是点 12，对方程组

$$\sigma_{12} - \sigma_2 = (\rho_0 C_e)_A (v_{12} - v_2)$$

$$\sigma_{12} - \sigma_3 = -(\rho_0 C_p)_A (v_{12} - v_3)$$

联立求解，获得界面上反射和透射最终状态的应力和质点速度为

$$\sigma_{12} = \frac{(\rho_0 C_p)_B \sigma_2 + (\rho_0 C_e)_A \sigma_3 + (\rho_0 C_e)_A (\rho_0 C_p)_B (u_3 - u_2)}{(\rho_0 C_e)_A + (\rho_0 C_p)_B} =$$

$$\frac{-2.129 \times 10^{16} - 2.411 \times 10^{16} - 0.474 \times 10^{16}}{5.756 \times 10^7} = -8.71 \times 10^8 \text{ Pa}$$

$$v_{12} = v_2 + \frac{\sigma_{12} - \sigma_2}{(\rho_0 C_e)_A} = 39.7 + \frac{-8.71 \times 10^8 - (-1.5 \times 10^9)}{4.337 \times 10^7} = 54.2 \text{ m/s}$$

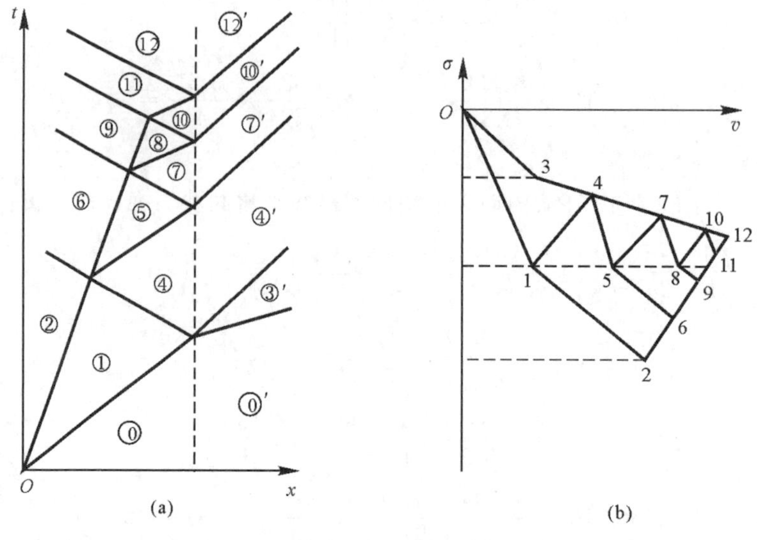

图 6.8　钢-铝界面上的反射和透射

(a)$x-t$ 图；(b)$\sigma-v$ 图

习　题

1. 什么是一维应变弹性波？

2. 简述一维应变弹塑性波与一维应力弹塑性波的区别。

3. 当一维应变波在金属中传播时，一维应变平面波在金属背面反射后出现反向屈服的条件是什么？

第 7 章　固体材料的应变率效应与试验技术

随着科学技术的不断发展，人们对各种工程结构材料的服役环境要求也越来越高，各种新型材料不断涌现出来。特别是在冲击载荷作用下，材料往往表现出与准静态载荷下不同的力学行为(即材料具有应变率效应)。因此，作为工程设计的前提，准确的材料力学性能至关重要。如何获得材料在高温高应变率下的力学性能数据以及材料的力学性能与微细观结构演化之间的联系，这是当前研究的重点。本章将重点介绍固体材料的应变率效应以及获得材料在高应变率下的力学性能常采用的试验方法。

7.1　固体材料的应变率效应

近年来，随着现代科学技术的飞速发展，很多工程结构都受到冲击载荷的作用。冲击载荷在时间历程上具有显著变化的特点，因此承受这些载荷的材料就会以高应变率变形。大量试验结果表明，在不同的应变率下，材料的力学性能往往不同。这是因为从材料的变形机理上来说，除了理想弹性材料的变形可以看做是瞬态响应外，其他各种类型的材料的变形和断裂都是以有限速率进行的，属于非瞬态响应。这就说明材料的力学性质本质上是与应变率相关的。本节简单介绍一些典型金属材料、金属基复合材料和非金属材料的应变率响应。

7.1.1　金属材料的应变率响应

在工程实际中，材料的力学特性是进行结构安全性、可靠性设计的基础。对撞击载荷进行适当的分析就可以合理地设计出有关的撞击结构，但这不仅仅需要知道材料的动力学特性，还要知道材料的应力、应变、应变率以及与温度相关的力学状态方程，从而用来进行数值分析，并了解结构的动态响应。

对于金属材料来说，一般情况下增加应变率会使金属的真实应力升高，这是由于金属的塑性变形机理较为复杂，需要一定的时间来进行，如晶体位错的运动，滑移面由不利于变形的位向向有利于变形的位向转动，晶粒转动等都需要时间。如果变形速率很大，金属的塑性变形不能在变形体内充分地扩展和完成，而弹性变形仅仅是电子离开其平衡位置的运动，增大或减小其原子间距，其扩展速率可以很大，与声速相同。这样材料变形就更多地表现为弹性变形，因而随着应变率的升高，材料的屈服应力升高。

近年来，人们对金属和合金材料的应变率效应进行了广泛的研究，但是不同学者用不同的试验方法(甚至相同的方法)经常得到一些不同的结论，而且这种争论已经持续了很多年。虽然研究过程中存在着差异，但是仍然得到了很多有价值的研究报告，这里将简单介绍一些这方面研究已经取得并得到认可的突破。

经过试验研究，人们发现大多数金属材料及其合金的强度都随着应变率的增加而增加。图 7.1 是埃勒比(Eleiche)和坎贝尔(Campbell)等人用霍普金森(Hopkinson)扭杆设备对退火钛在剪切应变率从 50～1 300 s^{-1} 范围内及准静态应变率为 6×10^{-3} s^{-1} 的条件下得到的应

力-应变曲线进行的比较。在一系列类似的试验中得到一个共同的结论，即材料的屈服极限都随着应变率的增加而增加。

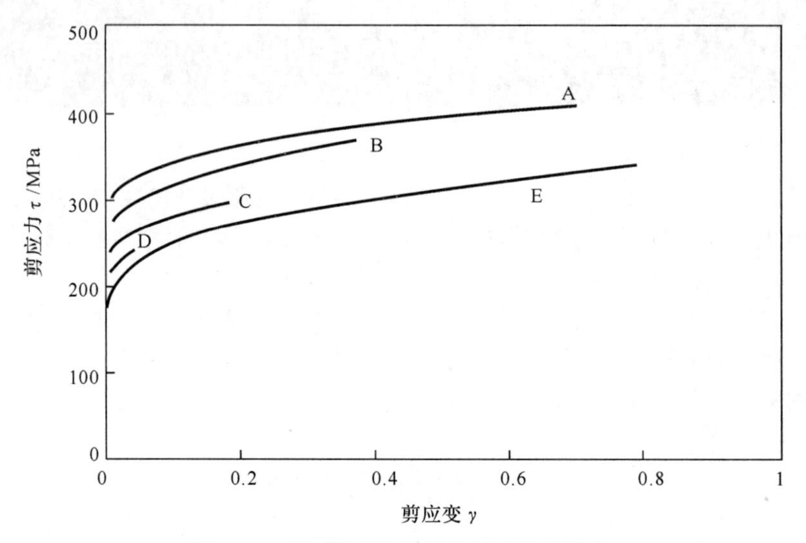

图 7.1　金属钛对扭转载荷的应变率效应

A—1 100 ～ 1 300 s^{-1}；B—500 s^{-1}；C—280 s^{-1}；D—50 s^{-1}；E—0.006 s^{-1}

BCC（体心立方结构金属）金属对应变率非常敏感，其屈服应力和塑性流动应力强烈依赖于温度和应变率。图 7.2 所示的是 Ta 金属在应变为 10% 时流动应力与温度和应变率的关系，显然，当应变率从 0.001 s^{-1} 增加到 3 000 s^{-1} 时，流动应力随应变率增加迅速增加，但随温度升高而急剧下降。

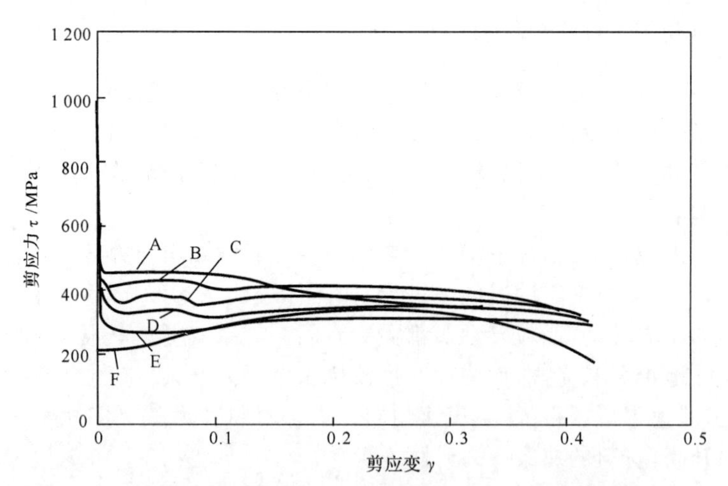

图 7.2　在 10% 应变和不同应变率下流动应力与温度的关系

虽然许多材料都表现出随着应变率的增加应力升高的现象，然而一些材料却表现出随着应变率的增加在经历了一定变形后应力下降的现象，如图 7.3 所示的 α -铀。当应变率小于 1 000 s^{-1} 时，随着变形的增加，应力持续升高，当应变率大于 1 000 s^{-1} 时却发现当变形达到一定程度时，应力略有下降，之后又随着变形的增加而增大（见 E，F）。在其他一些材料的试验中，如钛在低温下的拉伸试验、铝或铜在室温下的高速穿孔试验都表现出类似的现象。

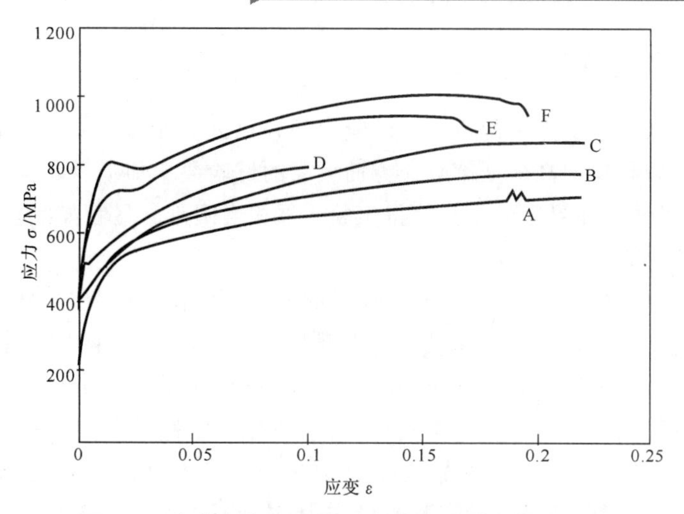

图 7.3　高应变率下退火 α -铀表现出屈服载荷下降

A—$24\times10^{-4}\ s^{-1}$；B—$24\times10^{-2}\ s^{-1}$；C—$45\ s^{-1}$；D—$600\ s^{-1}$；E—$1\ 400\ s^{-1}$；F—$2\ 200\ s^{-1}$

7.1.2　金属基复合材料的应变率响应

近年来，随着各种金属基复合材料的广泛应用，越来越多的学者开始致力于其力学特性的研究。特别是对一种陶瓷颗粒增强的金属基复合材料，由于其高应变率下材料的动态响应、变形机理和损伤破坏形式复杂，因此对其高应变率力学行为的认识尚不是很清楚。直到 20 世纪 90 年代，李玉龙等人对基体合金材料及复合材料应变率从 $10^{-4}\sim10^{5}\ s^{-1}$ 范围内的动态响应进行了系统的测试，他们以实验结果为基础，结合电子扫描显微镜和光学显微镜，指出在材料变形过程中对其宏观力学性能影响最大的主要是增强颗粒在压缩载荷下破碎，颗粒与基体脱黏的破坏很少，而且越大的颗粒越容易发生破坏。经过统计他们发现，在一般的颗粒增强金属基复合材料中颗粒尺寸大于 18 μm 的很少，因而可以认为增强颗粒的破坏与应变率无关，只和应变有关。

在此基础上，他们给出了陶瓷颗粒断裂的证据及材料内的损伤与材料变形的关系，并把损伤引入这类材料的本构方程。图 7.4 给出了他们的实验结果和模型预测结果的比较，从中可以看到，李玉龙等人提出的模型较好地预测了金属基复合材料在较大应变率范围内的力学行为。

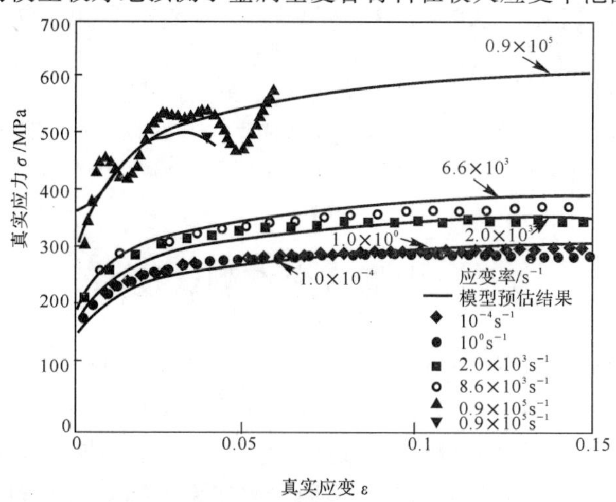

图 7.4　金属基复合材料实验结果与模型预测拟合结果比较

7.1.3 非金属材料的应变率响应

关于金属材料在高应变率情况下的力学响应问题已经有很多的试验数据，但是对于纤维增强塑料这样的复合材料的高应变率响应方面可靠的试验数据却很少。这是因为这类材料的各向异性，增强纤维与基体界面的干扰使得实验测试相当困难。尽管如此，有些学者还是通过试验取得了一些成果。

单向纤维增强材料的研究表明，在平行增强的方向施加拉伸载荷时，复合材料的力学响应主要由纤维所决定。纤维比基体具有较高的强度和韧性，因此基体的应变率相对来说不是主要的。对于单向碳纤维增强聚合物(Carbon Fiber Reinforced Polymer, CFRP)材料，断裂强度都随应变率增加而增加。对于低纤维复合材料(如纤维体积只占整个材料体积的17%)而言，试验应变率在 $2\times10^{-4}\sim20\ s^{-1}$ 范围时，环氧树脂的基体的应力-应变响应如图7.5(a)所示，而用玻璃纤维单层增强的环氧树脂材料的应力-应变响应如图7.5 (b)所示。当应变率进一步增加到 $891\ s^{-1}$ 时，材料的失效模式发生了变化，这说明纤维起着一定的控制作用。值得注意的是，在低应变率下，环氧树脂的拉伸应变直至失效都比复合材料的大，而在高应变率下并非如此。在高应变率下，环氧树脂的失效应变限制了复合材料的拉伸强度。在压缩载荷下，在单向增强材料中，环氧树脂的特性是重要的，对于抗弯曲而言，同样基体的剪切模数应足够大，才能起到支持纤维的作用。

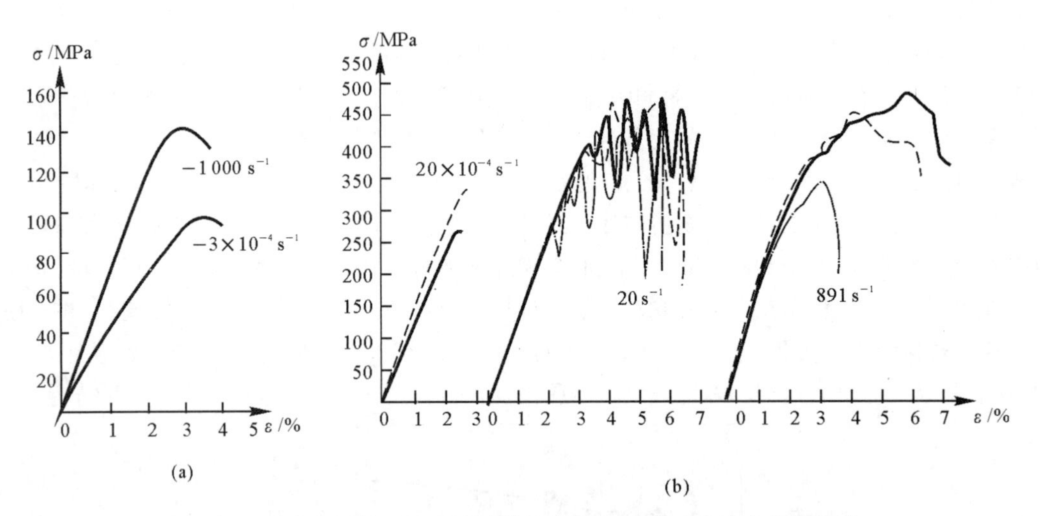

图7.5 单向增强的CFRP试件对拉伸应力-应变响应的应变率效应

(a) 单向增强的环氧树脂；(b) 用玻璃纤维增强的环氧树脂

7.2 中低应变率测试技术

由于材料服役环境的复杂性，材料变形的应变率范围很广($10^{-9}\sim10^{7}\ s^{-1}$)，因此对工程设计人员来说，在结构设计时必须掌握材料在各种应变率范围内的力学特性。这就要求研究人员通过试验提供不同应变率下的材料性能数据。由于在不同的应变率范围内，决定材料力学行为的主要因素往往是不同的，这就需要对不同的应变率范围采用不同的试验方式来获得材

料的本构关系。通常，在应变率为 $10^{-6} \sim 10^{-5}\ \mathrm{s}^{-1}$ 范围内时，主要考虑材料的蠕变行为。在应变率为 $10^{-4} \sim 10^{-3}\ \mathrm{s}^{-1}$ 范围内时，可以通过常应变率下的单轴拉伸、压缩或扭转试验来获得材料在准静态载荷下的应力-应变关系。虽然常常在材料手册中将准静态载荷下的材料数据作为材料的固有常数给出，但很显然这只能在一定的应变率范围内合理使用。如果应变率比较高，材料的力学性能通常就会发生较大的变化，这就需要重新设计试验方法来确定。对大多数金属材料来说，当应变率在 $10^{-1} \sim 10^{2}\ \mathrm{s}^{-1}$ 范围内时，在建立材料本构关系的时候就需要开始考虑惯性力和应变率对材料性能的影响。如果应变率在 $10^{3}\ \mathrm{s}^{-1}$ 以上，在给出材料的应力-应变关系的时候就必须注明应变率，同时必须考虑到应力波传播的影响。此时，由于应变率很高，载荷作用时间又很短，热力学效应就必须予以考虑，通常情况下将整个过程当做绝热过程来考虑。因此，在不同应变范围内，需要采用不同的试验方法来确定材料力学特性。表 7.1 给出了不同应变率范围内常用的测试方法。

表 7.1　不同应变率下材料力学特性的测试方法

应变率 /s^{-1}	测试方法	备注
$10^{-9} \sim 10^{-5}$	传统的试验机，蠕变试验机	惯性力可忽略
$10^{-5} \sim 10^{0}$	液压试验机	
$10^{-0} \sim 10^{3}$	高速液压试验机，气动试验机，凸轮塑性计，落重试验，旋转飞轮试验	惯性力不可忽略
$10^{3} \sim 10^{5}$	泰勒试验，霍普金森杆，膨胀环试验	
$10^{5} \sim 10^{7}$	爆炸试验，平板撞击试验，斜板撞击试验	

这一节简单介绍材料中低应变率下力学特性的测试中常用的几种方法：落重试验、凸轮塑性计和旋转飞轮试验。

图 7.7 是一种落重试验机的工作原理图，压缩试样被放置在试验机的砧座上，压头连接在上部一个可以上下移动的活塞上，利用液体压力使活塞保持升起状态。减小液体压力时，活塞将被释放，带动压头向下加速运动并对试样加载，使其产生压缩变形。

图 7.8 是一种旋转飞轮拉伸试验机，该装置由一台电动机驱动一个大的飞轮作逆时针方向的转动，当飞轮的转速达到试验需要时，跟随飞轮旋转的摆锤被释放并撞击试样底部对试样加载。由于飞轮的质量很大，在撞击过程中飞轮速度基本上保持不变，从而保证了试样的常应变率。试样中的应力是通过测量固连于试样上端的弹性杆中的应力获得的，其应变则是通过试样端部的位移获得的，这样就可以获得一条连续的应力-应变曲线。

此外，凸轮塑性计也常被用来测试材料在中低应变率下的力学特性，如图 7.9 所示。试样一端放置在一根弹性杆上，另一端与调整垫板相接触。当凸轮以一定速度旋转时，凸轮随动器被推入凸轮与调整垫板之间，由于凸轮的曲率半径是渐变的，因此凸轮转动时将逐渐压紧随动器，从而对试样加载。通过合理的设计，凸轮外轮廓可实现对试样的常应变率加载，而应变率则可以通过凸轮的转速来调整，其应变率范围为 $0.1 \sim 100\ \mathrm{s}^{-1}$。试验中，试样的应力可以通过弹性杆的变形获得，利用凸轮曲率半径变化可计算出试样的应变。

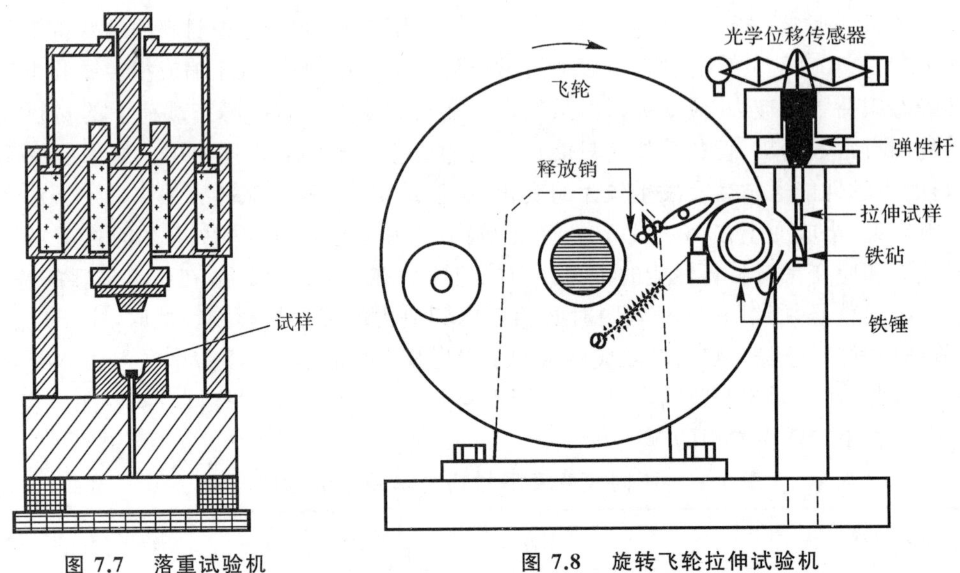

图 7.7 落重试验机

图 7.8 旋转飞轮拉伸试验机

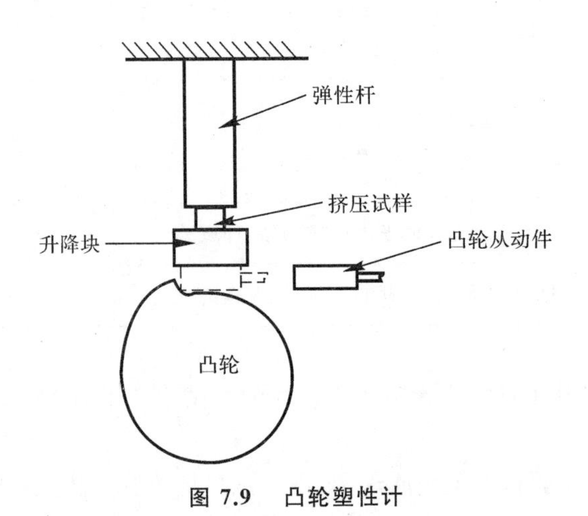

图 7.9 凸轮塑性计

7.3 霍普金森杆测试技术

目前,在材料科学领域中测量材料在高应变率下的力学性能时,使用最广泛的就是分离式霍普金森压杆(Split Hopkinson Pressure Bar, SHPB)技术,这一方法最早是由霍普金森于1914年提出的,克劳斯盖(Kolsky)于1948年对这一技术进行了改进,使之更加完善。因而霍普金森杆有时也称做克劳斯盖杆。这一方法的基本原理是:将短试样置于两根压杆之间,通过加速的质量块、短杆撞击或炸药爆炸产生加速脉冲,对试样进行加载。同时利用粘贴在压杆上并距杆端部一定距离的应变片来记录脉冲信号。如果压杆保持弹性状态,那么杆中的脉冲将以弹性波速 $C=(E/\rho)^{1/2}$ 无失真地传播。这样粘贴在压杆上的应变片就能够测量到作用于杆端的载荷随时间的变化历程,当然,测得的信号在时间上有一定的滞后。

SHPB系统及其信号记录设备如图 7.10 所示。其中的入射杆和透射杆均是由高强度合金钢加工而成的,通常用支座将其稳定地支撑在底座上,各杆间保证同轴。两根压杆与试样的接触端加工得很平整,试样与压杆端面充分接触,以保证应力波传播过程中无散射发生。通常撞击杆与入射杆及透射杆是用相同的材料制成的,且它们具有相同的直径,但撞击杆的长度要小于入射杆和透射杆的长度。撞击杆采用充气装置驱动,并以一定的速度撞击到入射杆端。

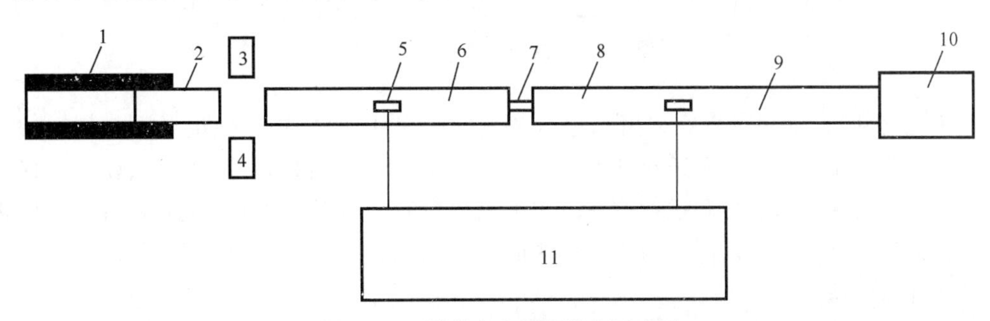

图 7.10　霍普金森压杆装置示意图

1— 气炮；2— 撞击杆；3— 激光发射器；4— 激光接收器；5— 电阻应变片；
6— 入射杆；7— 试样；8— 透射杆；9— 吸收杆；10— 缓冲器；11— 超动态应变仪

由应力波的基础知识可知,撞击产生的脉冲宽度由撞击杆的长度决定。当撞击杆与入射杆发生碰撞时,两个杆中将会有压力脉冲产生并向各自杆的另一端传播。撞击杆中的压力脉冲在自由端反射后成为一列拉伸卸载波,并向撞击端传播,所以入射杆中的脉冲宽度是撞击杆长度的 2 倍。应力脉冲的幅值则由撞击速度决定,因而撞击的速度也是研究人员所关心的。目前有很多方法可以用来测量撞击速度,通常采用的是光学方法测量。

当入射杆中的应力脉冲到达试样的接触面时,由于波阻抗的不匹配,一部分脉冲被反射,在入射杆中形成反射波;另一部分则通过试样透射到透射杆中,形成透射波。反射波和透射波的形状和幅值是由试样材料的性质所决定的。粘贴在入射杆和透射杆上的应变片能够记录下反射波和透射波完整的波形。

为了准确地测量入射、反射和透射脉冲,应该注意测量时记录到的信号没有脉冲间的相互作用,因而粘贴应变片时应尽量保证应变片粘贴的位置距压杆与试样接触端距离大于撞击杆长度的 2 倍,同时保证入射杆和透射杆上的应变片的距离相等。

下面重点阐述霍普金森压缩试验的准备、测试结果分析,并简单介绍拉伸及扭转霍普金森杆的基本原理。

7.3.1　霍普金森压杆测试

7.3.1.1　测试系统及其标定

在霍普金森杆实验中,输入杆和输出杆中的脉冲信号通常采用贴在杆子上的应变片来进行测量,当杆中传播纵向脉冲时,应变片可感应到其信号。应变片输出的信号,由图 7.11 所示的测量记录系统采集,其中要求超动态应变仪具有较高的频响,要求瞬态波形存储器具有较高的采样速率。

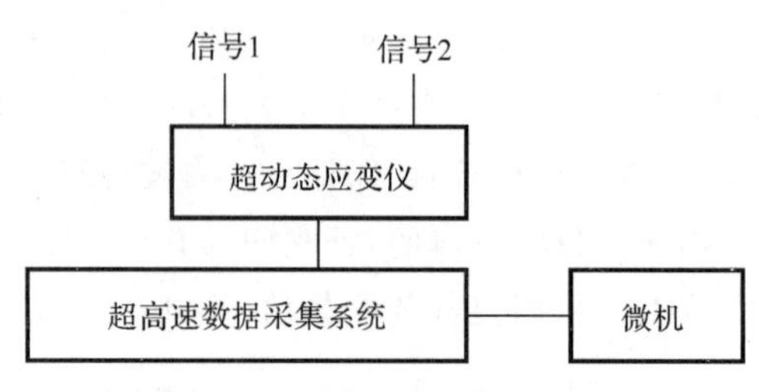

图 7.11　数据采集系统示意图

前面已经讲到，通过粘贴在入射和透射杆上的应变片，可以连续地记录入射杆和透射杆中的脉冲信号。如果入射杆和透射杆上的应变片距试样的距离是相等的，那么就可以保证杆上的应变片分别测得的反射和透射波在时间上是一致的。两根压杆的长度足够保证在波形采集过程中没有反射的影响。同时为了消除弯曲的影响，通常在每根压杆上对称地粘贴两个应变片，并将它们串联。

在试验前，应该先进行系统的标定。常用的有两种标定方法。其中一种是动态标定法，即如果将试样从两根加载杆之间移走，将入射杆和透射杆直接接触在一起，只要输入一个一致的应力波，通过入射和透射杆上的应变片就可以对整个系统进行标定。由于撞击杆和两根压杆的材料及横截面积相同，故它们具有相同的波阻抗。如果撞击杆以一定的速度撞击入射杆，根据一维应力波理论，杆中将会有压缩波产生，其最大应变为

$$\varepsilon_{\max}=\frac{v_0}{2C_0} \tag{7.2}$$

式中：v_0 是撞击速度；C_0 是加载杆的弹性波速。

根据加载杆上应变片的输出就可以完成对系统的动态标定。

除了采用动态方法进行标定外，还可以在应变仪的电桥电路上并联一个已知的标定电阻，通过它产生一个模拟应变：

$$\varepsilon_{\text{sim}}=\frac{1}{2k}\frac{R_g}{R_c+R_g} \tag{7.3}$$

式中：k 是应变片的系数；R_g 和 R_c 分别是应变片和标定电阻的阻值。

7.3.1.2　试样的设计与准备

由于在霍普金森压杆测试中，惯性效应及试样与杆端的摩擦等会导致试验结果不准确，因此在试验前必须合理设计和选择试样。

通常情况下，由于圆柱形试样容易加工，因而人们更多地采用圆柱形试样进行试验，而确定试样的几何尺寸则需要综合考虑多方面因素。例如，通常对多晶体金属及其合金材料，试样的尺寸必须是一个典型的微观结构单元尺寸的10倍以上，脆性材料试样的尺寸必须足够大，以保障在达到应力平衡前试样不会提前破坏，对复合材料及水泥、聚合树脂增强材料等，试样的尺寸必须大于一个完好的结构单元尺寸。因而，对于一套给定的霍普金森压杆，试样的直径最好是压杆直径的0.8倍。这样虽然试样在压缩变形过程中长度将会缩短，而直径将增大，但仍可以保证试样直径超过压杆直径前达到30%的真实应变。此外，试样的长径比也应当在0.5～1.0之间，太长的试样在试验过程中容易失稳。

除了对试样的几何尺寸方面的要求外，试样在加工时应该必须保证试样两个端面的平行度在 0.01 mm 以上，同时这两个端面应该有足够的光洁度以减小试验过程中端部摩擦的影响。还需要注意的是，由于在加工过程中，材料中难免会有残余应力存在，这有时也会对试验结果的准确性产生影响，因而在试验前对试样进行适当的热处理以减小残余应力的影响也是必要的。

7.3.1.3　试验方案的建立

准备好试样之后，可以根据试验要求选择撞击杆的长度和速度。如果试验要得到应变率为 $\dot{\varepsilon}$，那么可以根据下式粗略地估计撞击杆的撞击速度：

$$\dot{\varepsilon}=\frac{v}{l_S} \tag{7.4}$$

式中：v 是撞击杆的速度；l_S 是试样的长度。如果试验要求的最大名义应变为 ε，那么所需要的撞击杆的长度为

$$L=\frac{\varepsilon C_b}{2\dot{\varepsilon}} \tag{7.5}$$

式中：C_b 是撞击杆的弹性波速。

虽然利用式(7.4)、式(7.5)能够初步确定撞击杆的长度及撞击速度，但是对那些具有很高的屈服强度或者应变硬化明显的材料，需要适当地加长撞击杆，并且提高撞击速度。

7.3.1.4　测试原理及基本方程

杆试验中，通常采用的是很短的试样，波在试样中来回传播一次所用的时间与入射脉冲的长度相比要小得多，因此在入射脉冲作用过程中，试样内将有足够的时间发生多次的内反射，试样中的应力和应变能够很快地趋向均匀，所以在 SHPB 试验中，试样内部的波的传播效应就可以忽略，而利用入射、反射和透射脉冲来推导出试样中的应力、应变和应变率。下面分析如何利用这些脉冲信号来获得材料在高应变率下的应力-应变曲线。

图 7.12 是 SHPB 系统加载过程的示意图，ε_I、ε_R 和 ε_T 分别表示的是由应变片测量到的入射、反射和透射信号。1、2 分别是试样的两个端面，A_s 是试样的横截面积，L 是试样的长度，A 和 E 分别是压杆的横截面积和弹性模量。

$$\varepsilon_S=\frac{u_1-u_2}{L_S} \tag{7.6}$$

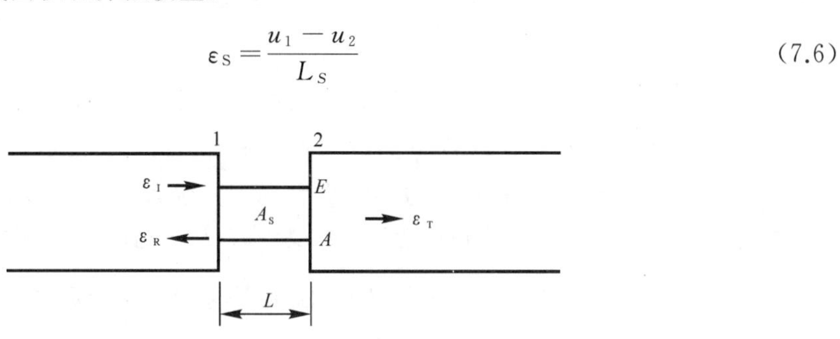

图 7.12　SHPB 系统加载示意图

试样两个端面的位移 u_1 和 u_2 可以分别表示为

$$u_1 = u_I + u_R \tag{7.7}$$

$$u_2 = u_T \tag{7.8}$$

u_I、u_R 和 u_T 分别表示入射波、反射波和透射波引起的质点位移。则试样的应变率可以表示为

$$\dot{\varepsilon}_s = \frac{v_I + v_R - v_T}{L_S} \tag{7.9}$$

根据一维应力波理论

$$\left.\begin{aligned} v_I &= -C_0 \varepsilon_I \\ v_R &= C_0 \varepsilon_R \\ v_T &= -C_0 \varepsilon_T \end{aligned}\right\} \tag{7.10}$$

代入式(7.9)中,可得

$$\dot{\varepsilon}_s = -C_0 \frac{\varepsilon_I - \varepsilon_R - \varepsilon_T}{L_S} \tag{7.11}$$

则试样的平均工程应变可表示为应变率对时间的积分:

$$\varepsilon_s = \frac{-C_0}{L_S}\int_0^t (\varepsilon_I - \varepsilon_R - \varepsilon_T)\,\mathrm{d}t \tag{7.12}$$

由一维弹性的理论为可知 1 和 2 处的载荷

$$P_1 = EA(\varepsilon_I + \varepsilon_R) \tag{7.13}$$

$$P_2 = EA\varepsilon_T \tag{7.14}$$

试件的平均应力为

$$\sigma_S = \frac{P_1 + P_2}{2A_S} = \frac{EA}{2A_S}(\varepsilon_I + \varepsilon_R + \varepsilon_T) \tag{7.15}$$

这里假定两杆的截面积相同。

由于试件的厚度很小,因此可引入均匀性假设,即

$$P_1 = P_2 \varepsilon_I + \varepsilon_R = \varepsilon_T \tag{7.16}$$

将式(7.16)代入式(7.11)、式(7.12)和式(7.15)分别得到:

$$\dot{\varepsilon}_s(t) = -\frac{2C_0}{L_S}\varepsilon_R(t) \tag{7.17}$$

$$\varepsilon_s(t) = \frac{-2C_0}{L_S}\int_0^t \varepsilon_R(t)\,\mathrm{d}t \tag{7.18}$$

$$\sigma_S(t) = \frac{EA}{A_S}\varepsilon_T(t) \tag{7.19}$$

至此可以通过试验中弹性杆上的应变信号 $\varepsilon_I(t)$、$\varepsilon_R(t)$ 和 $\varepsilon_T(t)$ 得到试样的 $\varepsilon_s(t)$ 和 $\sigma_s(t)$。需要注意的是,上述物理量包括应变率、应变、应力、力等,都是时间的函数,为简便起见,推导过程中省略了符号 t,而只在最终表达式(7.17) ~ 式(7.19)中标示出来。

7.3.1.5 霍普金森压杆试验中易出现的影响因素及其解决办法

1. 试样中的应力平衡及输入波整形技术

在 SHPB 试验中,曾经指出由于应力波的宽度远大于试样的长度,因此可以认为试样在受载期间处于一种均匀变形和应力平衡状态,即认为试样两端受力平衡。但实际上,只有当应力

波在试样中发生多次内反射后才能趋于平衡状态，即平衡是需要时间的。一般来说，加载波在试样中来回传播 3 次就可以达到平衡的要求，而在传统的霍普金森压缩试验中，加载波上升沿约为 10 ～ 20 μs，对于金属等高阻抗材料，材料中的波速在 3 500 m/s 以上，因而对一般的厚度不超过 10 mm 的试样，其能够在加载波的上升时间内达到应力平衡。但是对于低阻抗的材料，由于波速很低，即使是很薄的试样也很难在脉冲上升时间内达到应力平衡。此外，对于一些脆性材料，由于破坏应变非常小，在高应变率下，通常在加载波上升沿过程中就可使破裂失效或者在波头振荡较大的位置处失效，因此，有必要对试验结果进行分析以确定试样在变形过程中是否达到应力平衡。

在试验数据处理中，常用的方法有两种：一波法（1 - Wave）和二波法（2 - Wave）。对一波法来说，其特点是：试样的应力直接由透射杆上测量到的透射波来确定，反映了试样与透射杆接触面上的状态。入射脉冲通过试样传入透射杆时，试样已经将其中大部分的高频振荡分量过滤掉，因而直接用透射波得到的应力曲线的初始阶段的振荡较少。二波法是通过将不同步的入射波和反射波进行叠加得到试样的应力曲线，它反映的是试样与入射杆接触面上的状态。入射波和反射波中含有大量的高频振动分量，这导致所得到的应力曲线上振荡较多。图 7.13 是对一种不锈钢试样采用一波法和二波法处理得到的应力-应变曲线。

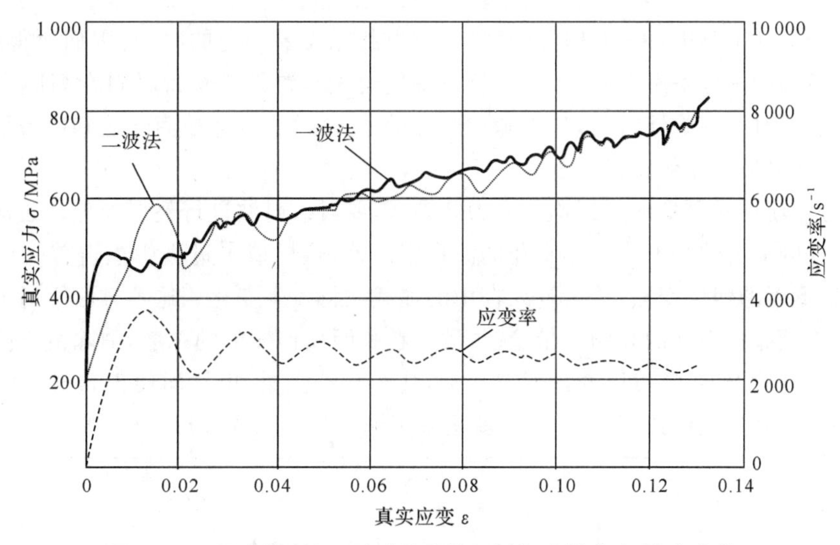

图 7.13　用一波法和二波法处理的不锈钢试样应力-应变曲线

从图 7.13 中可以看到，用这两种不同的方法得到的应力-应变曲线大约在 2% 应变之后才基本上趋于一致，这说明试样在这个阶段达到均匀应力状态，而在均匀应力状态之前，用二波法处理得到应力-应变曲线明显高于用一波法处理得到的结果。对陶瓷材料试验数据的处理也表明一旦用两种方法得到的应力-应变曲线存在着明显的差异，就说明试样中并未达到均匀应力状态。对陶瓷和金属陶瓷材料，这种差异也说明了材料在受载变形过程中有不均匀的塑性流动发生或者在受载初期试样已经破坏。

对一些纵波波速较慢的材料（例如聚合物材料、铅等），试验时很难使试样中达到均匀应力状态。图 7.14 是对高纯度铅的试验结果采用一波法和二波法处理得到的应力-应变曲线，试验所采用的试样长度和直径均为 6.35 mm。从中可以明显地看到当应变量超过了 6% 之后，试样才基本上达到了均匀应力状态。因而对这类材料，可以选取长径比较小的试样，并在较低的应变率下进行试验，以确保试样能够较早地达到均匀应力状态。

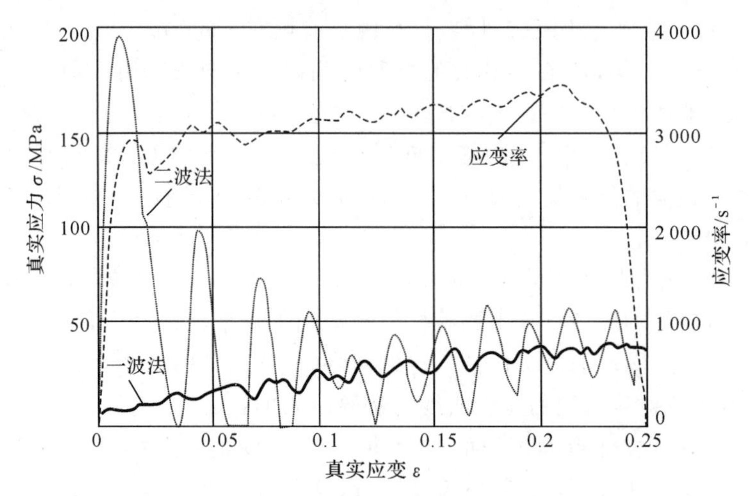

图 7.14　用一波法和二波法处理的高纯度铅试样应力-应变曲线

在霍普金森杆试验中，由于试样达到均匀应力状态需要一定的时间，因而所得到的应力-应变曲线上最初的一段是不准确的，这也就是说使用该装置无法获得材料在高应变率下的弹性模量。特别是对一些脆性材料，如果脉冲上升沿上升太快，试样在尚未达到应力平衡时已经破坏，实验数据将失去任何意义。

因此，为了使试样更早地达到均匀应力状态，需要对入射波进行整形处理。通常采用的方法是在输入杆的撞击端粘上一个小直径的波形整形器，这样撞击过程中撞击首先作用在整形器上，由于整形器的塑性变形，传入输入杆中的加载波将发生变化。这一方法不但可以过滤加载波中由于直接碰撞引起的高频分量，减少波形在长距离传播中的弥散，消除由于高频波的弥散失真引起的试验误差，还可以使加载波变宽，其上升沿变缓，也从而使得软材料的应力平衡能够在脉冲的上升过程中达到。图 7.15 就是采用铜片整形后的波形。

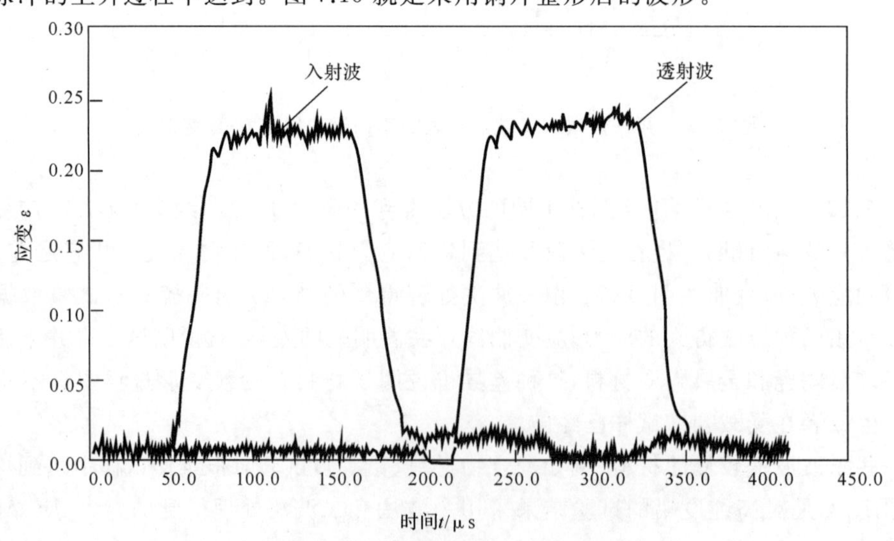

图 7.15　采用铜片整形后的波形

在实际运用中，采用金属片(大多数为铜) 作为整形器，并可以通过改变整形器的材料和尺寸来调整输入波的形状。

2. 温度梯度的影响

20 世纪以来，由于科学技术的发展，越来越多的材料被应用于高温、高应变率等工作环境中，因而材料在高温、高应变率共同作用时的力学行为逐渐引起人们的广泛关注。分离式霍普金森杆由于其具有结构简单、操作方便、测量方法精巧、加载波形易于控制等优点，成为测量材料高应变率下力学性能的主要设备，同时由于其所涉及的应变率范围($10^2 \sim 10^3\ s^{-1}$)，是人们所关心的一般工程材料流动应力的应变率敏感性变化比较剧烈的范围，因而，人们开始尝试将 SHPB 装置应用于材料高温动态力学性能的测量。

由于在霍普金森杆试验中要求试样与两根压杆间充分接触，因此在给试样加温时不可避免地要对压杆端部进行加热，会造成压杆中一定的温度梯度分布，但是为了保证杆上的测量元件 —— 电阻应变片 —— 的精度及耐热性要求，应变片必须贴在远离加热处，因而这一温度梯度场的存在必然会引起输入、输出波的测量误差。柴耳德斯特(Chiddister) 和玛尔文(Malvern)(1963 年) 首先提出需要对温度梯度的影响进行考虑，他们通过假设杆端到应变片粘贴处的应力场呈台阶式分布，得出了梯度的影响。弗朗茨(Frantz) 等人则利用指数规律分布的应力场估算了温度梯度的影响。玛尔文(1980 年) 用特征线法分析了温度梯度对脉冲传播的影响。本书做一些介绍。

对于一个在有温度梯度的弹性杆中传播的一维应力脉冲，其控制方程依然可以由下面的式子表示：

$$\frac{\partial \sigma}{\partial X} = \rho(X)\frac{\partial \theta}{\partial t} \tag{7.19}$$

$$\frac{\partial \varepsilon}{\partial t} = \frac{\partial v}{\partial X} \tag{7.20}$$

$$\sigma = E(X)\varepsilon \tag{7.21}$$

如果设 ρ 为常量，即认为密度不随温度变化，上述方程就可以简化为

$$\frac{\partial \sigma}{\partial X} = \rho\frac{\partial \theta}{\partial t} \tag{7.22}$$

$$\frac{1}{E(X)}\frac{\partial \sigma}{\partial t} = \frac{\partial v}{\partial X} \tag{7.23}$$

利用特征线法，在特征平面上沿特征线 $\mathrm{d}X = \pm C(X)\mathrm{d}t$ 上有 $\mathrm{d}\sigma = \pm\rho C(X)\mathrm{d}\theta$ 成立。其中

$$C(X) = \sqrt{\frac{E(X)}{\rho}}$$

那么，对一个矩形脉冲，由特征关系有下式成立：

$$\frac{\sigma}{\sigma_i} = \left(\frac{C}{C_i}\right)^{1/2} \tag{7.24}$$

式中：i 表示压杆与试件接触端(设其 X 方向坐标为 $X = 0$)。$X = X_0$ 是应变片距杆与试样接触端的距离，该处弹性波速为 C_0，胡克定律为

$$\frac{\varepsilon_i}{\varepsilon_0} = \left(\frac{E_i}{E_0}\right)^{-3/4},\quad \frac{\sigma_i}{\sigma_0} = \left(\frac{E_i}{E_0}\right)^{1/4}$$

如果弹性模量是温度的线性函数，即

$$E_i = E_0(1 - C_\alpha)$$

式中
$$C_\alpha=(T_i-T_0)$$

考虑了温度修正后，试验中试件处的加载入射波与试验中由应变片测得的入射波 σ_i 的关系为

$$\frac{\varepsilon_i}{\varepsilon_0}=(1-C_\alpha)^{-3/4},\quad \frac{\sigma_i}{\sigma_0}=(1-C_\alpha)^{1/4} \tag{7.25}$$

3. 端部摩擦的影响

在测试过程中，只有试样在均匀应力状态下变形，试验的结果才是可信的，但实际上，由于变形过程中试样与加载杆之间存在着摩擦，这会导致试样端部沿径向的变形受到约束，从而导致试样变形不均匀。

有学者很早就开始对摩擦的影响进行研究，他们提出：试验测量的材料的屈服应力 p 与材料的流动应力 σ_f 之间存在如下的关系：

$$p=\left(\frac{1+mD}{3\sqrt{3}\,l_s}\right)\sigma_f \tag{7.26}$$

式中：m 是摩擦力和材料的剪切强度的比值；D 是试样的直径；l_s 是试样的长度。可以看到，如果摩擦力较大，这将导致测得的屈服应力与材料真实的流动应力之间有较大的差异。贝尔(Bell)等人曾经也分析了没有采用润滑措施时端部摩擦对试验的影响，他们指出端部摩擦会导致测得的应变与通过试样两端位移差计算得到的平均应变之间产生较大的差异，影响试验的准确性。此外，由于端部摩擦的影响，无法保证对试样一次加载到很大的应变时测量到的数据仍然有效。因此，如果要测量试样大变形情况下的高应变率响应，必须对试样进行多次加载，每次加载时控制试样的应变不超过 25%，并且要在每一次试验前将试样端面打磨光滑。

因此，试验时必须采取措施减小试样与加载杆接触面上的摩擦。常采用的办法是，一方面是将试样的端面打磨光滑，另一方面是在试样与加载杆接触面上涂抹润滑油。

然而需要指出的是，即使给试样端面涂抹了润滑剂，也不能保证试样被一次加载到很大的应变时数据仍然有效。这是因为，在试样压缩变形过程中，由于横截面积不断增大及润滑剂喷溅出去，端面上的润滑剂将逐渐减少，当应变达到一定程度时，端面的局部可能会出现没有润滑剂的情况，导致摩擦力增大，从而影响试验的精度。此外，虽然润滑剂的使用能够减小摩擦，但是不可能完全消除金属试样试验时摩擦的影响，而且端面的润滑剂会对入射杆和透射杆的波形记录产生影响，因而在使用润滑剂的过程中，需使涂抹在试样端部的润滑剂层很薄。

7.3.2 可抑制重复加载波的霍普金森压杆

在 SPHB 试验中经常会遇到这样的问题：试验后对试样变形测量的结果大于通过对试验数据处理得到的变形，产生这样的结果，与试样被重复加载有直接的关系。

在实验中，当入射波到达压杆与试样接触端时，一部分波通过试样进入透射杆，另一部分在入射杆中形成反射波，SPHB 试验就是通过对这两个信号的测量来获得材料最终的应力-应变曲线。然而，当反射波向压杆的另一端传播时，如果未采取任何能量吸收装置，那么反射波在压杆的自由反射后将再次形成一列压缩波并对试样进行二次加载，如此反复进行，直到试样与压杆脱离接触为止，由于试样被多次加载，测量其最终变形必然大于由试验数据处理得到的变形。此外，在很多试验中，不仅仅是想要获得材料的应力-应变曲线，材料在高应变率下的变形机理是怎么样的也是研究的重点，因而就需要借助显微设备来观察试样变形前后的内部结构变化，以揭示其变形机理。重复加载必然使材料内部结构发生多次变化，因而很难确定材料微观结构的演化与变形过程之间的联系，这给研究工作带来了很大的麻烦，因而如何避免试验

中对试样的重复加载就是一个急需解决的问题。

图 7.19 是一种可以通过附加在入射杆上的能量吸收器来解决二次加载问题的方法。这种方法的基本思想是:撞击杆、管 ③ 和入射杆由相同的材料制成,并且有相同的波阻抗。如果撞击杆的撞击速度已知,那么在整个撞击过程中入射杆端的位移是可以求出的。在试验前,若给入射杆的凸台与管 ③ 之间预留适当的间隙,使得撞击产生的压缩脉冲完全通过后凸台与管 ③ 完全接触,这样当反射波到达杆的撞击端并反射成为二次压缩波时,几乎所有的能量将通过管 ③ 传给质量块 ④,从而使入射杆中不再有二次压缩波传播,避免了对试样的重复加载。图 7.20 是采用该方法时入射杆中采集的信号,从中可以看到在反射波后,杆中已没有二次入射波通过,可见该方法是可以有效地避免试样的重复加载的。

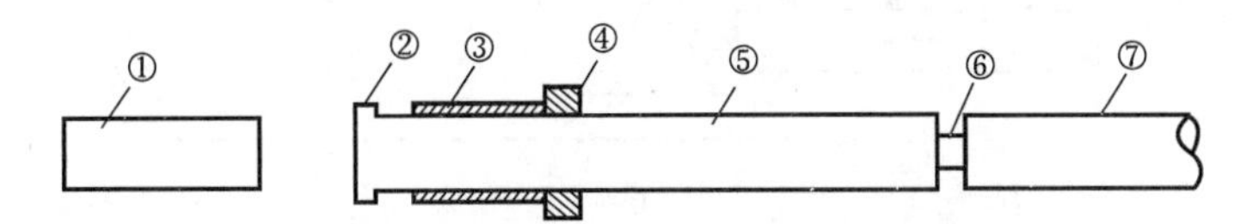

图 7.19　波形可抑制的霍普金森压杆系统示意图

①— 撞击杆;②— 凸台;③— 管;④— 质量块;⑤— 入射杆;⑥— 试校;⑦— 透射杆

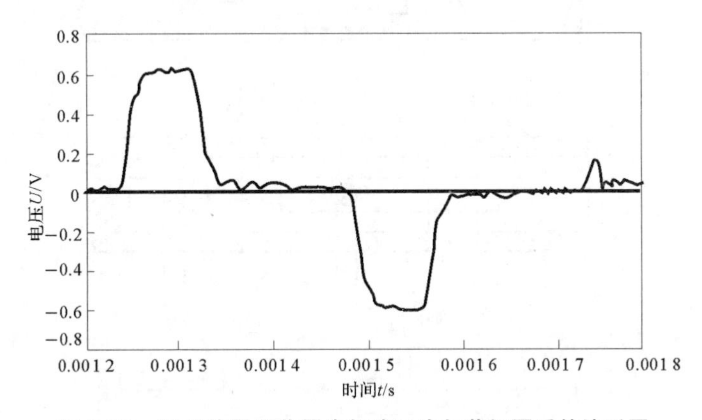

图 7.20　采用能量吸收器来解决二次加载问题后的波形图

7.3.3　拉伸式霍普金森杆

霍普金森杆除了应用于压缩试验外,只要对结构进行少许的改变就可以用来做拉伸试验,简要介绍一下目前常用的几种拉伸式霍普金森杆系统,如图 7.21 所示。图7.21(a) 是由林德霍姆(Lindholm) 和依克黎(Yeakely) 提出的一种拉伸试验装置,其中的入射杆是实心圆杆,透射杆是空心杆,这两根杆的横截面积完全相同。试验所采用的试样较为复杂,其形状类似于一顶帽子,如图 7.22 所示,试验部分是由四个相同的拉伸杆组成的。试验时,撞击杆直接撞击在试样的底部,产生的压缩脉冲在底面反射成为拉伸波后,对试样上的 4 个拉伸杆进行加载。这种方法的缺点是试样比较复杂,加工比较困难。

20 世纪 80 年代初,尼古拉斯(Nicholas) 提出了一种改进后的拉伸试验装置,如图 7.21(b) 所示,它主要由撞击杆和两根加载杆组成,试样是采用螺纹与两根加载杆连接的,并用一个套筒保护试样不受压缩脉冲作用,试样与套筒的横截面积之比为1∶12,套筒与加载杆的横截面积之比为3∶4。在试验时,当撞击杆撞击入射杆产生的压缩脉冲传到试样与加载杆界面时,由于有套筒保护，因此只有少量压缩波传入试样，而大部分的压缩波则通过套筒传入透射杆并在另一端反射成为拉伸波。当拉伸波返回到试样与透射杆界面时，由于套筒与加载杆间没有连接，因而它不能承受拉伸载荷，拉伸波将全部对试样进行加载。但是需要指出的是，采用这种方法试验时必须保证传入试样的那一部分压缩波不会引起试样产生塑性变形，由于试样与加载杆的螺纹连接得不是非常紧密，而且试样与套筒相比横截面积小得多，因而这是比较容易保证的。图 7.23 是用拉格朗日坐标表示的应力波在压杆中传播的特征线图，图 7.24 是尼古拉斯等用该装置测得的一种不锈钢的拉伸应力-应变曲线(图中低应变率曲线是用液压试验机测得的)。

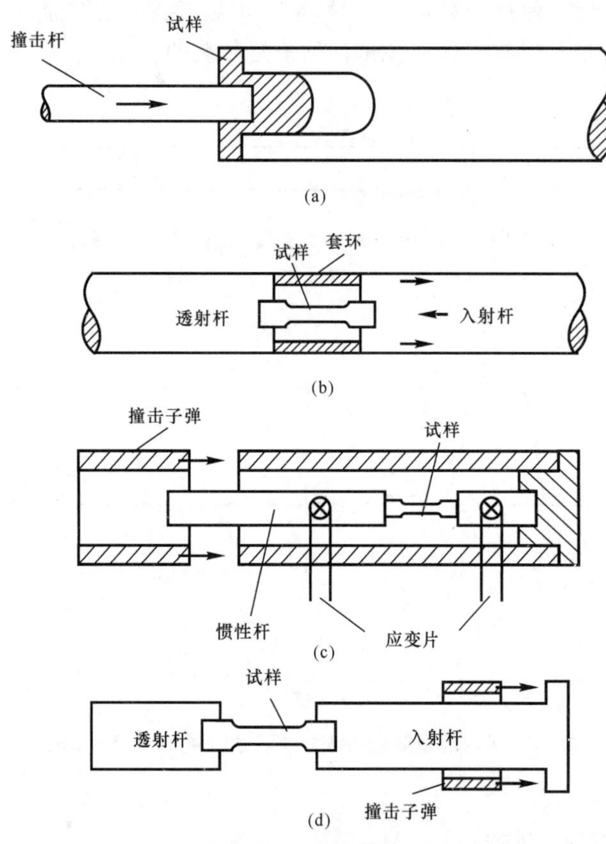

图 7.21　几种拉伸式霍普金森杆系统示意图

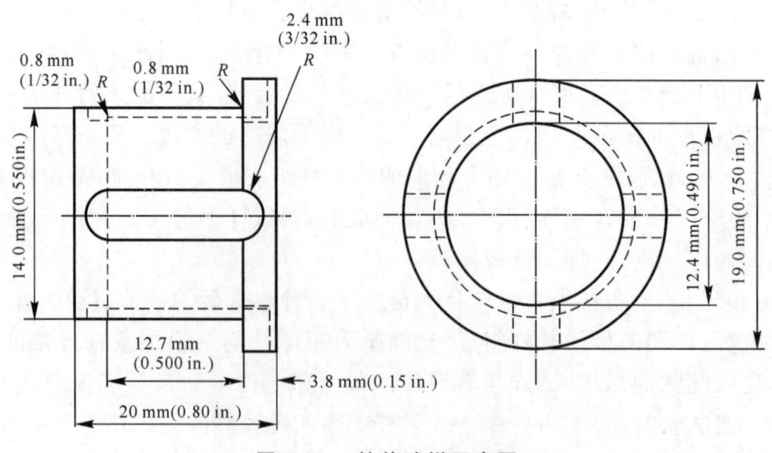

图 7.22　拉伸试样示意图

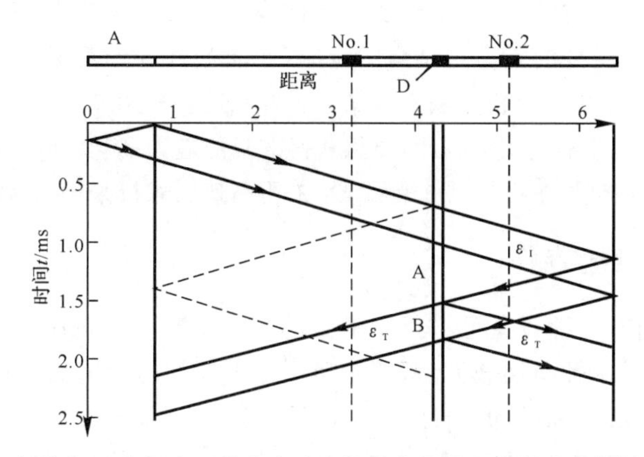

图 7.23　拉格朗日坐标表示的应力波在拉伸式霍普金森杆中传播的特征线图

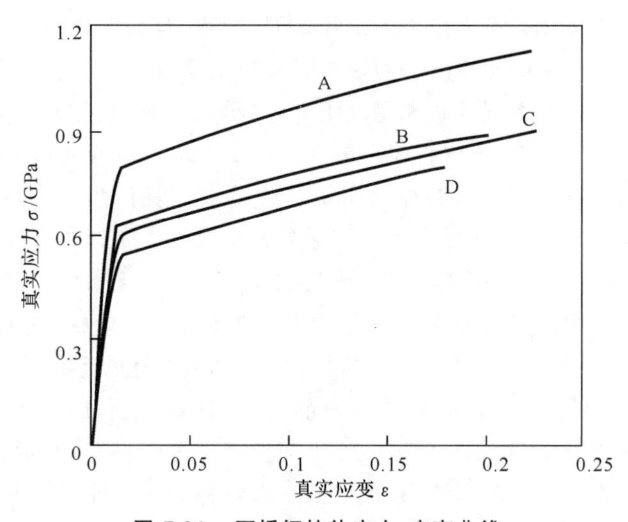

图 7.24　不锈钢拉伸应力-应变曲线

A—900 m/s；B—20 m/s；C—4 m/s；D—4×10^{-4} m/s

图 7.21(c) 是另外一种拉伸装置，在这种结构中，撞击产生的压缩脉冲不是在压杆上传播，而是在压杆外层的管壁里传播，试样也是采用螺纹与加载杆连接的。当压缩脉冲传到管底时，在自由端反射成拉伸波。当反射波传播到试件时对试样加载。用这种装置可以得到应变率在 $10^3\ s^{-1}$ 以上的试验结果，但是缺点是容易出现偏心载荷，难以将测试精度控制在 5% 以内。而且由于应力波在杆、管底部连续处的耗散，所产生的拉伸波上升时间很短。

目前人们使用较多的是图 7.21(d) 的装置。这种装置中的试样与尼古拉斯所采用的试样相同，也是通过螺纹与加载杆连接的。与之不同的是，对尼古拉斯的试验方法，拉伸波是在通过入射的压缩波透射杆的自由端反射产生，试验过程中试样先要承受一定的压缩载荷，而图 7.21(d) 所示的方法中，撞击杆是一根套在入射杆上的空心圆管，当它运动到达入射杆端时，由于入射杆端有一凸台，撞击管将与入射杆发生碰撞产生一列压缩波向入射杆凸台端传播，并在自由端反射成拉伸波。该拉伸波通过入射杆对试样加载。

虽然有多种拉伸试验装置，但是这些方法都存在着一些问题。由于试样形状比较复杂，且需要采用螺纹或其他方式与加载杆连接，这导致试样与加载杆连接处的边界条件比较复杂，而且在试验时应变片上记录到的是整个试样的响应，而非塑性变形容易发生的试样标距段的响应。而利用传统的霍普金森杆分析方法是根据入射杆和透射杆两端的相对位移来计算试样的平均应变，这显然对拉伸试验不适用。因此，要想获得准确的应力-应变曲线，必须采取其他方法来测试试样的变形，例如在试样上确定一个标距段，采用高速摄像机来记录标距段的变形情况。

7.3.4 扭转霍普金森杆

虽然霍普金森拉伸、压缩设备已广泛用于测量高应变率下材料压缩、拉伸时的力学性质，但是压杆和拉杆都是采用轴向加载方法，压缩和拉伸纵波在传播时，波导杆伴有径向变形，产生横向惯性效应，产生波的弥散和试件端面的摩擦，影响精度，而扭转 SHB 试验设备无三维问题，无横向惯性影响，不存在试件端面的摩擦效应。因此扭转 SHB 实验越来越受重视。

扭转 SHB 设备的加载方式有：① 储存应变能突然释放方式；② 气动加载方式；③ 爆炸加载方式。1966 年贝克(Baker) 等人提出的扭转 SHB 设备，其夹钳机构由滑块组成，气枪子弹打击滑块时，夹钳放松，产生的扭矩脉冲前沿升时和应变率分别为 30 μs 和 10^3 s^{-1}；1970 年坎贝尔等人设计的夹钳由两个半圆桥瓦和钢丝组成，钢丝拉断时，夹钳放松，其前沿升时和应变率分别为 50 μs 和 10^2 s^{-1}；1972 年尼古拉斯等人采用了与坎贝尔的夹钳相似的结构，不同之处是用切槽拉杆代替钢丝，拉断拉杆，储存的扭矩释放出来，其前沿升时和应变率分别为 40 μs 和 10^4 s^{-1}；1972 年刘易斯(Lewis) 提出了由锥形盘和黏结剂组成的夹钳机构，当扭矩增大使粘接层破裂，扭矩释放，其前沿升时和应变率分别为 20 μs 和 10^4 s^{-1}；1976 年埃勒比等人提出的夹钳由两个铰接的半圆桥臂和切槽螺栓组成，螺栓拉断时，扭矩释放，其前沿升时和应变率分别为 25 μs 和 2.5×10^3 s^{-1}；1971 年尼古拉斯提出气动加载的扭转 SHB 设备，在输入杆的一端对称固定两个悬臂杆，两个气动活塞成相反方向作用在悬臂杆上，产生冲击扭矩，加载应变率为 2.5×10 s^{-1}；1971 年达弗(Duffy) 等人，1972 年弗朗茨等人，1978 年萨瑟尼(Senseny) 等人都采用了爆炸加载方式施加冲击扭矩，在加载杆一端对称固定两个悬臂杆，安放等量炸药，由雷管同时引爆，产生冲击扭矩，其前沿升时和应变率分别为 5 μs 和 8×10^2 s^{-1}。

7.3.4.1 试验设备

为获得前沿上升时间短、幅值高的扭脉冲，本书设计了图 7.25 所示的扭转 SHB 设备。其中加载杆和输入杆是同一根实心圆杆的两部分，输出杆为空心杆。扭转试验用薄壁圆筒试件，如图 7.26 所示。试件与波导杆用螺纹连接，螺纹与施加扭矩均右旋，以保证冲击试验中各螺纹接头不松动。为节省试件，试件设计成对称的，使输入杆通过一个相同材料的接头与试件连接。

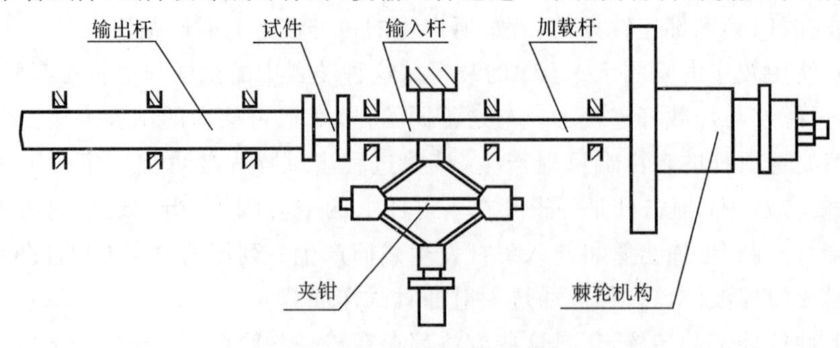

图 7.25 扭转 SHB 设备

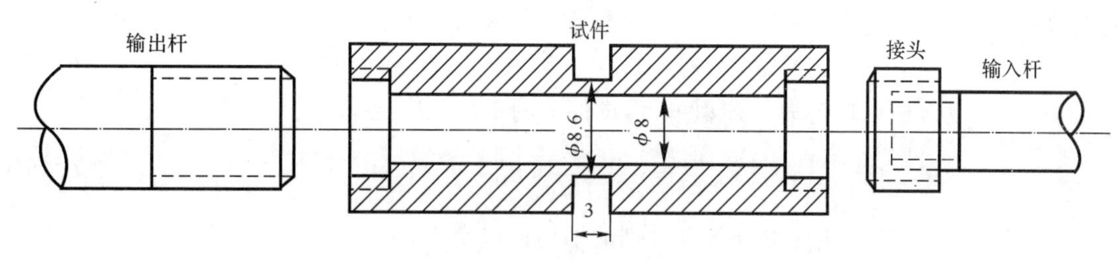

图 7.26　试件与波导杆的连接

7.3.4.2　扭转 SHB 试验的基本方程及关键技术

1. 扭转 SHB 试验的基本方程推导

设一列横波沿细长杆传播，在时间 $\mathrm{d}t$ 内传播距离为 $\mathrm{d}l$。由牛顿第二定律知，横截面上任意微元所受横向力 F_s 和微元横向速度 v_s 有如下关系：

$$F_s \mathrm{d}t = \rho s \mathrm{d}l v_s \tag{7.27}$$

式中：ρ 为杆的材料密度；s 为微元面积。假设剪应力 τ_s 在微元上均匀分布，则有

$$F_s = \tau_s s \tag{7.28}$$

将式(7.28) 代入式(7.27)，并考虑到 $\mathrm{d}l/\mathrm{d}t = C_T$，$C_T$ 为横波波速，则有

$$\tau_s = \rho C_T v_s \tag{7.29}$$

设输入杆与试件连接的端面为 1，试件与输出杆连接的端面为 2，如图 7.27 所示。T_I，T_R，T_T 分别为入射扭矩、反射扭矩和透射扭矩。定义 T_I 为正。如果 T_R 与 T_I 扭转方向一致，则 T_R 为正，反之为负。T_T 与 T_I 扭转方向一致，永远为正。

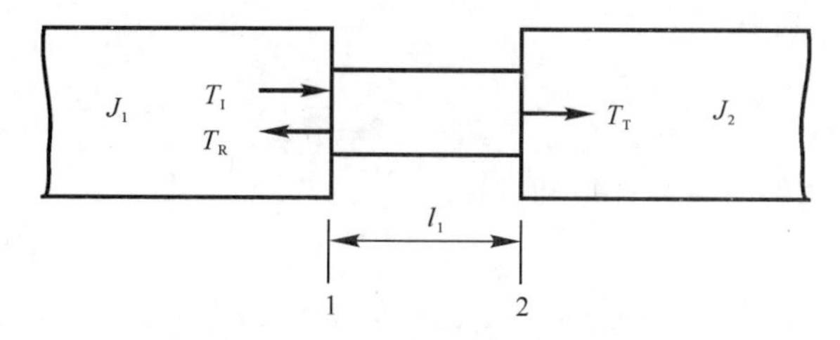

图 7.27　输入杆、输出杆及试样

由式(7.29) 知，波导杆最大剪应力 τ 和杆表面质点切向速度 v_T 有如下关系：

$$\tau = \rho C_T v_T \tag{7.30}$$

依据材料力学公式

$$T = \tau J / r \tag{7.31}$$

式中：J 为杆的极惯性矩；r 为杆半径；T 为扭矩。将式(7.30) 代入式(7.31) 得

$$T = \rho C_T J \frac{v_T}{r} = \rho C_T J \omega \tag{7.32}$$

这里 $\omega = v_T / r$ 为角速度。由式(7.32) 得截面 1 和截面 2 上的角速度

$$\omega_1 = (\rho C_T J_1)^{-1} (T_1 - T_R) \tag{7.33}$$

$$\omega_2 = (\rho C_T J_2)^{-1} T_T \tag{7.34}$$

这里 J_1 和 J_2 分别为输入杆和输出杆的极惯性矩。截面 1 和截面 2 的相对角速度为分别为

$$\omega_s = \omega_1 - \omega_2 = (\rho C_T J_1)^{-1}(T_I - T_R - nT_T) \tag{7.35}$$

式中，$n = J_1/J_2$，根据材料力学知识可得，试件上的平均剪应变率为

$$\dot{\gamma}_s = r_s \frac{\omega_s}{l_s} = \frac{r_s}{\rho C_T J_1 l_s}(T_I - T_R - nT_T) \tag{7.36}$$

将式(7.35) 对时间积分便可得到各个时刻的平均剪应变为

$$\gamma_s = \frac{r_s}{\rho C_T J_1 l_s}\int_0^t (T_I - T_R - nT_T)\mathrm{d}t \tag{7.37}$$

式中，l_s，r_s 分别为试件的长度和平均半径。

假设扭转试件中应力、应变均匀分布，根据截面上力矩连续条件，有以下关系式：

$$T_I + T_R = T_T \tag{7.38}$$

或写为

$$T_I = T_T - T_R \tag{7.39}$$

将式(7.39) 分别代入式(7.36)、式(7.37)，得

$$\dot{\gamma}_s = \frac{r_s}{\rho C_T J_1 l_s}[(1-n)T_T - 2T_R] \tag{7.40}$$

$$\gamma_s = \frac{r_s}{\rho C_T J_1 l_s}\int_0^t [(1-n)T_T - 2T_R]\mathrm{d}t \tag{7.41}$$

试件所受扭矩由式(7.38) 得

$$T_s = \frac{1}{2}(T_I + T_R + T_T) = T_T \tag{7.42}$$

由式(7.31) 得试件所受应力为

$$\tau = \frac{T_s r_s}{J_s} = \frac{T_T}{2\pi r_s^2 h_s} \tag{7.43}$$

式中，J_s 和 h_s 分别为试件的极惯性矩和壁厚。

2. 试件尺寸选择

薄壁圆筒试件尺寸的选择，是指确定其壁厚 h_s、半径 r_s 和长度 l_s。选择原则主要取决于下面 3 个因素：①h_s/r_s 尽量小，使剪应力沿壁厚方向分布的不均匀度最小；②l_s 尽量短，这样在试件内应力、应变达到均匀化要求时，应力波进行几次反射所花的时间较少；③ 在有限幅值的扭脉冲作用下，达到较高的应变率。

7.4 膨胀环测试技术

在 20 世纪 70 年代，利用膨胀环试验来获得应变率敏感材料的动态特性就引起了人们的注意。约翰逊(Johnson)、斯坦(Stein) 和戴维斯(Davis) 通过爆炸驱动膨胀环提出了确定材料特性的一种新型技术。试验的过程是通过控制均匀膨胀环的运动，根据环的运动方程和测试记录的数据计算环材料的应力-应变-应变率的响应。当时了解这些效应是基于记录膨胀环的瞬时位移，为了得到环的应力，需要将位移对时间积分两次，这是相当困难的。佩如昂(Perrone) 企图解决试验中遇到的这些困难，他提出金属性能的一般函数关系，然后利用自由

膨胀环测量相应的位移求解。他提出的方法克服了两次微分的困难，但是事先需要知道所测材料的一般应力-应变-应变率关系，这些具体的信息正是需要由试验确定的。

霍格特(Hoggatt)和芮彻特(Recht)多次应用膨胀环技术，测量了多种工程材料的有关数据。他们在试验中也遇到了两次微分的困难，但是他们观察到在相当宽的应变率范围内，测量记录的位移-时间曲线是很光滑的，而且很陡，于是他们提出用一条抛物线来拟合位移-时间曲线，然后两次对该函数进行微分，问题是有些材料显示出非抛物线的时间-位移曲线。1980年，美国的劳斯拉莫斯(Los Alamos)实验室的沃伦茨(Warens)等人改进了膨胀环技术，提出利用激光速度干涉仪直接测量膨胀环的径向膨胀速度，避免了对记录的数据两次微分的困难，而只需要一次积分和微分速度-时间曲线就可以得到不同应变率条件下的材料应力-应变关系。下面将介绍他们所采用的方法。

7.4.1　基本原理及控制方程

实验装置如图 7.28 所示，由薄环 1、驱动器 2、端部泡沫塑料 3、中心爆炸装药 4 和雷管 5 组成。薄环 1 就是所要测量材料的试件。中心装药被雷管引爆后，驱动器在爆炸产物的压力作用下向外膨胀变形，一个应力波由驱动器传进试件，薄环试件中的应力波到达外边界自由面时反射为拉伸卸载波，质点速度加倍。由于环与驱动器材料的波阻抗不匹配，因此薄环中的拉伸波返回薄环与驱动器的界面时，薄环将脱离驱动器，进入自由膨胀阶段。在此阶段薄环中的径向应力 $\sigma_r=0$，在周向应力 σ_θ 的作用下做减速运动。

下面将建立有关的方程，并作如下假设：

(1) 薄环没有脱离驱动器之前，受到均匀的内压力作用，处于平面应力状态，轴向应力 $\sigma_z=0$。薄环脱离驱动器后，径向应力 $\sigma_r=0$，在自由膨胀过程中只受到周向应力 σ_θ 的作用，做减速运动。

(2) 忽略驱动器传入薄环的应力波所引起的冲击效应，因为驱动器仅仅处于弹性变形状态或者较小的塑性变形状态，由驱动器传入的应力波在薄环中所产生的压应力一般与材料的弹性极限同数量级，而冲击波引起的温升一般仅为 5 ～ 10℃，所以均可忽略。

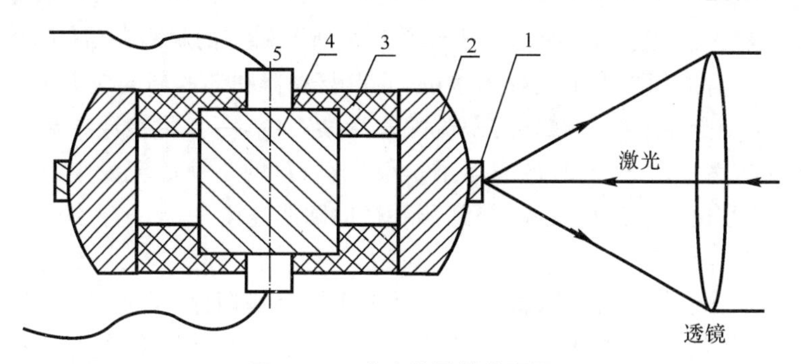

图 7.28　试验装置横截面图

1— 薄环；2— 驱动器；3— 端部泡沫塑料；4— 中心爆炸装药；5— 雷管

薄环脱离驱动器后做柱对称运动，其运动方程为

$$\left(\sigma_r+\frac{\partial\sigma_r}{\partial r}\mathrm{d}r\right)(r+\mathrm{d}r)\mathrm{d}z\mathrm{d}\theta-\sigma_r\mathrm{d}r\mathrm{d}\theta\mathrm{d}z-2\sigma_\theta r\sin\frac{\theta}{2}\mathrm{d}z=\rho_0\left(r+\frac{\mathrm{d}r}{2}\right)\mathrm{d}\theta\mathrm{d}r\mathrm{d}z\,\frac{\partial v_r}{\partial t}$$

式中：ρ_0 为薄环的密度；z 为薄环的高度方向坐标；v_r 为圆环的径向速度。忽略高阶无穷小量，

并经过整理，得到

$$\frac{\partial \sigma_r}{\partial r}+\frac{\sigma_r-\sigma_\theta}{r}=\rho_0\frac{\partial v_r}{\partial t}=\rho_0\ddot{r} \tag{7.44}$$

薄环在自由膨胀期间 $\sigma_r=0$，得到周向应力的运动方程为

$$\sigma_\theta=-\rho_0 r\ddot{r} \tag{7.45}$$

式中：$\ddot{r}$ 是薄环径向加速度，用自然应变表示薄环的径向变形，并假设薄环在自由膨胀过程中体积不变化，那么

$$\mathrm{d}\varepsilon_r=\frac{\mathrm{d}r}{r} \tag{7.46}$$

对式(7.46) 积分得到

$$\varepsilon_r=\int_0^r\frac{\mathrm{d}r}{r}=\ln\frac{r}{r_0} \tag{7.47}$$

式中：r_0 为环的初始半径。将式(7.47) 对时间 t 求导数得到

$$\dot{\varepsilon}_r=\frac{\dot{r}}{r} \tag{7.48}$$

运用速度干涉仪直接测量薄环的瞬时径向膨胀速度，然后通过数值积分可以计算径向位移 $r(t)$，再运用简单的数值微分得到径向加速度 $\ddot{r}(t)$，于是利用方程式(7.45) 和式(7.46) 便可得到各瞬时 t 的应力-应变关系。

对于给定的膨胀环，由于塑性应变率随时间单调减小，因此在预定的每一个应变率条件下，每次试验只能得到一个数据点。若要测定某一种具体材料或某一种热处理状态下的材料的动态应力-应变-应变率性质，那么在初始的应变率范围内就要进行多次试验以得到某个应变率条件下的应力-应变曲线。

7.4.2 试验安排

1. 环的驱动系统

膨胀环的试验装置如图 7.28 所示。薄环就是由所要研究的材料制成的，经过压合套在钢筒驱动器的外面，二者之间要保证良好的接触，使得驱动器和环的周向应力加载到屈服程度。随后的膨胀基本上全是塑性的。在环的一侧配置光学系统，一个物镜放在离环表面的近视焦点上，一束激光成焦在环的表面，环的表面不是很光滑，目的是使激光发生发散反射。由表面反射回来的激光束被速度干涉仪接收，得到薄环径向膨胀速度。

2. 速度干涉仪

图 7.29 是干涉仪系统的简化示意图。反射光线被分成两路，分别进入两个速度干涉仪，一个是高灵敏干涉仪，另一个是低灵敏干涉仪。干涉仪的灵敏度可以单独调整，由于要求干涉仪对环的膨胀速度很敏感，这就不能使用普通规格的光学延迟线路，而要选择空气延迟线路，反射光的频率按照与环的膨胀速度成一定的比例关系进行多普勒变换。在单个速度干涉仪中，反射光线经过延迟线路后延长了约 1/20 μs，因此两路光产生了两个不同的时间。若环处于运动状态，则两路光就会产生一个频率差，通过光电倍增器探测差额，并且记录在示波器上，通过上述跟踪过程，便可以记录环的膨胀速度。

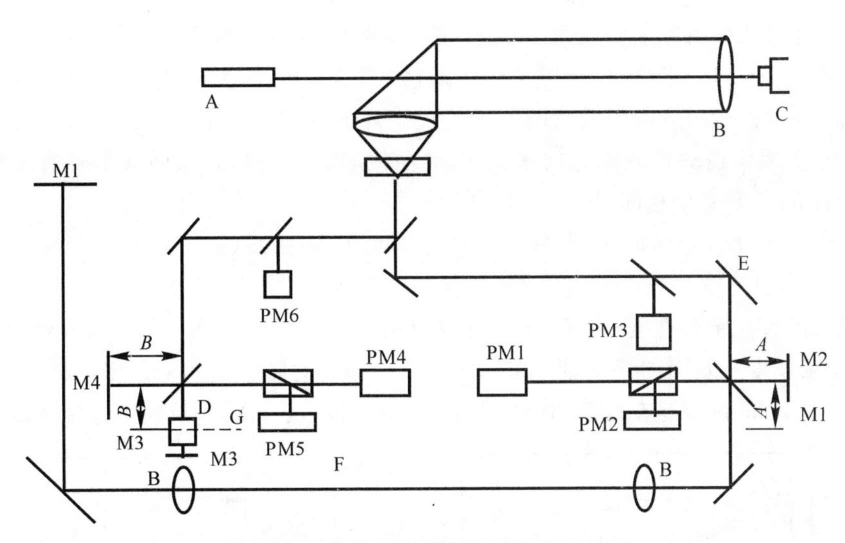

图 7.29　激光速度干涉系统简化平面图

A— 激光；B— 透镜；C— 目标；D— 低灵敏度干涉仪；E— 高灵敏度干涉仪；F— 空气延迟线路；G— 以特伦延迟线路

7.4.3　测试结果

本书对两种不同热处理在多种装药量方案的条件下进行了膨胀环试验。所有环试件的直径相同，都是 50.8 mm，其他各有关参数见表 7.2。

表 7.2　膨胀环试验的初始参数

试验号 No.	环材料	环的名义直径 /mm	装药量 /g	直径 / 长度 /mm
24	硬化铜	50.8	5.717 9	15/20
25	硬化铜	50.8	5.724 2	15/20
34	硬化铜	50.8	7.437 8	17.3/20
35	硬化铜	50.8	7.443 5	17.3/20
36	退火铜	50.8	7.443 0	17.3/20
37	退火铜	50.8	7.434 2	17.3/20
39	退火铜	50.8	2.480 3	10/20
40	退火铜	50.8	2.491 3	10/20

由表 7.2 中数据可知，对相同材料的环使用相同装药量进行重复试验，目的是检验试验结果的稳定性。为了考察应变率效应，对相同材料的环进行不同装药量的试验。为了了解同一种材料在不同热处理状态下的应变率效应，对硬化铜与退火铜也做了相同装药量的试验。试验得到的速度-时间曲线如图 7.30 所示，应力-应变-应变率关系如图 7.31 所示。

1. 速度-时间曲线

图 7.30 分别表示利用相同材料、相同几何尺寸、相同装药量进行的速度-时间测量的重复试验结果。其中，图 7.30(a) 表示强载荷退火铜试验。曲线的开头部分表示薄环杠杆离开钢

筒驱动器时,应力波在内部来回反射情况。图中的速度-时间曲线经过阻尼振荡以后就平滑下来,当环的应变增加到一定值时,曲线又开始振荡,只有中间平滑的部分才是可用的。两条曲线的主要部分相当一致,这两条曲线的斜率是决定环的瞬时应力的重要因素。

图 7.30(b) 表示退火铜环膨胀的速度-时间曲线,情况类似,两条曲线尽管有一些振幅差,但是在主要段的斜率完全相同。

图 7.30(c)(d) 所表示的是强载荷硬化铜的速度-时间曲线,除了有轻微的速度差以外,平滑曲线段的斜率也是很一致的。可以看到,对 No.25,No.35 曲线,在 $t=18\ \mu s$ 时出现了振动。

适度载荷的硬化铜环速度-时间试验曲线表示在图 7.30(d) 中,图中清楚地表示出,随着时间变化,环的膨胀速度有差别,但是两曲线的斜率相同,即环的膨胀加速度是相同的。这些速度差别主要是因为 No.25 试验是在较高的应变率条件下进行的,这种差别反映了应变率效应。

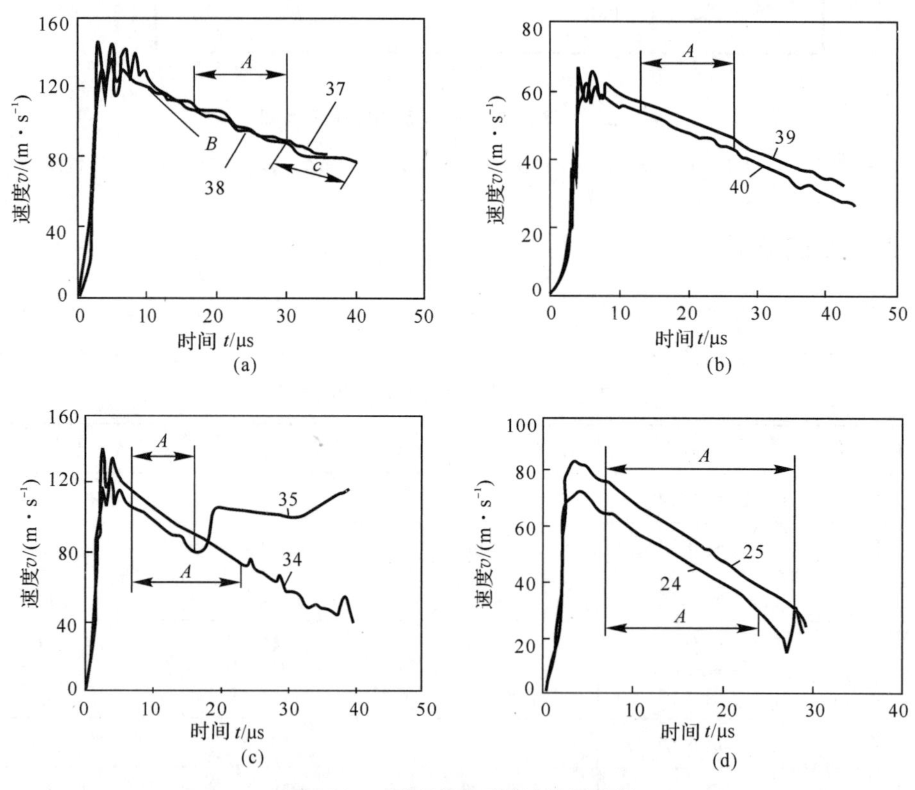

图 7.30　相同试验环测试结果比较

(a) 强载荷退火铜; (b) 适度载荷退火铜; (c) 强载荷硬化铜; (d) 适度载荷硬化铜

2. 应力-应变-应变率关系

退火铜的试验结果用一个三维空间的表面表示在图 7.31 中。图中的单个曲线表示单个环在某一个应变率条件下膨胀试验得到的应力-应变-应变率关系曲线。它表示膨胀环的材料塑性变形期间,随着应变率单调减小,应变单调增加,膨胀环的应力-应变-应变率关系曲线。对于一个确定的环的材料,在初始应变率条件下通过若干次试验才能在三维空间中画出一系列曲线,从而显示出一个空间表面,由于退火铜与硬化铜只进行了有限次试验,因而三维空间没有完全确定。将准静态的试验数据表示在 $\dot{\varepsilon}=0$ 的平面里,以用来作比较。由图 7.31 可知,动态应力一开始都比准静态的高,但是随着应变率减小,此表面向准静态曲线逼近。

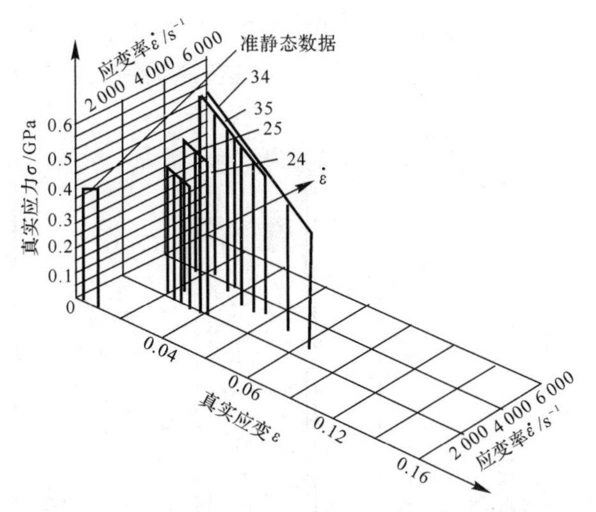

图 7.31　试验测量退火铜的应力-应变-应变率关系

膨胀环试验是一个结构试验，它具有简单的应力状态，具有较小的波动效应的失真，动力加载这种简单的结构很适合用来测定材料的单轴动力特性。由于这种方法本身的简单性，膨胀环试验已经受到大多数研究者的重视。

7.5　斜板撞击试验(压剪试验)

在平板撞击试验中，如果将飞板、试样及目标板不垂直于子弹的轴线放置，将会产生压缩-剪切载荷，从而对试样进行压剪试验，载荷状态则可以通过调整倾斜角来改变。在此基础上，瑟亚-勒蒙拉撒等人对设备进行了一些改进，提出了一种新的变形可抑制的斜板撞击试验方法，下述对他们的方法进行简单的介绍。图 7.32(a) 和 7.33(a) 给出了斜板撞击试验的示意图和试样夹装图，图 7.32(b) 和 7.33(b) 给出了斜板撞击试验中应力波传播的示意图。

在斜板撞击试验中，试样通常为 100 ～ 500 μm 厚的圆片，它被夹在两个砧面垫片之间。在试验过程中，撞击将会使得撞击板和目标板中产生平面压缩波和剪切波。但是由于剪切波速大约只有压缩波的一半，因而为了保证卸载剪切波先于在第二块飞板背面产生的卸载压缩波之前到达撞击表面。根据一维弹性波理论，撞击产生的正应力可以表示为

$$\sigma = \rho C_1 v_1 / 2 \tag{7.49}$$

式中：ρC_1 是飞片和砧面垫片材料的纵波波阻抗；v_1 是撞击速度 v 的法向分量。应变率可以用试样两端面的速度差除以试样的厚度来表示，即

$$\dot{\lambda} = \frac{v_f - v_a}{h} = \frac{v_0 - v_{fs}}{h} \tag{7.50}$$

式中：v_f 和 v_a 分别是飞片和砧面垫片与试样接触面的横向速度；v_0 和 v_{fs} 分别是撞击速度的横向分量和砧面垫片自由表面的横向速度。应变率对时间积分就可以得到试样的剪切应变。而剪应力仍然可以用一维应力波理论求得，即

$$\tau = \rho C_2 v_{fs} / 2 \tag{7.51}$$

式中，ρC_2 是砧面垫片材料的剪切波波阻抗。和求解霍普金森杆试验相同，利用式(7.50)、式(7.51)

可以获得应变率高达$1\times10^5\ s^{-1}$、压力为$2\sim5$ GPa的剪应力-剪应变曲线。但是需要强调的是，在试验过程中，非弹性变形只能在试样中产生，而飞片及砧面垫片均在弹性范围内变形。

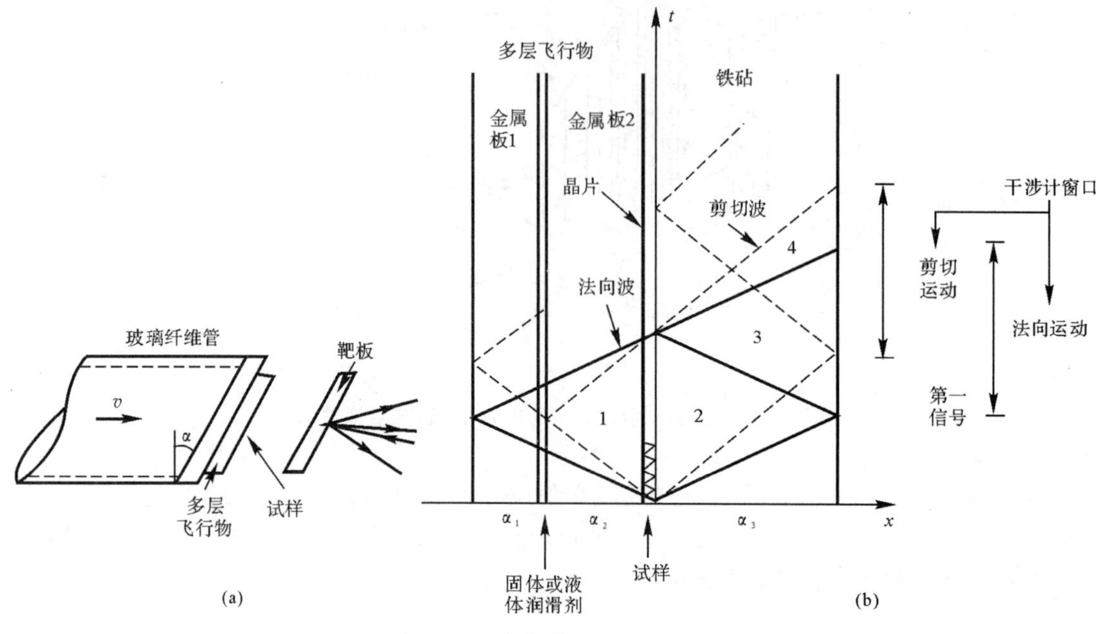

图 7.32　斜板撞击试验示意图

瑟亚-勒蒙拉撒等人利用该系统进行了两种陶瓷材料（Al_2O_3、SiC）和 TiB_2 的压剪试验，其中 Al_2O_3/SiC 用来进行高应变率下的压剪试验，应力波测量试验用来测试压剪试验中应力波的传播过程。在应力波测量试验中，采用两种不同几何形状的试样，一种是外形与星形飞片相同的试样，另一种是在空心的方形钢板中镶嵌以直径为12.7 mm的圆形 TiB_2 陶瓷棒。目标板的背面经过抛光处理后涂上一层很薄的正性光致抗蚀剂，利用两束激光干涉形成全息图。这个全息图被用来计算法向和横向的位移。

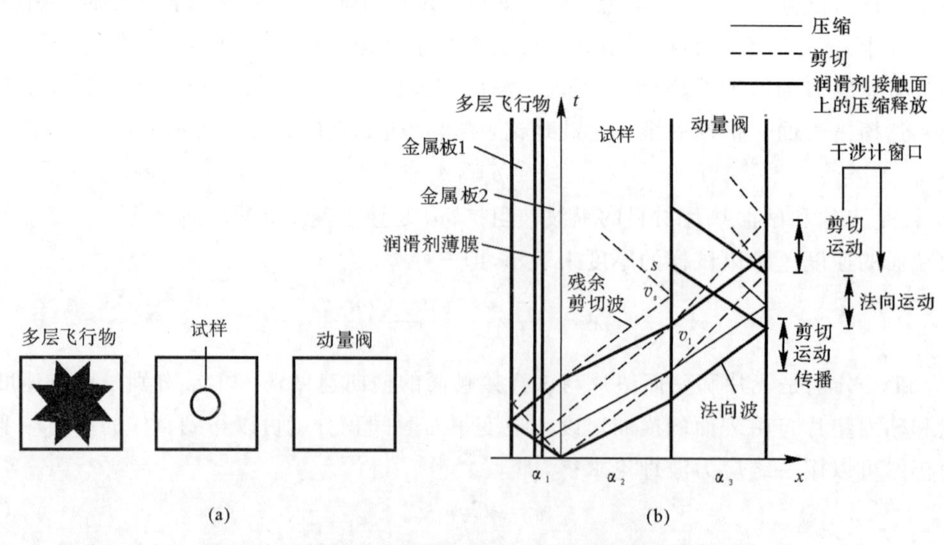

图 7.33　斜板撞击试验试样夹装及波传播的特征线图

图 7.34(a) 给出了 Al_2O_3/SiC 材料压剪试验法向速度-时间曲线。曲线在初始的上升沿之后出现了下降，这说明试样与多层飞片之间存在着微小的间隙。波在试样中经过若干反射后法向速度达到约 140 m/s，在卸载波到达之前，该速度基本上保持不变。根据式(7.48)，撞击产生的正应力波峰值可达 3.45 GPa。图 7.34(b) 也给出了横向速度-时间曲线。由于在剪切试验中，需要通过摩擦来对试样加载，因而图中出现了横向速度在经过开始阶段的上升之后的短暂降低。在大约 500 ns 时，横向速度达到峰值(约为 22 m/s)，然后逐渐衰减，此时法向速度仍然保持不变。根据式(7.50)，剪切波的峰值大约为 280 MPa。砧面垫片自由表面的横向速度衰减说明应变率在变化，而试样中未达到均匀应力状态。

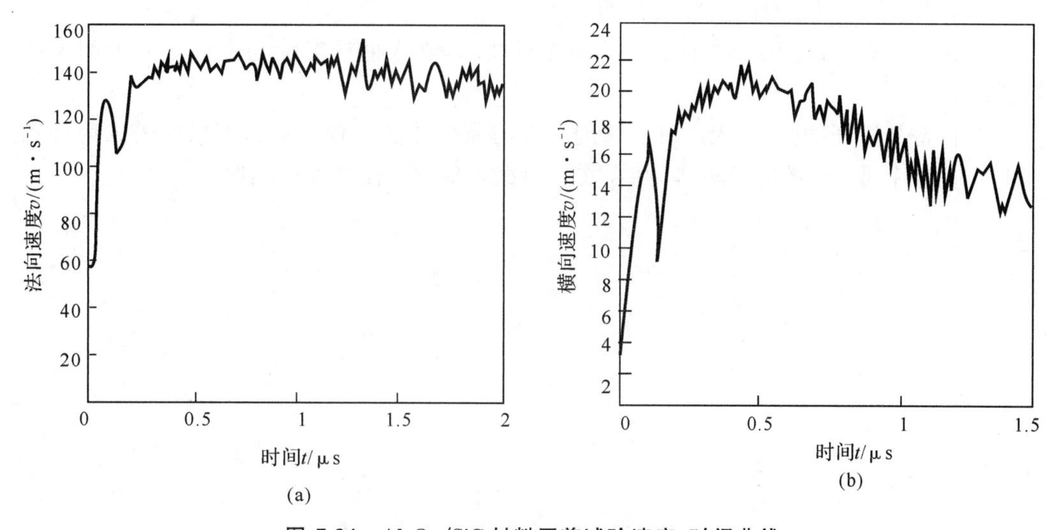

图 7.34　Al_2O_3/SiC 材料压剪试验速度-时间曲线

图 7.35(a)(b) 给出了 TiB_2 应力波传播试验的纵波和横波传播曲线。图 7.35(a) 中，法向速度在开始的上升沿之后达到了峰值，这个峰值与采用一维应力波理论计算出的相吻合，在大约 200 ns时，法向速度开始衰减，之后又在大约500 ns时上升。这个过程与考虑了球面波影响的一维应力波理论分析结果非常相近。在图 7.35(b) 中，当应力波到达能量吸收板的背面时，横向速度达到大约 10 m/s，而剪切波到达时该速度上升至 38 m/s。这个速度要低于根据一维弹性应力波理论计算出的理论速度。这说明材料已经处于非弹性变形状态，之后，在大约 800 ns 时，横向速度开始衰减。

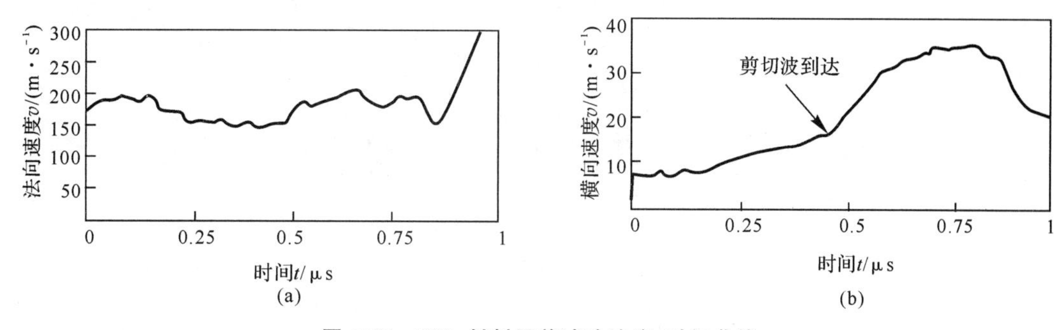

图 7.35　TiB_2 材料压剪试验速度-时间曲线

习　题

1. 试推导霍普金森杆试验中的应变、应变率及应力的计算公式(l_0 为试样长度,C_0 为弹性杆中波速,T_0 为脉冲宽度,A_s 和 A_0 分别为试样和弹性杆的横截面积,E 为杆的弹性模量)。

2. 设在霍普金森杆试验中,入射杆与透射杆没有贴紧,存在 0.1 mm 的间隙,若两杆长度均为 600 mm,杆中的弹性波速为 5 km/s,子弹长度为 200 mm,打击速度为 10 m/s,应变片贴在杆的中部,则

(1) 分别画出入射杆和透射杆上应变片测得的弹性波形;

(2) 试讨论空气间隙对应力波传播的影响。

3. 在霍普金森杆试验中,若采用单脉冲加载技术,则入射杆突缘与套筒之间的间隙如何确定?

4. 在霍普金森杆试验中,入射杆和透射杆上的应变片的位置有什么要求?若入射杆和透射杆上的应变片到试样的距离不等,则在实验数据处理时应注意哪些问题?

第 8 章　极端环境下霍普金森杆试验技术

8.1　材料温度升高的机理

使材料温度升高的方式包括进行电磁波方式的光照(阳光、相干光的激光),或以热辐射、热对流和热传导以及这三种的组合作用,也可通过摩擦,电磁感应等,这些方式均可使材料温度上升,无论哪种方式,其机理是相同的,那就是使组成材料的分子、原子振动加快,振荡频率增加。具体解释如图 8.1 所示。就金属来说,如果把原子看作球体,金属是由球体原子按照一定的规律排列方式组成的晶体结构;若原子是一个点,其原子结构形式为晶格;在晶体中,原子间有相互作用,原子并非是静止的,它们总是围绕着其平衡位置在不断地振动。晶格点上的具体原子结构为原子核和不同能量轨道的电子,在原子结构中,最外层轨道的电子能量最高,靠近原子核(质子和中子组成)的电子能量最低,高能量原子有回到低能量位置的趋势。当激光等的光子作用于金属时,原子核外电子获得能量而脱离,或向更高能级运动,原子又通过相互作用力而联系在一起,即它们各自的振动不是彼此独立的。这样会形成晶格振动,并以声子能量形式表现出来,即获得能量的原子振动加剧,温度升高。

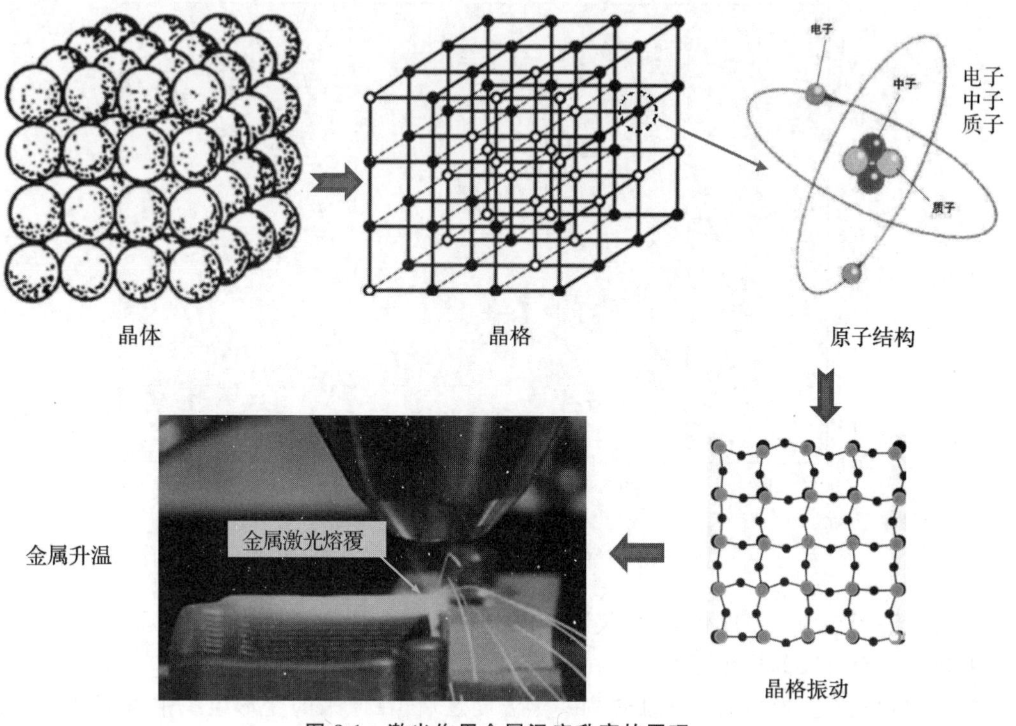

图 8.1　激光作用金属温度升高的原理

从宏观物理现象看，金属温度升高，其组成的原子振荡频率升高，原子间间距增加，结合力下降，宏观表现为热膨胀现象，在材料的应力-应变曲线特性中，表现为材料的弹性模量下降，即金属或材料的弹性模量随温度的变化会发生变化。图 8.2 给出了金属弹性模量随温度升高呈现指数下降规律，但在约比温度（T/T_m）< 0.2 时，金属弹性模量变化很小，T 是金属温度，T_m 是金属熔点温度。例如钢的熔点约为 1 450℃，在温度为 290℃时，钢的弹性模量变化较小。

从金属学角度来说，当温度超过某一临界值，金属弹性模量迅速变小，其原因是，金属在冶炼成形过程中、会经过热/冷成形和一定程度的冷塑性加工变形，这时其组织和性能都发生了一系列的变化，这些变化是外界对金属所做的机械功而致。这些机械功的大部分以转变热的形式散失了，另一部分以各种类型的缺陷储存于变形金属内部。金属与合金在塑性变形时所消耗的功，大部分转变成热而散发掉，只有一小部分能量以弹性应变和增加金属中晶体缺陷（空位和位错等）的形式储存起来。形变温度越低，形变量越大，储存能越高。其中弹性应变能只占储存能的一小部分，为 3%～12%。晶体缺陷所储存的能量又叫畸变能，空位和位错是其中最重要的两种。这两种比较，空位能所占的比例小，而位错能所占比例大（占总储存能的 80%～90%）。变形后的金属材料的自由能升高，在热力学上处于亚稳状态，具有向形变前的稳定状态转化的趋势。但在常温下，原子的活动能力小，使形变金属的亚稳状态可维持相当长的时间。如果温度升高，原子有了足够高的活动能力，形变金属就能由亚稳状态向稳定状态转变，从而引起一系列的组织和性能变化。由此可见，储存能是这一转变过程的驱动力，导致金属处于不稳定的高自由能状态，一旦满足动力学条件，例如金属温度升高接近约比温度 T/T_m（小于 0.2）时，这种高自由能状态的变形金属便会自发地向低自由能状态转变，这个转变要经历回复、再结晶和晶粒长大三个阶段，形成一种新的晶粒尺度形式。

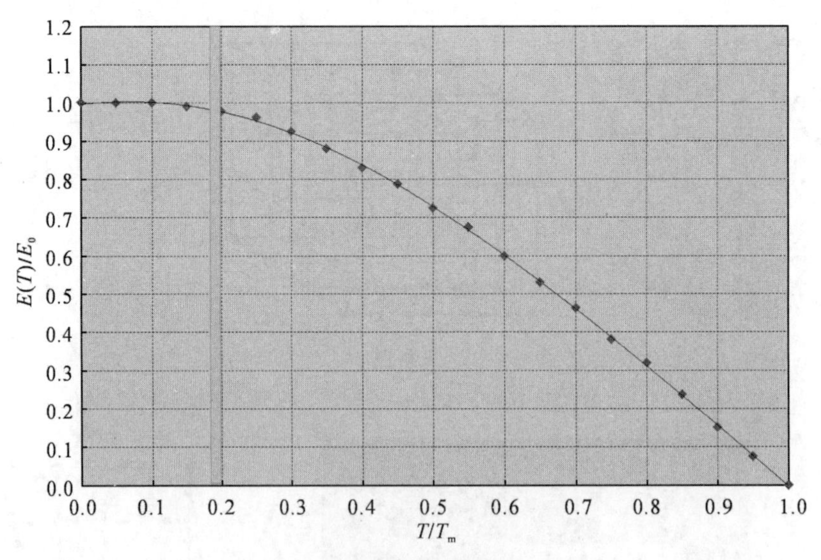

图 8.2　金属弹性模量与温度的关系

（1）回复：即在加热温度较低时，仅因金属中的一些点缺陷和位错的迁移而引起的某些晶内的变化。回复阶段的加热温度一般在 $0.4T_m$ 以下。

（2）再结晶：冷变形后的金属加热到一定温度之后，在原来的变形组织中重新产生了无畸

变的新晶粒，而性能也发生了明显的变化，并恢复到完全软化状态，这个过程称为再结晶。

(3)晶粒长大：再结晶阶段刚刚结束时，得到的是无畸变的等轴的再结晶初始晶粒。随着加热温度的升高或保温时间的延长，晶粒之间就会互相吞并而长大，这一现象称为晶粒长大或聚合再结晶。

图 8.3 所示为金属回复—再结晶—晶粒长大示意图。金属组织回复常常包含三个阶段：

(1)低温回复($0.1T_m \sim 0.3T_m$)：金属结构发生点缺陷的迁移和减少，具体表现为空位与间隙原子的相遇和互相中和；空位或间隙原子运动到刃位错处消失，也可以聚集成空位对、空位群；点缺陷运动到界面处消失。一般来说，电阻率对点缺陷比较敏感，电阻值有较显著的下降，而机械性能对点缺陷的变化不敏感，所以这时机械性能不发生变化，即弹性模量变化较小。

(2)中温回复($0.3T_m \sim 0.5T_m$)：金属组织中位错出现滑移、异号位错互相吸引而抵消、缠结中的位错进行重新组合，进而出现亚晶粒的长大。

(3)高温回复($>0.5T_m$)：当温度大于 $0.5T_m$ 后，位错可以获得足够的能量，自身除滑移外还可产生攀移，除异号位错中和外，还有位错的组合和重新排列，例如排列成墙，明显降低弹性应变能，变形的晶体发生多边化，甚至形成亚晶粒。

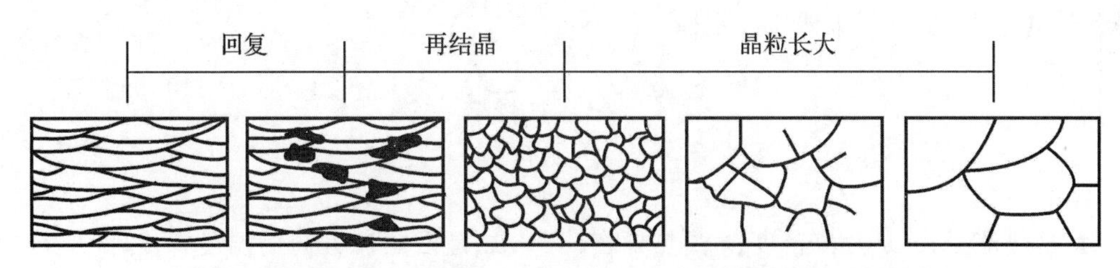

图 8.3　金属回复—再结晶—晶粒长大示意图(图中是晶粒几何形状)

8.2　金属温升的三种方式

一般来说，将金属件置于高温炉内加热是最普遍的加热方式，在加热炉膛对工件(金属)加热，主要依靠的是辐射、对流和传导传热，从而使工件升温。

1. 对流传热方式

对流传热即对流换热，热流体流过工件，流体与工件存在温度差时，热流体与工件间发生热量传递。热流对流公式(牛顿冷却公式)为

$$Q_C = \alpha_C F(T_{介} - T_{件}) \tag{8.1}$$

式中：α_C 是单位时间内通过热交换表面对流传热给工件的热量，J/h；$T_{介}$ 是介质温度，℃；$T_{件}$ 是工件表面温度，℃；F 是热交换的面积(工件与热流体接触面积)，m^2。

热介质流动若是不规则的紊流运动，给热系数可为

$$\alpha_C = (4.64 + 3.49 \times 10^{-3}\Delta T) - \frac{\omega^{0.61}}{\omega^{0.39}} \times 3\ 600$$

2. 辐射传热

若物体温度大于绝对零度，就能从表面放射辐射能，辐射能的载体是电磁波。热辐射的基本定律即斯忒藩-玻尔兹曼定律(Stefan - Boltzmann)：

$$E_b = \sigma T^4 \tag{8.2}$$

式中：E_b是物体的辐射力，W/m^2，表征物体发出辐射能本领的大小，而不是辐射换热量；σ 是Stefan－Boltzmann常数，其值为5.67×10^{-8} $W/(m^2\cdot K^4)$，例如太阳的温度约为5 800 K，太阳与地球相距1.5×10^{11} m，而太阳投射到大气层表面的能量仍可达1 353 W/m^2。

工件放在炉内加热，吸收发热体和炉壁等辐射来的热量，发射部分热量，同时本身向外辐射一部分热量。在辐射传热时，工件表面吸收的热量可表示为

$$Q=A_nC_0[(0.01T_1)^4-(0.01T_2)^4]F \tag{8.3}$$

式中：A_n 相当于吸收率，与工件表面黑体、发热体表面黑体、工件相对于发热体的位置及炉内介质等有关；T_1 为发热体或炉壁的绝对温度，K；T_2 为工件表面的绝对温度，K；F 是工件吸收热量Q 的表面积，m^2；$C=20.52$ $kJ/m^2\cdot h\cdot K^4$ 的物体称为绝对黑体，用C_0 表示。

3. 传导导热

传导导热是热量直接由工件的一部分传递至另一部分，或由加热介质把热量传递到与其相邻的工件而无需媒介质点移动的传热过程。其特点有：① 依靠微观粒子(分子、原子、电子等)的无规则热运动；② 物体各部分不发生宏观相对位移；③ 导热是物质固有的本质，无论气体、液体、固体都有导热本领。

热传导基本定律(一维傅里叶定律)为

$$\left.\begin{aligned}\Phi&=-\lambda A\frac{dT}{dx}\\ q&=-\lambda\frac{dT}{dx}\end{aligned}\right\} \tag{8.4}$$

式中：Φ 是热流量；q 是热流密度；λ 是热导率；dT/dx 是沿热流方向的温度梯度；A 是导热面积；负号表示热流量方向和温度梯度方向相反。

实际工件在传热过程中，三种传热方式同时存在，但不同场合以不同传热方式为主，综合传热为

$$Q=Q_c+Q_r+Q_{cd} \tag{8.5}$$

式中，Q_c、Q_r、Q_{cd} 分别为对流、辐射和传导传热的热量。综合传热Q 可以用下式表示：

$$Q=\alpha(T_{介}-T_{件}) \tag{8.6}$$

式中，α 为综合传热给热系数，$\alpha=\alpha_c+\alpha_r+\alpha_{cd}$，而

$$\alpha_r=A_nC_0[(0.01T_{介})^4-(0.01T_{件})^4]/(T_{介}-T_{件}) \tag{8.7}$$

对于工件内部的热传导过程，工件内部传热主要是传导传热；工件表面获取能量后，表面温度升高，在表面和芯部存在温度梯度，发生传导传热。

传热强度以比热流量表示，见式(8.4)：$q=-\lambda dT/dx$。式中，λ 为热传导系数，表示材料具有单位温度梯度时所允许通过的流量密度，负号表示入流量方向和温度梯度方向相反。金属加热时，热传导系数与温度的关系近似呈线性关系，$\lambda=\lambda_0(1+bT)$；λ 是温度为T 时的热传导系数；λ_0 是温度为0℃时的热传导系数，W/m·℃；b 是热传导温度系数，与材料的化学成分与组织状态有关。

物体在单位时间内由单位表面积辐射的能量为：$E=C(0.01T)^4$，$J/(m^2h)$；T 是物体的绝对温度，K；C 是辐射系数，$C=20.52$ $kJ/m^2\cdot h\cdot K^4$ 的物体称为绝对黑体，用C_0 表示。辐射传热对零件表面所吸收的热量Q：辐射来的热量减去反射的热量及自身辐射的热量。$Q=A_nC_0[(0.01T_1)^4-(0.01T_2)^4]F$。传导导热仅仅是靠传热物质质点间的相互碰撞实现的。

例题 8.1　试样置于高温炉内，使试样温度均匀所需要的时间是多少？

依据上述加热和热传导方式，假如把试样放入预定温度的高温炉内，由于试样温度升高至均匀的时间与试样所需要的温度、试样几何、表面积、热传导系数、比热容等材料特性有关，假如把不同材料的试样放置在高温炉内，整个试样温度均匀所需要的时间见表 8.1。

表 8.1　不同材料试样温度均匀所需要的时间

材料牌号	试样几何(直径×高度)/mm×mm	炉膛温度/℃	试样均匀温度/℃	时间/s
45 钢	5×4	900	900	66
混凝土	50×50	450	450	2 045
PA66 尼龙	5×4	40	40	107
PMMA	10×8	80	90	463

例题 8.2　温度是如何影响金属中应力波的传播的？

从以上内容可知，温度升高，金属会表现出因热膨胀导致的几何尺寸增加的宏观现象，微观上为原子或晶格振动加剧，原子间距离增加，原子键间合力减弱，宏观表现为材料的弹性模量降低，而密度对金属来说随温度变化较小，因此对于弹性波速，例如膨胀波速，其公式为

$$C_p = \sqrt{\frac{\lambda + 2\mu}{\rho}} \tag{8.8}$$

式中：$\lambda = \dfrac{\upsilon E}{(1+\upsilon)(1-2\upsilon)}$；　$\mu = \dfrac{E}{2(1+\upsilon)}$。$\lambda$，$\mu$ 是拉梅(Lame’)常数，E，υ 是材料弹性模量和泊松比。弹性波速是物理量，即和空气中声速、光速等一样，是材料的物理常数(塑性波速不同)，不同材料具有不同的弹性波速。材料温度升高，弹性模量和泊松比会变化，这样弹性波的波速就会变化。换句话说，当温度升高时，材料的弹性模量降低，相当于材料特性变了，即变成另一种模量的材料。对于一维金属杆波的传递，其一维纵波波速为

$$C_0 = \sqrt{\frac{E}{\rho}} \tag{8.9}$$

8.3　高温霍普金森压杆中试样-杆温度分布

本节以分离式霍普金森(Hopkinson)压杆为例，提前单独加热试样到预定温度，这时将入射杆和透射杆同时推向试样与试样接触，分析高温试样和常温加载杆的温度变化。

1. 温度分布图

模型与参数选取：以混凝土试样为例，利用 ABAQUS 商用软件对分离式 Hopkinson 压杆建模，入射杆和透射杆直径为 100 mm，长度为 1 000 mm，材料为 45 钢；混凝土试样直径为 100 mm，厚度为 50 mm。试样初始的温度分别为 500℃、800℃，加载杆初始温度设为 25℃。模型中的单元全部采用八节点线性热传导单元(DC3D8)，计算时间都为 60 s。试样和加载杆单元数量分别为 18 564 和 10 640。

材料热物理参数、导热系数选取见表 8.2 和表 8.3。

表 8.2　材料热物理参数

	密度 $kg \cdot m^{-3}$	比热容 $J \cdot (kg \cdot ℃)^{-1}$	导热系数	接触热阻 $m^2 \cdot ℃ \cdot W^{-1}$
混凝土 (试样)	2 100	970	$K_C=\begin{cases}1.355 & (0\leqslant T\leqslant 293℃)\\ -0.001\ 241T+1.716\ 2 & (T\geqslant 293℃)\end{cases}$	0.01
45 钢 (SHPB)	7 800	480	$K_s=\begin{cases}48-0.022T & (0\leqslant T\leqslant 900℃)\\ 28.2 & (T\geqslant 900℃)\end{cases}$	

表 8.3　导热系数选取

温度/℃	200	500	800
混凝土试样	1.355	1.095 7	0.723 4
45 钢弹性杆	43.6	37	30.4

ABAQUS 计算结果分析：选取混凝土试样以及弹性加载杆的典型位置，混凝土试样温度分布、弹性杆温度分布如图 8.4 和图 8.5 所示，很显然试样与杆接触处(图 8.4 标记 1、2、3)温度下降最快，对应弹性加载杆端(图 8.5 标记 1、2、3)处温度上升最快。

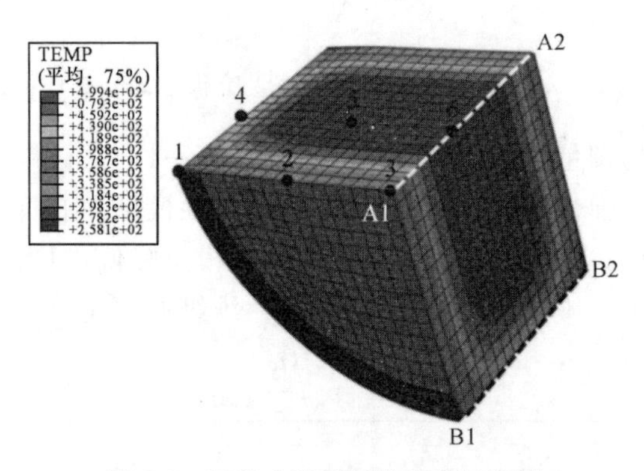

图 8.4　混凝土试样温度分布示意图

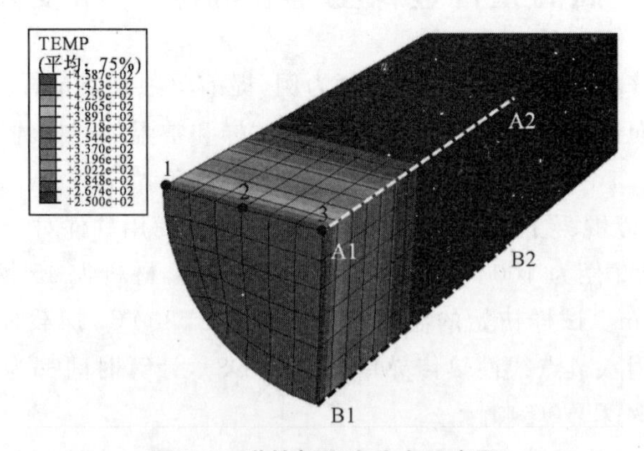

图 8.5　弹性杆温度分布示意图

2. 试样-杆温度变化曲线

仅仅以试样初始温度 800℃，弹性杆初始温度 25℃为例，高温混凝土试样与常温 45 钢杆接触，随接触时间增长，试样与杆端部温度变化如图 8.6～图 8.11 所示。

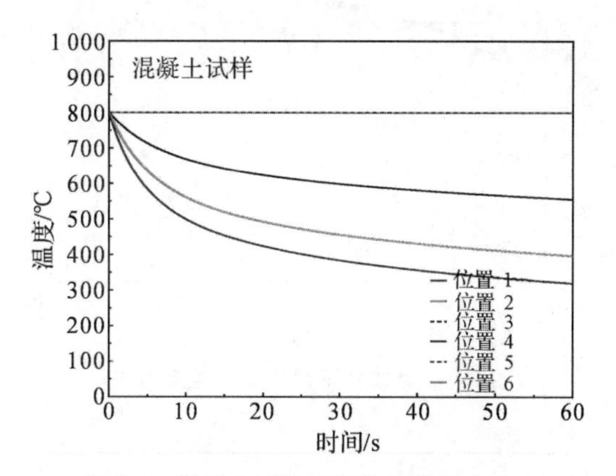

图 8.6　混凝土试样不同位置的温度分布

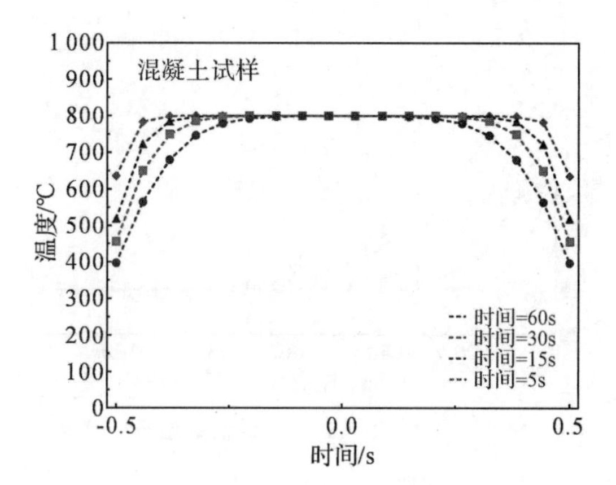

图 8.7　试样沿 A1－A2 的温度分布

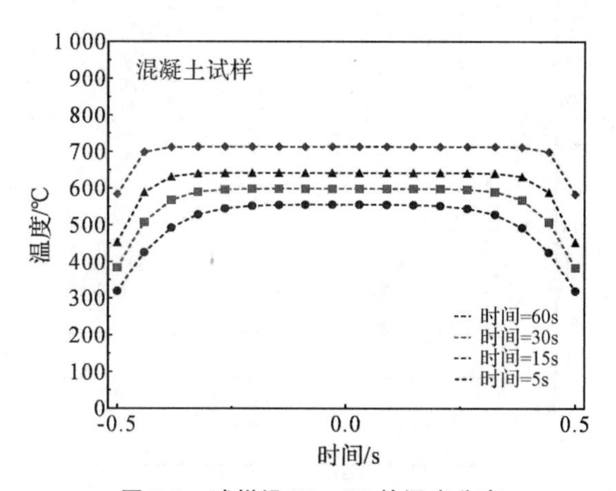

图 8.8　试样沿 B1－B2 的温度分布

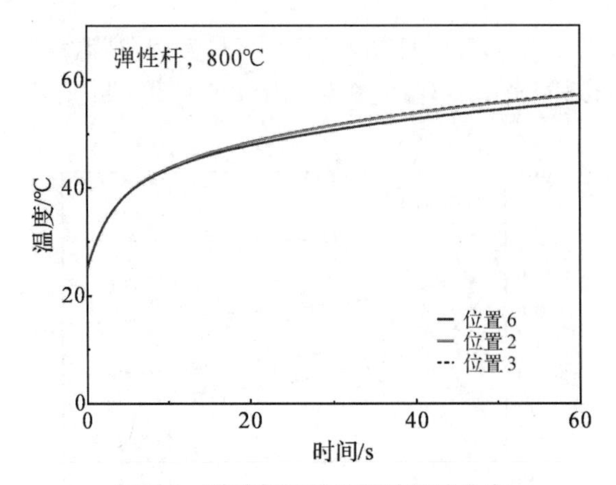

图 8.9　弹性杆不同位置的温度分布

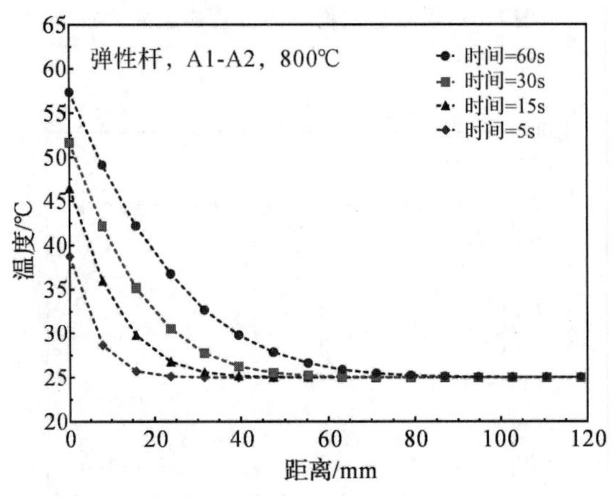

图 8.10　沿 A1－A2 弹性杆温升

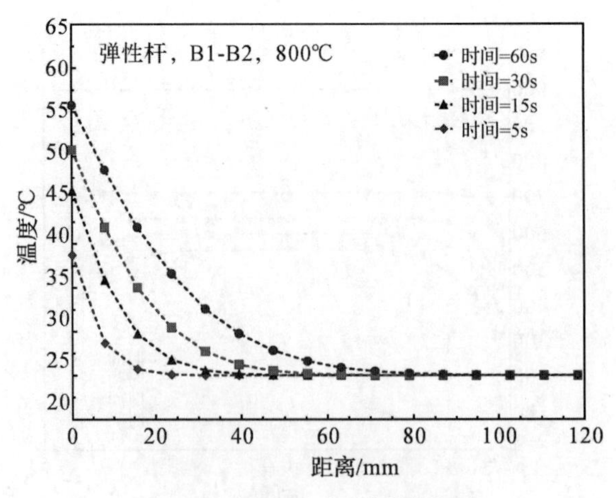

图 8.11　沿 B1－B2 弹性杆温升

8.4 高温分离式霍普金森压杆技术

在分离式 Hopkinson 压杆中，对试样进行高温动态力学性能测试的方法包括以下几类：

1)在线加热试样方式，即将试样和与之接触的入射与透射杆同时进行加热。入射杆和透射杆在加热的过程中会在与试样接触杆端形成局部温度梯度。当约比温度大于 0.2 时(见图 8.2)，金属弹性模量随温度增加迅速下降。温度影响入射和透射杆(加载杆)的弹性模量，进而影响了波导杆的波阻抗，使得应力波在杆中的传播速度发生了变化。同时，高温还会使得杆端发生退火效应，使杆的硬度降低，因此必须要保证波导杆在试验过程中是处于弹性状态的。

为了消除温度梯度对加载杆波阻抗的影响，可采取两种方式。一种是对波形进行温度修正。利用传热学原理推导出杆上的温度分布，通过考虑温度梯度对应力波传播的影响来修正波形信号。另一种是使用温度不敏感材料来避开温度梯度影响的试验方法。可在加载杆与试样接触界面间增加耐高温、高强度且与杆波阻抗相同的氧化铝陶瓷短杆，试验时将其与试样一起加热，陶瓷短杆会导致试样弹性变形段应变偏大，但塑性变形后影响很小，误差在 5%以下。

2)在试样与加载杆之间加入薄的石墨片(厚度为 0.2 mm)，石墨片与储存电荷的电容相连，通过电容放电，产生加大的电流脉冲流过金属试样，对试样进行加热，可实现在 200 ms 内将试样加热到 1 000℃左右。

3)另一类加热方式是预加热方式①，如图 8.12 所示，即试验前仅对试样加热，加热到预定温度后，利用气动、机械、电磁等装置在压缩冲击脉冲到达试样端面前，推动加载杆使其与试样接触，完成加载。采用这种方法需要注意的问题是，当室温的压杆与试样接触时，试样上的温度会迅速传到与之接触的压杆上，使得试样上的温度不均匀，且接触时间越长，试样温度变化越大。因此这就要求在完成动态加载过程中，室温压杆与高温试样之间的接触时间，即冷-热接触时间(Cold - Hot Contact Time，C - HCT)应非常短。

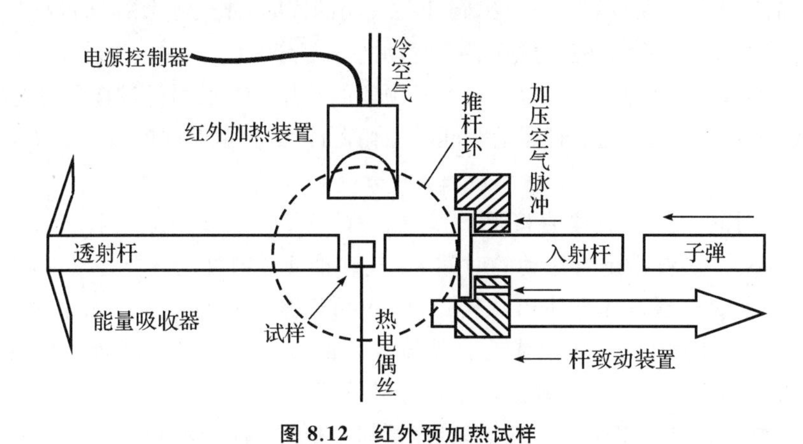

图 8.12　红外预加热试样

图 8.13 是 Lennon 通过有限元计算得到的初始温度为 600℃的试样与加载杆短暂接触

① Nemat - Nasser S, Isaacs J B. Direct Measurement of Isothermal Flow Stress of Metals at Elevated Temperatures and High Strain Rates with Application to Ta and TaW Alloys[J]. Acta Materialia, 1997, 45(3): 907 - 919.

1 ms,3 ms 和 5 ms 后试样的温度分布变化。从图中可以看出,试样中段部分 85%的区域的温度下降很小,可以忽略。

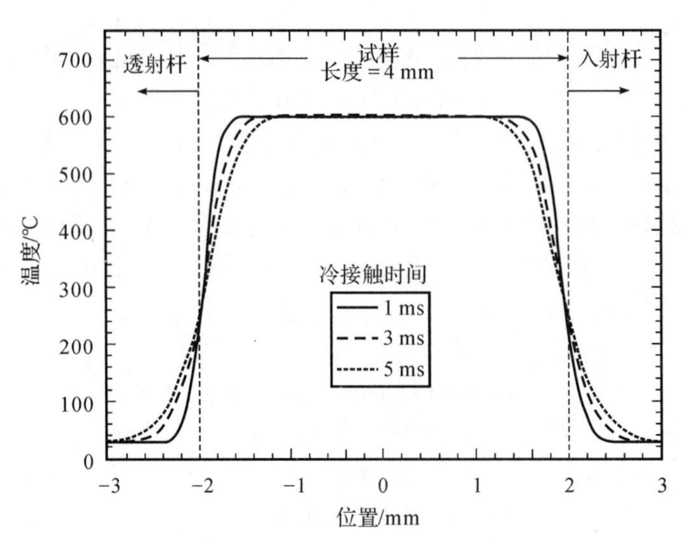

图 8.13 接触时间对试样温度的影响

8.4.1 冷-热接触时间——C-HCT 测试

测试方法及过程:在加载入射波到达入射杆端对试样加载前,采用气动同步方式的常温加载杆(冷)-高温试样(热),它们的接触时间主要由四部分组成,如图 8.14 所示,试验时,当打开二进二出阀开关时,主气室气体进入炮管,推动子弹出膛撞击入射杆,这部分时间是子弹运动时间 t_1。子弹撞击入射杆产生加载波,加载波沿入射杆传播到杆端对试样进行加载,这部分时间是加载波传播时间 t_2。在打开二进二出阀开关气阀的同时,副气室气体通过导气管进入同步气缸推动活塞带动透射杆运动,使透射杆启动运动的这部分时间为 t_3。透射杆运动推动试样运动(此处设为 45 mm)(对试样加高温时杆与试样预留的间隙)使入射杆、试样和透射杆接触,从而实现同步加载,这部分时间是透射杆运动时间 t_4。由此冷-热接触时间的具体表达为

$$T=(t_1+t_2)-(t_3+t_4) \tag{8.10}$$

加载波运动时间 t_2 可由计算直接得出,$t_2=L/C_0=0.08$ ms(入射杆杆长 $L=400$ mm,波速 $C_0=5$ mm/μs)。子弹沿炮管运动的时间 t_1,气动推动透射杆的气体运动时间 t_3 及透射杆本身运动(注:目前仅是透射杆整体向试样运动,也可以是入射杆和透射杆相对向试样运动)时间 t_4 的测定是通过激光测速仪完成的。具体验证的微型 Hopkinson 压杆装置包括同步组装装置、激光发射器、激光接收器、数据采集器和计算机。

测试时,分别在二进二出阀开关气阀处、炮管口处、透射杆杆端和入射杆杆端设置四组激光测速仪。二进二出阀开关气阀手柄扫过激光测速仪 Ⅰ 产生脉冲信号 1,并以这一信号为触发信号。子弹出膛扫过激光测速仪 Ⅱ 产生脉冲信号 2,脉冲信号 2 与脉冲信号 1 的时间间隔即是子弹运动时间 t_1。透射杆在活塞推动下扫过激光测速仪 Ⅲ 产生脉冲信号 3,脉冲信号 3 与脉冲信号 1 的时间间隔即是气体运动时间 t_2。透射杆推动试样运动至入射杆杆端扫过激光测速仪 Ⅳ 产生脉冲信号 4,脉冲信号 4 与脉冲信号 3 的时间间隔即是透射杆运动时间 t_3。图 8.15

为实测脉冲信号。

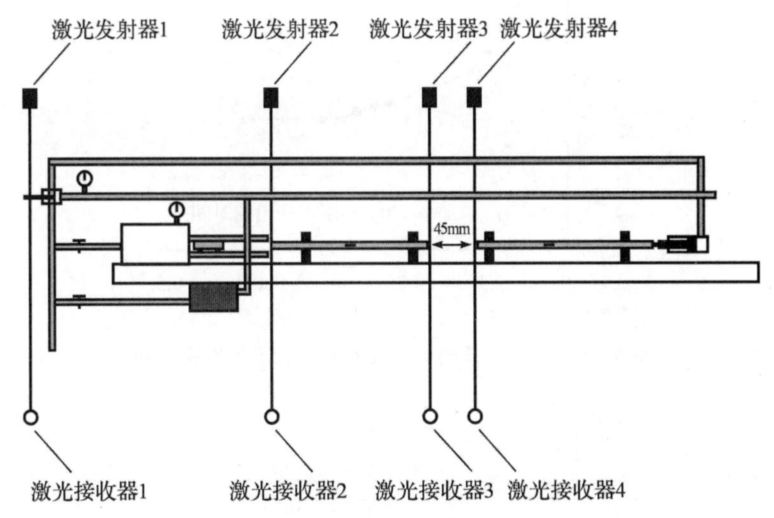

图 8.14　气动同步分离式 Hopkinson 压杆原理

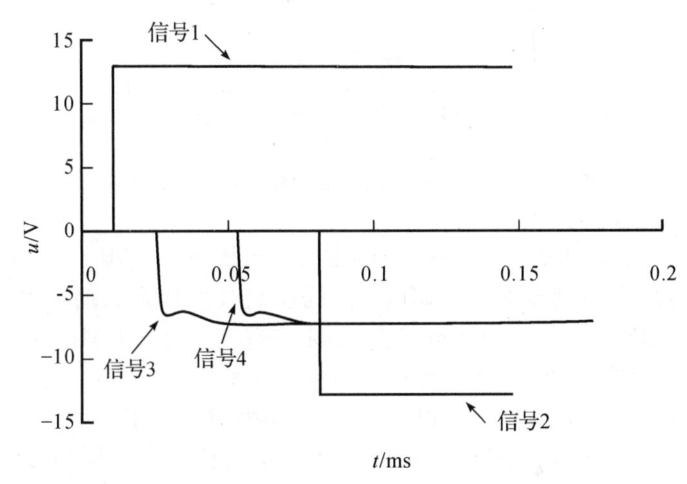

图 8.15　实测脉冲信号

8.4.2　测试结果及讨论

图 8.16 为 70 mm 长撞击杆在不同气压下的出膛时间。测试气压范围选定 0.06～0.4 MPa，为试验主气室气压常用范围，每隔 0.02 MPa 记录一次时间，每个气压记录 3 个时间点并取平均值。图 8.17 为不同气压下的气体在导气管中运动的时间，测试气压范围选定 0.1～0.4 MPa，为试验副气室气压常用范围，每隔 0.05 MPa 记录时间，每个气压记录 3 个时间点并取平均值。

对于气动同步机构来说，若在试样接触入射杆之前加载波就到达了杆端，则 C－H CT 为负值，加载失败。这时采集到的入射波和反射波信号是经过反射的加载波，由于波的弥散效应，相比于第一束加载波，反射后的加载波幅值减小，脉宽增大，这会造成试验数据处理中的应力-应变曲线失真。反之，若 C－HCT 为正值，加载成功。可根据不同试验要求，选择合适的主气室气压和副气室气压，以保证加载成功。

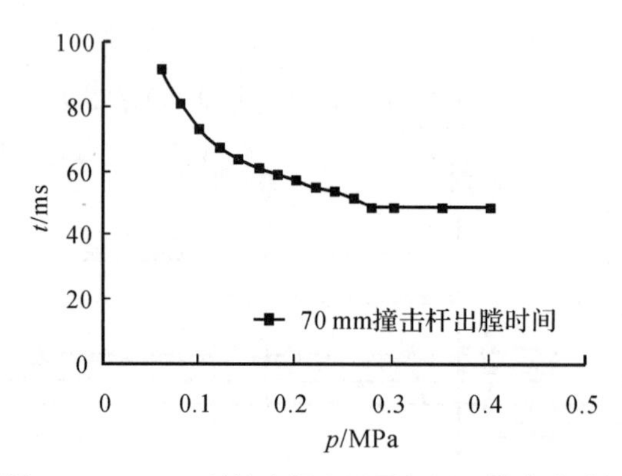

图 8.16 70 mm 长撞击杆在不同气压下的出膛时间

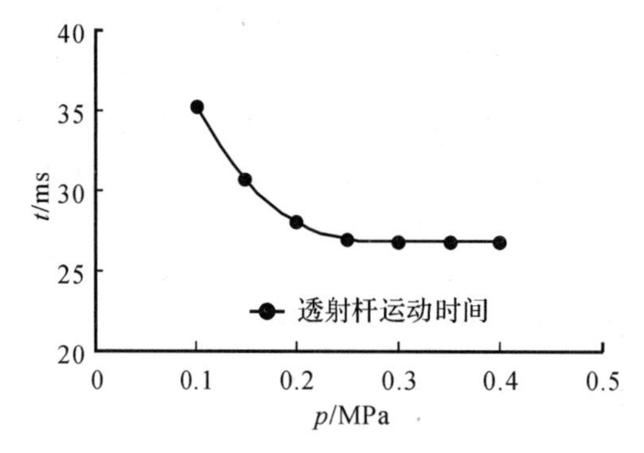

图 8.17 不同气压下的气体在导气管中运动时间

实验验证基体数据：选用 150 mm 撞击杆，主气室气压为 0.4 MPa 时，撞击杆获得最短运动时间约为 62 ms，副气室气压为 0.1 MPa 时，同步组装所用最长时间约为 56 ms，则 C－HCT 恒为正值，加载成功。选用 70 mm 撞击杆，主气室气压为 0.4 MPa 时，撞击杆获得最短运动时间约为 49 ms，加载成功的条件是保证副气室气压大于 0.2 MPa。此外，当 C－HCT 为正值时，可控制气压相应减小 C－HCT 值，以保证试验的精确度。选用 150 mm 撞击杆试验可获得的最小 C－HCT 值约为 5 ms，而选用 70 mm 撞击杆试验可获得的最小 C－HCT 值约为 2 ms。

在高温高应变率分离式 Hopkinson 压杆(Split Hopkinson Pressure Bar, SHPB)试验中，高温试样和冷杆的冷热接触时间需要控制在一定范围内，尽量缩短冷热接触时间可提高实验的准确性。利用 SHPB 进行高温高应变率实验，通过气动同步机构可实现在第一束加载波到达试样前完成同步组装，从而保证同步加载，并且通过气动同步机构可实现冷热接触时间在 10 ms 量级，对微型 SHPB，若选用 150 mm 撞击杆(最长撞击杆)获得的最小冷热接触时间约为 5 ms，选用 70 mm 撞击杆(最短撞击杆)获得的最小冷热接触时间约为 2 ms。

8.5 高温分离式霍普金森拉杆技术

分离式 Hopkinson 拉杆(Split Hopkinson Tensile Bar, SHTB)是测试材料在高应变率下拉伸力学性能的一种有效方法。目前的 SHTB 中试样与加载杆的连接主要存在螺纹连接、胶黏连接和销钉连接三种常用的连接形式，如图 8.19 所示。可以看出，三种连接形式都属于固定连接，无法在短时间内完成组装，并且连接形式的复杂性(如螺纹连接的间隙、螺纹尺寸、胶

层厚度以及销钉预紧力等)容易造成应力波在连接处产生较大的反射,引起测试误差。

动态拉伸高温试验典型方法是采用快速感应加热的方法对螺纹连接的金属试样进行加热,如图 8.18 所示。感应线圈直接绕过试样,或者将试样穿过带有感应线圈的陶瓷管,对感应线圈加载高频电流,使金属试样的内能转变成热能达到试样加热的目的。该加热方式可在 1 min 内将试样加热到 700℃,且加载杆处于 180℃以下,由于感应加热在试样表面的集肤效应,试样内部和表面温度均匀性备受争议。

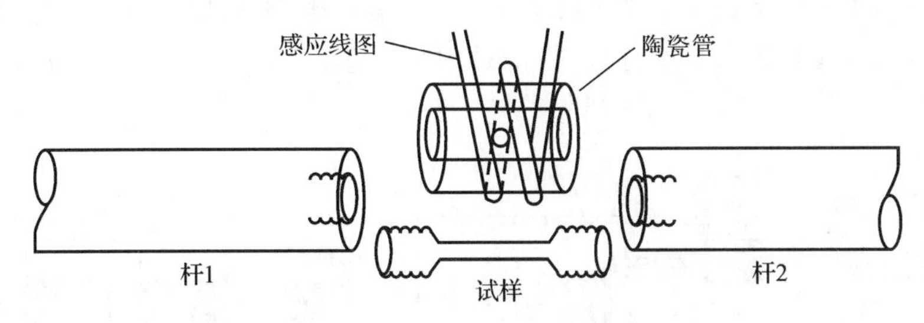

图 8.18　Hopkinson **拉杆试样的感应加热**

针对常规拉伸试样连接方式无法离线加热的限制,一种狗骨状钩挂式平板试样[见图 8.19(d)],被设计成两端带凸台的板状形式,加载杆端部为带挂钩的卡槽,通过加载杆卡槽与试样凸台的接触面传递拉伸载荷,连接方式简单,接触面紧密,为高温 SHTB 试验预加热试样后快速组装提供了基础。此高温 SHTB 试验系统是在传统 SHPB、SHTB 试验系统的基础上,通过加装高温炉和气动组装系统完成的,采用离线加热(即试样与加载杆脱离),利用气动同步组装机构推动试样与加载杆快速组装,同时完成加载,可以有效地避免加载杆温度过高对试验测试的影响,无须温度修正,试验数据准确①。

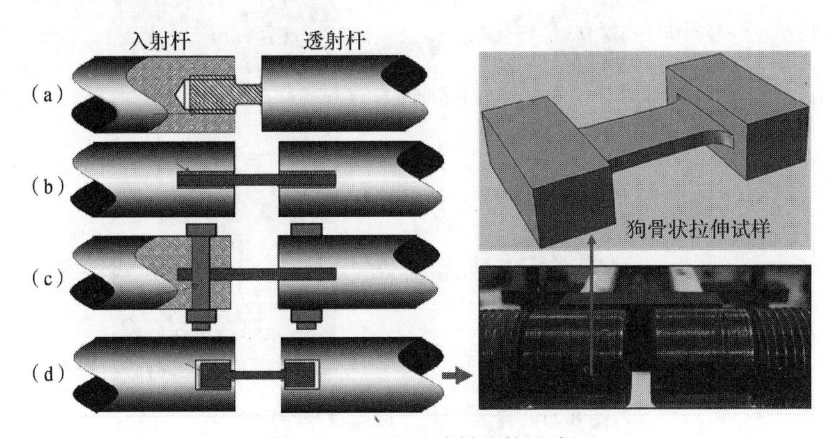

图 8.19　SHTB **试样连接形式**

(a)螺纹连接;(b)胶桁;(c)销钉连接;(d)狗骨状连接

图 8.20 为高温 SHTB 试验装置示意图,其主要由 SHTB 加载系统、高温炉、两个气动同步气缸、导轨和控制气路组成。两个加载杆端部加工出凹槽,尺寸与钩挂式试样尺寸配合。高温炉采用

① Tan X, Guo W, Gao X, et al. A New Technique for Conducting Split Hopkinson Tensile Bar Test at Elevated Temperatures[J]. Experimental Techniques, 2017, 41(2): 1-11.

硅钼棒加热，加热温度可达1 600℃。导轨采用氧化铝陶瓷材料，避免加热过程中表面发生氧化与试样表面发生粘连，影响试样的推动。高温SHTB试验过程(见图8.21)主要分为两步：

第一步：将试样置于位于加载杆侧面的陶瓷导轨之上，使其位于高温炉中央。调整入射杆和透射杆的位置，以确保组装过程中试样能顺利进入加载杆卡槽之内。通过加热装置将试样加热到预定温度。

第二步：打开双通道发射阀门，主气室内的压缩空气推动撞击杆撞击入射杆端部法兰盘，产生加载波；同步气室内的压缩空气一部分进入气压传动装置1，推动试样沿导轨进入加载杆卡槽，一部分进入气压传动装置2，向后拖动透射杆以消除试样与加载杆卡槽之间的配合间隙。之后，加载波传播至试样处完成加载。

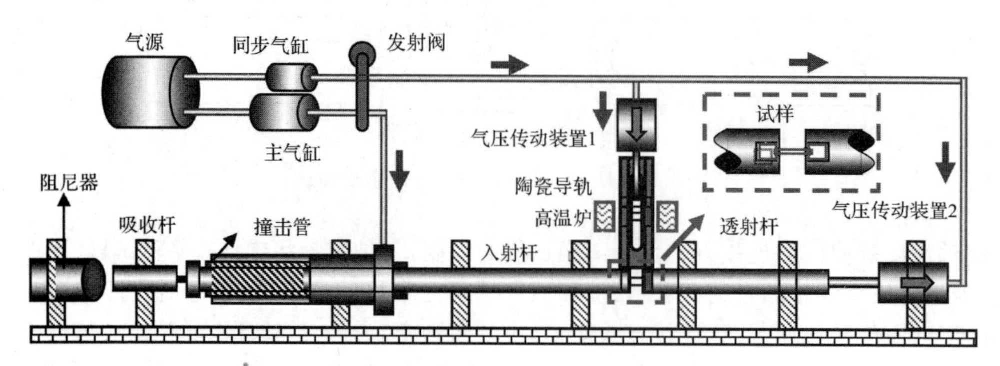

图8.20　高温SHTB试验装置示意图

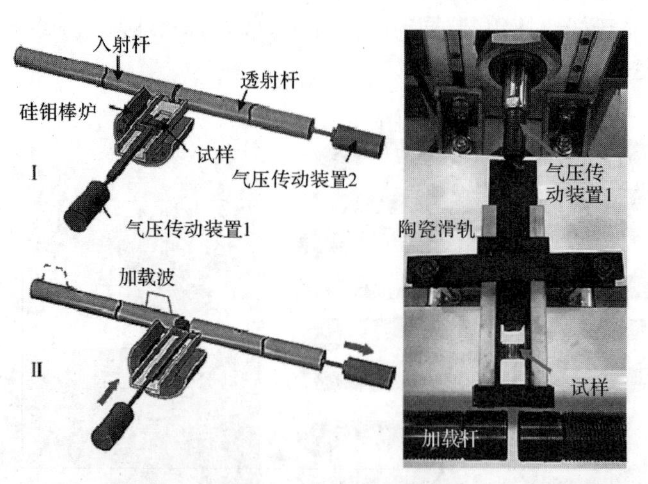

图8.21　高温SHTB试验过程示意图

8.5.1　高温SHTB试验中拉伸试样尺寸

试样在动态拉伸变形过程中，需要处于一维应力状态并且沿轴向均匀变形，但由于试样端部的影响，其实际受力状态往往偏离这一状态。在静态试验中，通常尽量使试样标距段足够长以消除端部影响，但对于SHTB试验，标距段长度过长又限制了更高应变率的实现。

例题8.3　拉伸试样几何尺寸对试验结果有何影响？

对此，利用ABAQUS/Explicit有限元软件对钩挂式平板试样进行有限元模拟优化，以讨

论试样尺寸等对材料动态拉伸流动行为测量的影响。

数值模拟中采用三维轴对称建立模型，试样以及 SHTB 装置参数设置均遵循真实试验装置参数，入射杆与透射杆设定为直径为 19 mm 的弹性杆，长度分别为 2 800 mm、1 200 mm，弹性杆材料为钛合金 TC4，$E=105$ GPa，$\upsilon=0.3$，$\rho=4.5\ \mathrm{kg/m^3}$。拉伸试样材料选取为 45 钢，采用弹塑性模型，$E=200$ GPa，$\upsilon=0.28$，$\rho=4.5\ \mathrm{kg/m^3}$，屈服强度为 400 MPa，塑性段采用幂硬化方程：$\sigma=A+B\varepsilon^n=800+1\ 500\varepsilon^{0.5}$。采用的单元类型为六面体线性减缩积分单元 C3D8R。试样网格尺寸为 0.2 mm，加载杆网格尺寸为 5 mm。数值模拟结果分析中的真实应力、真实应变以及试样名义应变，是通过弹性入射杆和透射杆的中点位置单元的反射应变和透射应变，由一维应力波理论和均匀性假设求得的，具体定义为：

名义应力：$\varepsilon_s(t)=(2C/L)\int_0^t \varepsilon_R(t)\mathrm{d}t$；

名义应变：$\sigma_S(t)=E(A/A_S)\varepsilon_T(t)$；

真实应力：$\tau=(1+\varepsilon_s)\sigma_s$；

真实应变：$\gamma=\ln(1+\varepsilon_s)$；

应变率：$\dot{\varepsilon}_s(t)=(2C/L)\varepsilon_R(t)$。

其中，E 为材料弹性模量，C 为加载杆弹性波速，A 为试样横截面积，$A\mathrm{s}$ 为加载杆横截面积，C 为弹性波速，L 为试样初始长度，$\varepsilon_R(t)$ 和 $\varepsilon_T(t)$ 分别为反射应变和透射应变。

为了验证数值模拟方法以及钩挂式平板试样的测试有效性，图 8.22 给出了不同应变率下利用钩挂式平板试样的数值模拟流动应力曲线与本构模型输入曲线的对比，可以看出在 1 000/s 和 5 000/s 下数值模拟结果与模型曲线均基本吻合，说明采用的数值模拟方法是有效的。图 8.23 给出本书建议的钩挂式平板试样尺寸设计，标距段建议尺寸比例为 8(长度)：6(宽度)：1.2(厚度)，试样尺寸适用于金属材料的动态拉伸测试。

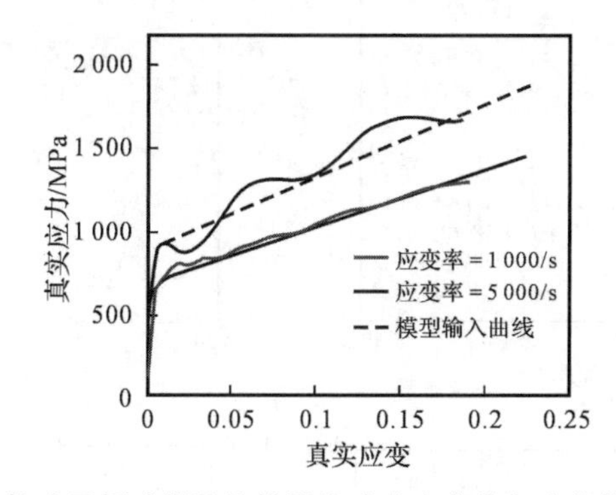

图 8.22　钩挂式平板试样数值模拟流动应力曲线与本构模型曲线对比

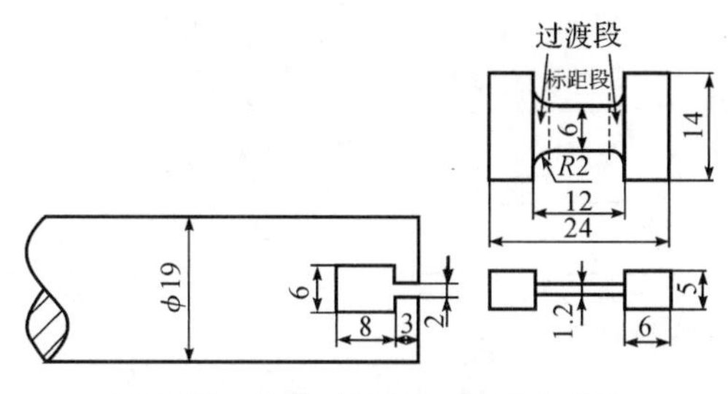

图 8.23　钩挂式平板试样尺寸设计

如图 8.24(a)所示，固定试样宽度 $W=6$ mm，试样厚度 $T=1.2$ mm，选取不同试样长度 L 为 4 mm、6 mm、8 mm、10 mm、12 mm，可以看出，不同试样长度对材料流动应力的影响在应变初期较小，在应变后期较为明显。材料拉伸强度随试样长度的增加而升高。图 8.24(b)给出了不同试样宽度对材料流动曲线的影响，可以看出材料标距段的宽度对材料测试的影响较为明显。材料流动应力随着标距段宽度的增加而升高。选取不同试样标距段厚度，试样在不同真实应变(0.02、0.05、0.1)下的真实应力如图 8.24(c)所示。可以看出，在标距段厚度为 1～1.6 mm 范围内，材料流动应力随标距段厚度的变化波动较小，趋于平稳，说明在这个范围内应力分布较为均匀。当标距段厚度取极端(0.1 mm)时，材料流动应力偏差较大，试验数据不准确。当标距段厚度大于 2 mm 时，材料流动应力随厚度的增加逐渐降低。考虑到高温 SHTB 装置中组装机构的要求，选定试样标距段厚度为 1.2 mm。考虑拉伸试样过渡段尺寸对试验测试准确性的影响，选定标距段长度为 8 mm，宽度为 6 mm，厚度为 1.2 mm，选取不同的过渡段半径 R(分别为 0,1 mm,2 mm,3 mm 和 4 mm)进行数值模拟，如图 8.24(d)所示，可以看出，不同的过渡段尺寸对试样的屈服强度影响较小。随着应变的增大，过渡段尺寸对试样真实应力值的影响增大。相同应变下的真实应力值随着过渡段尺寸的增加而减小。

图 8.25(a)为钩挂连接与螺纹连接数值模拟结果与本构模型输入曲线的对比，三者基本重合，可以说明本书中所采用的数值模拟方法以及参数设定合理，模拟结果有效。图 8.25(b)为钩挂连接和螺纹连接两种形式的 45 钢在 1 000/s、室温(25℃)下的 SHTB 试验曲线对比，每种试样形式重复试验三次。结果表明，钩挂连接形式的流动应力曲线与螺纹连接基本一致。相比螺纹连接流动曲线在应变初期出现的剧烈抖动，钩挂连接流动应力曲线的抖动较小，能更加真实地表征材料的塑性流动行为。这样说明钩挂连接形式及试样几何尺寸，可以准确、有效地进行材料动态拉伸曲线的测试。

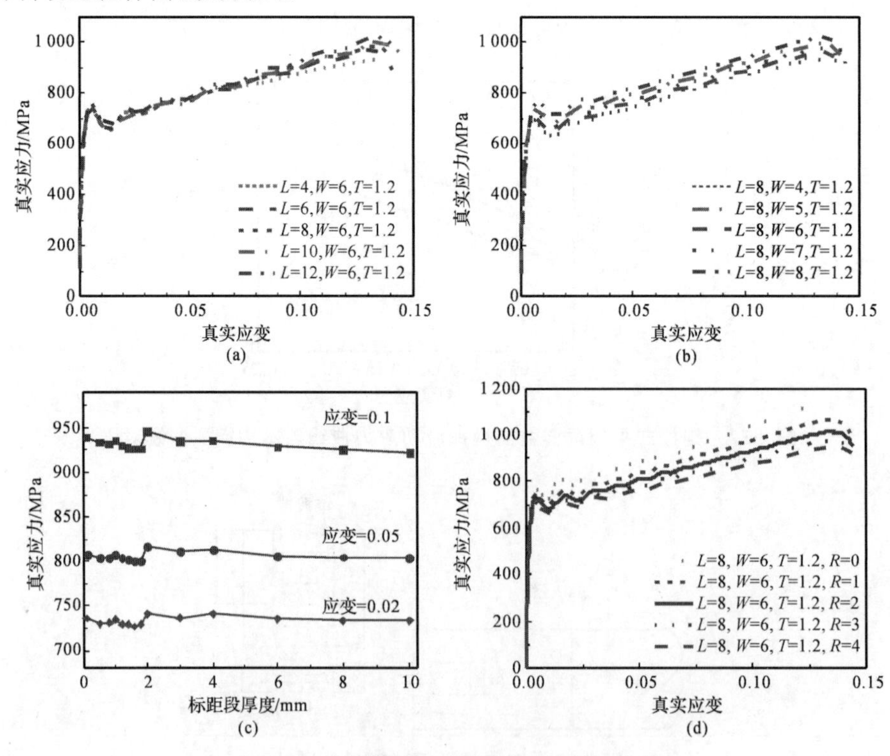

图 8.24　试样尺寸对流动应力曲线的影响

(a)长度影响；(b)宽度影响；(c)厚度影响；(d)过渡段半径影响

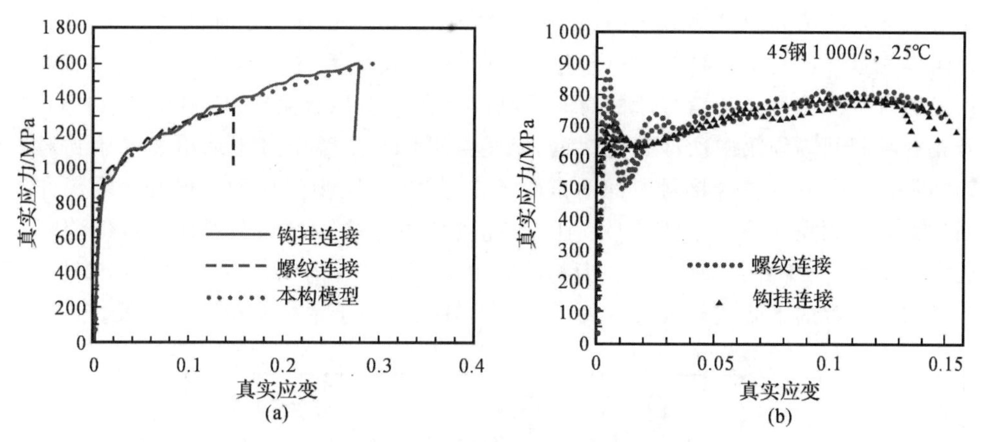

图 8.25　钩挂连接与螺纹连接数值模拟和试验结果对比

8.5.2　冷-热接触时间(C－HCT)分析

加载杆-试样完成组装和应力波对试样开始加载之间的时间间隔称为“冷热接触时间”。对于本高温 SHTB 试验方法，存在两次冷接触过程。第一次为试样加热至预定温度后在温度较低的导轨上滑动的过程，其时间称为 1st－CCT；第二次为试样从进入加载杆卡槽到加载波开始对试样加载的时间段内，高温试样与处于室温状态的卡槽接触的过程，其时间称为 2nd－CCT。

在整个试验过程中，各个过程的时间如图 8.26 所示。T_1、T_2、T_3 分别为阀门打开后气室内的气体沿气路进入发射炮管、同步气缸 1 和同步气缸 2 的时间。T_4 为撞击管由初始位置到与加载杆法兰盘撞击所用时间，$T_4=2L/V$；T_5 为入射波沿入射杆传播到试样处所用时间；$T_5=L_0/C_0$；T_6 为同步气缸 1 开始运动到推动试样进入加载杆卡槽所用时间，T_7 为同步气缸 2 开始运动到试样与加载杆卡槽间隙消除所用时间。$T_3+T_7>T_2+T_6$，是保证同步组装能够完成的条件；$T_1+T_4+T_5>T_3+T_7$，是保证入射波对试样加载前组装已完成的条件。

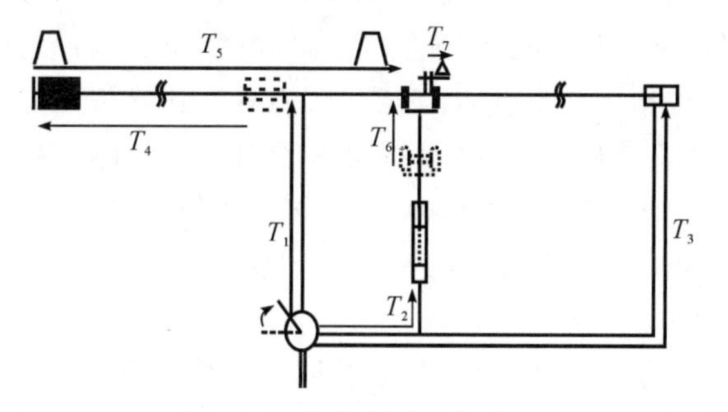

图 8.26　冷接触时间示意图

如图 8.27 所示，采用激光传感器直接测量两次冷接触时间。激光传感器 1 位于试样前方，且与试样紧邻。传感器 2 位于两加载杆之间，传感器 3 位于透射杆末端，与透射杆的距离为试样与加载杆卡槽间隙的距离。当试样或透射杆运动到相应位置时，遮挡住激光束，从而引起接收器输出电势发生变化。同时入射杆上粘有应变片，用以记录应力波开始加载的时间。

信号1为试样开始沿导轨从高温炉中出来的时刻；信号2为试样到达加载杆卡槽内的时刻；信号3为同步气缸2拖动透射杆，使试样与加载杆卡槽间隙消除的时刻；信号4为加载波开始对试样加载的时刻。信号2与信号1的时间间隔即为第一次冷接触时间，其值为44 ms；信号4与信号2的时间间隔为第二次冷接触时间，其值为83 ms。整个过程从组装开始到对试样加载，其时间为127 ms。在冷接触时间的试验测定过程中，同步气压和发射气压均保守地选取满足同步组装顺利完成条件下的最小气压，因此测得的冷接触时间是保证同步组装顺利完成的最大可能值，为127 ms。真实试验中的冷接触时间均不大于该最大可能的冷接触时间，真实试验中试样温度的下降值以及加载杆杆端的温升值均小于本书中给出的结果。

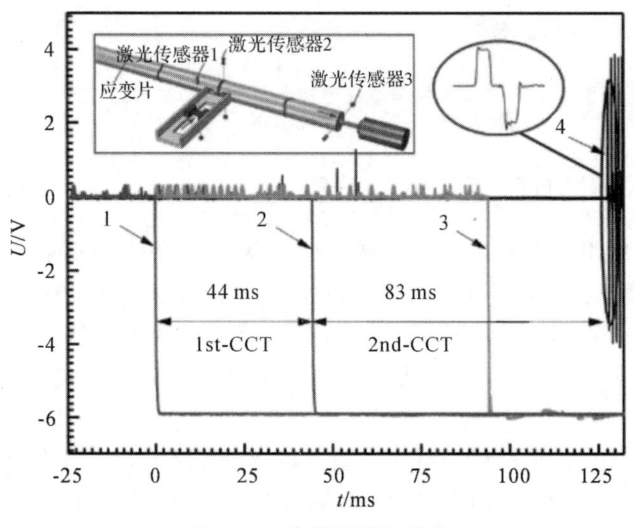

图 8.27　冷接触时间测试

8.5.3　冷接触过程温度变化分析

在冷接触过程中，高温试样与常温环境以及加载杆之间存在巨大的温度梯度，会发生剧烈的热交换，从而引起试件上的温度下降和加载杆局部的温度上升，是高温SHTB试验误差的主要原因。通常，热交换包括三种形式，即热辐射、热对流和热传导。利用ABAQUS有限元软件研究整个冷接触时间内试样和加载杆端温度的变化，验证了高温SHTB试验技术的测试精度。在ABAQUS仿真模拟中，Hopkinson拉杆材料为钛合金TC4，试样材料为45钢。试样初始加热温度设为1 400℃，环境温度设为20℃。模型中单元全部采用八节点线性热传导单元(DC3D8)，计算时间为500 ms。

第一次冷接触(1st - CCT)为试样在导轨上滑动的热传导过程，第二次冷接触(2nd - CCT)为试样与加载杆接触的热传导过程。利用ABAQUS软件验证试样和加载杆在两次冷接触过程中由接触传热造成的温度变化对试验结果的影响，接触换热系数取为3 200$(m^2℃)^{-1}$。由于陶瓷导轨中间部分处于高温炉内，导轨温度高于室温环境，本书设置导轨初始温度为室温20℃，因此真实状态中试样在冷接触过程中的温度下降值小于数值模拟值。

图8.28分别为在两次冷接触过程中，沿试样中线轴向方向，在不同接触时间下的温度分布以及试样在500 ms时的整体温度分布云图。由于两次冷接触过程中，直接与导轨和加载杆

卡槽接触的是试样的凸台部位，因此，冷接触带来的温度下降集中发生在试样钩挂凸台部分和过渡段，标距段温度并未出现明显下降。

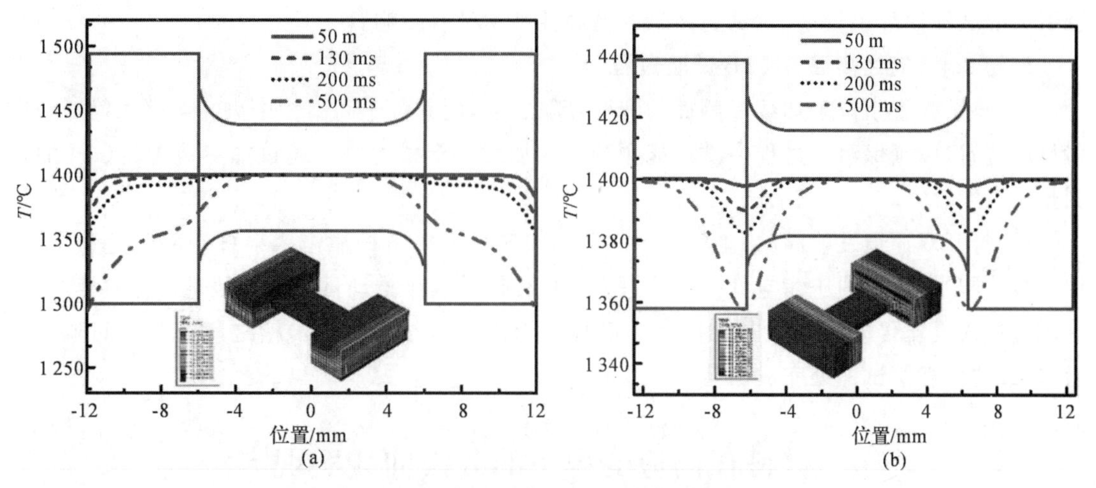

图 8.28　两次冷接触过程中试样的温度分布云图

(a)第一次冷接触；(b)第二次冷接触

加载杆端温度分布云图如图 8.29 所示，加载杆端的卡槽边缘与试样凸台根部接触的部分温度变化明显，其他位置温度基本保持不变。设定试样加热至初始温度 1 000～2 000℃，在第二次冷接触过程中，加载杆端温升最大处(如图 8.29 中虚线所示)的温度变化。可以看出，利用本书高温 SHTB 拉伸试验方法，当试样加热至 1 200℃时，冷接触过程引起的加载杆端局部最大温升约为 180℃，不会引起加载杆的弹性模量等材料力学属性发生变化，可以有效地避免加载杆温度梯度对测试的影响。

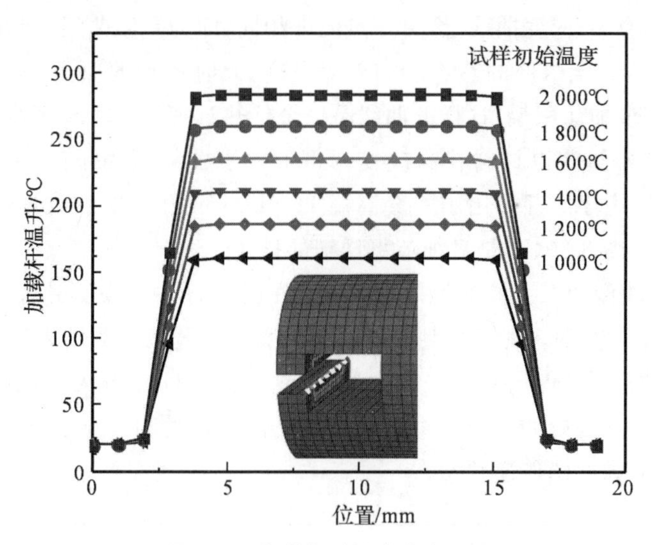

图 8.29　加载杆端温度分布云图

结果表明，当试验温度为 1 200℃时，试样平均温度仅下降约 1.3%，而加载杆端温升仅为 180℃；当试验温度为 1 400℃时，试样平均温度下降约 1.7%，加载杆端温升约为 210℃。因此，与传统高温 SHTB 试验方法不同，本书提出的高温 SHTB 试验装置和试验方法有效地避免了加载杆在加热过程中的温度梯度对试验测试准确性的影响，同时由同步组装过程中冷接触引起的试样温降也较小，对试验结果的精确性基本没有影响。

例题 8.4　简述高温 SHTB 试验过程

(1)将试样置于位于加载杆侧面的陶瓷导轨之上，使其位于高温炉中央。调整入射杆和透射杆的位置，以确保组装过程中试样能顺利进入加载杆卡槽之内。通过加热装置将试样加热到预定温度。

(2)打开双通道发射阀门，主气室内的压缩空气推动撞击杆撞击入射杆端部法兰盘，产生加载波；同步气室内的压缩空气一部分进入气压传动装置 1 推动试样沿导轨进入加载杆卡槽，一部分进入气压传动装置 2 向后拖动透射杆以消除试样与加载杆卡槽之间的配合间隙。之后，加载波传播至试样处完成加载。

8.6　材料在高应变率下的等温曲线实现方法

对金属来说，高速的塑性变形会产生热，而对热扩散传导来说，一个简便的热传导距离公式是 $\sqrt{2\alpha\Delta t}$，α 是热扩散率(对金属来说，在室温下约为 0.6 cm^2/s)，Δt 是时间。经估算，每秒金属的热传导长度约为 10 mm，若试样长度为 5 mm，此值对应的应变率约为 2 s^{-1}。所以当应变率高于 2 s^{-1}时，金属塑性变形产生的热就会来不及扩散到外界，连续的高速变形导致热的积累，这个积累的热会使材料热软化，即材料强度降低。在金属塑性性能研究中，希望把温度和应变率对材料的影响分离，在低应变率试验中(一般采用常规试验机)，由于试样的变形率很低(一般小于 10^{-1} s^{-1})，塑性变形产生的热很快与外界交换平衡，试样的温度基本就是外界温度，反映在试样的应力-应变曲线上，每一点温度相同，即为等温曲线，但在高变形速率下，当应变率高于 2 s^{-1}时，试样内部的热不能和外界平衡，此时得到的应力-应变曲线每点温度不同，温度一般随应变增加而积累，这样的曲线是一个绝热过程。为了理解高变形率下的材料塑性流动机理，研究者希望获得材料在高应变率下的等温曲线。为了达到这个目的，Nemat-Nasser 等人、笔者及其合作者采用了一套高温 Hopkinson 杆二次加载抑制技术①，其总体布局如图 8.30(a)所示，图 8.30(b)是对细节更详细的描述。

图 8.31 是两个典型的二次波波形抑制曲线。在图 8.31 中，经反射后的第二次的加载(即压力脉冲)是通过图 8.30 的入射管传到反作用能量吸收块被吸收的结果。在图 8.31(a)中，后续二次加载波虽然被抑制，但仍有小的二次波峰，这可能是间隙偏大的缘故，图 8.31(b)显示二次加载基本消除。试验中如果始终将能量吸收块在初始时刻就靠近能量传递管，则可始终保持入射杆处于拉伸脉冲的传递状态。

① Nemat-Nasser S, Isaacs J B, Starrett J E. Hopkinson Techniques for Dynamic Recovery Experiments[J]. Proceedings of the Royal Society A: Mathematical, Physical and Engineering Sciences, 1991, 435(1894): 371-391.

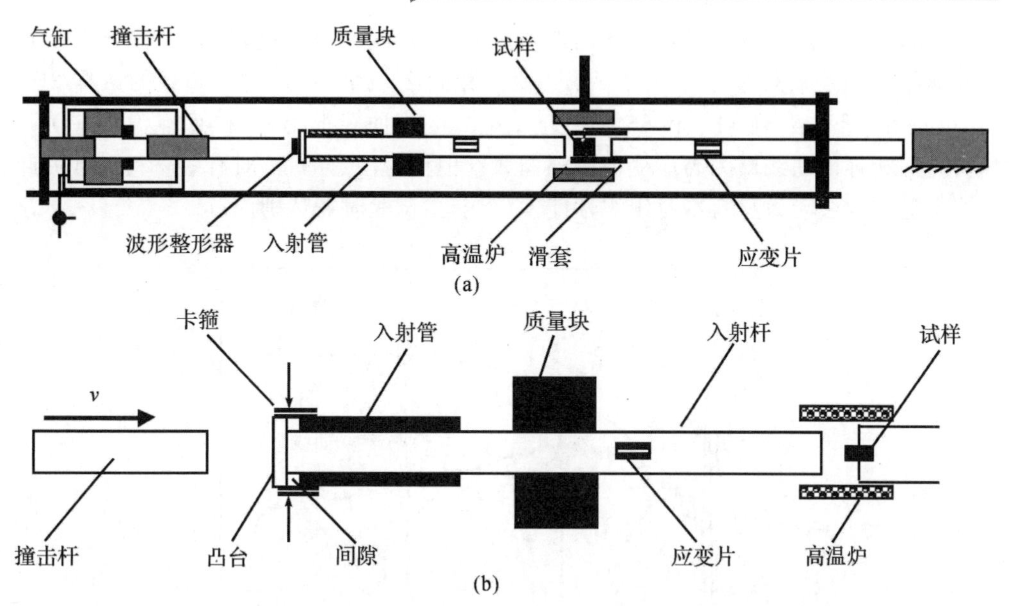

图 8.30　高温 Hopkinson 杆二次加载抑制技术

(a)高温 Hopkinson 杆二次加载抑制技术总体布局;(b)二次加载抑制技术的细节

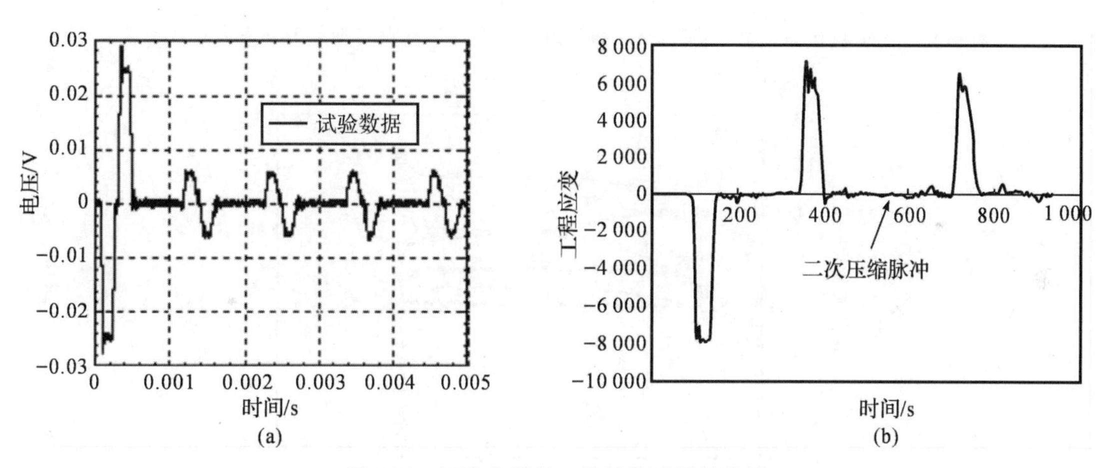

图 8.31　两个典型的二次波波形抑制曲线

利用以上技术可以获得在高应变率下不同温度的等温曲线,如图 8.32 和图 8.33 所示。图 8.33 是纯钽(Ta)金属在室温下和应变率为 3 000 s^{-1}下的绝热曲线与等温曲线比较。试样 1 是在 296 K 初始温度和应变率为 3 000 s^{-1}下加载到应变 66%时的绝热应力-应变曲线,此曲线上每点温度均不同,它实际上是在初始 296 K 温度上的温度增加量(由于随变形热连续的积累)。为了得到在 3 000 s^{-1}下的等温曲线,试样 2 不是一次加载,而是利用上面提到的二次加载抑制技术,对试样进行重复加载,即加载一次后,让试样在外界环境中保持一定时间(几分钟),使试样由于高速变形所产生的热与外界相同,然后再加载,这样的重复加载可基本保证每次应力-应变曲线的初始温度相同,将这些点(至少 3 点)相连即可获得一条等温曲线。为了使应变率在小变形下仍为 3 000 s^{-1},换用不同长度的撞击杆,例如,对相同材料的试样,当应变要达到 66%时,撞击杆长为 400 mm,当应变为 22%时,长约为 100 mm。处理这些试验数据

的方法相同,利用工程应变的线性可叠加性地对分段重复加载的试验结果进行处理得到完整曲线,具体结果如图 8.32 所示。试样 2 第一次加载到 22%应变,这时对卸载的试样 2 再重新分别在相同条件下加载到 44%和 66%应变。图 8.32 中曲线上 A、B 和 C 点温度应为 296 K 室温,将它们相连的曲线即为高应变率等温曲线。但值得注意的是,对有些材料加载后卸载再加载,这个过程也会导致材料本身组织性能发生变化,试验时需特别注意。

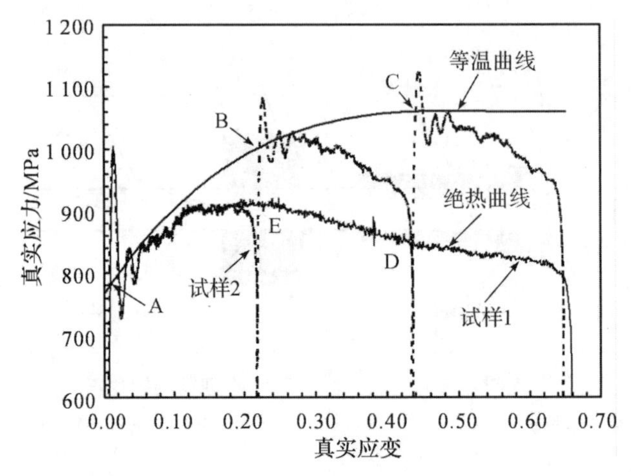

图 8.32　钽金属在应变率为 3 000 s^{-1} 和温度为 296 K 时等温与绝热流动应力曲线比较

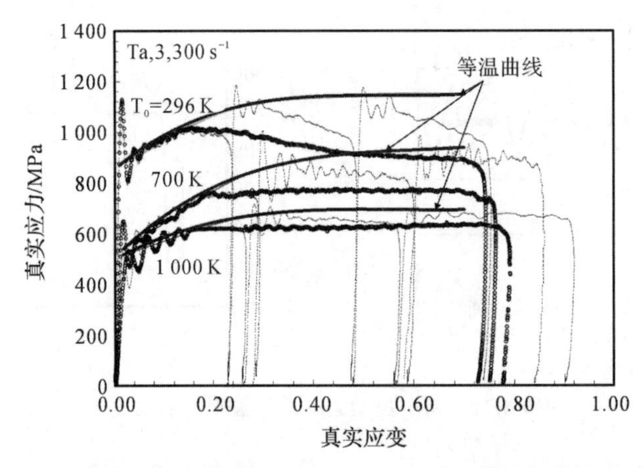

图 8.33　在不同初始温度下钽金属在应变率为 3 000 s^{-1} 时等温与绝热流动应力曲线比较

8.7　高应变率下材料热转换系数的间接测试

一般来说,绝大多数材料是温度依赖的,在材料变形过程中,连续的温升将同时引起流动应力下降,如图 8.32 所示。在图 8.32 中,由 A、B、C 所连的曲线代表了纯钽金属在 3 000 s^{-1} 下的等温曲线,在此曲线上温度均为 296 K。与此初始温度相对应的绝热曲线为 AED,在此曲线上温度不同,材料塑性变形产生的热无法向外界快速扩散进而积累导致材料温度上升。研究者一直试图测量这个温升,进而确定热转换系数 η。现已有许多直接测量 η 的方法,但至今热转换系数 η 的值仍有很大分歧。这主要是基于瞬态温度精确测试技术上的问题和方法,

这种直接测量 η 的方法(如红外线法)只能适用于室温环境,而金属的一些物理性能参数随环境温度而变,例如材料的热传导和比热容均与温度有关。在本书中利用以上所述技术可间接对热转换系数 η 进行验证。如图8.34所示,取3个试样(标记为1,2和3)用来检验AL6－XN的热转换行为,它们的应变率均是3 500 s^{-1}。在此采用的是真实应力 τ 和真实应变 γ。1号试样在初始室温(22.4℃)下被加载到68%的真实应变。它的真实应力-应变曲线用虚线表示。它实际上是AL6－XN不锈钢在3 500/s的绝热塑性流变曲线。对绝热加载试验,绝热导致的温升常用下式计算:

$$\Delta T=\int_0^{\gamma}\frac{\eta}{\rho' c_V}\tau \mathrm{d}\gamma \tag{8.11}$$

式中:$\rho'=7.947\ \mathrm{g/cm^3}$,是AL6－XN的密度;$c_V=0.5\ \mathrm{J/(g\cdot K)}$是温度依赖的室温比热;$\eta$ 是塑性功-热转换系数。在单轴变形中单位体积的塑性功等于真实应力-应变曲线的面积。2和3号试样首先在初始室温(22.4℃)下被加载到26%的应变。这些曲线和1号试样应力-应变曲线相重叠,也证明了试验结果具有良好的重复性。先任取一较合理 η 值,然后通过方程式(8.11)计算得到温升 ΔT。对目前的试验,当应变达到26%时,温升是68℃。温升68℃和室温(22.4℃)相加为90.4℃,这样2号试样被加热到90.4℃再重新在相同应变率下加载,其结果用第二条实线表示。若这个曲线与1号试样的绝热应力-应变曲线重合,说明所取的 η 值合理,否则需重新取 η 值并重新进行试验。3号试样仍然在初始室温(22.4℃)下重新加载,其结果用第二条虚线表示。如图8.34所示,在26%应变处,绝热流变应力和3号试样流变应力之差大约为70 MPa。这个流变应力的下降是材料热软化的结果。这个验证方法同样可以在较低和高温环境下对材料热转换系数 η 进行验证。

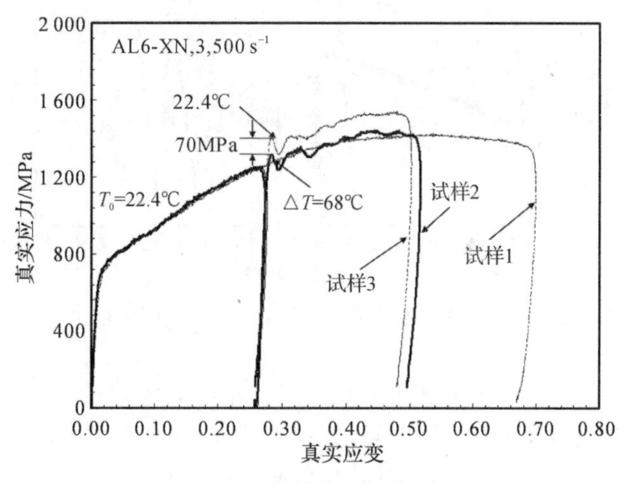

图8.34 热转换系数的测试

8.8 温度和高应变率的跳跃试验

在变形中当初始温度从500 K变到77 K时对流动应力的影响如图8.35所示。在图8.35中,当应变率为3 500 s^{-1}时,首先得到AL－6XN试样分别在初始温度为77 K(为实现77 K温度,将试样、入射杆和透射杆与试样接触的端部直接放在液氮槽中保持约5 min,以便试样温度完全达到液氮温度)和 500 K 的变形到 40%的两条绝热曲线。试样 1 在 77 K 加载到 17%卸载,然后在相同温度下再加载。试样 2 先在 500 K 加载到 20%卸载,然后再在 77 K 加载。当温度从 77 K 变到高温 500 K 时,由于换用高温炉,两次时间差约为 5 min,而在相同温度下的跳跃时间间隔在 1 min 内。试样 1 和 2 在第二步均具有相同的初始温度和应变率,但它们第二步所得到的应力差约为 150 MPa。所不同的是这两个试样在第一步所用温度不同,经过一定塑性变形后,出现了 150 MPa 的应力差,由此可得出:在变形过程中,温度历史会引起材料微观结构变化,进而影响材料的强度。进行不同温度高应变率中断和跳跃试验的基础是,本书的 Hopkinson 压杆能对二次加载以后的加载波进行抑制,即能有效实现对试样的一次加载。值得注意的是,有些材料加载后卸载再加载本身也会引起材料组织性能的变化,例如时效。在过去的研究中,已知许多金属加载后卸载再加载对其性能影响并不大。所以对大多数金属材料的试验研究而言,可以采用此技术。

自从分离式 Hopkinson 杆用于测试材料在高应变率下的性能以来,研究者们一直试图用它来进行高温高应变率耦合下的动态性能测试。Nemat - Nasser 及其合作者的技术为此问题的解决奠定了一定基础。笔者通过总结数十年的使用和不断的技术改进,简要描述了试验方法和技术。

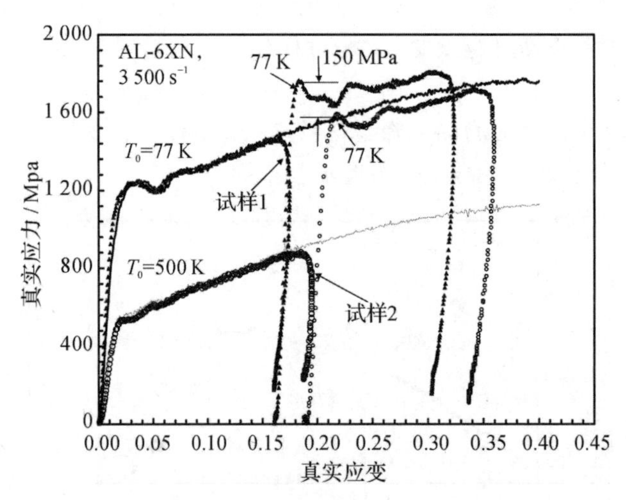

图 8.35 在变形中当初始温度从 500 K 变到 77 K 时对流动应力的影响

1) 在常规分离式 Hopkinson 压杆上实现高温技术的关键是建立一套本书所述的气动同步机构,实际上就是在发射撞击杆的同时,让原来和试样(在高温炉内)有一定距离的透射杆同时向试样方向运动并准备对试样加载。其技术的核心是要保证在加载波刚要对试样加载时,透射杆、试样和入射杆接触时间为几毫秒。笔者也对其他类似方法进行过分析研究,基本原理与此技术大体上相同。

(2) 高应变率下的等温曲线研究相对较少,不同应变率下材料等温曲线的获得有助于读者理解材料的塑性流动机理。若想获得某材料的 Johnson - Cook 模型,知道了材料在不同温度不同应变率下的等温曲线则更容易获得模型的参数值。二次波抑制技术对于这些方面的研究是很有帮助的,它可进行应变率和温度的解耦试验,也可间接验证塑性功转化成热的转换系数。

(3) 综合运用以上技术,可以对材料进行不同温度、不同应变率、大变形的动态应力-应变

测试，对发展材料塑性流动本构关系等具有非常重要的作用。同时，事物是一分为二的，在应用以上技术时，对实验者要求较高，因为相对常规 Hopkinson 杆来说操作更复杂。另外，在进行材料高应变率等温试验、热转换系数验证和温度中断跳跃试验时，忽略了卸载短暂的停留再加载以及这个过程本身对材料性能的影响，对此需慎重考虑。

8.9　准三轴状态的霍普金森压缩试验

为了测试物体在正交三轴试验加载下的力学性能，一些复杂受力状态下材料动态性能测试方法不断涌现，其中 Hopkinson 杆中的被动与主动围压（准三轴加载）加载方式，由于其方法简单，不存在加载轴间同步问题等，被广泛采用。

8.9.1　被动围压加载方法

如图 8.36 所示，在 Hopkinson 压杆的入射杆和透射杆中，试样的外径与加载杆直径一样，围压管内径和压杆外径是动滑配合，在加载过程中，围压管和加载杆始终处于弹性变形状态。围压管要采用高强度钢制成厚壁管，以限制试样的横向变形，建议可采用高强度的马氏体时效钢 18Ni(350)，其材料参数见表 8.4。在试验过程中，由于处在围压管的加载杆（或独立短杆）之间存在一定的间隙，已有试验证明，套筒与试样接触面的粗糙度和加工的圆度会对试样圆周表面的应力分布产生很大的影响。可用石油脂型防锈脂(SY1575－80)、二硫化钼润滑脂等均匀涂抹在围压试样的圆周表面，以减小接触面间的摩擦效应，可在较短时间内，使试样圆周表面的应力分布达到均匀状态。

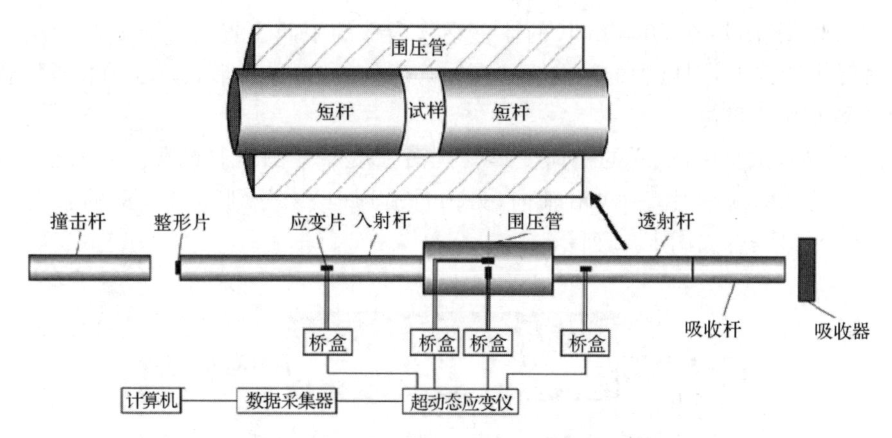

图 8.36　Hopkinson 杆被动围压管装配示意图

表 8.4　马氏体时效钢 18Ni(350)的材料参数

材料	弹性模量/GPa	密度/(kg · m^{-3})	泊松比	屈服强度/GPa
18Ni(350)	210	7 850	0.33	≥2.0

8.9.2 被动围压管受力分析

在围压试验中,若不计端面摩擦效应的影响,且试样内部应力平衡,围压试样和围压管受力状态如图 8.37(a)所示,其中,σ_z 是加载弹性杆给试样端面施加的轴向作用力,σ_r 是围压管为了限制试样横向变形而施加在试样圆周表面的径向作用力,σ_{rs} 是围压管与试样接触的内表面受到试样的径向挤压作用力,如图 8.37(b) 所示。在试样与围压管的接触面附近取两个微元体,如图 8.37(c) 所示,根据接触面上作用力与反作用力的关系,两微元体的径向应力相等,$\sigma_r=\sigma_{rs}$,径向应变也相等,$\varepsilon_r=\varepsilon_{rs}$。

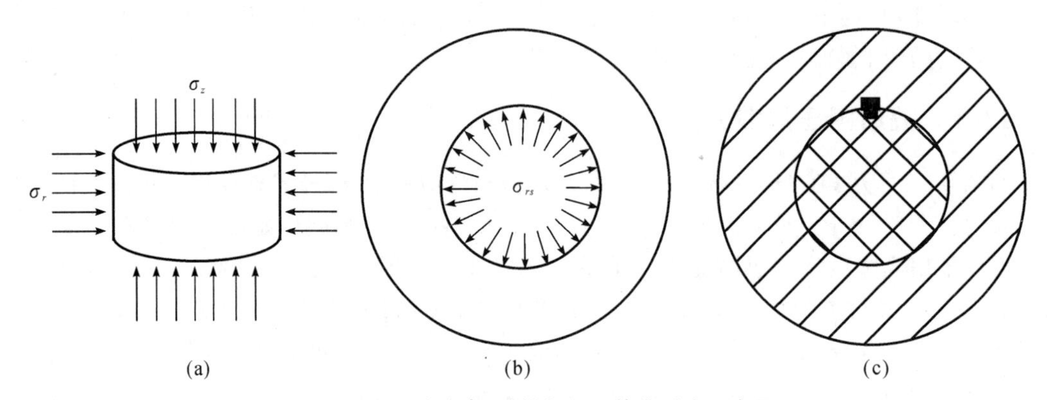

图 8.37 围压试验中,试样与围压管的受力示意图

(a)受力状态;(b)围压管与试样接触的内表面受到试样的径向挤压作用力;(c)微元体

一般情况下,试样的轴向尺寸(厚度为 5 mm)小,而围压管轴向尺寸(约为 50 mm)大。围压管的受力可以简化成:在 50 mm 长的厚壁钢管内壁的中间位置有 5 mm 长的均布载荷作用。在这种受力形式下,围压管的轴向必然存在尺度效应,且受力形式不能简化成厚壁圆筒受均布压力的平面弹性问题。

在围压 SHPB 试验中,试样的横向变形受到高强度厚壁围压管的限制,通过粘贴在围压管中间截面处的两对应变片(一对沿轴向,另一对沿环向)来分别测量外壁的轴向应变信号 $\varepsilon_{a,o}$ 和环向应变信号 $\varepsilon_{\theta,o}$ 如图 8.38 所示。

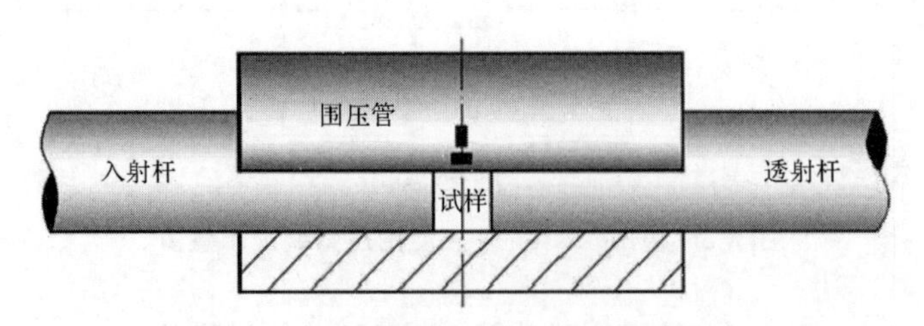

图 8.38 围压管外粘贴应变片示意图

取围压管外壁的一个微元体作为研究对象。该微元体处于平面应力状态,且 $\sigma_{r,o}=0$,$\tau_{r\theta,o}=0$,$\tau_{ra,o}=0$,$\tau_{\theta a,o}=0$。其中,下标 r、a、θ 分别表示径向、轴向和环向,下标 o 表示外壁。据平面应力问题的物理方程,微元体的环向应变 $\varepsilon_{\theta,o}$ 和轴向应变 $\varepsilon_{a,o}$ 分别为

$$\left.\begin{aligned}\varepsilon_{\theta,o}&=\frac{1}{E_C}(\sigma_{\theta,o}-\upsilon\sigma_{a,o})\\ \varepsilon_{a,o}&=\frac{1}{E_C}(\sigma_{a,o}-\upsilon\sigma_{\theta,o})\end{aligned}\right\}\tag{8.12}$$

式中：E_C 是围压管的弹性模量；υ 是围压管的泊松比。由式(8.12) 转换得到微元体的 $\sigma_{\theta,o}$ 为

$$\sigma_{\theta,o}=\frac{\varepsilon_{\theta,o}+\upsilon\varepsilon_{a,o}}{1-\upsilon^2}E_C\tag{8.13}$$

于是，围压管外壁的环向应变可以由应变片测量到的轴向应变信号和环向应变信号计算得到。

在围压试验中，围压管的受力始终处于线弹性范围。若不考虑围压管的径向变形，各应力之间呈线性比例关系。于是，围压管外壁表面微元体的环向应力 $\sigma_{\theta,o}$ 与同截面上内壁表面微元体的径向压应力 σ_r 之间存在一个线性比例关系：$\sigma_r=K\sigma_{\theta,o}$，其中 K 为一个常数。由于围压管的受力状态复杂，难以根据理论推导得到 K 值。可采用数值仿真的方法来分析围压管外壁环向应力与内壁径向应力间的比例常数 K 值。

8.9.3　主动围压试验

主动围压主要用于非金属材料(混凝土、泡沫、多孔材料、高分子等)在预定围压下的动态力学性能测试，图 8.39 为具有围压装置为 Hopkinson 的压杆装置示意图，在围压装置中，其内腔容器内介质可以是气体或液体(液压油)，围压压力可以超过 100 MPa。围压装置主要由气缸筒、法兰盘、套筒、开关和气压表等组成，两个套筒之间套有橡胶套，以防止加围压过程中泄压或高压液体与试样直接接触。

如果试样直径小于加载杆杆径，或者想预先对试样加载轴向静压力，在 Hopkinson 压杆外侧设置预拉杆以及载荷传感器，可以对试样预先加预设的静压压力。

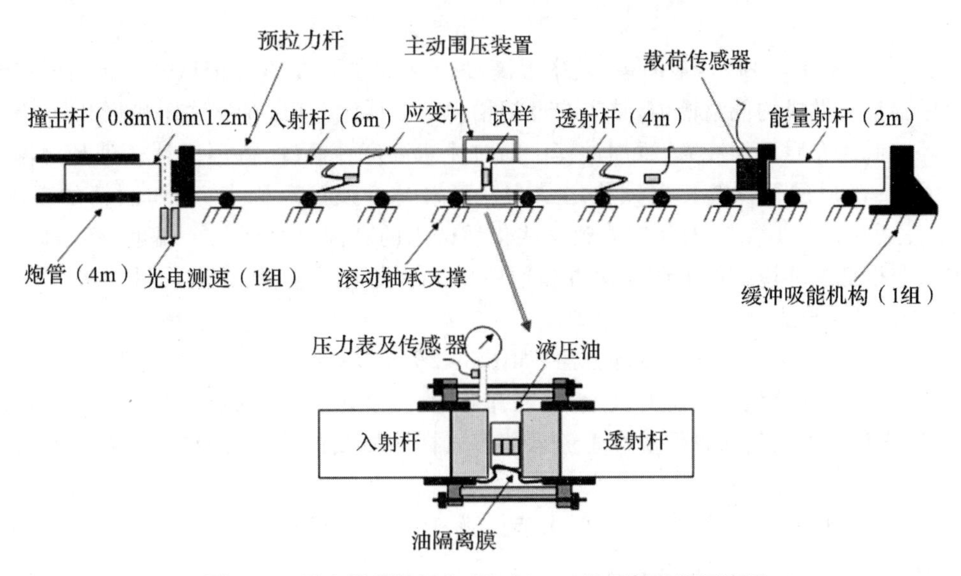

图 8.39　具有围压装置为 Hopkinson 的压杆装置示意图

在试验过程中，首先安装调试围压装置，应保证试样位于围压装置的正中央，试样与加载杆同轴且紧密接触。然后，将高压油源与围压装置进油口连接，打开充油开关，充油至试验所需围压压力，关闭充油开关。最后按照 SHPB 操作方法，测试试样材料在围压状态下的动态力学性能。需要注意：试验过程中试样可能发生破坏，橡胶套内部支撑消失，从而导致高压油体将橡胶套撑爆。因此，进行下次试验时，应重新安装围压装置。如试验后橡胶套未发生破坏，应开启放油开关，将围压装置内的高压油体释放。图 8.40 是围压装置实物照片。

图 8.40　围压装置实物照片

8.10　霍普金森杆技术中的低温试验

金属在室温以下，随温度降低，弹性模量变化较小，所以，对于低温试验，若采用金属入射杆和透射杆，可以使杆直接处于低温容器内，和高温试验一样，借助加载杆上的应变计测试入射波、反射波和透射波信号，但应变计灵敏度系数对温度变化很敏感，为了防止由于处于高、低温环境中入射杆和透射杆端温度传到应变计，在应变计前段就要增加辅助降温系统及常温水循环，如图 8.41 所示。

由于分离式 Hopkinson 压杆试验加载时间往往小于 1 ms，因此对于低温试验，有两种方法，

方法一：如图 8.41 所示，最简单、效率最高、最容易的方法是直接把试样、入射杆和透射杆置入由保温材料做成的低温槽内，首先向低温槽内倒入低温介质，浸没试样和加载杆，然后用保温瓶等向低温介质添加液氮，添加过程中随时注意温度计温度，待温度计达到预定温度，保持 3～5 min，随后进行试验。在试验之前需注意冷却介质的凝固点(例如酒精的凝固点是 −117℃，乙醚 是 −114℃)，即从室温到这些化学试剂的凝固点之间任一温度，都可以通过加入液氮来获得低温环境。如果试样材料和这些化学品发生反应，就必须采用干冰(CO_2)等冷却介质，否则就采取方法二。

方法二：液氮的加压或加热冷却方法，如图 8.42 所示，实现 −40～20℃ 的低温试验环境相对比较容易，但效率低耗时长。对液氮罐(杜瓦瓶)直接解热(一般用内置电阻丝)或对液氮罐加压，这时汽化低温氮气通过保温导管流入装有试样和加载杆的保温容器，一般要密封，留有小排气孔。

试验布局包括的低温试验设备主要由液氮罐、环境箱、调压器、温度数字显示仪和 PT100 温度传感器组成。接通液氮罐中的电阻丝，液氮由于沸点低(−196℃)易受热汽化成氮气，低温氮气经橡胶管通入环境箱中。PT100 温度传感器的电阻值会随着温度而变化，两端的电压信号传入数字温度显示器。由温度显示器实时监控环境箱内温度的变化，以实现闭环实时调

节电阻丝两端电压，控制通入的氮气流量。此方法可实现－100～20℃（室温）之间的试验温度。

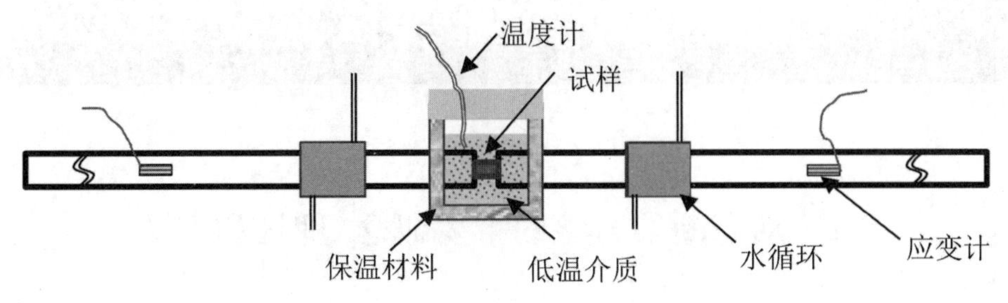

图 8.41　SHPB 中低温试验示意图

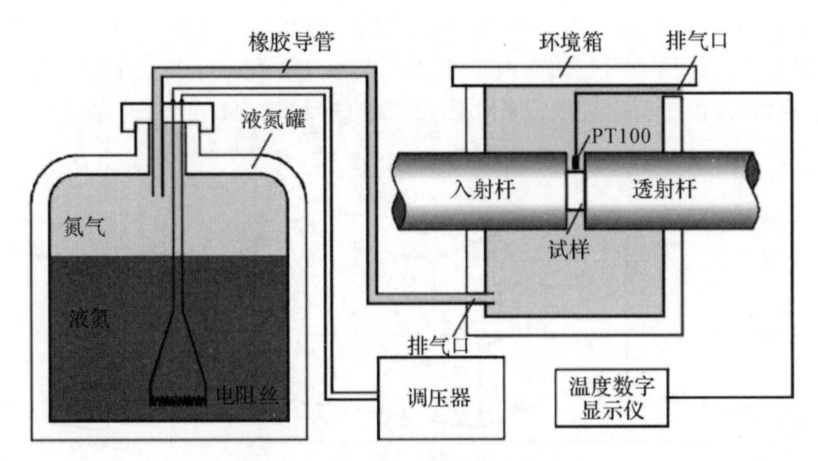

图 8.42　液氮制冷低温试验装置示意图

习　　题

1. 简述高温 SHPB 试验技术和高温 SHTB 试验技术的操作步骤及注意事项。2. 设高温 SHPB 试验中，入射杆和透射杆的长度均为 L，试样厚度为 L_S，距离入射杆和透射杆的距离均为 S，杆和试样的波速均为 C_0。假设在撞击杆撞击入射杆的同时，同步气缸的活塞推动透射杆运动，撞击杆的撞击速度和同步气缸活塞的速度分别为 v_1 和 v_2，

（1）当 v_2 满足哪种条件时，能保证试验同步成功？

（2）试验过程中的 C－HCT 时间为多少？

（3）当 v_2 满足哪种条件时，试验过程中的 C－HCT 时间最短？

第9章　动态断裂试验技术

9.1　动态断裂力学的重要概念、理论和方法

9.1.1　断裂问题的基本类型

类似于Irwin[①]在静态断裂力学中的分类方法，断裂动力学问题也分为3种类型：①Ⅰ型，是由垂直于裂纹面的作用力引起的面内张开型；②Ⅱ型，是由平行于裂纹面的作用力引起的面内滑移型；③Ⅲ型，是由平行于裂纹面的作用力引起的反平面撕开型，也称反平面剪切型。如图9.1所示。

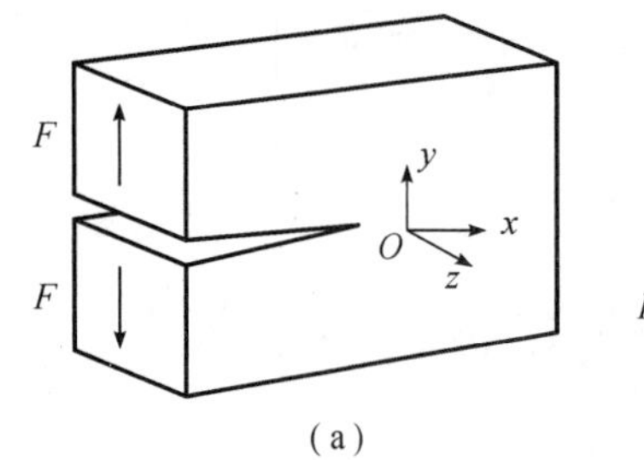

(a)

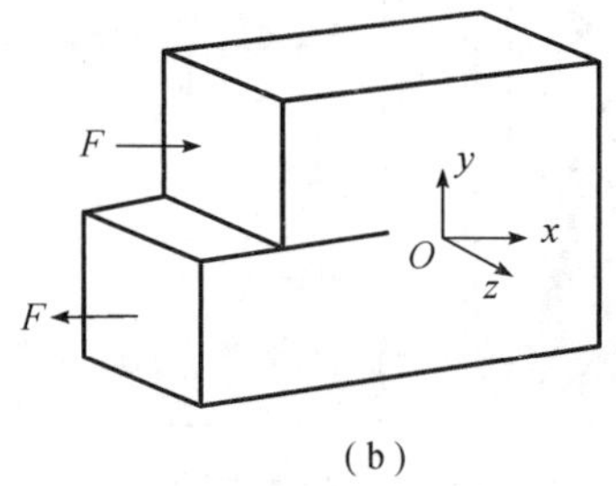

(b)

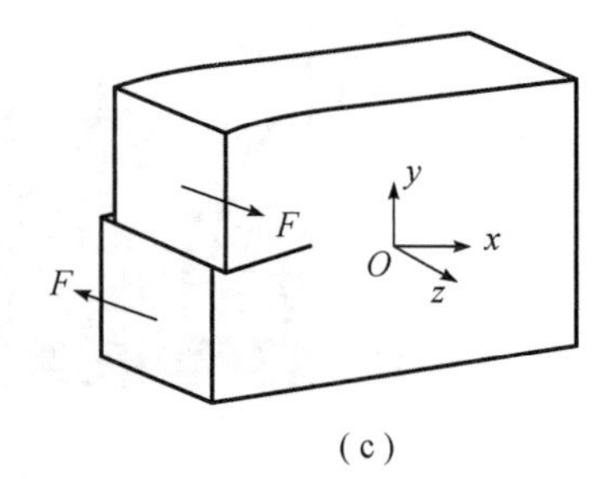

(c)

图9.1　静、动态裂纹的3种基本类型

(a)Ⅰ型；(b)Ⅱ型；(c)Ⅲ型

在以上3种裂纹类型中，以Ⅰ型裂纹最为常见，而且容易产生低应力脆断，因此动载下的Ⅰ型裂纹问题仍是断裂动力学的研究重点之一。Ⅱ型裂纹随着加载速率的提高，其失效方式存在着由拉伸型断裂向绝热剪切型断裂的转变，裂纹扩展方向也由与原裂纹面成约70°角变为接近原裂纹面方向。绝热剪切失稳是金属材料的重要失效现象，绝热剪切带的出现往往意味着材料承载能力的迅速下降甚至丧失，因此该类问题目前也受到较多关注。相对于以上两种裂纹类型，Ⅲ型裂纹问题的研究相对较少且主要集中在实验研究方面，如圆柱扭转试验、分离式悬臂梁实验、鞍形弯曲平板实验和四点弯曲实验等。

由于实际工程结构的几何多样性和所承受载荷的复杂性，实际的裂纹体往往受到不同类型载荷的共同作用。例如，裂尖区同时具有Ⅰ型和Ⅱ型的载荷成分时称为Ⅰ/Ⅱ复合型断裂问题。随着科技的发展和机械结构安全性要求的日益提高，复合型断裂问题的理论意义和实际应用价值将逐渐凸显，该类问题也将成为断裂力学的一个研究热点。

---

① Irwin G R. In: Goodier J N, Hoff N J (eds.). Structural Mechanics. Pergamon, 1960: 557-591.

9.1.2　静、动态问题的划分和加载速率

1. 静态、准静态和动态的定义

为了区分载荷施加的快慢，不同的研究领域通常采用不同的物理量对时间的变化率作为度量的参考。例如，在固体力学中，常以 $\dot{\sigma}=\mathrm{d}\sigma/\mathrm{d}t$ 表示加载速率，而应变率 $\dot{\varepsilon}=\mathrm{d}\sigma/\mathrm{d}t$ 则是材料受力后变形快慢的度量。根据应变率的不同，一般可进行如下划分：

(1) 当 $\dot{\varepsilon}$ 小于 $10^{-5}\ \mathrm{s}^{-1}$ 时，属于静态范围；

(2) 当 $\dot{\varepsilon}$ 介于 $10^{-5}\ \mathrm{s}^{-1}$ 和 $10^{-3}\ \mathrm{s}^{-1}$ 之间时，属于准静态范围，应变率效应可以忽略不计；

(3) 当 $\dot{\varepsilon}$ 大于 $10^{-3}\ \mathrm{s}^{-1}$ 时，属于动态范围，此时已进入材料的应变率敏感区域，因此必须考虑应变率效应。

应当指出，只有当应变率的量级发生变化时才对材料的力学行为产生明显影响，因此工程应用中一般只提及应变率的量级。

2. 加载速率的定义

在断裂动力学中，往往用应力强度因子 K_{I} 对时间的变化率表示加载速率，即

$$\dot{K}_{\mathrm{I}}=\left(\frac{\partial K_{\mathrm{I}}}{\partial t}\right)_{V=0}，当\ 0<t<t_{\mathrm{f}} \tag{9.1}$$

K_{I} 单位为 $\mathrm{MPa}\sqrt{\mathrm{m}}/\mathrm{s}$，其中 V 为裂纹传播速度，t_f 为裂纹起裂时间。在比例加载时，通常以平均加载速率来恒量加载的快慢，其定义为

$$\dot{K}_{\mathrm{I}}=\frac{K_{\mathrm{Id}}}{t_{\mathrm{f}}} \tag{9.2}$$

式中，K_{Id} 为材料的动态断裂韧性。

对应于应变率，依据加载速率 $\dot{K}_{\mathrm{I}}$ 可以把断裂问题划分为以下 3 种：

(1) 当 $\dot{K}_{\mathrm{I}}$ 介于 $10^{-3}\sim10^{3}\,\mathrm{MPa}\sqrt{\mathrm{m}}/\mathrm{s}$ 之间时，属于准静态断裂范围；

(2) 当 $\dot{K}_{\mathrm{I}}$ 介于 $10^{3}\sim10^{5}\,\mathrm{MPa}\sqrt{\mathrm{m}}/\mathrm{s}$ 之间时，属于低速冲击载荷作用下的动态断裂范围；

(3) 当 $\dot{K}_{\mathrm{I}}$ 大于 $10^{5}\,\mathrm{MPa}\sqrt{\mathrm{m}}/\mathrm{s}$ 时，属于高速或短脉冲载荷作用下的动态断裂范围。

3. 断裂动力学的载荷分类

对于断裂动力学的载荷情况，也可以大致进行如下分类：

(1) 静载情况：实验中裂纹起始断裂的特征时间以秒为量级。对这种类型的断裂已进行了大量的理论和实验研究，理论基础和实验技术都已成熟，并在实践中得到了广泛的应用。

(2) 普通动载情况：实验中裂纹起裂的特征时间的量级为毫秒或几十毫秒，应力波长远大于裂尖塑性区和应力强度因子主导区尺寸，裂纹扩展前应力波已在该区域反射多个来回，因此完全可以作为准静态情况来处理，对此也已开展了大量的研究工作。

(3) 短脉冲载荷情况：实验中裂纹起裂的时间为纳秒量级，应力波长与裂纹尖端区的塑性区尺寸或应力强度因子主导区尺寸相当。此时材料的不均匀性以及材料内部的微结构将起很重要的作用。

现有的实验设备可达到的加载速率可以从准静态跨越到 $10^{9}\,\mathrm{MPa}\sqrt{\mathrm{m}}/\mathrm{s}$。应用标准实验机可以获得最大 $10^{3}\,\mathrm{MPa}\sqrt{\mathrm{m}}/\mathrm{s}$ 的加载速率；应用快速的闭合回路加载装置可以获得大约 $10^{4}\,\mathrm{MPa}\sqrt{\mathrm{m}}/\mathrm{s}$ 的加载速率；通过标准化的 V 型缺口冲击试验（即 Charpy 冲击试以全）可以获

得 $10^5\,\text{MPa}\sqrt{\text{m}}/\text{s}$ 的加载速率；采用改进后的 SHPB 技术可以获得 $10^6\,\text{MPa}\sqrt{\text{m}}/\text{s}$ 的加载速率；应用冲击波加载则可获得最高达 $10^9\,\text{MPa}\sqrt{\text{m}}/\text{s}$ 的加载速率。

表 9.1 列出了一些典型结构在工作状态下承受的加载速率。

表 9.1　一些典型结构在工作状态下的加载速率

结构	$\dot{\varepsilon}/\text{s}^{-1}$	$\dot{\sigma}/(\text{kgf}^{①}\cdot\text{cm}^{-2}\cdot\text{s}^{-1})$	$\dot{K}/(\text{kgf}\cdot\text{mm}^{-3/2}\cdot\text{s}^{-1})$
施工建筑物、桥梁、吊车	$<10^{-3}$	—	$<10^3$
飞机起落架	—	10^2	$<10^4$
推土机与装卸机械	—	10^2	$<10^5$
碰撞中的船舶	—	10^4	$<10^6$
受爆炸与射击的设施	—	10^9	$<10^{11}$
炮弹发射	峰值 $10^6\sim10^7$		
	均值 $10^4\sim10^5$		
成型装药射流	峰值 $10^6\sim10^7$		
	均值 $10^4\sim10^5$		
自锻破片	峰值 $10^6\sim10^7$		
	均值 $10^4\sim10^5$		

注：①1 kgf = 9.807 N。

9.1.3　动态应力强度因子和裂尖渐近场

对于图 9.2 中的含有中心裂纹（长度为 $2a$）的无限大板，受双轴拉应力作用在裂纹尖端建立图 9.3 中的坐标系。按照弹性力学的平面问题求解，可得到裂纹尖端附近的应力场和位移场表达式为

$$\left.\begin{aligned}
\sigma_x &= \frac{\sigma\sqrt{\pi a}}{\sqrt{2\pi r}}\cos\frac{\theta}{2}\left(1-\sin\frac{\theta}{2}\sin\frac{3\theta}{2}\right)\\
\sigma_y &= \frac{\sigma\sqrt{\pi a}}{\sqrt{2\pi r}}\cos\frac{\theta}{2}\left(1+\sin\frac{\theta}{2}\sin\frac{3\theta}{2}\right)\\
\tau_{xy} &= \frac{\sigma\sqrt{\pi a}}{\sqrt{2\pi r}}\cos\frac{\theta}{2}\sin\frac{\theta}{2}\cos\frac{3\theta}{2}\\
\tau_{xz} &= \tau_{yz}=0\\
\sigma_z &= \upsilon(\sigma_x+\sigma_y)\ (\text{平面应变})\\
\sigma_z &= 0\quad(\text{平面应力})
\end{aligned}\right\}\tag{9.3}$$

和

$$
\left.\begin{aligned}
u_x &= \frac{\sigma\sqrt{\pi a}}{E}(1+\upsilon)\sqrt{\frac{r}{2\pi}}\cos\frac{\theta}{2}(\kappa-\cos\theta) \\
u_y &= \frac{\sigma\sqrt{\pi a}}{E}(1+\upsilon)\sqrt{\frac{r}{2\pi}}\sin\frac{\theta}{2}(\kappa-\cos\theta) \\
u_z &= 0 \quad (\text{平面应变}) \\
u_z &= -\int\frac{\upsilon}{E}(\sigma_x+\sigma_y)\,\mathrm{d}z \quad (\text{平面应力})
\end{aligned}\right\} \tag{9.4}
$$

其中

$$
\kappa=\begin{cases} 3-4\upsilon & (\text{平面应变}) \\ \dfrac{3-\upsilon}{1+\upsilon} & (\text{平面应力}) \end{cases} \tag{9.5}
$$

可以看出,应力分量 σ_y 和距裂尖的距离 r 存在如下关系:

$$
\sigma_y(x,0)\propto r^{-1/2}, r\to 0 \tag{9.6}
$$

这种现象被称为在裂纹顶端区域应力场具有 $r^{-1/2}$ 阶的奇异性。由式(9.6)可以得到

$$
r^{1/2}\sigma_y(x,0)=\text{常数}, r\to 0 \tag{9.7}
$$

式中,右端的常数代表应力场 $r^{-1/2}$ 阶奇异性的强弱程度,因而被称为应力场奇异性强度因子,简称为应力强度因子。其中 Ⅰ 型应力强度因子记为 $K_{\mathrm{I}}^{\mathrm{S}}$,通常以下述方式定义:

$$
K_{\mathrm{I}}^{\mathrm{S}}=\lim_{x\to 0}\sqrt{2\pi r}\sigma_y(r,0)=\lim_{r\to a^+}\sqrt{2\pi(x-a)}\sigma_y(x,0) \tag{9.8}
$$

式中,K 的下标 Ⅰ 表示 Ⅰ 型裂纹问题,上标 S 表示静态情况。Ⅱ 型和 Ⅲ 型也可类似定义。

对于图 9.2 所示的情况,易知 $K_{\mathrm{I}}^{\mathrm{S}}$ 的值即为

$$
K_{\mathrm{I}}^{\mathrm{S}}=\sigma\sqrt{\pi a} \tag{9.9}
$$

在动态情况下,裂纹顶端应力场仍具有 $r^{-1/2}$ 阶的奇异性,这一特性不因载荷速率或裂纹的运动速度而变化,因此 Ⅰ 型动态应力强度因子可定义为

$$
K_{\mathrm{I}}=\lim_{r\to 0}\sqrt{2\pi r}\sigma_y(r,0,t)=\lim_{r\to a^+}\sqrt{2\pi(x-a)}\sigma_y(x,0,t) \tag{9.10}
$$

由于载荷是时间的函数,应力分量是时间的函数,因而应力强度因子也是时间或裂纹传播速度的函数,记为 $K_{\mathrm{I}}(t)$ 或 K_{I}。对于 Ⅱ 型和 Ⅲ 型动态应力强度因子也有类似定义。

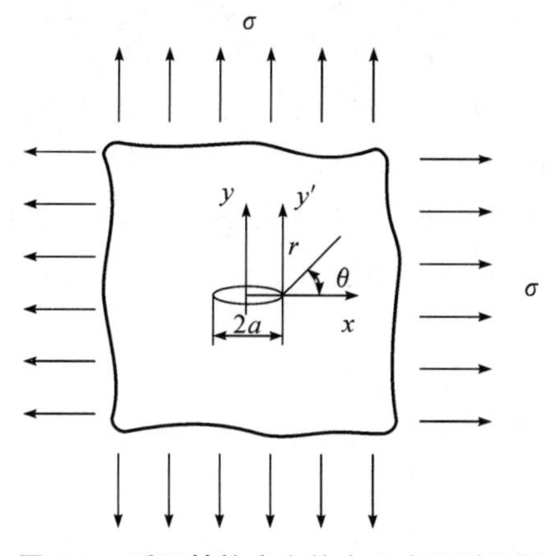

图 9.2　受双轴拉应力的中心穿透裂纹板

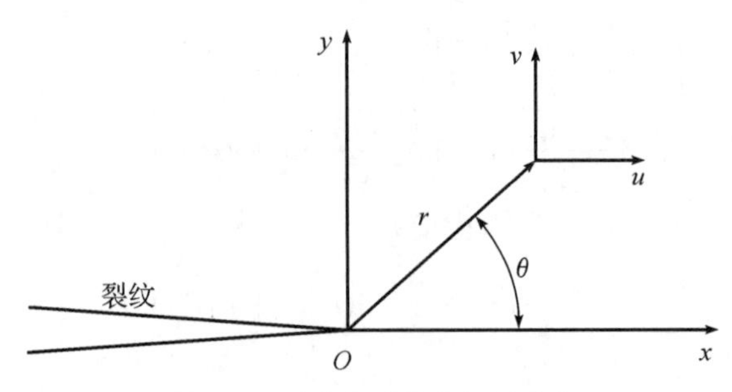

图 9.3　裂纹尖端的坐标系定义

对于图 9.2 中所示的情况，当外载随时间变化时，Sih 和 Loeber① 首先发现裂尖附近的应力场与位移场形式与静态情况类似，即

$$\left.\begin{aligned}\sigma_x(t)&=\frac{K_{\mathrm{I}}(t)}{\sqrt{2\pi r}}\cos\frac{\theta}{2}\left(1-\sin\frac{\theta}{2}\sin\frac{3\theta}{2}\right)\\\sigma_y(t)&=\frac{K_{\mathrm{I}}(t)}{\sqrt{2\pi r}}\cos\frac{\theta}{2}\left(1+\sin\frac{\theta}{2}\sin\frac{3\theta}{2}\right)\\\tau_{xy}(t)&=\frac{K_{\mathrm{I}}(t)}{\sqrt{2\pi r}}\cos\frac{\theta}{2}\sin\frac{\theta}{2}\cos\frac{3\theta}{2}\end{aligned}\right\}\tag{9.11}$$

与

$$\left.\begin{aligned}u_x(t)&=\frac{K_{\mathrm{I}}(t)}{E}(1+\upsilon)\sqrt{\frac{r}{2\pi}}\cos\frac{\theta}{2}(\kappa-\cos\theta)\\u_y(t)&=\frac{K_{\mathrm{I}}(t)}{E}(1+\upsilon)\sqrt{\frac{r}{2\pi}}\sin\frac{\theta}{2}(\kappa-\cos\theta)\end{aligned}\right\}\tag{9.12}$$

其中，κ 由式(9.5)定义，应力、位移和应力强度因子均为时间的函数。

类似于静态下载荷的裂纹起始判据，当裂纹受到随时间迅速变化的外载时，以 K_{I} 和它的临界值 K_{Id} 之间的约束关系作为控制条件。这里 K_{Id} 被假定为表征材料动态断裂性能的常数，但与加载速率 $\dot{K}_{\mathrm{I}}$ 有关。K_{I} 与裂纹长度 a、外加应力 σ 及加载时间有关，因此动态断裂判据可表示为

$$K_{\mathrm{I}}(a,\sigma,t)=K_{\mathrm{Id}}\dot{K}_{\mathrm{I}}(t)$$

式中，K_{Id} 称为裂纹动态起始扩展问题的断裂韧性，即动态断裂韧性。随着外载的变化，当试样内动态应力强度因子 K_{I} 达到 K_{Id} 时裂纹开始扩展，起裂时刻所对应的 K_{I} 值即为材料的动态断裂韧性 K_{Id}。因此测试材料 K_{Id} 时，对起裂时间的准确测量至关重要。

对运动裂纹的传播问题，材料常数记为 $K_{\mathrm{ID}}(\dot{a})$，它是裂纹扩展速度 $\dot{a}$ 的函数。裂纹的传播与止裂判据为

$$K_{\mathrm{I}}(a,\sigma,t)\leqslant K_{\mathrm{ID}}(\dot{a})$$

其中，等式表示传播条件，不等式表示止裂条件。本书对于裂纹的扩展和止裂问题不作讨论。

---

① Sih G C, Loeber J F. Wave propagation in an elastic solid with a line of discontinuity of finite crack. Quarterly of Appl. Math. 1969, 27: 193 - 213.

9.1.4　动态应力强度因子的确定方法

材料的动态断裂韧性 K_{Id} 是裂纹体在动态载荷作用下裂纹发生扩展时应力强度因子的临界值，因此要测试材料的动态断裂韧性 K_{Id} 往往要先得到在外载的作用下裂尖应力强度因子随时间的变化历程 $K_{\mathrm{I}}(t)$。动载下的 $K_{\mathrm{I}}(t)$ 的确定具有一定的难度。在过去很长一段时间内，许多学者认为，将冲击载荷代入静态公式可以计算得到裂纹的动态应力强度因子，并且在实验中只要将外载荷随时间变化曲线的最大值代入静态公式就可以得到断裂韧性。这种错误的认识最终被大量的实验和计算结果所否定。实际上，载荷的最大值点并不是裂纹的起裂点，也不是动态应力强度因子的最大值点。有学者也对三点弯曲试样在不同类型的动态载荷下的冲击特性进行了动态有限元分析，并与准静态结果进行了对比，发现要获得试样的动态应力强度因子曲线，必须进行完全的动态分析。

另外，美国材料实验协会（American Society of Testing Materials, ASTM）推荐标准中规定，当起裂时间 $t \geqslant 3\tau$（τ 为试样的特征振动周期）时，可以用准静态方法确定试样的动态应力强度因子值，有学者的研究结果表明，在摆锤冲击加载三点弯曲试样中，准静态应力强度因子发生震荡变化，但试样内的动态应力强度因子有一个稳定增长的过程。在较小的时间范围内两者完全不同。随着时间的增加，两者的差别有减小的趋势，但即便 $t \geqslant 3\tau$ 时，两者的差别仍然较为明显。因此，采用准静态公式确定试样的动态应力强度因子的方法是不合适的。

确定 $K_{\mathrm{I}}(t)$ 的方法一般有直接方法和间接方法两种。直接方法是通过冲击实验直接得到裂尖附近应力、应变场的全场信息，进而求得材料的动态应力强度因子，这种方法是以裂尖场的渐进解为基础的；间接方法则先确定出试样承受的冲击载荷、加载点位移或裂纹面张开位移等物理量，然后计算得到裂尖动态应力强度因子 $K_{\mathrm{I}}(t)$。具体而言，目前测量动态应力强度因子较为常用的方法主要有以下几种。

1. *动态焦散线法和动态光弹法*

通过光学实验方法确定透明材料动态应力强度因子的最有效的方法有动态光弹法和动态焦散线法。

动态焦散线法是把带预制裂纹的透明平板试件置于平行光场中，并对试件施加冲击荷载，如图 9.4(a) 所示。试件受载荷作用会引起厚度变化，因此从试件的前、后表面反射和折射的光线就会相互干涉而形成明亮条纹。由于纹尖端的应力集中现象，该区域的厚度和材料的折射率发生变化，形成奇异区。这种奇异区起到类似于发散透镜的作用，使穿过试件的光线在该处向外偏斜。若在试件后方一定距离处放置成像屏，则会在屏上像的裂纹顶端出现一个由亮线包围的黑斑。这个黑斑称为焦散斑，包围它的亮线称为焦散线。由于光偏斜的大小与裂纹顶端应力集中的大小相联系，所以焦散线包含着裂纹顶端前缘应力应变特征的信息，特别是应力强度因子的信息。根据裂纹尖端焦散斑的直径与动态应力强度因子之间的定量关系即可求得 $K_{\mathrm{I}}(t)$。图 9.4 所示是焦散线及其形成原理。

光弹法则是利用某些透明材料（如环氧树脂等）在受力变形时产生光学各向异性的特点，根据偏振方向不同的光线的光程差确定主应力差值；利用同色条纹图像，可得到材料中的应力状态和分布，图 9.5 为典型等差线条纹及其坐标。通过实验确定应力强度因子最有效的方法之一便是分析由光弹模型得到的等差线条纹图，利用条纹级数及条纹上点的极坐标(r,θ)确定应力强度因子。

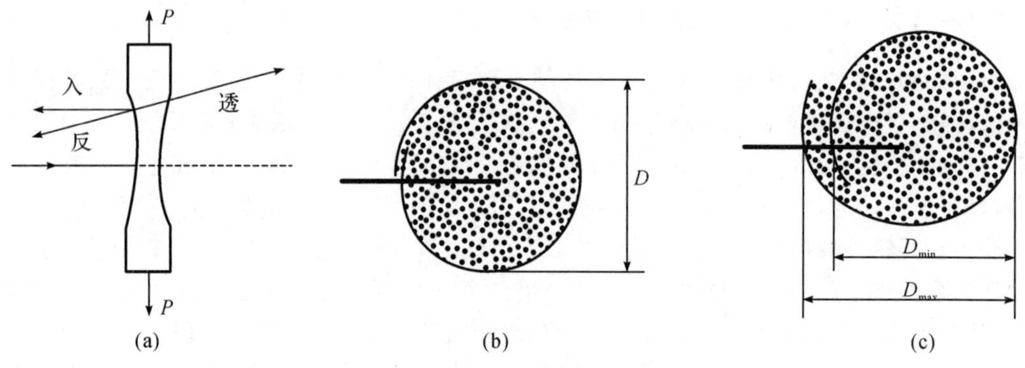

图 9.4　焦散线及其形成原理

(a)焦散线的形成原理;(b)Ⅰ 型裂纹的焦散线;(c)Ⅰ-Ⅱ 混合型裂纹的焦散线

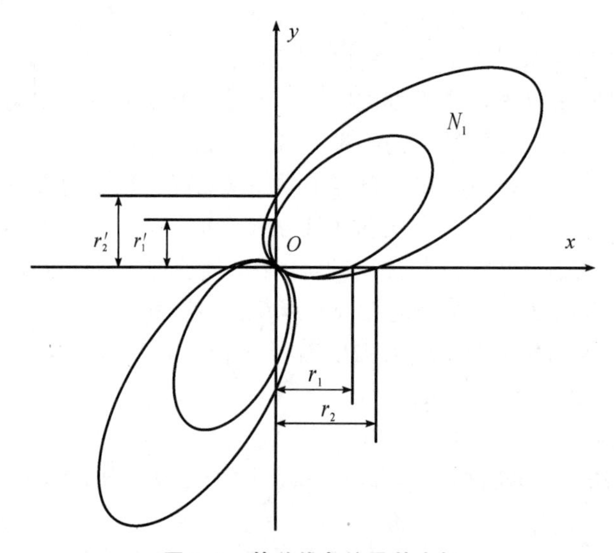

图 9.5　等差线条纹及其坐标

用上述两种方法测试透明材料的 $K_{\mathrm{I d}}$ 时,通常和高速摄影设备配合使用。费用昂贵、操作复杂是该方法的主要缺点。

2. 应变片法

有学者根据裂尖应力、应变场的分布规律,提出了一种使用单应变片测定动态应力强度因子的方法,通过检测裂尖附近的应变信号的变化历程来求得 $K_{\mathrm{I}}(t)$。在裂尖附近的Ⅰ、Ⅱ型应变场内,由任意的位置和角度上应变片(见图 9.6)测得的应变和裂尖场参量有如下关系(对于平面应力情况):

$$2\mu\varepsilon_{x'x'} = A_0 r^{-1/2}\left[k\cos\frac{\theta}{2} - \frac{1}{2}\sin\theta\left(\sin\frac{3\theta}{2}\cos2\alpha - \cos\frac{3\theta}{2}\sin2\alpha\right)\right] +$$

$$B_0(k+\cos2\alpha) + A_1 r^{1/2}\cos\frac{\theta}{2}\left(k+\sin^2\frac{\theta}{2}\cos2\alpha - \frac{1}{2}\sin\theta\sin2\alpha\right) +$$

$$B_1 r\left[(k+\cos2\alpha)\cos\theta - 2\sin\theta\sin2\alpha\right] + C_0 r^{-1/2}\left[-k\sin\frac{\theta}{2} - \right.$$

$$\cos 2\alpha\left(\frac{1}{2}\sin\theta\cos\frac{3\theta}{2}+\sin\frac{\theta}{2}\right)-\sin 2\alpha\left(\frac{1}{2}\sin\theta\sin\frac{3\theta}{2}-\cos\frac{\theta}{2}\right)\Bigg]+$$

$$C_1 r^{1/2}\left[k\sin\frac{\theta}{2}+\cos 2\alpha\left(\frac{1}{2}\sin\theta\cos\frac{\theta}{2}+\sin\frac{\theta}{2}\right)+\right.$$

$$\left.\sin 2\alpha\left(\frac{1}{2}\sin\theta\sin\frac{\theta}{2}+\cos\frac{\theta}{2}\right)\right]+D_1 r\left[\sin\theta(k+\cos 2\alpha)\right] \tag{9.13}$$

式中：$k=(1-\upsilon)/(1+\upsilon)$，$\mu$ 和 υ 分别是材料的剪切模量和泊松比；r 和 θ 表示应变片的位置；α 代表应变片测量方向的角度；$\varepsilon_{x'x'}$ 为应变片所测得的应变值。并且有

$$A_0=\frac{K_{\mathrm{I}}}{\sqrt{2\pi}} \tag{9.14}$$

$$C_0=\frac{K_{\mathrm{II}}}{\sqrt{2\pi}} \tag{9.15}$$

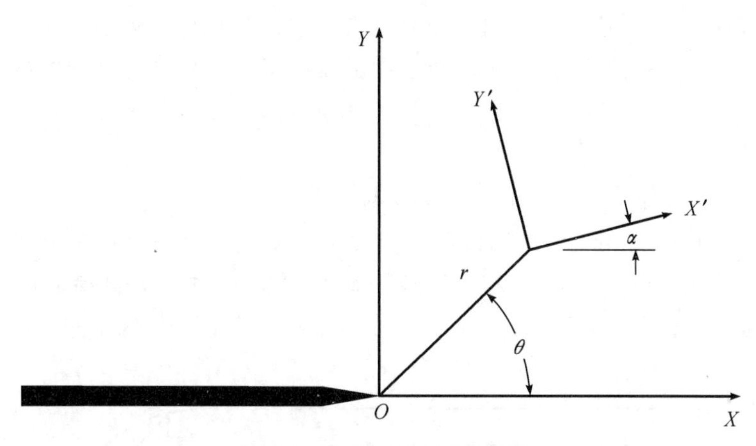

图 9.6　应变片的位置和角度

这种方法较为简单经济，但对应变片的位置要求比较严格。在薄板情况下，与光弹性法比较，误差在 10%以内。有学者发现，在准静态情况下，采用单应变法时，测量误差随着应变片和裂尖间的距离增加而增大，而且采用 60°方向的应变片比 90°方向具有更高的精度，但双应变片法在采用 90°方向的应变片时具有更高精度；在冲击载荷作用下，对于单应变片法采用 90°方向的应变片时更加准确，而且距离对结果的影响不明显，但双应变片法在两个方向上均具有更大的分散性。

3. 关键曲线法（冲击响应曲线法）

当实验条件（包括试样的几何尺寸、锤头的质量、冲击速度、试验机的刚度等）和材料类型一定时，应力强度因子随时间的变化曲线一定并可以由预先的实验确定。这样 $K_{\mathrm{I}}(t)$ 曲线就确定了一类材料的试样冲击过程的响应。在实际工作中，把这类材料的试样在相同条件下加载并测出起裂时间，在 $K_{\mathrm{I}}(t)$ 曲线上可以直接得到材料的动态断裂韧性值。这类方法最初是针对 Charpy 冲击实验提出的，但本质上来看该方法完全能够适用 Hopkinson 压杆的加载方式。有学者发现，当试样的几何尺寸一定时，对于同一类材料，只要确定了相同加载速率下动态应力强度因子与准静态应力强度因子之比随时间的变化曲线，就可以得到材料的动态断裂韧性值。

4. 近似公式法

为使材料动态断裂韧性的测试工作简单易行和易于标准化，很多学者致力于寻找三点弯曲试样动态应力强度因子的近似公式，简单介绍如下。

(1)弹簧质量模型法。

将预制裂纹的三点弯曲试样简化为线弹簧模型，分别示出等效质量及等效刚度。通过试样的动态响应可得到动态应力强度因子的近似表达式为

$$K_{\mathrm{I}}(t)=\frac{K_{\mathrm{I}}^{\mathrm{S}}W_1}{P(t)}\int_0^t P(\tau)\sin W_1(t-\tau)\,\mathrm{d}\tau \tag{9.16}$$

式中：$K_{\mathrm{I}}^{\mathrm{S}}$ 为准静态应力强度因子；$P(t)$ 为载荷历程；W_1 为试样的一阶频率。当载荷历史已知时，对式(9.16)积分或采用数值积分法就能确定任一时刻的动态应力强度因子值。与动态有限元结果相比较，误差在 8% 以内。

(2) 裂纹张开位移法。

在准静态载荷作用下，应力强度因子和裂纹张开位移存在线性关系。这种关系在冲击载荷作用下仍然存在。利用这一特性，可以通过测定裂纹张开位移确定试样内的动态应力强度因子，即

$$K_{\mathrm{I}}(t)=\frac{E\sqrt{\pi}}{4\sqrt{W}}U\left(\frac{a}{W}\right)\delta(t) \tag{9.17}$$

式中：W 为试样宽度；$U(a/W)$ 为已知代数多项式；$\delta(t)$ 为裂纹张开位移，可以通过高速摄影记录并测量。在阶跃载荷、线性载荷和三角函数周期载荷等 3 类 7 种载荷的作用下，式(9.17)结果与动态有限元法相比误差不超过 7%。图 9.7 为裂纹张开位移的测量位置。

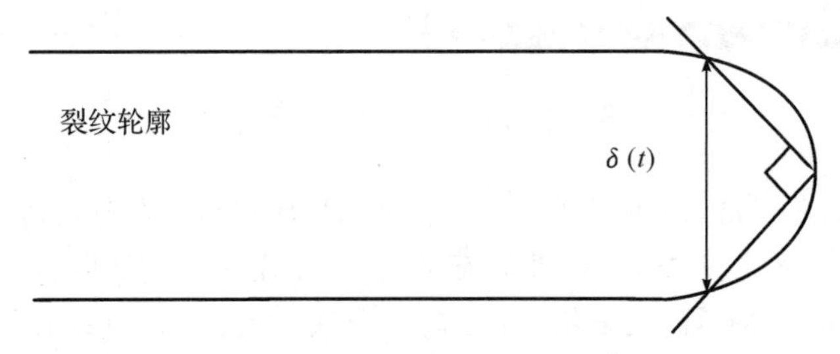

图 9.7 裂纹张开位移的测量位置

此外，裂纹张开角度的变化情况也能提供裂尖的起裂信息。图 9.8 为 6Al-4V Ti 试样断裂测试中得到的裂纹面张开角度随时间的变化趋势，冲击速度为 9 m/s。可以看出，数据点在初始阶段的上升幅度较为稳定，但在大约 77 μs 时(图中以竖直虚线标出)发生明显的跳跃，这是试样裂纹的起裂所造成的，因此可以作为起裂时间的确定方法之一。

(5)实验-数值混合方法

实验-数值混合方法是一种实验测试和数值计算相结合的方法，本章将重点介绍这种方法。人们所关心的一些物理量往往很难由实验的方法直接测得，但可以通过对一些容易测得的物理量加以数值模拟和分析，进而计算出要求的量。在测试材料的动态应力强度因子及动态断裂韧性时，可以先测得载荷、位移等随时间变化的曲线及起裂时间，以这些量为输入进行动态有限元模拟，得到试样的动态应力强度因子历史，并根据测得的起裂时间确定材料的动态

断裂韧性。该方法通常需要对每次实验分别进行模拟,而且模拟时所采用的材料模型会对所得结果产生较大影响。随着计算机功能的日益强大和专业有限元分析软件的不断发展,实验-数值方法将会越来越多地为人们所采用。

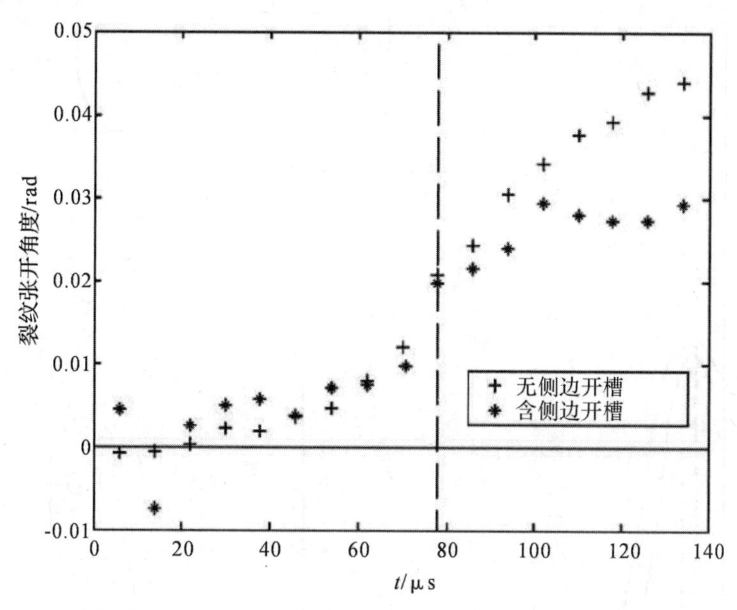

图 9.8　6Al-4V Ti 试样裂纹张开角度随时间的变化趋势

9.1.5　裂纹起裂时间的测量

20 世纪 80 年代初,有很多研究者认为试样在冲击载荷作用下其起裂时刻位于最大载荷处,但这种思想被后来的很多实验和有限元计算结果所否定。实际上,由于动态载荷下惯性效应的存在,动态应力强度因子的变化不仅滞后于载荷的变化,而且其变化趋势可能与载荷的变化趋势完全不同,因此载荷的最大值往往与动态应力强度因子的最大值并不重合,所以裂纹的起裂时间必须在实验中具体测量。

目前,起裂时间的测量方法有电阻应变片法、电磁法、电位法及断裂丝栅法等。其中最为常用的为电阻应变片法,该方法不仅简单易行、成本低廉,而且对于脆性材料的起裂时间的测试可以达到较高的精度。其基本原理是在裂尖沿与裂纹延长线成±60°方向且距裂尖 5 mm 处各贴 1 片电阻应变片并串联,如图 9.9 所示。当试样承受载荷作用时,应变片上测得的应变随着载荷的增大而增大。当裂纹起裂时,在裂尖产生的卸载波使得应变剧烈减小,因此应变信号的最大值即对应于试样的起裂时刻。图 9.10 为典型动态试验中测得的裂尖起裂信号。

起裂时间对于动态起裂韧性的影响很大。如果起裂时间有 2～3 μs 的差异,动态起裂韧性的差异可能在 20%以上。由图 9.10(a)可知,同一试样正反贴片所测得的起裂时间之间也可能存在一定的差异。这主要是因为裂纹的起裂沿厚度上的某一点开始,由于材料内部所受三轴应力的程度最高,因此该点理论上应位于厚度的中间位置;受到材料本身及外部各种因素的影响,起裂点的位置实际上存在一定的随机性,因而导致试样两侧应变片所测得的起裂信号有一定的差异。当采用正反两面贴片的方法测定起裂时间时,一般以较小的起裂时间为准。

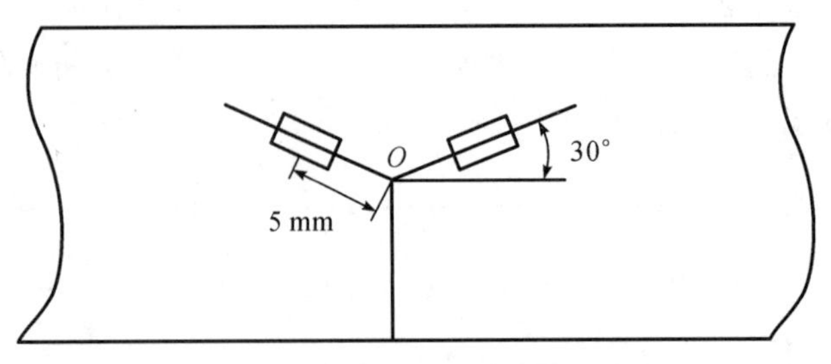

图 9.9　应变片相对裂尖的位置

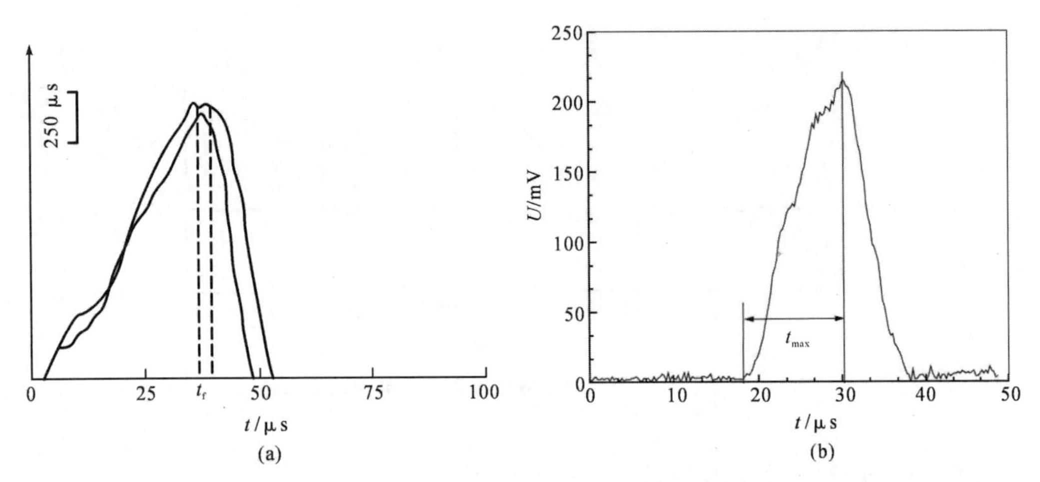

图 9.10　由应变片法对起裂时间进行测试

(a)三点弯曲试样，两侧均贴有应变片；(b)Charpy 试样，单侧贴片

9.2　Ⅰ型动态断裂韧性测试

9.2.1　Ⅰ型动态断裂韧性测试实验手段

材料的动态Ⅰ型断裂韧性 K_{Id}是裂纹体在Ⅰ型动态载荷作用下裂纹发生扩展时应力强度因子的临界值，它是材料的性能参数。K_{Id}对于动载作用下的含裂构件的安全性设计、评估以及现代损伤容限设计均具有十分重要的意义。在冲击载荷的作用下，材料的断裂韧性与静态下存在较大的差异。通常，当作用载荷从零增加到最大值所需要的时间小于结构物自然振动周期的一半时，就必须考虑材料内部由于惯性效应而形成的应力波。一方面，当动态载荷的幅值与静态载荷相同时，前者所引起的位移与应力比静载作用下的位移与应力值要大，因而由动载荷引起的应力强度因子幅值也大于相应静载所引起的应力强度因子幅值，裂纹在冲击载荷作用下较静载下受到更大的驱动力。另一方面，加载速率同时还对材料(尤其体心立方结构金属)的抗断裂性能有显著的影响。实验表明，由于应变率效应，脆性材料的屈服应力和塑性流动应力较静态下有所增加，断裂韧性则会降低，因此在冲击载荷的作用下，相对静载而言更

容易发生裂纹扩展，因而也具有更大的危险性。

下面介绍一种采用改进后的 Hopkinson 压杆进行Ⅰ型动态断裂实验的方法。首先，选取合适的 Hopkinson 压杆和子弹直径，通过改变子弹的入射速度和子弹与入射杆间的垫片厚度来控制加载速率。压杆与试样接触的杆端加工成圆弧面。实验前试样和 Hopkinson 压杆的相对位置如图 9.11 所示。实验必须保证入射杆与试样长度方向垂直，并且杆端与试样的接触位置要处于试样裂纹的延长面内。

为防止试样在高速冲击下飞出，需要在试样和支座外围放置防护网，它在实验前和加载过程中与试样和压杆均不发生接触。

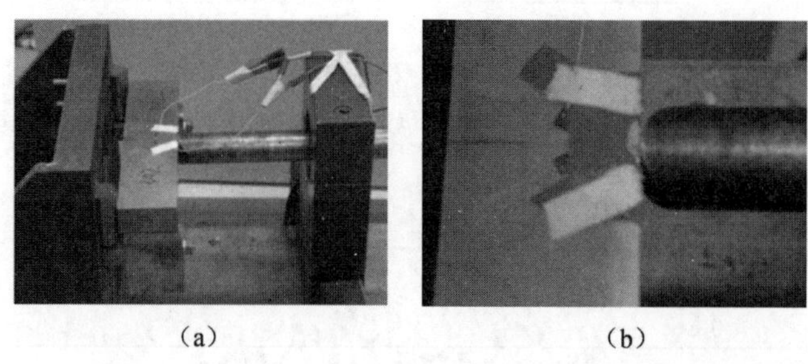

(a)　　　　　　　　　　(b)

图 9.11　Hopkinson **压杆与三点弯曲试样的相对位置**

(a)压杆与试样长度方向垂直；(b)杆端与试样的接触位置位于试样裂纹的延长面内

实验中 Hopkinson 压杆和试样上应变片所测得的典型信号如图 9.12 所示，该次实验中气室气压为 0.08 MPa，子弹长度为 160 mm。图中入射波存在小幅度的震荡，由于子弹和入射杆的端面并非绝对光滑，它们在高速下接触时应力波的震荡是不可避免的，但不会对实验结果造成太大影响。反射波在达到最大值后发生明显的下降，此后又逐渐上升。这是由于当入射波到达杆端初期时，首先在圆弧面上发生反射，因而反射波逐渐上升；当其到达杆端与试样的接触位置时传入试样并引起反射波下降；此后试样在应力波作用下发生断裂并与杆端脱离，因此反射波再次增大。

对加载杆中的入射应变和反射应变进行运算，首先把杆中测得的波形进行分段处理，并把入射波和反射波的起始点移到一起(见图 9.13)。处理后得到的加载点位移 u 和载荷 P 随时间的变化历程曲线如图 9.14 所示。

试样的起裂时间 t_f 采用应变片法进行测定。当裂纹在冲击载荷作用下发生扩展时将会有卸载波产生，并引起应变片所测信号急剧降低。起裂时间 t_f 即是加载波传至裂尖开始到卸载波的产生所经历的时间。应变片所测得的应变波形的最大值所对应的时间即是试样起裂时裂尖所产生的卸载波传到应变片的时间，它减去信号开始上升时刻的时间即得到 t_f。实验中测得的典型起裂信号波形如图 9.15 所示。

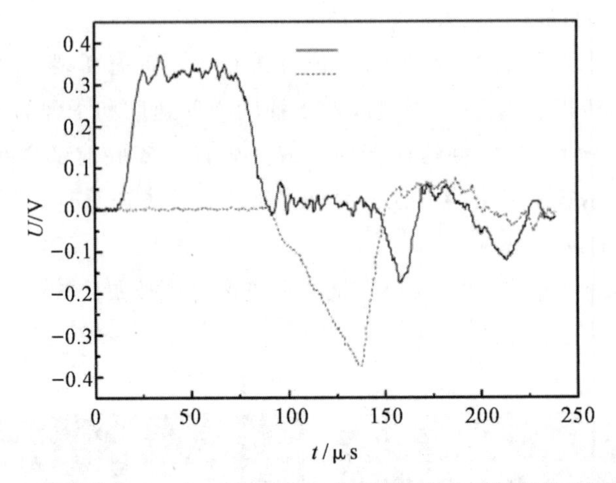

图 9.12　实验中 Hopkinson 压杆和试样上应变片所测得的典型信号

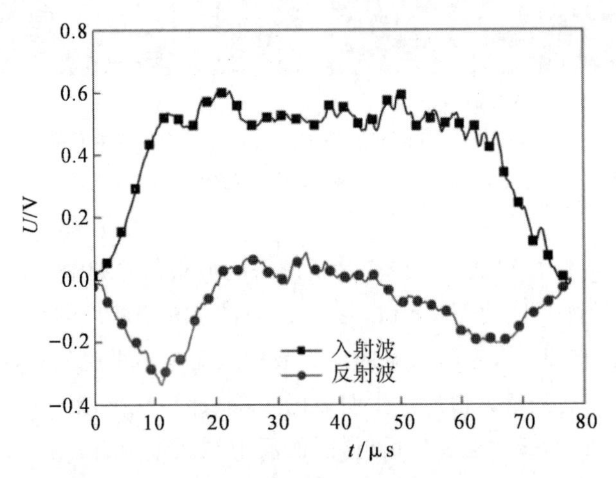

图 9.13　移波后的Ⅰ型动态断裂实验测得的典型波形

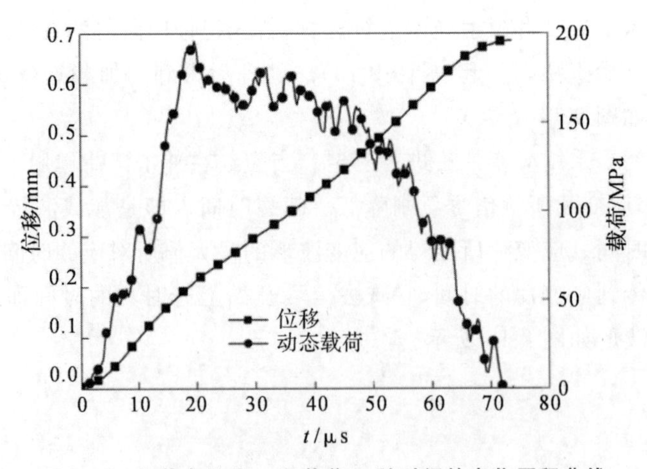

图 9.14　加载点位移 u 和载荷 P 随时间的变化历程曲线

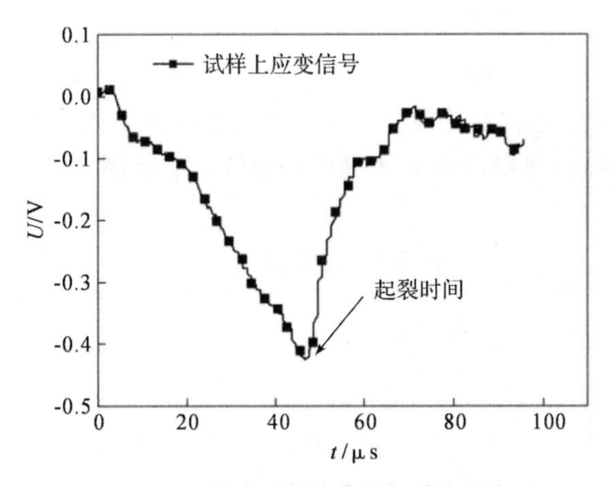

图 9.15　实验中测得的典型起裂信号波形

9.2.2　数值-试验法确定动态起裂强度因子

1. *数值仿真方法*

在Ⅰ型动态断裂实验中，子弹的撞击速度、入射杆中的应力波波形以及加载点的载荷和位移等参量通过实验测得，利用这些参量有限元模拟时的输入量对实验进行仿真分析。在动态分析时，这些参量均为随时间 t 变化的函数，但是数值模拟时需要依据实验测定数据的准确性、所使用软件的适用性以及计算量的大小和精度要求，对输入量进行选择。可以选取子弹速度或入射杆应力波进行模拟，这时都需要在建模时把加载杆也包括进去（见图 9.16），以降低在采用加载点的载荷或位移直接作为输入量施加于试样时由于接触关系的过多简化而带来的误差。此外，模型中包括加载杆的另一个优点是可以正确模拟加载过程中杆端和试样接触的情况，避免因杆端和试样脱离而引入误差。为节省计算资源，可采用在入射杆施加应力波作为载荷条件对实验进行动态模拟。

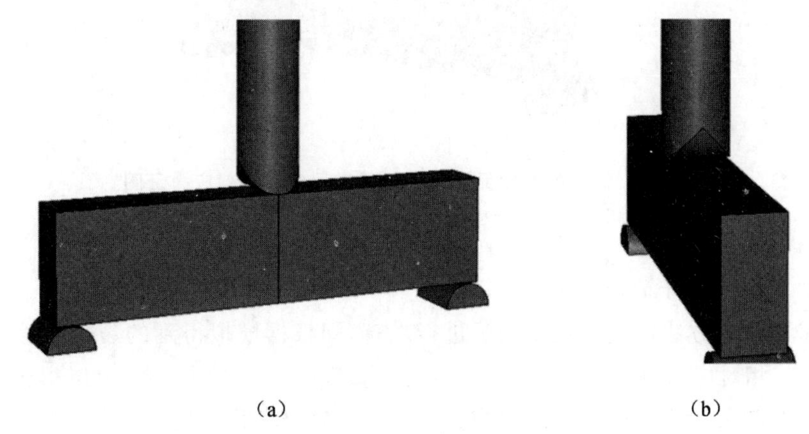

（a）　　（b）

图 9.16　Ⅰ型动态断裂实验压杆与试样模型

（a）正面；（b）侧面

试样及压杆均可设置为线弹性，典型材料参数见表 9.2。为消除裂纹尖端应力场的奇异性对计算结果的影响和提高计算精度，应当对裂纹尖端和试样上受集中载荷的区域进行网格细化，以充分满足计算要求。试样的有限元网格及加载过程中某时刻应力云图如图 9.17 所示。得到裂尖区域节点位移后，利用位移方法可求得加载过程中裂纹的应力强度因子时间历程曲线。

表 9.2　典型材料参数

典型材料	E/GPa	υ	$\rho/(\mathrm{g \cdot cm^{-3}})$
40Cr	199	0.3	7.82
30CrMnSiNi2A	196	0.3	7.85
Hopkinson 杆	210	0.3	7.8

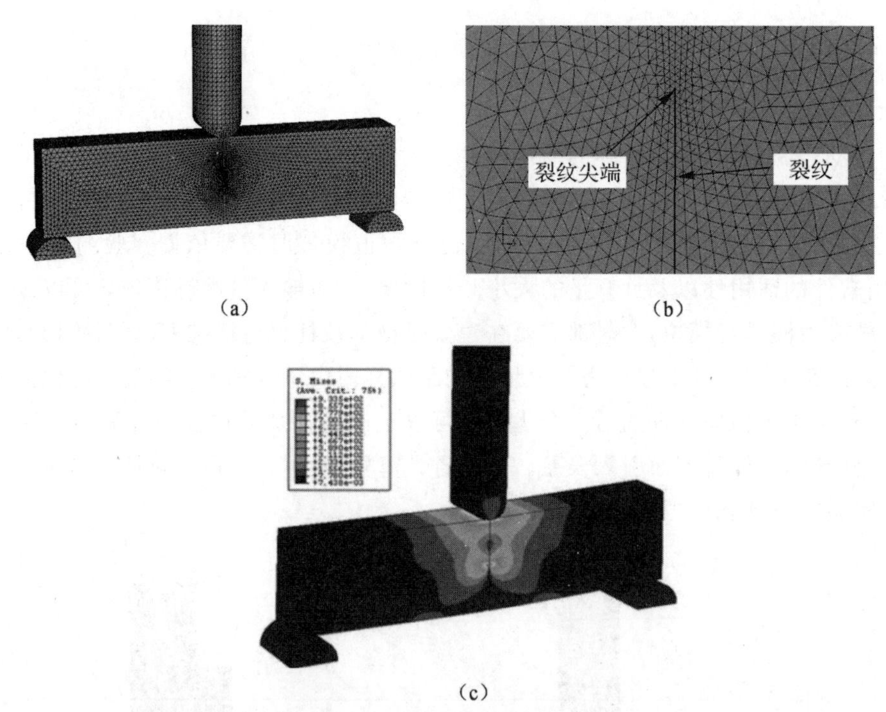

图 9.17　试样的有限元网格及加载过程中某时刻应力云图

(a)整体有限元网格；(b)裂尖区域网格局部放大；(c)典型应力云图

2. 动态应力强度因子的确定

本例中采用位移方法对应力强度因子进行求解，即根据模拟得到的裂尖位移场对 K_{I} 和 K_{II} 进行求解。相对应力方法而言，采用位移方法求解应力强度因子时，可以得到较高精度的结果。这是因为有限元法采用刚度法求应力时，应力场需要通过对位移场求偏导数，因此精度相对较差。

由动态应力强度因子同裂尖附近位移的关系[见式(9.12)]可知，用有限元方法得到 $u(r_i, \theta_j, t_k)$ 和 $v(r_i, \theta_j, t_k)$ 后即可求出 $K_{\mathrm{I}}(t)$ 和 $K_{\mathrm{II}}(t)$。由于裂纹面上张开位移比较显

著，可得到较准确的近似值，因此在任意时刻 t_k 取 $\theta_k=\pi$ 时的裂纹张开位移 $u(r_i, \pi, t_k)$ 和 $v(r_i, \pi, t_k)$ 进行求解，得到下式：

$$\left.\begin{aligned} K_{\mathrm{I}}(t_k)&=\frac{2\mu}{k+1}\sqrt{\frac{2\pi}{r_i}}v(r_i,\pi,t_k)\\ K_{\mathrm{II}}(t_k)&=\frac{2\mu}{k+1}\sqrt{\frac{2\pi}{r_i}}u(r_i,\pi,t_k)\end{aligned}\right\} \tag{9.18}$$

由于只保留了 r 的奇异项，因此式(9.18)在裂尖附近区域才成立；在离裂尖稍远处，应力强度因子不再是常值。在 t_k 时刻，由于裂尖附近 $K_{\mathrm{I}}(t_k)\sim r_i$ 和 $K_{\mathrm{II}}(t_k)\sim r_i$ 均近似呈线性关系，将 $K_{\mathrm{I}}(t_k)$、$K_{\mathrm{II}}(t_k)$ 分别与 r_i 进行最小二乘法拟合，反推可得到 $r_i=0$ 时的动态应力强度因子值。由此确定 t_i 时刻裂尖处的动态应力强度因子值 $K_{\mathrm{I}}(t_i)$ 和 $K_{\mathrm{II}}(t_i)$，并得到动态应力强度因子的历史曲线。

模拟完成后，可以从数值仿真软件中输出各时刻上、下裂纹面距裂尖不同距离处节点的位移以及各节点距裂尖的距离。利用式(9.18)计算出不同时刻各节点处的应力强度因子值，选取最小二乘法拟合后，外推至裂纹尖端。即可最终拟合出各个时刻裂纹的应力强度因子值，得到裂尖的动态应力强度因子曲线如图 9.18 所示。

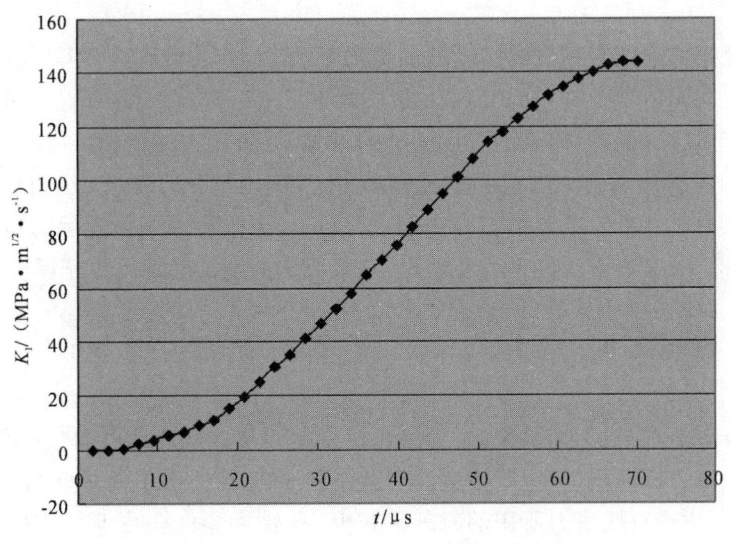

图 9.18　裂尖的动态应力强度因子曲线

得到裂尖动态应力强度因子随时间的变化曲线后，根据实验中测得的起裂时间 t_f（见图 9.15）在 $K_{\mathrm{I}}(t)$ 上确定出相应的动态应力强度因子值，即为材料的动态断裂韧性。

9.2.3　典型材料动态断裂特性

本例中，由实验-数值方法得到 40Cr 和 30CrMnSiNi2A 两种高强钢材料在相应加载速率下的动态断裂韧性值，并由此作出动态断裂韧性随加载速率的变化趋势曲线（见图 9.19）。从图中可以看出，在现有加载速率范围内，40Cr 材料动态断裂韧性随加载速率的增大，其变化趋势不明显，数据的线性拟合曲线基本为一水平直线，平均值为 38.7 MPa·m$^{1/2}$。究其原因可能是材料本身对加载速率较不敏感，也可能是本实验加载率分布范围较小，导致其率敏感性不

能清楚体现。30CrMnSiNi2A 材料动态断裂韧性随加载速率的增大而明显增大，说明该材料的率相关性相对 40Cr 材料而言较强，而且材料的动态断裂韧性存在率强化效应。为方便比较，其他研究者的结果也在图中一并给出。

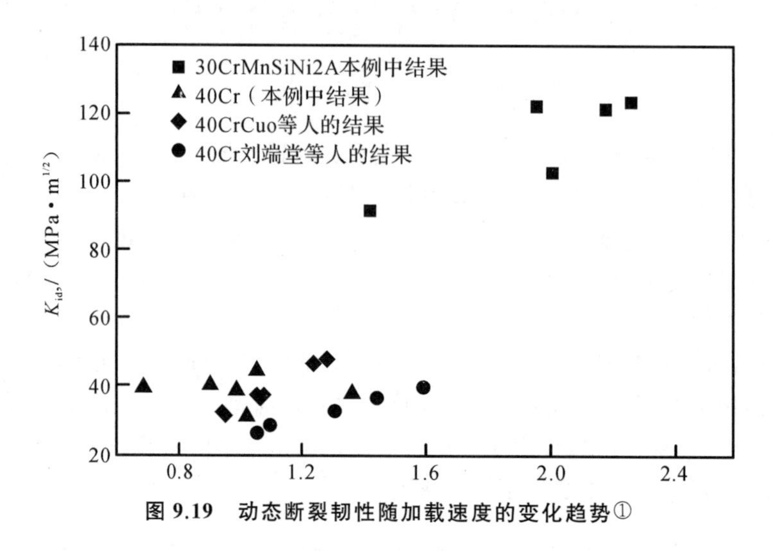

图 9.19　动态断裂韧性随加载速度的变化趋势①

材料的高应变率响应与其微观结构的演化联系密切，冲击载荷下缺陷、裂纹、相变和它们之间的耦合作用共同体现了材料的宏观动态力学性能。通常，合金的高应变率变形是由位错和孪晶的共同作用所引起的，而且随着应变率的增加，后者所占的比例将有所增加。位错在晶格运动过程中总是不断遇到不同类型的阻碍作用（如溶质原子、空穴、小角度晶界和夹杂物等），另外位错运动对其自身也产生阻碍作用，位错从一个平衡原子位置运动到另一位置时，必须克服这些阻碍。根据热激活位错运动理论，热能 ΔG 的增加会加大原子震荡的幅度，进而促进位错的产生。ΔG 可由下式表征：

$$\Delta G = kT\ln\frac{\dot{\varepsilon}_0}{\dot{\varepsilon}} \tag{9.19}$$

式中：k 为 Boltzmann 常量；T 为温度；$\dot{\varepsilon}_0$ 为参照应变率。从式(9.19)可知，ΔG 是应变率的减函数，即：随着应变率的提高，材料中所产生的对位错运动有促进作用的热能将减少。这是由于随应变率的增加，位错克服阻力所用的时间将减少，有效热能也会减少。另外，材料的流动应力 σ 可以表示为

$$\sigma = \sigma_G(\text{structure}) + \sigma^*(T, \dot{\varepsilon}, \text{structure}) \tag{9.20}$$

σ_G 和 σ^* 分别是由材料结构本身决定的非热活障碍和材料热活障碍所引起的部分。ΔG 的减少会引起 σ^* 的增加，因此材料在较高加载速率下，其裂尖区域在相同应变水平下的流动应力也会提高，这是由于较高应变率导致了更大的位错阻力。上述现象宏观上表现为材料流动应力的应变率强化现象，它是绝大多数材料高应变率塑性变形时所表现出的重要力学特性，此时材料的本构方程中应力通常表示为应变、应变率、温度及变形时效等参数的函数。对于一些材料而言，其应变率强化现象在较低的温度下表现尤为突出。

① 许泽建.金属材料冲击载荷下Ⅰ、Ⅱ型及复合型动态断裂特性研究[D]. 西安：西北工业大学，2008.

大量研究表明，即使在很脆的缺口试件中，解理断裂之前缺口周围也有少量的塑性变形发生，因此材料的屈服是断裂的先决条件。根据裂尖高应力区的材料分离机理，多晶材料在发生脆性或韧性断裂时分别属于应力或应变控制的断裂机制，前者一般以裂尖区中某一特征距离处的临界应力 σ_c 作为起裂准则，而后者则以裂尖区域某一特征距离处的临界应变 ε_c 作为材料的起裂准则。由于材料中存在应变率硬化效应，对于前者，加载速率较高时材料在较低的应变下即可达到临界应力 σ_c，所需要的应力功密度较小，材料中产生的有效热能较少，因此材料韧性降低，更容易发生脆断；对于后者而言，在较高的应变率下需要更大的应力功密度才能达到低应变率下的临界应变，因此材料韧性会提高，如图 9.20 所示。

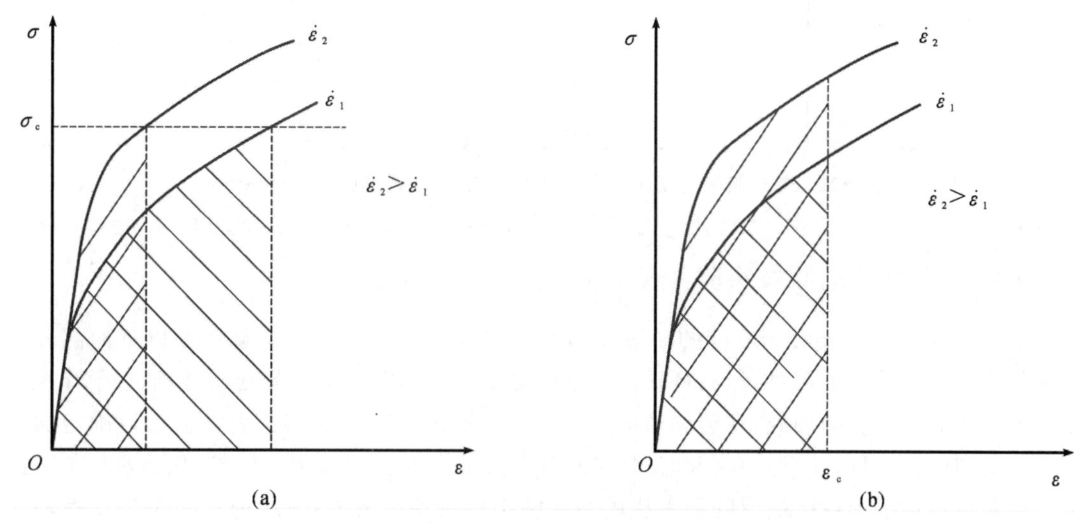

图 9.20　应变率硬化材料发生动态断裂时的不同机制

(a) 脆性断裂；(b) 韧性断裂

40Cr 发生解理和准解理形式的脆性断裂，属于应力控制的断裂机制，断裂韧性随加载速率的增加而减小。要说明的是，本例中测得的 40Cr 材料动态断裂韧性下降趋势并不明显，这可能是动态加载速率范围较小造成的，但测得的平均值相对于静态下测得的断裂韧性值（$K_{\mathrm{IC}}=51.8\ \mathrm{MPa}\cdot\mathrm{m}^{1/2}$）而言仍存在较大幅度的下降，约为 25%。

9.3　Ⅱ型动态断裂韧性测试

随着国防建设和科学技术的发展，冲击剪切破坏的重要性越来越为人们所认知，它涉及诸如工程结构抗冲击设计、弹体或破片对装甲的侵彻与贯穿、爆炸形成与爆炸焊接以及空间飞行器的飞行防护等诸多领域。但是，金属材料在冲击剪切载荷下的研究还存在诸多困难，如动态载荷的施加、控制与测量，起裂信号的监测与确定，以及破坏模式的形成条件等，均未有普遍认可的方法或结论。尤其在破坏模式的转变方面尚存在较大争议，金属材料在高应变率冲击剪切下的破坏模式仍亟待进行深入的分析和验证。本节将对Ⅱ型动态断裂韧性测试进行简要介绍。

9.3.1　动态、剪切试样设计

本节采用的材料见 9.2.2 节中表 9.2，本节采用的试样为国标金属材料平面应变断裂韧度

K_{IC}试验方法(GB 4161 — 1984)所要求的标准三点弯曲试样,尺寸为 170 mm×40 mm×20 mm,韧带长度为 20 mm,如图 9.21 所示。加工时先用线切割的方式预制裂纹 17 mm,再通过疲劳试验机预制疲劳裂纹至 20 mm。

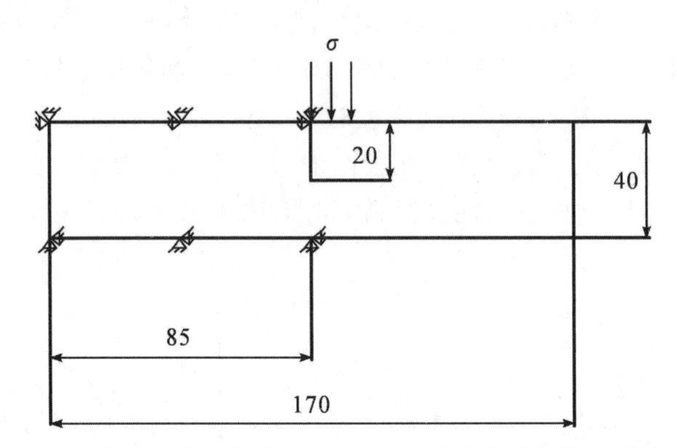

图 9.21　单边裂纹剪切试样几何尺寸(预制疲劳裂纹前)　单位:mm

9.3.2　Ⅱ型动态断裂实验

下面介绍基于 Hopkinson 杆的动态Ⅱ型断裂实验方法。首先试样裂纹面以下的部分通过夹具固定于实验台上,并使加载杆端部与试样侧面裂纹面以上部位紧密贴合,通过子弹撞击压杆所产生的应力波的加载,在裂尖形成剪切载荷。通过测得入射和反射波波形以确定加载面的载荷和位移历程,并且加载杆和试样的接触情况易于在实验前进行调整,从而避免了直接由子弹对试样进行加载所造成的两者接触情况的不稳定性。另外,实验时还可测出子弹的入射速度,以便进一步对所测的波形信号进行验证。试样的夹持方式及与压杆的相对位置如图 9.22 所示。在实验中,可以通过改变子弹的入射速度和子弹与入射杆之间的垫片厚度来控制加载速度,$\dot{K}_{\mathrm{II}}$,$\dot{K}_{\mathrm{II}}$ 通过下式定义:

$$\dot{K}_{\mathrm{II}} = K_{\mathrm{II}d}/t_{\mathrm{f}} \tag{9.21}$$

式中:t_{f} 为试样的起裂时间;$K_{\mathrm{II}d}$ 为 Ⅱ 型动态断裂韧性值。

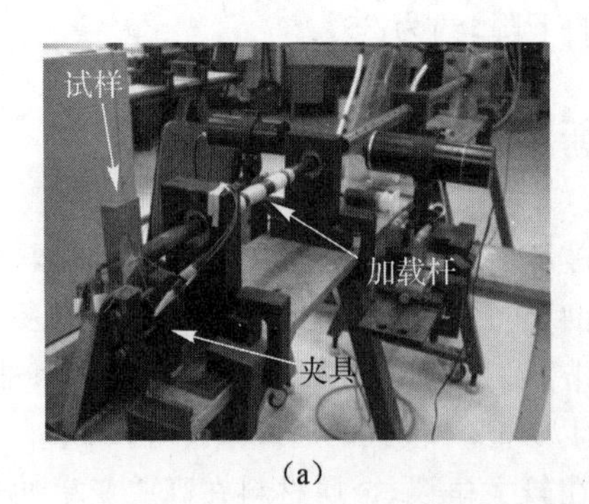

(a)

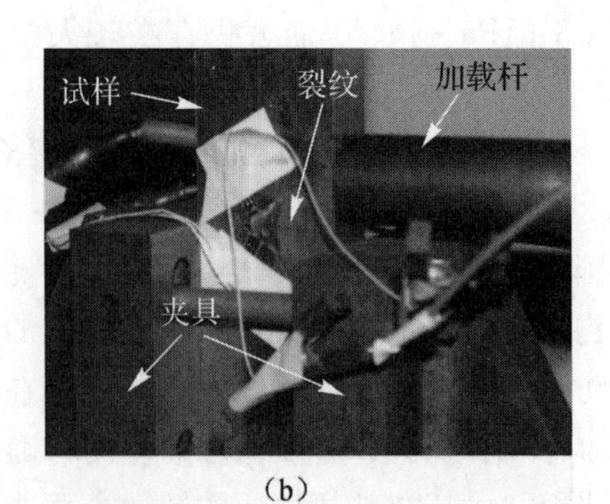

(b)

图 9.22　试样的夹持方式及与压杆的相对位置

与 Hopkinson 压杆进行Ⅰ型动态断裂测试的原理类似,加载杆上的应变片可以记录杆中的应力波信号。两者的区别除加载位置不同外,Ⅰ型动态断裂试验时加载杆与试样相接触的

一端为圆弧面，与试样为线接触；Ⅱ型动态断裂试验时加载杆接触试样一端的端部为平面，与试样为面接触。由于加载位置和接触方式不同，两种实验中由压杆测得的入、反射应力波的波形会有所不同，试样上应变片测得的信号波形也会存在一定差异。将测得的一个典型波形信号中的入射波和反射波的起始点移至同一点，如图 9.23 所示。将图中的电压信号换算为应变信号，再根据应力波理论即可得到加载点的载荷和位移曲线，如图 9.24 所示。

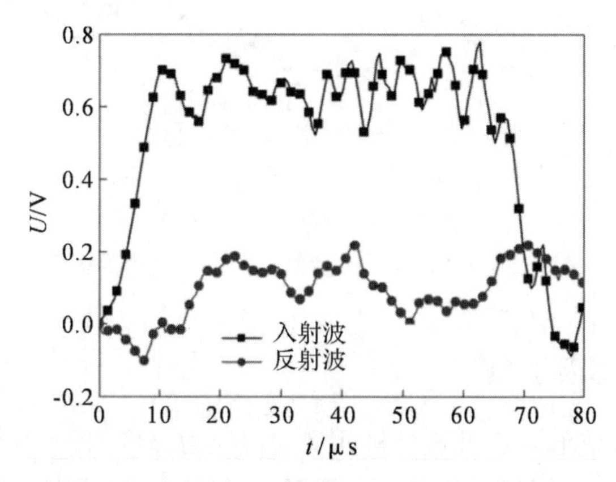

图 9.23　入射杆上所测得的入射波与反射波

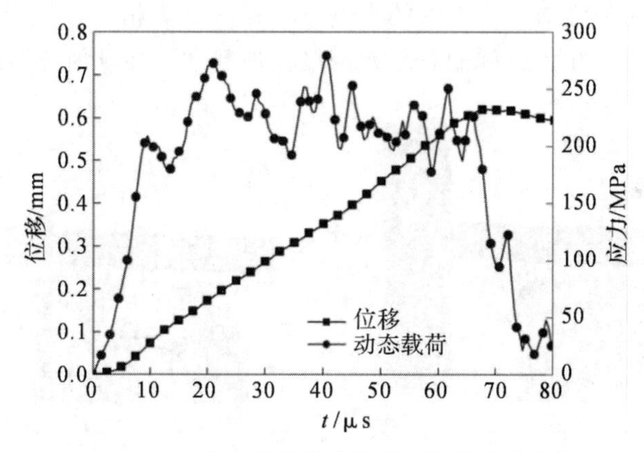

图 9.24　加载点载荷及位移随时间的变化曲线

试样的起裂信号也采用应变片法测定。类似于Ⅰ型实验中试样上应变片粘贴位置，每个试样上裂纹的两侧与裂纹成 60°方向各贴有一应变片，分别由动态应变仪的两个通道对它们测得的信号进行记录。试样上两个应变片测得的典型波形如图 9.25 所示。由图 9.25 可知，所测的两个波形均存在较大的波动，而且达到最大值后并没有出现由于曲线剧烈下降而产生的尖峰，而是呈振荡式下降。在Ⅰ型断裂实验中，由试样起裂引起的应力松弛现象在所测得的应变信号中可以明显地反映出来；但在Ⅱ型实验中，该应力松弛现象在所测得的应变信号上并不具备明显的起裂特征，而且信号曲线具有多个峰值，不能简单认定某个峰值是由试样的起裂引起的。因此，需要把实验中测得的信号和模拟值进行比较，才能确定出起裂时间 t_f。

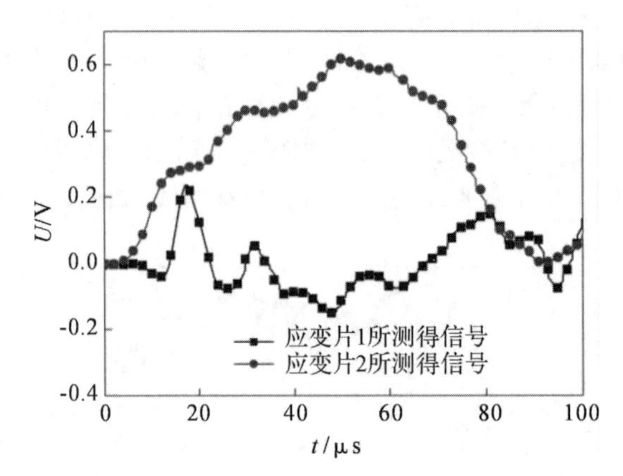

图 9.25　40Cr 钢 A 型试样上应变片测得的信号

9.3.3　有限元模拟及验证

本例中仍采用实验-数值方法求解材料Ⅱ型动态应力强度因子，其中数值模拟仅考虑线弹性情况。有限元模拟时对压杆和试样均进行建模，并以压杆中测得的应力波作为输入载荷。

根据入射杆和试样不同的几何外形，选取 8 节点 6 面体单元和 4 节点 4 面体单元。为消除裂纹尖端应力场的奇异性对计算结果的影响以及提高计算精度，对裂纹尖端和试样上受集中载荷的区域进行网格细化。试样的有限元网格及加载过程某时刻应力云图如图 9.26 所示。

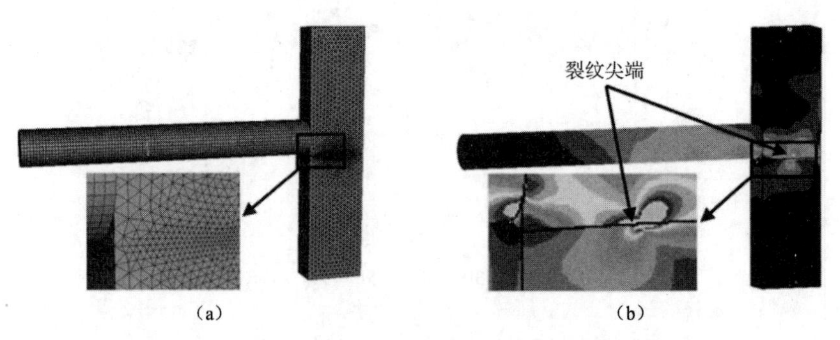

图 9.26　试样的有限元网格及加载过程某时刻应力云图

(a)网格局部细化；(b)应力云图

为确定试样的起裂时间，需要把试样上测得的信号与模拟结果进行对比，其中 40Cr 材料试样的实验和模拟结果如图 9.27 所示。实验及模拟两条数据曲线在初始阶段重合较好，但实验数据在 10 μs 时开始与模拟曲线分离，这是试样起裂而在试样该位置处引起的应力松弛所造成的，因此把该分叉点定义为起裂点。分叉之后，应力坡度发生急剧变化。

在对试样加载的过程中，由于试样受到面载荷，而且试样及夹具的变形会造成上、下裂纹面产生张开位移，因而难免会引入Ⅰ型的动态应力强度因子成分。当载荷较小时，Ⅰ型动态应力强度因子成分将占较大比重，因而对实验结果造成较大影响，为了考察Ⅰ型成分对实验结果的影响，同时对 $K_{\mathrm{I}}(t)$ 和 $K_{\mathrm{II}}(t)$进行了求解，并对两者曲线进行了对比，其Ⅰ、Ⅱ型动态应力强度因子比较如图 9.28 所示。根据起裂时间，可以得到该时刻的 $K_{\mathrm{II}}(t_f)$和 $K_{\mathrm{I}}(t_f)$值分别为

37.8 $\mathrm{MPa\cdot m^{1/2}}$和 0.04 $\mathrm{MPa\cdot m^{1/2}}$。可见后者远小于前者并且该值远小于前文得到的该材料的Ⅰ型动态断裂韧性值，因此由Ⅰ型动态应力强度因子成分对实验所造成的影响可以忽略。

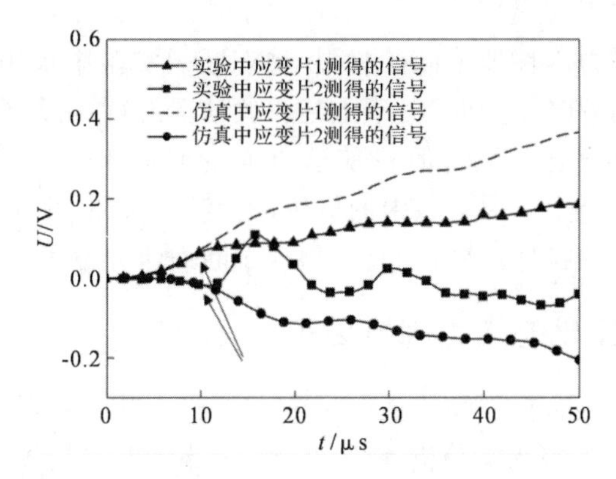

图 9.27　剪切试样Ⅰ、Ⅱ型动态应力强度因子比较

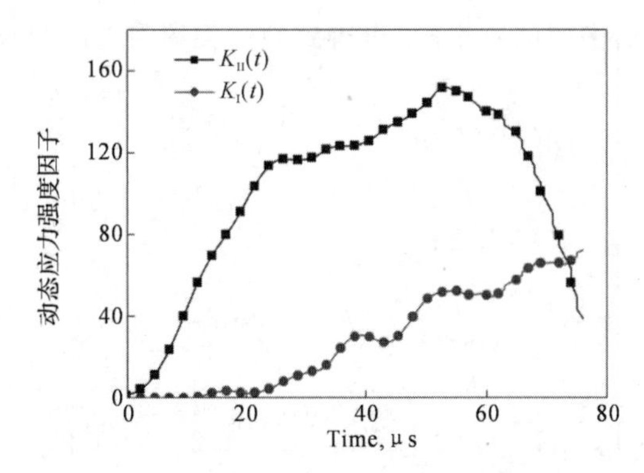

图 9 - 28　剪切试样Ⅰ、Ⅱ型动态应力强度因子比较

通过改变试样尺寸和子弹速度，结果表明，随着子弹速度的增加和垫片厚度的减小，材料的 $K_{\rm IId}$和 $\dot{K}_{\rm II}$ 值均逐渐增大；在相同加载速率下，韧带尺寸对断裂韧性 $K_{\rm IId}$也有一定影响，即存在平面尺寸效应。这是由于应力波在韧带较长的试样边界较晚产生反射，反射应力波相对较迟地对裂尖和裂尖区域的应力状态产生影响；另外试样在承载过程中其边界变化对裂尖的影响相对较小，这些因素均能引起试样韧性增大。

9.4　Ⅰ-Ⅱ复合型动态断裂韧性测试

复杂应力状态下金属材料动态断裂特性的研究多集中于Ⅰ-Ⅱ型复合裂纹，首先面临的难题就是如何实现动态载荷的施加以及对裂尖应力强度因子复合比的控制。在准静态实验中，采用较多的是紧凑拉伸试样和中心穿透裂纹圆盘试样，通过对拉伸或压缩方向进行调整，可以得到不同比例的裂纹成分。此外，四点弯曲试样和具有偏置或倾斜裂纹的三点弯曲试样也是较理想的复合型试样。在高应变率实验中，试样种类相对较少，而且多采用冲击压缩的方式进行加载，其中包括紧凑压缩试样和中心穿透裂纹圆盘试样等。很多情况下，实验中拉伸载荷比压缩载荷具有更大的优势，甚至有时必须采用拉伸的方式进行加载：首先，对于厚度较小的材料(如层合板或复合材料板等),其试样在冲击压缩下容易产生屈曲变形,因而需要对裂纹直接施加拉伸载荷;其次,对于承受压缩能力较差的材料(如单方向增强复合材料等),进行冲击压缩加载时会给材料造成很大的损害,因而一般需要沿增强方向施加拉伸载荷;最后,对于各向异性材料以及拉伸和压缩力学性能不同的材料,动态断裂实验中采用压缩和拉伸加载所测得的结果也可能存在较大的差异。因此,对于上述一些情况而言,对复合型裂纹实现冲击拉伸加载具有很强的工程价值与科学意义,但目前这方面的研究工作仍开展得较少。本节中,就Hopkinson拉杆技术在复合型断裂实验中的应用进行深入研究,并介绍一种能合理控制Ⅰ、Ⅱ型动态应力强度因子成分的拉伸试样,为复合型动态断裂研究提供一种新的实验技术支持。

9.4.1 Ⅰ-Ⅱ复合型动态应力强度因子

对于各向同性材料Ⅰ-Ⅱ复合型裂纹的基本问题,按弹性力学的平面问题求解可得到裂纹尖端附近的应力场和位移场。Sih等人的分析表明,在动态加载下稳态裂纹尖端的应力场和位移场的表达形式与静态加载时是完全一致的,不过此时的应力场和位移场都是时间 t 的函数。

设一无限大板,中心有一长 $2a$ 的裂纹。无限远处受到双轴拉应力和剪应力作用,如图9.29所示。按弹性动力学的平面问题求解,可得到裂纹尖端附近的位移场,即

$$\left.\begin{aligned}
u_x(r,\theta,t)&=\frac{K_{\mathrm{I}}(t)}{4G}\sqrt{\frac{r}{2\pi}}\left[(2k-1)\cos\frac{\theta}{2}-\cos\frac{3\theta}{2}\right]+\\
&\quad\frac{K_{\mathrm{II}}(t)}{4G}\sqrt{\frac{r}{2\pi}}\left[(2k+3)\sin\frac{\theta}{2}+\sin\frac{3\theta}{2}\right]\\
v_y(r,\theta,t)&=\frac{K_{\mathrm{I}}(t)}{4G}\sqrt{\frac{r}{2\pi}}\left[(2k+1)\sin\frac{\theta}{2}-\sin\frac{3\theta}{2}\right]-\\
&\quad\frac{K_{\mathrm{II}}(t)}{4G}\sqrt{\frac{r}{2\pi}}\left[(2k-2)\cos\frac{\theta}{2}+\cos\frac{3\theta}{2}\right]\\
u_z(r,\theta,t)&=0\quad(\text{平面应变})\\
u_z(r,\theta,t)&=-\frac{\upsilon}{E}\int[\sigma_x(r,\theta,t)+\sigma_y(r,\theta,t)]\mathrm{d}z\quad(\text{平面应力})
\end{aligned}\right\}\tag{9.22}$$

得到裂尖附近的位移场后,将裂纹面上不同位置处沿 x、y 方向的位移分量代入式(9.22)即可分别得到裂尖的Ⅰ、Ⅱ型动态应力强度因子。在动态载荷下,应力强度因子也是时间的函数。

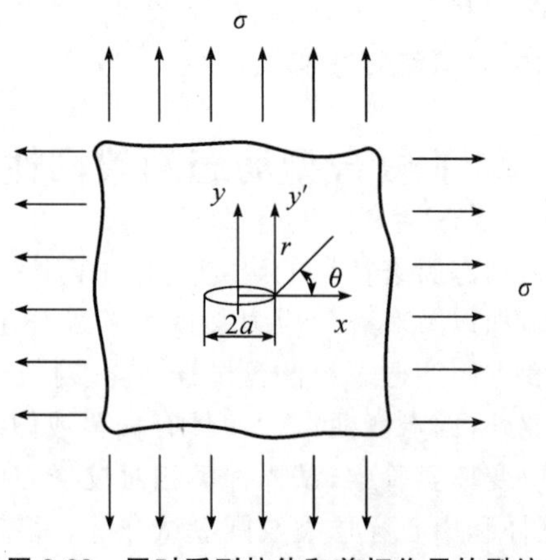

图9.29 同时受到拉伸和剪切作用的裂纹

9.4.2　复合型动态断裂试样

本例中采用一种含中心穿透裂纹的平板试样，并在试样和拉杆之间增加连接装置。接头的几何外形如图 9.30 所示，接头的一端及拉杆端部加工有相配合的螺纹，另一端通过销钉与试样相连接。试样的外形尺寸如图 9.31 所示，裂纹方向与试样的轴向即加载方向的夹角为 β，可以通过对 β 进行调整进而对 Ⅰ、Ⅱ 型应力强度因子成分进行控制。试样的起裂信号通过裂尖附近的应变片进行测量。试样上的裂纹的两个前缘是通过疲劳实验机进行预制的真实裂纹。预制裂纹时，先在一块较大的方形板的中间位置通过线切割加工出与上、下边平行的细缝，并在疲劳实验机上沿垂直裂纹方向施加疲劳拉伸载荷，直到细缝两端的裂尖扩展至所需长度。然后按照设计角度在方形板上加工出含中心穿透裂纹的拉伸试样，如图 9.32 所示。

复合型动态断裂实验设备中试样通过所设计的接头与拉杆进行连接，如图 9.33 所示。

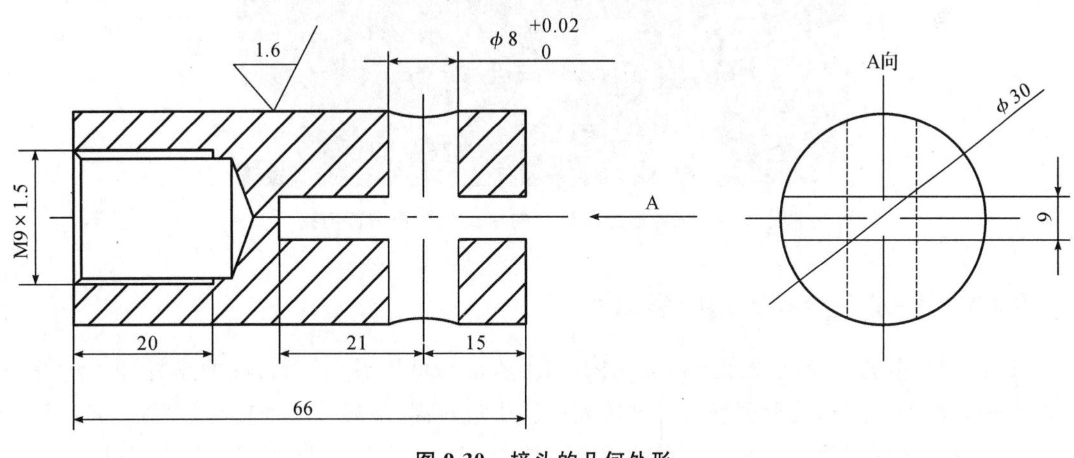

图 9.30　接头的几何外形

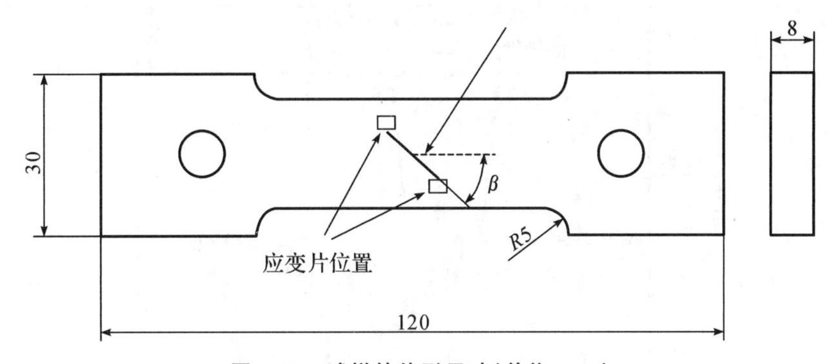

图 9.31　试样的外形尺寸(单位:mm)

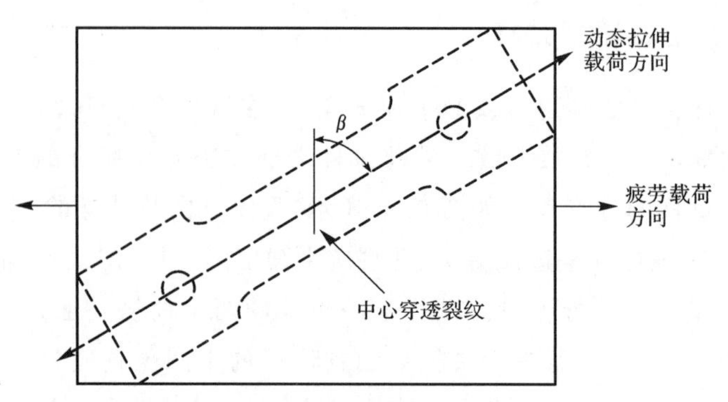

图 9.32　复合型动态断裂试样的加工方法

图 9.33　试样通过所设计的接头与拉杆进行连接

9.4.3　Ⅰ-Ⅱ复合型动态断裂测试

实验中得到的入、反射波和透射波如图 9.34 所示。可以看出，通过在撞击杆和入射杆凸台之间垫入整形片进行波形调整后得到的入射波质量较高，波峰处波动较小；入射波经连接装置和试样的界面反射后产生不规则形状的反射波沿入射杆返回，同时有一部分拉伸应力波对试样加载后传入透射杆形成透射波。

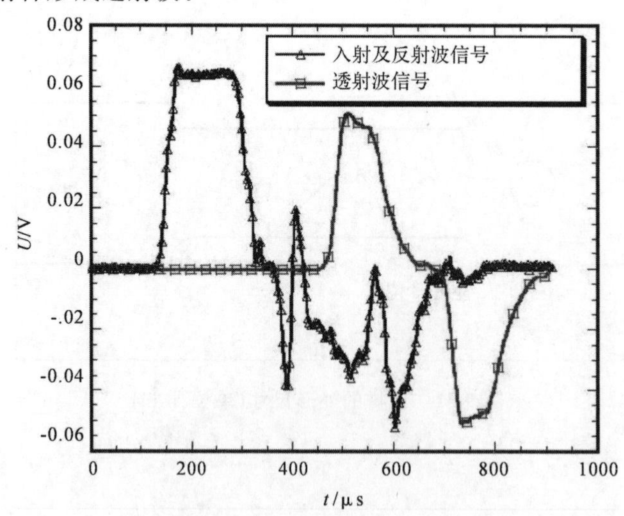

图 9.34　入、反射波和透射波

为确定试样的起裂时间，在裂纹两端延长线方向上各贴有一个应变片对裂尖信号进行测量，应变片在裂尖处的具体位置如图 9.31 所示。含有 60°裂纹的一个试样测得的裂尖典型起裂信号如图 9.35 所示，随着拉伸应力波的传播和加载，裂尖区域的应力应变场强度逐渐增大，从而两裂尖处应变信号持续上升。当裂纹应力强度因子的Ⅰ型或Ⅱ型成分一旦达到其临界值 K_{Id}或 K_{IId}时，裂纹随即发生起裂，裂尖区域储藏的弹性变形能迅速释放并在裂尖处转化为机械能、塑性变形能和热能等形式的能量，同时驱动裂纹向前扩展，裂尖区域的应力应变场强度也迅速降至最低。该瞬态过程体现在图 9.35 的波形中，为一阶跃卸载信号，因此应变片所测得应变的最大值所对应的时间即为试样起裂时裂尖所产生的应力波传到应变片的时间，并以此确定起裂时间 t_{f}。从图 9.35 中可以看出，该试样所含裂纹的两个裂尖先后发生起裂。由于在拉伸试样所含中心穿透裂纹的一个裂尖发生起裂和扩展后，将引起试样几何形状和载荷的非对称，其Ⅰ、Ⅱ型应力强度因子所占的成分也将和裂纹未起裂时的结果发生一定程度的偏差，因此在实验和计算时应重点对比关注首先起裂的裂尖。

实验后的动态拉伸试样如图 9.36 所示，图中含 45°裂纹的试样裂尖起裂但未完全断开，其余试样全部断开。可以看出，各种式样裂纹的断裂口都是平断口。

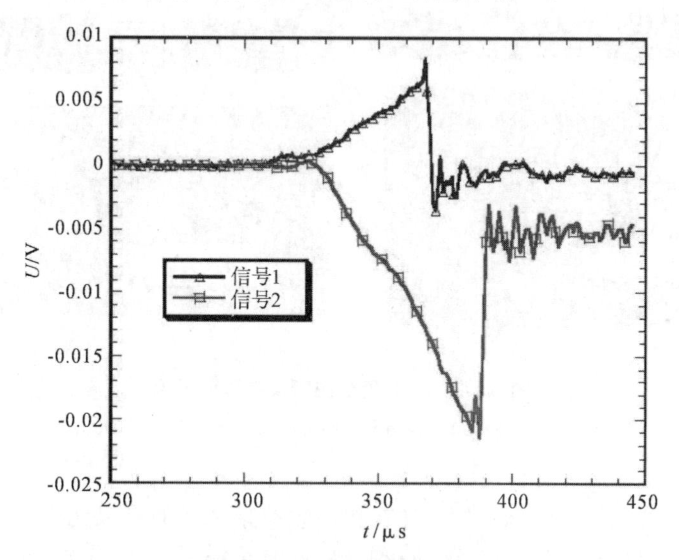

图 9.35　试样上测得的起裂信号

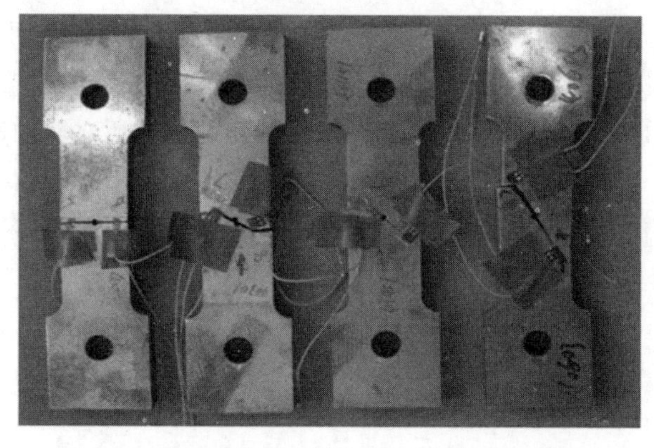

图 9.36　实验后的动态拉伸Ⅰ-Ⅱ复合型动态断裂

9.4.4 Ⅰ-Ⅱ复合型断裂动态应力强度因子求解

一般而言，采用实验-数值混合方法解决复合型动态断裂问题，以实验中易于测得的参量作为有限元模拟时的已知条件对实验过程进行仿真分析，得到裂尖区域应力、应变和位移场随时间的变化历程，进而利用应力或位移方法对动态应力强度因子 $K_{\mathrm{I}}(t)$、$K_{\mathrm{II}}(t)$ 进行求解。由于 $K_{\mathrm{I}}(t)$、$K_{\mathrm{II}}(t)$ 的计算公式在裂尖区域才适合，因此为提高计算精度，应当在裂纹尖端对网格进行充分细化，使之满足要求。加载时裂纹尖端产生很大的应力梯度，采用应力方法计算应力强度因子时对有限元网格的细密程度则要求更高，因此采用位移方法求解 $K_{\mathrm{I}}(t)$ 和 $K_{\mathrm{II}}(t)$。在对试样进行疲劳裂纹预制时，由于裂纹长度不易精确控制而存在一定的分散性，建模前需要对试样的裂纹长度、韧带宽度等几何参数进行精确测量。含有 30°裂纹的某试样有限元模型和裂纹尖端网格划分情况及应力波加载过程中某时刻试样和拉杆中的应力云图如图 9.37 所示。

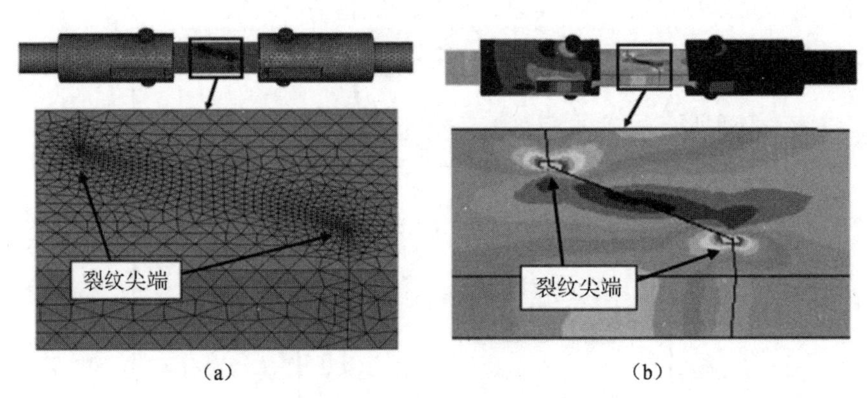

图 9.37 Ⅰ-Ⅱ复合型断裂有限元模拟

(a)裂纹尖端有限元网格；(b)应力云图

对含有不同角度裂纹的动态拉伸试样在相同载荷条件下的有限元模拟结果进行处理，得到Ⅰ、Ⅱ型动态应力强度因子随时间的变化曲线(见图 9.38)。由图 9.38 知，90°裂纹试样受载后几乎不出现Ⅱ型应力强度因子成分。随着裂纹角 β 由 90°减小至 30°，$K_{\mathrm{I}}(t)$ 幅值逐渐降低，而 $K_{\mathrm{II}}(t)$ 幅值则从接近 0 值逐渐升高，至 30° 时已超过 $K_{\mathrm{I}}(t)$，从而通过调整 β 的大小实现了对动态应力强度因子 Ⅰ、Ⅱ 型成分复合比的控制。

以含有 30° 裂纹的一个试样为例，由裂尖测得的起裂信号所对应的起裂时间 t_{f} 对 K_{Id}、K_{IId} 进行确定。把 $K_{\mathrm{I}}(t)$、$K_{\mathrm{II}}(t)$ 和试样上测得的信号在同一时间轴上作图，如图 9.39 所示。由于裂尖的起裂信号传至应变片需要约 δ_t 时间(一般不超过几微秒)，因此图中虚线自信号最大值处前移 δ_t 后与 $K_{\mathrm{I}}(t)$、$K_{\mathrm{II}}(t)$ 的交点即为 K_{Id}、K_{IId}。

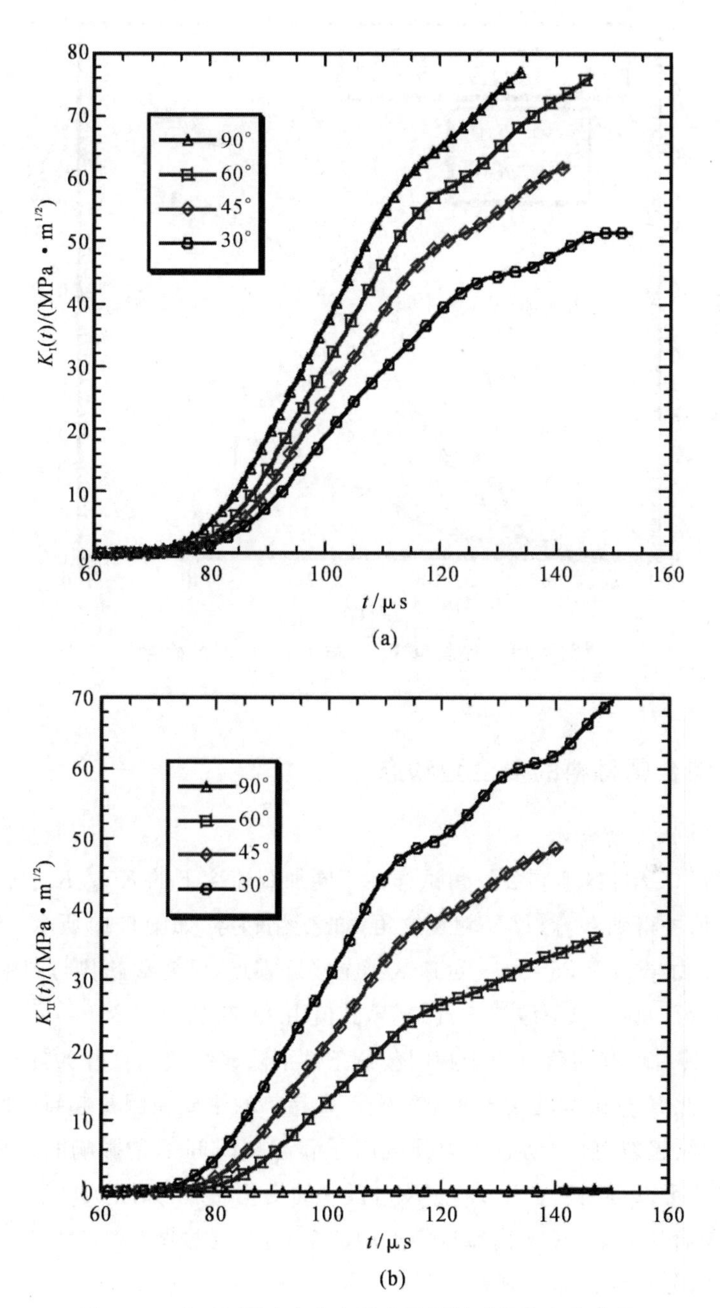

图 9.38　Ⅰ、Ⅱ 型动态应力强度因子随时间的变化曲线

(a)$K_{\mathrm{I}}(t)$;(b)$K_{\mathrm{II}}(t)$

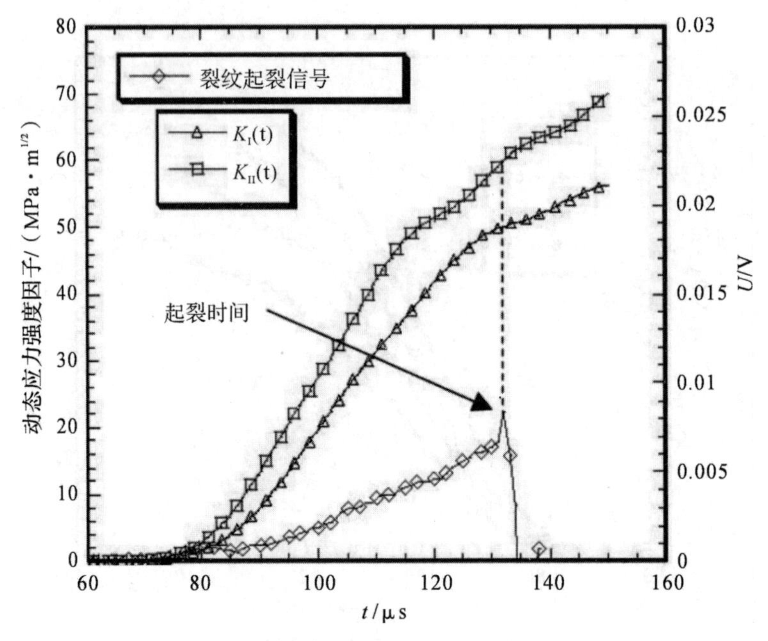

图 9.39　倾斜角 30° 试样 K_{Id}、K_{IId} 的确定

9.4.5　典型金属材料的复合型动态

1. 动态断裂韧性及复合比

本例中，测得 40Cr 材料不同裂纹角试样在不同加载速率下的 K_{Id}、K_{IId} 后，对相同裂纹角下的结果求平均值可得到 K_{Id}、K_{IId} 随裂纹角 β 的变化趋势，如图 9.40 所示。随着裂纹角 β 由 30° 增至 90°，K_{IId} 由 48.8 MPa·$m^{1/2}$ 迅速减小至接近零点，该变化趋势与图中 $K_{\text{II}}(t)$ 幅值的变化趋势相一致；K_{Id} 则随 β 呈缓慢上升趋势，其值由 90° 时的 35.1 MPa·$m^{1/2}$ 增大至 45° 时的 46.5 MPa·$m^{1/2}$，其后略有回落。由于相同载荷条件下随着裂纹角 β 由 90° 降至 30°，其 $K_{\text{I}}(t)$ 幅值逐渐降低，因此 K_{Id} 随 β 的增大而呈缓慢上升趋势的主要原因是起裂时间 t_f 增大。由此可见，对于动态裂纹起裂而言，动态应力强度因子和起裂时间都是影响断裂韧性的重要的因素。从实验结果还可以得到复合比 $K_{\text{IId}}/K_{\text{Id}}$ 随 β 的变化曲线，如图 9.41 所示。随着裂纹角 β 由 90° 降至 30°，复合比 $K_{\text{IId}}/K_{\text{Id}}$ 由接近零点增加至 1.13，通过调整 β 的大小，实现了对动态断裂韧性 Ⅰ、Ⅱ 型成分复合比的控制。

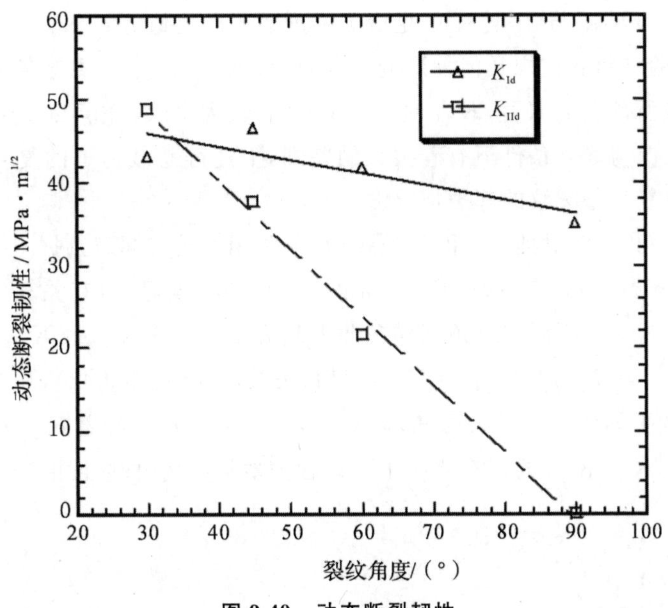

图 9.40　动态断裂韧性

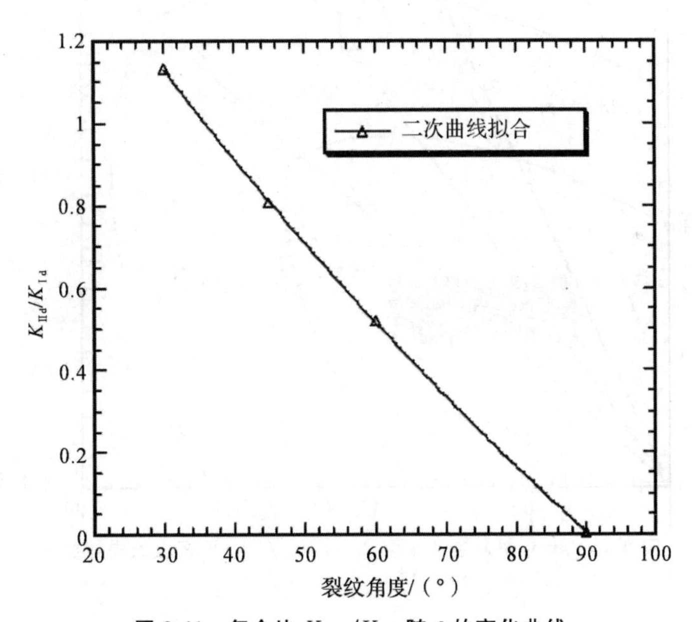

图 9.41　复合比 $K_{\mathrm{II}d}/K_{\mathrm{I}d}$ 随 β 的变化曲线

2. 复合型动态断裂准则

复合型裂纹在静态加载时，由于裂纹一般不按原方向开裂与扩展，而且失稳条件比较复杂，以 Griffith 理论为基础发展起来的 Irwin 断裂准则不能简单地用来分析和解决复合型裂纹问题。根据不同的角度和观点以及对宏观断裂机理的不同解释，目前国内外提出的静态载荷下复合型裂纹脆性断裂准则主要有最大应力准则、应变能密度因子准则和应变能释放率准则，它们所得的结果也存在一定差异。根据不同的断裂准则，在 $K_{\mathrm{I}}-K_{\mathrm{II}}$ 平面内材料的断裂韧性

为一条曲线，K_{IC} 和 K_{IIC} 与 Ⅰ 型和 Ⅱ 型应力强度因子的比值 $K_{\mathrm{I}}/K_{\mathrm{II}}$ 有关。国内外的很多研究表明，根据实验材料和试样几何外形的不同，比值 $K_{\mathrm{IIC}}/K_{\mathrm{IC}}$ 主要分布于 0.45 ～ 2.2 之间，这与最大应力准则所预测的 $K_{\mathrm{IIC}}/K_{\mathrm{IC}}$ 为常值 0.87 有较大出入。由于冲击载荷条件下结构或试样的动态响应情况与静力条件下有着很大的差别，上述静态载荷下的复合型断裂准则并不适合于冲击载荷下复合型裂纹的起裂情况。

在冲击载荷作用下，针对纯 Ⅰ、Ⅱ 型裂纹，目前常用的动态起裂判据主要有动态应力强度因子判据、动态 J 积分判据、最短时间判据和最小作用力判据等，但有关复合型裂纹的动态起裂判据报道较少。为了解不同裂纹角试样在冲击载荷作用下其 K_{Id} 和 K_{IId} 的相对关系，根据实验结果在 $K_{\mathrm{II}}/K_{\mathrm{Id}}^{0}-K_{\mathrm{I}}/K_{\mathrm{Id}}^{0}$ 平面上建立材料失效曲线（见图 9.42），其中 K_{Id}^{0} 为含 90° 裂纹试样所得 K_{Id} 的平均值。由图 9.43 知，从 90° 至 45°，$K_{\mathrm{I}}/K_{\mathrm{Id}}^{0}$ 随着 $K_{\mathrm{II}}/K_{\mathrm{Id}}^{0}$ 的增加呈上升趋势；从 45° 至 30°，$K_{\mathrm{I}}/K_{\mathrm{Id}}^{0}$ 的值有所减小。横轴上数据点为材料纯 Ⅱ 型动态断裂韧性值实验结果。

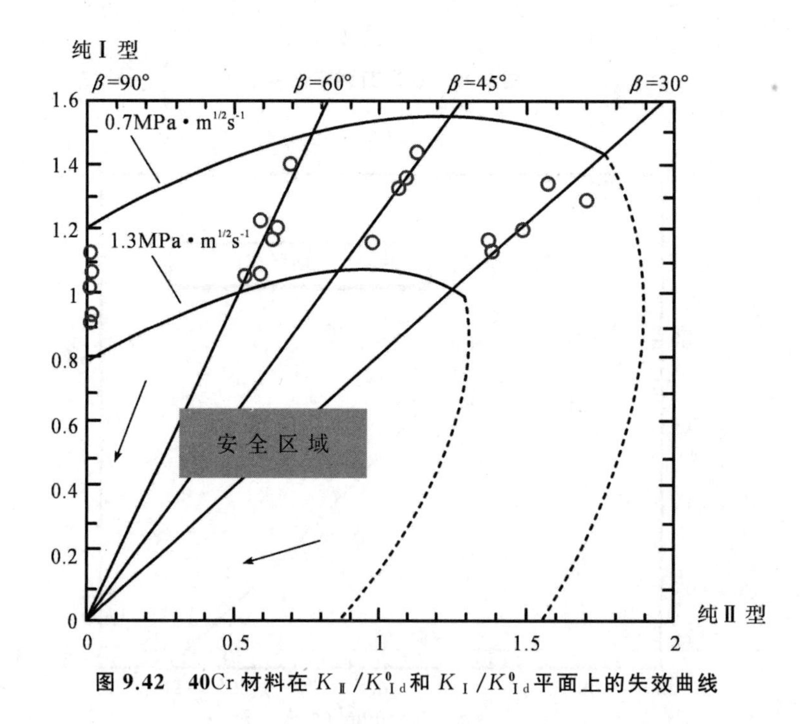

图 9.42　40Cr 材料在 $K_{\mathrm{II}}/K_{\mathrm{Id}}^{0}$ 和 $K_{\mathrm{I}}/K_{\mathrm{Id}}^{0}$ 平面上的失效曲线

习　　题

对于下图所示的对称试样，其下侧有一条 15 mm 长的裂纹，试样上侧作用一脉冲载荷 $P=10$ kN，载荷持续时间 50 μs，在加载持续到 20 μs 时，试样起裂。试采用有限元方法求解起裂时试样的动态应力强度因子（试样材料参数 $E=200$ GPa，$\upsilon=0.3$，$\rho=7\ 800$ kg/m³）。

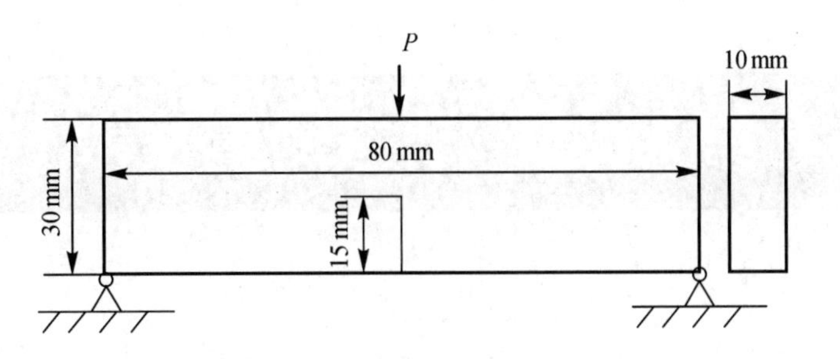
P
10 mm
80 mm
30 mm
15 mm

第 10 章　动态测量技术

10.1　电测法测量动态应变

电测法测量应变的最常用技术是电阻应变测量技术，这种技术的基础是电阻应变片，利用电阻应变片可以测得构件上的应变大小，进而获得应力、载荷等信息。电阻应变测量具有诸多优点，因而得到广泛应用，其主要优点包括：

(1)测量灵敏度和精度高。其最小应变读数可达 1 με，测量精度可达 1%。

(2)测量范围广。测量范围可以达到 1～50 000 με。

(3)标定常数稳定。在一定范围内不随时间或温度发生改变。

(4)响应速度快，可记录快速变化的信号。普通应变片频响时间约为 0.1 μs，半导体应变片可达 0.01 ns。

(5)应变片尺寸小，质量轻。应变片栅长可短至 0.2 mm，安装方便，不会影响构件的应力状态。

(6)测量量为电信号，可制成各种传感器，并可远距离测量。

(7)环境适应性好，可在多种恶劣环境下使用。

电阻应变测量同样也存在一些缺点，例如：只能测某一个点处的应变，只能测沿着某一个方向的应变，只能测构件表面的应变等。

10.1.1　电阻应变片的工作原理

1856 年，Lord Kelvin(原名 William Thomson)最先提出了电阻应变片工作的基本原理——“电阻应变效应”，即：导体的电阻随其机械变形而发生变化。对于长度为 L，横截面积为 A，电阻率为 ρ 的均质导体，电阻值为

$$R=\rho\frac{L}{A} \tag{10.1}$$

当金属导线沿其轴线方向受力变形(伸长或缩短)时，电阻值会随之发生变化(增大或减小)，这种现象就是电阻应变效应。对式(10.1)两端取对数并微分，可得

$$\frac{\mathrm{d}R}{R}=\frac{\mathrm{d}\rho}{\rho}+\frac{\mathrm{d}L}{L}-\frac{\mathrm{d}A}{A} \tag{10.2}$$

式中，$\mathrm{d}L/L$ 和 $\mathrm{d}A/A$ 分别为导体长度和横截面积的相对变化。若导线截面是直径为 D 的圆形，则

$$\frac{\mathrm{d}A}{A}=2\frac{\mathrm{d}D}{D}=2\left(-\upsilon\frac{\mathrm{d}L}{L}\right)=-2\upsilon\varepsilon \tag{10.3}$$

式中，υ 为导线的泊松比。由此可得

$$\frac{dR}{R}=\frac{d\rho}{\rho}+(1+2\upsilon)\varepsilon \tag{10.4}$$

对于常用的电阻丝材料，在弹性变形阶段，电阻的相对变化与应变呈线性关系，式(10.4)可以写成以下形式：

$$\frac{dR}{R}=\left[\frac{d\rho}{\rho}\frac{1}{\varepsilon}+(1+2\upsilon)\right]\varepsilon=K\varepsilon \tag{10.5}$$

式中，$K=\frac{d\rho}{\rho}\frac{1}{\varepsilon}+(1+2\upsilon)$，为该电阻丝的应变灵敏度系数，它取决于电阻丝的材料。应变片的灵敏度系数一般由其生产厂家给出，常用的金属应变片 K 通常在 $2\sim4$ 之间。

单独电阻丝并不能直接用来测量应变，需要将其与其他部分结合起来，形成应变片。电阻应变片一般由敏感栅、引线、基底、盖层、黏结剂组成，其构造如图 10.1 所示。

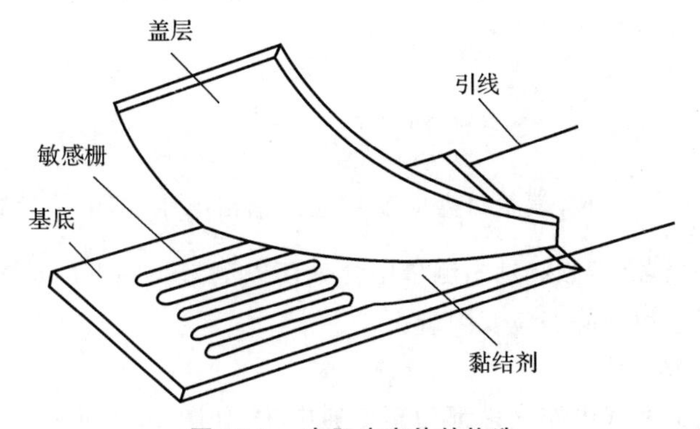

图 10.1　电阻应变片的构造

敏感栅是应变片的主体部件，一般由合金丝或者合金箔制成，主要功能是将应变信息转化为电信号；引线的功能是将敏感栅产生的电信号引出，一般由镀锡铜线制成；基底用来保持敏感栅的形状和相对位置，并与待测物表面相接触；盖层用来保护敏感栅不受磨损，还起到绝缘的作用；黏结剂的作用是将基底、敏感栅和盖层固定在一起。

10.1.2　应变测量电路

1. 电位计式电路

图 10.2 为一般的电位计式电路，电阻 R 串联一个电阻 R_b。当恒压源供电时，若将 R_b 与 R 置于相同环境下，R_b 可作为温度补偿片。

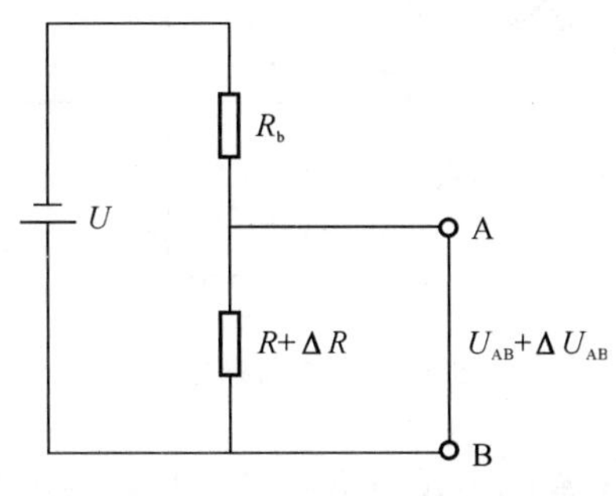

图 10.2　一般的电位计式电路

电位计式电路的输出电压为

$$U_{AB}=\frac{R}{R+R_b}U \tag{10.6}$$

当 R 与 R_b 分别有增量 ΔR 与 ΔR_b 时，则有

$$\Delta U_{AB}=\left(\frac{R+\Delta R}{R+\Delta R+R_b+\Delta R_b}-\frac{R}{R+R_b}\right)U \tag{10.7}$$

令 $R/R_b=r$ 后，则有

$$\Delta U_{AB}=\frac{r}{1+r^2}\left(\frac{\Delta R}{R}-\frac{\Delta R_b}{R_b}\right)\left[1+\frac{r}{1+r}\left(\frac{\Delta R}{R}+r\frac{\Delta R_b}{R_b}\right)\right]^{-1}U \tag{10.8}$$

因为 $\Delta R/R$，$\Delta R_b/R_b$ 远小于 1，所以式(10.8)可化简为

$$\Delta U_{AB}=\frac{r}{1+r^2}\left(\frac{\Delta R}{R}-\frac{\Delta R_b}{R_b}\right)U \tag{10.9}$$

在实际测量中

$$\Delta U_{AB}=\frac{r}{1+r^2}UK_{\varepsilon}$$

令 $S=\frac{\Delta U_{AB}}{\varepsilon}=\frac{r}{1+r^2}UK$，表示每微应变对应的输出电压，即电位计式电路的灵敏度。

电位计式电路较简单，在高频动态测量中常采用以测量高频率的动态应变、振动和冲击，但电位计式电路并不适用于静态应变测量。

2. 惠斯通电桥电路

应变测量中采用的桥式电路大多都为惠斯通电桥，如图 10.3 所示。U 为供桥电压，U_0 为输出电压，R_1、R_2、R_3、R_4 为桥臂电阻。有

$$U_0=U_{AB}-U_{AD}=\frac{UR_1}{R_1+R_2}-\frac{UR_3}{R_3+R_4}=\frac{R_1R_3-R_2R_4}{(R_1+R_2)(R_3+R_4)}U \tag{10.10}$$

当 $U=0$ 时，电桥平衡，即 $R_1R_3=R_2R_4$，也正是有这种平衡的特点，才能测出静态应变。

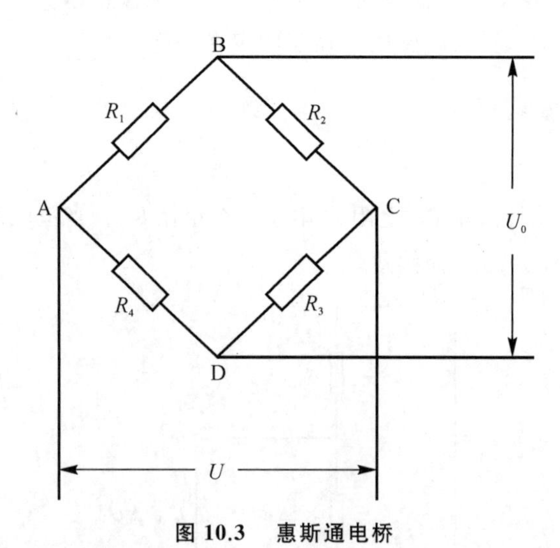

图 10.3　惠斯通电桥

一般情况下，桥路设计会选择 $R_1=R_2=R_3=R_4$，此时称为等臂电桥。任何一个桥臂上的

电阻都可以更换为应变片。

当原处于平衡的电桥各臂阻值都发生了变化时，记为 ΔR_1、ΔR_2、ΔR_3、ΔR_4，此时

$$U_0=\frac{(R_1+\Delta R_1)(R_3+\Delta R_3)-(R_2+\Delta R_2)(R_4+\Delta R_4)}{(R_1+\Delta R_1+R_2+\Delta R_2)(R_3+\Delta R_3+R_4+\Delta R_4)}U \tag{10.11}$$

利用 $R_1R_3=R_2R_4$，并略去小量，得到

$$U_0=\frac{R_1R_2}{(R_1+R_2)^2}\left(\frac{\Delta R_1}{R_1}-\frac{\Delta R_2}{R_2}+\frac{\Delta R_3}{R_3}-\frac{\Delta R_4}{R_4}\right)U \tag{10.12}$$

当 $R_1=R_2=R_3=R_4$，且应变片出自同一批时，得到

$$U_0=\frac{U}{4}\left(\frac{\Delta R_1}{R_1}-\frac{\Delta R_2}{R_2}+\frac{\Delta R_3}{R_3}-\frac{\Delta R_4}{R_4}\right)=\frac{UK}{4}(\varepsilon_1-\varepsilon_2+\varepsilon_3-\varepsilon_4) \tag{10.13}$$

考虑到应变的正负，根据电桥的性质，布置应变片时，一般使电桥相邻桥臂的电阻变化异号，使电桥相对桥臂的电阻变化同号。因此，此时电桥的灵敏度如下：

1 个桥臂工作时，灵敏度为 $KU/4$；

2 个桥臂工作时，灵敏度为 $KU/2$；

4 个桥臂工作时，灵敏度为 KU。

在实际测量中，利用电桥的特性采用不同的接桥方法，可以达到不同的目的，例如提高灵敏度或者温度补偿等。

10.1.3　动态测量需注意的问题

1. 应变片的动态响应

在测量静态应变或者应变变化频率不高时，通常认为应变片对构件的应变的响应是足够快的，但是在测量变化频率较高的动态应变时，则需要考虑应变片的响应时间问题。快速变化的应变是以应变波的形式在材料中传播的，在厚度方向上，应变波由试件材料表面，经黏合层、基片传播到敏感栅，由于整体厚度很薄，这一过程所需的时间是非常短暂的，因此可以忽略不计。但是由于应变片的敏感栅相对较长，当应变波在栅长方向传播的时候，只有应变波全部通过敏感栅时，应变片的输出信号才能反映应变波的真实信息。如果应变变化速率过快，那么应变波的真实信息就不会被反映。

若假设测量是按正弦规律变化的应变波，由于应变片反映的是栅长范围内的平均应变，所以应变片所反映的波幅低于真实应变波，如图 10.4 所示，此时应变片正处于应变波达到最大幅值的瞬时，有

$$\left.\begin{aligned}x_1&=\frac{\lambda}{4}-\frac{l_0}{2}\\x_2&=\frac{\lambda}{4}+\frac{l_0}{2}\end{aligned}\right\} \tag{10.14}$$

$$\varepsilon_p=\frac{\int_{x_1}^{x_2}\varepsilon_0\sin\frac{2\pi}{\lambda}x\,dx}{x_2-x_1}=\frac{\lambda\varepsilon_0}{\pi l_0}\sin\frac{\pi l_0}{\lambda} \tag{10.15}$$

式中：l_0 是应变片栅长（基长）；ε_p 是栅长内测得的平均应变的最大值；λ 是应变波波长。

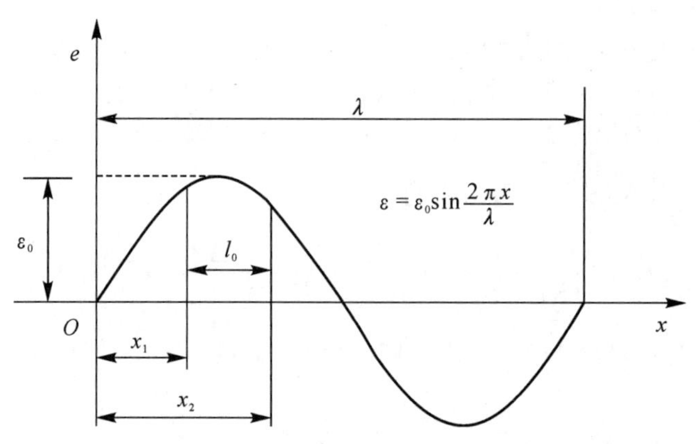

图 10.4　某一时刻构件表面的应变分布(正弦应变波)

应变波幅值的相对误差为

$$e=\left|\frac{\varepsilon_p-\varepsilon_0}{\varepsilon_0}\right|=\frac{\lambda}{\pi l_0}\sin\frac{\pi l_0}{\lambda}-1 \tag{10.16}$$

不难发现,波长与基长比值越大时,误差越小。

对于基长的选择,同样还要考虑精度的影响,图 10.5 所示为应变波为阶跃波以及理论响应特性和实际响应特性的应变波情况。

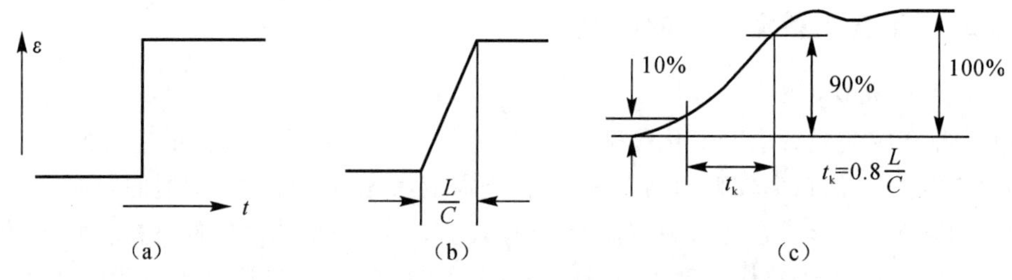

图 10.5　应变波情况

(a) 构件承受的矩形应变波;(b) 应变片栅长 L 引起的上升时间的滞后;(c) 应变片测出的应变波

以应变为 $10\%\varepsilon_0$ 的时刻到 $90\%\varepsilon_0$ 的时刻作为应变波的建立时间 t_k,则

$$t_k=0.8\frac{L}{C} \tag{10.17}$$

式中,C 为应变波波速,从式(10.17)可得相应精度要求下基长的大小。

2. 应变片的选择与粘贴

实际应用时,应变片的选择应从测试环境、应变的性质、应变变化梯度、粘贴空间、测量精度和应变片自身特点等方面加以考虑。

测试的环境主要考虑温度、电磁场等;对于应变的性质,动态应变测量选择疲劳寿命强、蠕变和滞后小的应变片。选择的应变片应无气泡、霉斑、锈点、短路、断路等缺陷。对于应变场均匀变化的被测对象,对应变片栅长没有特殊要求,可选栅长大的应变片,易于粘贴,对于应变梯度变化大的测点,可选用栅长较小的应变片。可用的粘贴空间也影响着应变片的选择,特别是窄小空间宜选用栅长小的应变片。使用多个应变片时,尽量使用阻值(不超过 0.5 Ω)相近的

应变片，测量时容易调整平衡。

对于应变片的粘贴，应选择蠕变和滞后小的粘贴剂，为防止引线受力以及导线连接处焊点损坏，焊点附近的导线应呈弓形用以缓冲，并将另一端适当固定。

由于一片应变片只能测定一个方向的应变，所以在实际测量中，要根据情况，经过力学分析，确定不同应变片的粘贴方法。例如，对于单向应力状态，只需要沿着主应力方向粘贴一片应变片，再利用单向应力状态的胡克定律便可得到应力大小，但一般来说，应变片贴在构件的表面时，处于二向应力状态。此时，若两个应力主方向已知，那么可直接在主方向各贴一片应变片，然后通过广义胡克定律得到两个主应力的大小。

$$\left.\begin{aligned}\sigma_1 &= \frac{E}{1-\upsilon^2}(\varepsilon_1+\upsilon\varepsilon_2)\\ \sigma_2 &= \frac{E}{1-\upsilon^2}(\varepsilon_2+\upsilon\varepsilon_1)\end{aligned}\right\} \tag{10.18}$$

当两个主应力方向未知时，则需要至少三片应变片，构成不同的角度，去测定不同方向的线应变，从而确定一点的应力状态。常用的应变花有 90°应变花、45°应变花和 60°应变花，等等。

10.2　全场应变测量技术

采用电测法测量动态应变具有测量系统简单、响应时间短等优点，可以获得应变随时间变化的连续历史曲线，因此得到了广泛应用。但是，电测法一般只能给出一个或几个离散点处的应变历程，而无法获得全场应变信息。为克服这一缺点，科研工作者们开发了多种全场应变测量技术，如光弹性法、云纹法、全息干涉法、焦散线法等。本节主要介绍近年来发展最为迅速，应用最为广泛的数字图像相关法。

数字图像相关(Digital Image Correlation，DIC)又称为数字散斑相关(Digital Speckle Correlation，DSC)，是一种光学测量变形体表面变形信息的方法。数字图像相关方法是基于灰度不变假设，认为物体在变形过程中表面各点的灰度保持不变，通过采集物体表面变形前、后的两幅图像，根据两幅图像中散斑光强的相关性来确定物体表面的位移场和应变场。

设参考图像的灰度矩阵为 $\boldsymbol{f}(x,y)$，变形图像的灰度矩阵为 $\boldsymbol{g}(x,y)$，采用数字图像相关方法的目的是，在变形图像中搜索到一点(x',y')与参考图像中的(x,y)点满足

$$\boldsymbol{f}(x,y)=\boldsymbol{g}(x',y') \tag{10.19}$$

在实际情况中，物体受力产生变形时不仅有简单的刚体平移，还会有转动、伸缩、扭曲变形。如图10.6所示，变形前、后图像的子区不仅中心位置发生了变化，而且整个子区形状也发生了变化，因此一般可采用一阶位移模式来表示这种变化：

$$\left.\begin{aligned}x' &= x+u+\frac{\partial u}{\partial x}\mathrm{d}x+\frac{\partial u}{\partial y}\mathrm{d}y\\ y' &= y+v+\frac{\partial v}{\partial x}\mathrm{d}x+\frac{\partial v}{\partial y}\mathrm{d}y\end{aligned}\right\} \tag{10.20}$$

式中：(x,y)表示变形前子区中心点的坐标；(x',y')表示变形后子区中某一点的坐标；u,v表示变形前、后子区中心的位移；$\frac{\partial u}{\partial x},\frac{\partial u}{\partial y},\frac{\partial v}{\partial x},\frac{\partial v}{\partial y}$为图像子区的位移梯度；$\mathrm{d}x,\mathrm{d}y$为$(x',y')$点到变形后子区中心的距离。

在评价变形前、后图像中两点的相关性时，分别取以这两点为中心的$(2M+1)\times(2M+1)$像素的两个正方形子区，对这两个子区进行相关运算，得到的相关系数即代表这两个点的相关性。常用的相关准则包括：互相关准则(Cross Correlation Criteria)、最小平方距离相关准则(Sum - squared Difference Correlation Criteria)、参数最小平方距离相关准则(Parameteric Sum of Squared Difference Criteria)、零均值归一化最小平方距离相关准则(Zero - normalized Sum of Square Difference Criteria，ZNSSD)。以 ZNSSD 准则为例，其表达式如下：

$$C_{\mathrm{ZNSSD}}=\sum_{i=-M}^{M}\sum_{j=-M}^{M}\left[\frac{\boldsymbol{f}(x_i,y_j)-f_m}{\Delta f}-\frac{\boldsymbol{g}(x_i{}',y_j{}')-g_m}{\Delta g}\right]^2 \tag{10.21}$$

式中 $f_m=\frac{1}{(2M+1)^2}\sum_{i=-M}^{M}\sum_{j=-M}^{M}\boldsymbol{f}(x_i,y_j)$，　$g_m=\frac{1}{(2M+1)^2}\sum_{i=-M}^{M}\sum_{j=-M}^{M}\boldsymbol{g}(x_i{}',y_j{}')$

$$\Delta f=\sqrt{\sum_{i=-M}^{M}\sum_{j=-M}^{M}[\boldsymbol{f}(x_i,y_j)-f_m]^2},\quad \Delta g=\sqrt{\sum_{i=-M}^{M}\sum_{j=-M}^{M}[\boldsymbol{g}(x_i{}',y_j{}')-g_m]^2}$$

该相关系数的取值越接近 0，表示两点的相关性越高。经简单推导即可证明，该相关系数具有对灰度线性变换的不变性。

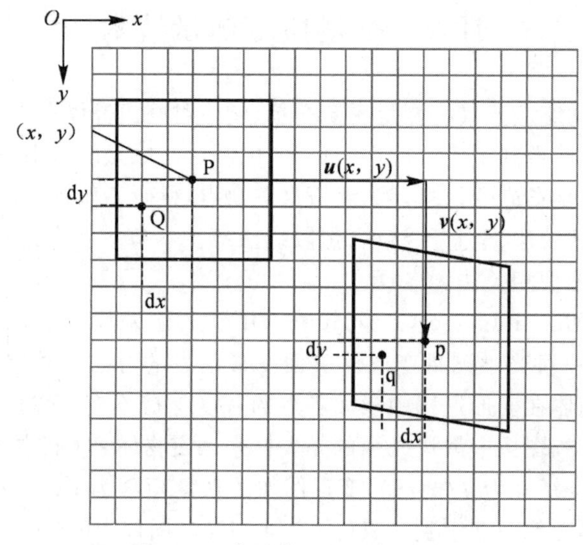

图 10.6　变形前、后子区示意图

数字图形相关方法的全过程可描述为在参考图像中选取一点(x,y)，并以该点为中心的$(2M+1)\times(2M+1)$像素的正方形区域作为计算子区，在变形图像中搜索与该子区相关系数为极值的以(x',y')为中心的图像子区，从而可以得到参考图像中点(x,y)的位移$u=x-x'$，$v=-(y-y')$(负号表示图像坐标系与位移坐标系的转换)，重复上述过程即可得到位移场。在实际计算中，通常将感兴趣区域划分成虚拟网格的形式，所有网格节点位移组成了全场位移。相邻网格节点之间的距离为计算步长(Step Size)。

在变形图像中搜索与参考图像子区相关的子区时，可采用的主要方法包括曲面拟合法、梯度法、N - R(Newton - Raphson)法等。从计算出的位移场估计应变场时，可采用局部最小二乘拟合法。

10.3　动态全场应变测量需要注意的问题

尽管近年来数字图像相关方法与实验测量技术已得到极大的发展，但在动态下使用的过程中还存在不少问题。动态变形往往涉及所测物体的高速运动，同时在图像采集、传输、输出的过程中，面临多方面噪声的干扰，使得获得的图像质量不能满足要求。数字图像处理技术可以在一定程度上弥补拍摄图片的不足。

10.3.1　图像畸变修正

图像的畸变主要由镜头引起，镜头的畸变主要分为径向畸变和偏心畸变。将镜头的成像原理假设为小孔成像原理，将目标从三维空间转换到二维平面上。径向畸变由镜头径向曲率变化引起，离光学中心越远，畸变越大。根据畸变的方向不同，分为正径向畸变量和负径向畸变量。正径向畸变量又称桶型畸变，像点向远离图像中心点的方向移动。相反，负径向畸变量又称枕型畸变，像点向接近图像中心点的方向移动。径向畸变的数学模型为

$$x_d = x(k_1 r^2 + k_2 r^4 + k_3 r^6 + \cdots) \tag{10.22}$$

$$y_d = y(k_1 r^2 + k_2 r^4 + k_3 r^6 + \cdots) \tag{10.23}$$

式中：$r^2 = x^2 + y^2$ 为点到光学中心的距离；k_1、k_2、k_3 为径向畸变系数。

偏心畸变产生的原因是镜头的主光轴偏离图像中心，从而使畸变图像关于中心点不对称。这类畸变由径向偏差和切向偏差组成。其中切向偏差的数学模型为

$$x_d = 2p_1 xy + p_2(r^2 + 2x^2) + \cdots \tag{10.24}$$

$$y_d = 2p_2 xy + p_1(r^2 + 2y^2) + \cdots \tag{10.25}$$

图像畸变的过程可表示为

$$f(x,y) = T[f(u,v)] \tag{10.26}$$

式中：$f(u,v)$ 为理想图像；$f(x,y)$ 为畸变的图像；$T[\cdot]$ 为图像在采集过程中发生的非线性转换，该非线性转换以光学系统光轴为中心，具有对称性。

畸变校正一般分为两个步骤：第一步，几何变换，即图像空间的坐标变换；第二步，灰度插值，即赋予几何变换后各像素相应的灰度值。

图像的几何变换方法是通过理想图像 $f(u,v)$ 上的某些像素点和畸变图像 $f(x,y)$ 相对应的位置处的像素点，建立起坐标之间的映射关系，求出映射关系相应系数，然后根据由此建立的函数关系对图像中的各个像素坐标进行校正。几何变换的关键在于确定映射关系，通常这种映射关系是非线性的，可以用坐标间的多项式变换来表示：

$$x_d = \sum_{i=0}^{n} \sum_{j=0}^{n-i} a_{ij} x^i y^j \tag{10.27}$$

$$y_d = \sum_{i=0}^{n} \sum_{j=0}^{n-i} b_{ij} x^i y^j \tag{10.28}$$

校正精度与 n 有关，n 越大，校正精度也越高，但计算量也随之增加。若 n 选择过大，不仅不能提高精度，还会增加解的不稳定性。通常情况下，$n=2$ 时能较好地满足精度需求，此时映射关系表示为

$$x_d = a_0 + a_1 x + a_2 y + a_3 xy + a_4 x^2 + a_5 y^2 \tag{10.29}$$

$$y_d = b_0 + b_1 x + b_2 y + b_3 xy + b_4 x^2 + b_5 y^2 \tag{10.30}$$

采用拟合曲面的方法对选择的控制点进行拟合，从而用最小二乘法计算出待定系数 a_i 和 b_j，由此建立理想图像与畸变图像之间的坐标映射关系。

经过几何校正后，需要进行灰度插值，对像素赋予相应灰度值。常用的灰度插值方法有最近邻插值、双线性内插值和三次内插值方法。

最近邻插值方法是最简单的灰度插值方法，也称作零阶插值。经过几何变换，整数坐标 (x, y) 映射到分数坐标 (u,v)，将变换后像素的最邻近点的灰度作为该像素的灰度。这种方法虽然简单，但是在校正的过程中使图像引入最大半个像素的误差，精度比较低，并且可能会造成插值生成的图像灰度上的不连续，在灰度变化的地方可能会有明显的锯齿状和板块效应。

双线性内插值方法又称一阶插值，其核心思想是在两个方向上分别进行一次线性插值。假设有与插值点 (x,y) 相邻的四个点分别为 (x_1,y_1)、(x_2,y_2)、(x_3,y_3)、(x_4,y_4)，其中 $x_1 \leqslant x \leqslant x_2, y_1 \leqslant y \leqslant y_2$，灰度值分别为 z_1, z_2, z_3, z_4。首先在 x 方向进行线性插值，得到

$$z_{12} = \frac{x_2 - x}{x_2 - x_1} z_2 + \frac{x - x_1}{x_2 - x_1} z_1 \tag{10.31}$$

$$z_{34} = \frac{x_2 - x}{x_2 - x_1} z_4 + \frac{x - x_1}{x_2 - x_1} z_3 \tag{10.32}$$

然后在 y 方向进行线性插值，得到插值点的灰度为

$$z = \frac{y_2 - y}{y_2 - y_1} z_{34} + \frac{y - y_1}{y_2 - y_1} z_{12} \tag{10.33}$$

双线性内插值法没有灰度不连续的缺点，但是它具有低通滤波的性质，高频分量受损，使图像的轮廓有一定的模糊，但一般能满足需求。

三次内插值需要在插值点附近找到 16 个邻近点。三次内插法是用三次多项式 $S(x)$，在理论上逼近最佳插值函数 $\sin(x)/x$。$S(x)$ 的数学表达式为

$$S(x) = \begin{cases} 1 - 2|x|^2 + |x^3|, & 0 \leqslant |x| < 1 \\ 4 - 8|x| + 5|x|^2 - |x^3|, & 1 \leqslant |x| < 2 \\ 0, & |x| \leqslant 2 \end{cases} \tag{10.34}$$

设插值点为 (u,v)，由 (x,y) 经几何变换得到。插值点其邻近的 16 个点的灰度表示为

$$\boldsymbol{B} = \begin{bmatrix} f(x-1,y-1) & f(x-1,y) & f(x-1,y+1) & f(x-1,y+2) \\ f(x,y-1) & f(x,y) & f(x,y+1) & f(x,y+2) \\ f(x+1,y-1) & f(x+1,y) & f(x+1,y+1) & f(x+1,y+2) \\ f(x+2,y-1) & f(x+2,y) & f(x+2,y+1) & f(x+2,y+2) \end{bmatrix} \tag{10.35}$$

记插值变换矩阵为 $\boldsymbol{A}$ 和 $\boldsymbol{C}$：

$$\boldsymbol{A} = \begin{bmatrix} S(1+v-y) \\ S(v-y) \\ S(1-v+y) \\ S(2-v+y) \end{bmatrix}^{\mathrm{T}} \tag{10.36}$$

$$\boldsymbol{C} = \begin{bmatrix} S(1+u-x) \\ S(u-x) \\ S(1-u+x) \\ S(2-u+x) \end{bmatrix} \tag{10.37}$$

则通过三次内插值方法得到的插值点的灰度为

$$f(u,v)=\boldsymbol{ABC} \tag{10.38}$$

三次内插值方法的效果好,校正精度高,但是计算量非常大,尤其当图像尺寸增大时,为硬件的实现也带来一些麻烦。

例 10.1　桶型畸变校正

图像几何畸变校正的基本思路是:建立理想图像与畸变图像之间的映射关系,通过坐标变换以及灰度插值获得校正后的图像。

桶型畸变校正可采用模板法,使用网格模板,建立畸变图像与理想图像中网格交叉控制点间的对应关系,由此建立数学模型用于畸变校正。网格模板如图 10.7 所示。

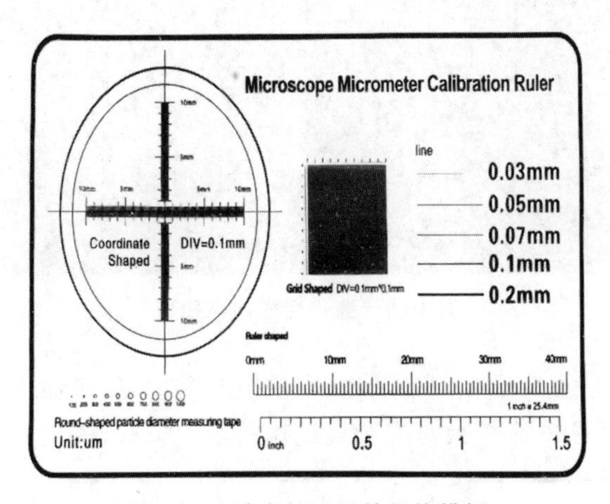

图 10.7　畸变校正用的网格模板

例 10.2　畸变校正过程

本例采用的网格模板单元尺寸为 0.1 mm×0.1 mm。经标定,所采用的高速显微拍摄系统的放大倍率为 7 倍。系统分辨率为 4.28 μm。于是得到网格单元边长在图像中占 23 个像素。拍摄得到的网格图像如图 10.8 所示。

图 10.8　拍摄得到的网格图像

对于径向畸变，很容易通过肉眼观察得到其畸变类型。本例中将对桶型畸变进行畸变校正。首先对拍摄得到的图像进行二值化处理，再通过形态学处理得到细化图像。细化后的网格图像如图 10.9 所示。

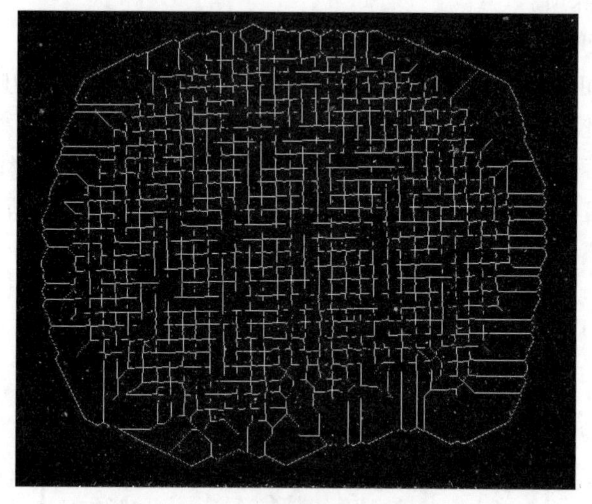

图 10.9　细化后的网格图像

接着采用模板匹配法提取细化网格图像的交叉控制点。针对细化图像中网格交叉点出现的多种不规则情况，共采用 6 个模板对连续点进行匹配与提取，模板如图 10.10 所示。

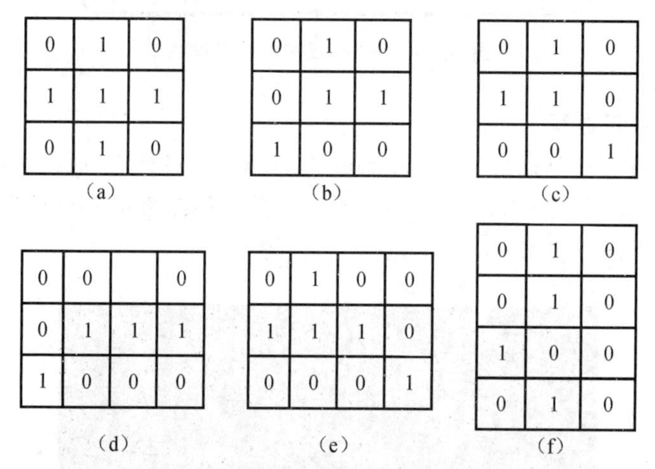

图 10.10　交叉控制点匹配模板

其中模板(a)用于匹配无畸变的交叉控制点，模板(b)和(c)用于匹配畸变较大的交叉控制点，模板(d)(e)(f)用于匹配畸变较小的交叉控制点。将模板原点置零，可用于断点的检测。为防止交叉控制点的重复检测，对每个交叉控制点的 10×10 邻域内进行搜索，去除重复的交叉控制点。

随后建立理想网格图像。由于实际拍摄的网格垂直边并不完全是垂直于地面的，其在平行于传感器平面的二维空间上存在旋转运动。径向畸变图像的中心处的畸变基本是可忽略的，因此提取中心附近三条可忽略畸变的直线段，通过最小二乘法拟合出直线斜率，由此求得网格的倾斜角度 θ。由此，建立单元边长为 23 个像素的理想网格后，将网格旋转 θ 角度后，与

图像中心对应。用相同的方式提取网格交叉控制点。

由于本例中视场为圆形，考虑到操作的简便性，截取图像中圆形视场的一个内接矩形。该矩形经验证完全包含了测试的试样。提取交叉控制点并获取互相对应的理想网格和畸变网格后，为建立两者交叉控制点之间的对应关系，对两个点的集合进行排序。使用区域搜索的方法，通过人机交互选定第一个控制点，使用 46×10 的模板沿图像 y 轴向下搜索，确定每一水平曲线的起始点。再从每一起始点开始，使用 10×46 的模板向 x 轴正向进行搜索，获得每条曲线上交叉控制点的顺序坐标。同样的排序方式使得两个网格交叉控制点集合中的坐标一一对应。

本例所用的几何变换模型为式(10.29)与式(10.30)。通过最小二乘法得到畸变系数 $[a_0\ a_1\ a_2\ a_3\ a_4\ a_5]$ 和 $[b_0\ b_1\ b_2\ b_3\ b_4\ b_5]$。这两组系数，便是本例系统的畸变系数，可用于畸变校正所有由该系统所拍摄的图像。

由求得的畸变系数建立的坐标变换函数，求解得到畸变图像像素点对应的原始坐标。最后进行灰度插值。本例采用双线性内插值方法，得到灰度重建后的图像，如图 10.11 所示。

图 10.11　灰度重建后的图像

下面对畸变校正效果进行评价。

如图 10.11 所示，从主观上可以明显观察到畸变校正后的结果，边缘处曲线经校正后更加接近直线，还可以由校正前、后直线的曲率来定量评价畸变校正的结果。

在之前的操作中，可提取校正前、后图像中最边缘同一条曲线上的网格交叉控制点。将这些控制点拟合成一条曲线，分别计算其曲率。校正后的曲线的曲率应小于校正前的曲率。

以提取最下方的曲线为例，分别提取网格控制点，拟合为二次多项式。y_1 代表校正前的曲线，y_2 代表校正后的曲线，其拟合后的曲线的表达式分别为

$$y_1=(-4.1997\times10^{-5})x^2+0.0041x+437.9974 \tag{10.39}$$

$$y_2=(-1.4357\times10^{-6})x^2-0.0258x+446.9305 \tag{10.40}$$

对式(10.39)和式(10.40)求导后，在 $x>0$ 时，显然 $y_1'>y_2'$，说明校正后同一条直线的曲率减小。将两条曲线从主观上对比评价，校正效果更为明显。如图 10.12 所示，上侧曲线代表校正后的曲线，下侧曲线代表校正前的曲线，两者差距一目了然，校正后的曲线更接近直线。

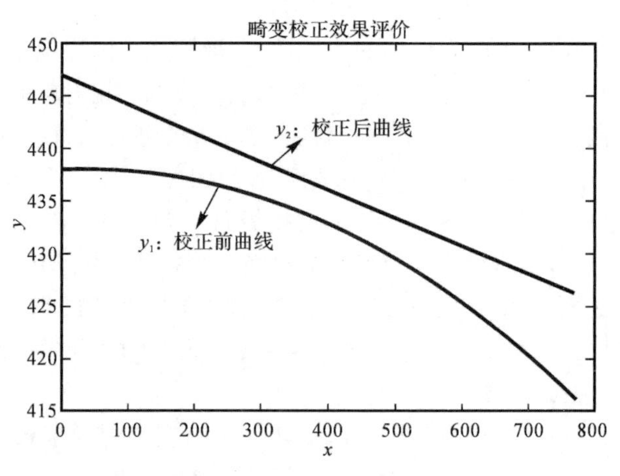

图 10.12　畸变前后曲线对比

10.3.2　图像增强技术

图像增强技术是最常用的图像处理技术。图像增强的目的是按照需求突出图像中的目标信息，使处理后的图像更符合人眼的视觉特性，更易于机器识别或使得目标更加突出。其在医学成像、遥感成像等领域，作为目标识别、特征点匹配等多种算法的预处理算法，有着极为广泛的应用。

图像增强的方法有很多，比如直方图均衡图像增强算法、小波变换图像增强算法、偏微分方程图像增强算法和基于 Retinex 理论的图像增强算法等。其中直方图均衡算法原理简单，计算量小，能增大图像动态范围和提高图像对比度，是最为常用的图像增强算法。

直方图均衡化就是对图像进行非线性拉伸，使得变换后的图像直方图分布均匀。直方图表示数字图像中每一灰度出现频率的统计关系。直方图能给出图像灰度范围、每个灰度的频度和灰度的分布、整幅图像的平均明暗和对比度等概貌性描述。灰度直方图是灰度级的函数，反映的是图像中具有该灰度级像素的个数，其横坐标是灰度级 r，纵坐标是该灰度级出现的频率（像素的个数）$P_r(r)$。其离散形式可表示为

$$P_r(r_k)=\frac{n_k}{n} \tag{10.41}$$

式中：r_k 为离散灰度级；n_k 为图像中的灰度级 r_k 像素总数；n 为图像中像素总数。

整个坐标系描述的是图像灰度级的分布情况，由此可以看出图像的灰度分布特性，即若大部分像素集中在低灰度区域，图像呈现暗的特性；若像素集中在高灰度区域，图像呈现亮的特性。调整图像的直方图对图像增强而言是最简单有效的手段。

先考虑连续灰度值，用变量 r 表示待处理图像的灰度。通常假设 r 的取值范围为$[0,L-1]$，且 $r=0$ 代表黑色，$r=L-1$ 代表白色。灰度映射关系表示为

$$s=T(r),\quad 0\leqslant r\leqslant L-1 \tag{10.42}$$

对于输入图像中每一个具有 r 值的像素值产生一个输出灰度值 s。

可以假设：

(a) $T(r)$ 在区间 $0\leqslant r\leqslant L-1$ 上为单调递增函数；

(b) 当 $0 \leqslant r \leqslant L-1$ 时，$0 \leqslant T(r) \leqslant L-1$。

条件(a) 是为了保证输出灰度值不少于相应的输入值，防止灰度反变换时产生人为缺陷。条件(b) 是为了保证输出灰度的范围与输入灰度的范围相同。

常用的变换函数有

$$s = T(r) = (L-1)\int_0^r p_r(w)\mathrm{d}w \tag{10.43}$$

式(10.43) 的右边是随机变量 r 的累计分布函数。

由基本概率论可知，如果 $P_r(r)$ 和 $T(r)$ 已知，且在感兴趣的值域上 $T(r)$ 是连续可微的，则变换后的变量 s 的概率密度函数为

$$p_s(s) = p_r(r)\left|\frac{\mathrm{d}r}{\mathrm{d}s}\right| \tag{10.44}$$

由莱布尼兹准则可知，关于上限的定积分的导数是被积函数在该上限的值，即

$$\frac{\mathrm{d}s}{\mathrm{d}r} = \frac{\mathrm{d}T(r)}{\mathrm{d}r} = (L-1)\frac{\mathrm{d}}{\mathrm{d}r}\left[\int_0^r p_r(w)\mathrm{d}w\right] = (L-1)p_r(r) \tag{10.45}$$

将式(10.45) 代入式(10.44)，且概率密度值为正，则有

$$p_s(s) = p_r(r)\left|\frac{\mathrm{d}r}{\mathrm{d}s}\right| = p_r(r)\left|\frac{1}{(L-1)p_r(r)}\right| = \frac{1}{L-1},\quad 0 \leqslant s \leqslant L-1 \tag{10.46}$$

由式(10.46) 可知，这是一个均匀概率密度函数，$p_s(s)$ 始终是均匀的，与 $p_r(r)$ 的形式无关。

该变换的离散形式为

$$s_k(r) = T(r_k) = (L-1)\sum_{j=0}^{k} p_r(r_j) = \frac{(L-1)}{n}\sum_{j=0}^{k} n_j,\quad k = 0,1,2,\cdots,L-1 \tag{10.47}$$

变换 $T_r(r)$ 称为直方图均衡或者直方图线性变换。

普通的直方图均衡算法对整幅图像的像素使用相同的直方图变换，对于像素值分布均衡的图像效果很好，但对图像中包括明显比其他区域暗或者亮的部分，对比度将得不到有效的增强。因此引入自适应直方图均衡来实现局部的对比度增强。该算法将图像分割成若干块，在每个像素的规定邻域范围内进行直方图均衡，在每一个处理图像块边缘进行双线性内插处理，以消除由图像分块带来的块效应。

自适应局部直方图均衡在提高图像局部对比度的同时，容易过度放大图像相似部分的噪声。因此需对其对比度进行限幅，限制对比度自适应直方图均衡方法在自适应局部直方图均衡的基础上对每一个图像块进行对比度限幅。在指定的像素值周边的对比度增强主要取决于变换函数的斜度。这个斜度和邻域的累积直方图的斜度成比例。Clahe 通过在计算累计分布函数前用预先定义的阈值来裁剪直方图，以达到限制增强幅度的目的。由式(10.47)可知，这限制了累计分布函数的斜度，同时也限制了变换函数的斜度。直方图被裁剪的值，也就是所谓的裁剪限幅，取决于直方图的分布，因此也取决于邻域大小的取值。通常将直方图裁剪的值均匀地分布到直方图的其他部分。自适应直方图均衡的效果如图 10.13 所示，处理后的图像对比度大幅提高，亮度提升，视觉效果改善明显。

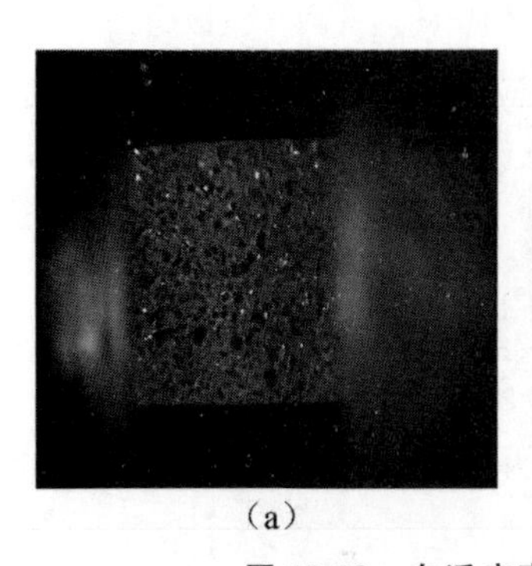

(a)

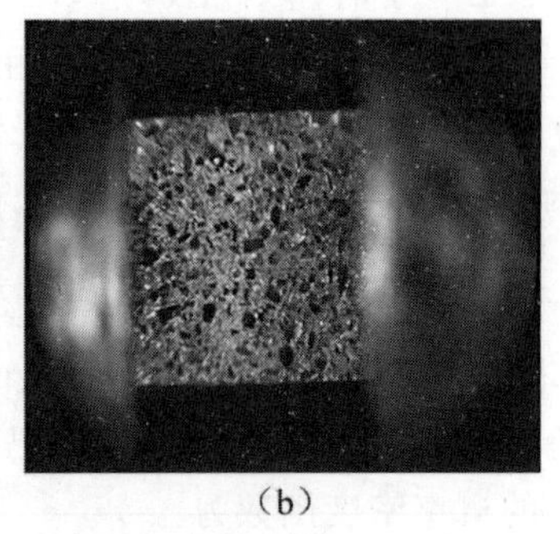

(b)

图 10.13 自适应直方图均衡效果对比

(a)原始图像;(b)自适应直方图均衡后的图像

例 10.3 基于自适应直方图均衡的背景去除法

本部分以冲击加载下的 SiC 颗粒增强铝基复合材料为例,采用高速相机拍摄其动态变形过程,并对所拍摄图像进行处理。在用霍普金森压杆加载过程中,通过同轴光源照明通常无法满足高速摄影时极短曝光时间内的照度需求,因此在镜头外侧添加闪光灯斜向照明补偿光照强度。由于试样几何尺寸小于加载杆,由此带来的问题为在试样靠近霍普金森杆端部分,光被杆遮挡,导致试样两端变得很暗,试样表面照度不均,使得肉眼观测其纹理等信息变得十分困难,也给后续的图像信息识别以及提取带来许多麻烦。可以采用背景去除法来解决照度不均的问题。

背景去除法作为一种空域的照度不均消除方法,其基本思想是将图像分割成若干块,重采样,提取图像块的特征信息,获得背景图像的估计值,然后和原图像进行运算,从而达到调整图像亮度的目的。该方法把图像作为目标图像与背景的简单相加,其数学模型为

$$f(x,y)=g(x,y)+h(x,y) \tag{10.48}$$

式中:$f(x,y)$ 为原图像;$g(x,y)$ 为处理后的图像;$h(x,y)$ 为拟合的背景图像。

图像块大小的选择是较为关键的步骤,若尺寸过小,可能导致有的图像块中不包含背景元素,从而导致校正误差。若尺寸过大,则不能精确地去除明暗过渡区域的光照不均的背景。本例中考虑到目标颗粒尺寸的大小,将图像分割为 30×30 大小的图像块,提取每个图像块中像素最小值作为背景特征点,通过后向映射和双三次内插值重构,拟合成与原图尺寸相同的背景图。值得一提的是,本例中采用的试样目标颗粒呈黑色,背景呈白色,因此为了操作简便,在处理前先将图像取反,使得背景为暗色。

为防止图像在插值时受到图像边缘的影响,本例在图像处理前,复制图像边缘附近的像素,向外扩展图像边缘,使得在图像边缘点至少能取得一个完整的以边缘点为中心的,规定大小的图像块。图像处理完成后,参照扩展方式裁剪图像,使其恢复至原始大小。

获得背景拟合图像后,选取适当的参数 k,在原图上减去背景图,得到处理后的结果为

$$g(x,y)=f(x,y)-k\times h(x,y) \tag{10.49}$$

通常,对于纹理图像以及具有平滑区域的图像,背景去除法具有很好的光照不均校正效果,然而在实际应用中,容易受到噪声的影响,并且由于试样经过打磨,在补偿斜照明后,容易在背景处产生过曝光现象。这样在选取图像块的背景信息时,容易将过曝点的灰度信息选择为背景点,造成拟合的误差,使得算法失效,并且由于试样表面照度低,背景的灰度和目标的灰

度的差距不是很大，因此更容易造成背景信息采样时的失误，过曝点导致背景估计时产生误差，背景去除后图像灰度分布不均，如图 10.14 所示。

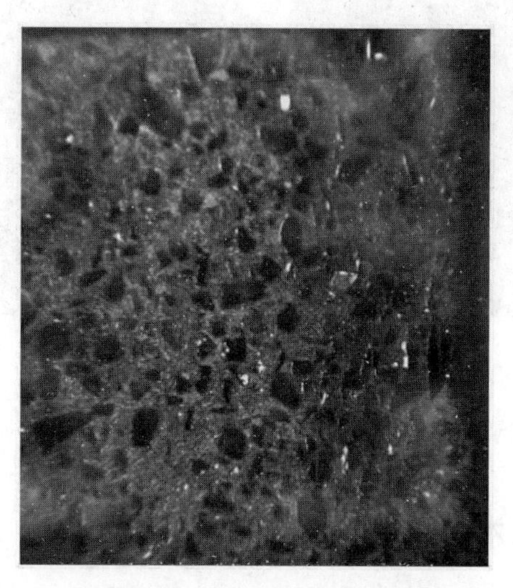

图 10.14　直接背景去除后的图像

为提升图像的动态范围，减小过曝点引起的误差，在进行背景去除前，首先对图像进行限制对比度自适应直方图均衡处理，使得过曝点与背景的灰度差减小，并且通过合适的图像块尺寸选择，使得背景拟合更为准确。

如图 10.15 所示，先使用限制对比度自适应直方图均衡处理，再进行背景去除，能更好地消除光照不均的影响，同时能够增强图像质量，提高颗粒、裂纹与基体之间的对比度。从视觉效果上来看，试样靠近霍普金森杆端的图像更加明显，更容易观察，并且裂纹也更加容易识别。

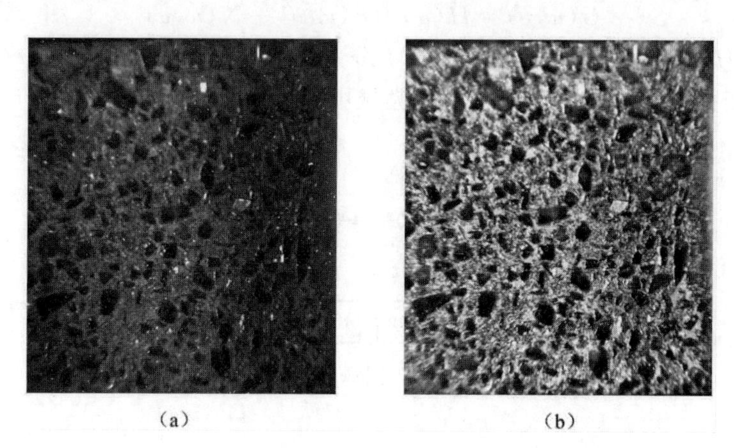

(a)　　　　　　　　(b)

图 10.15　自适应直方图均衡后背景去除图像效果

(a)原始图像；(b)处理后的图像

图 10.16(a)为基于自适应直方图均衡的背景去除法处理的图像，图 10.16(b)为 PS 处理后的图像。与商用软件 PS 做对比，显然此处采用的方法处理结果具有更好的对比度，颗粒更加容易识别。

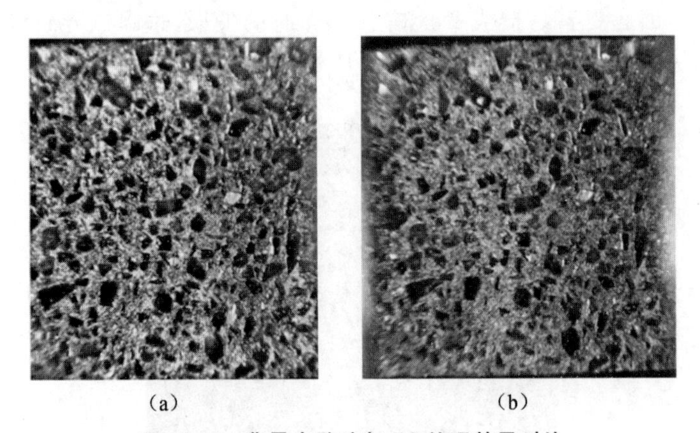

(a)　　　　　　　　　　　(b)

图 10.16　背景去除法与 PS 处理效果对比

(a)基于自适应直方图均衡的背景去除法的图像；(b)PS 处理后的图像

10.3.3　图像复原技术

10.3.3.1　图像退化模型

如图 10.17 所示，图像的退化通常被认为具有线性和空间不变性的特点。

其模型由退化函数和加性噪声组成，数学表达式为

$$g(x,y)=h(x,y)\otimes f(x,y)+n(x,y) \tag{10.50}$$

式中：$g(x,y)$ 为退化后图像；$f(x,y)$ 为原始图像；$h(x,y)$ 为退化函数；$n(x,y)$ 为加性噪声；符号 $\otimes$ 为卷积操作。

若将式(10.50) 两边同时进行傅里叶变换，则可以得到

$$G(u,v)=H(u,v)F(u,v)+N(u,v) \tag{10.51}$$

式中，$G(u,v)$、$H(u,v)$、$F(u,v)$ 和 $N(u,v)$ 分别表示 $g(x,y)$、$h(x,y)$、$f(x,y)$、$n(x,y)$ 对应的傅里叶变换。空域中的卷积操作在频域中转化为乘法运算，可以为计算带来极大的方便。

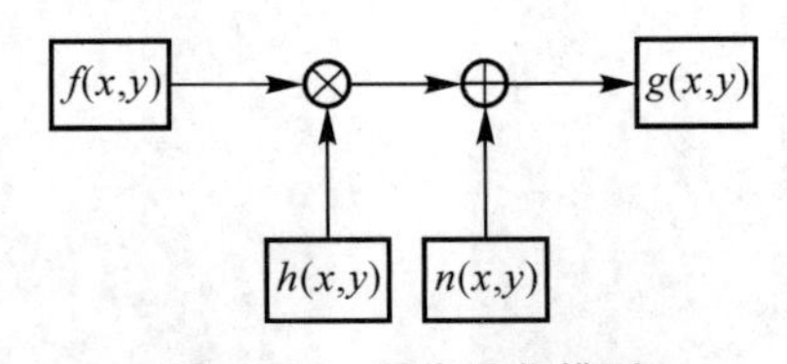

图 10.17　图像退化模型

10.3.3.2　离焦模糊模型

复原离焦图像一般采用两种离焦模型：圆盘离焦模型和高斯离焦模型。

(1)圆盘离焦模型。圆盘离焦模型是通过对离焦模糊图像的成像机理分析得到的。理想的光学系统对于点光源的成像在像平面上应当也是一个点，而对于离焦图像，则会成像为一个灰度均匀的弥散圆盘，因此离焦模糊的退化函数又称为点扩散函数(Point Spread Function, PSF)，数学表达式为

$$h(x,y)=\begin{cases}\dfrac{1}{\pi R^2}, & x^2+y^2\leqslant r^2\\ 0, & \text{其他}\end{cases} \tag{10.52}$$

式中:R 为模糊函数的半径,即弥散圆盘的半径。

$h(x,y)$ 的傅里叶变换为

$$H(u,v)=2\pi R\frac{\mathrm{J}(R\sqrt{u^2+v^2})}{\sqrt{u^2+v^2}} \tag{10.53}$$

式中:J(•) 为一阶第一类 Bessel 函数。

(2) 高斯离焦模型。与圆盘离焦模型不同,高斯离焦模型没有具体的光学成像理论基础。它是研究者通过结合不同因素总结出的模型,其数学表达式为

$$h(x,y)=\frac{1}{2\pi\sigma^2}\mathrm{e}^{-\frac{x^2+y^2}{2\sigma^2}} \tag{10.54}$$

式中:σ 为模糊参数。

高斯离焦模型忽略了具体的模糊类型,是综合得出的近似模型,虽然针对单一模糊复原不能完全精确复原,但较适用于模糊种类难以精确区分的情况。

10.3.3.3　运动模糊图像复原模型

实际的运动模糊大多情况下是由非匀速运动引起的,但是考虑到动态拍摄时较高的帧率与较短的曝光时间,将两帧之间目标的运动视为匀速直线运动。下面简单介绍常用运动模糊图像的处理方法。

假设原始图像为 $f(x,y)$,t 时刻 x、y 方向上的位移为 $x_0(t)$ 和 $y_0(t)$,曝光时间为 T,则运动模糊图像可表示为

$$g(x,y)=\int_0^T f[x-x_0(t),y-y_0(t)]\mathrm{d}t \tag{10.55}$$

对式(10.55)进行傅里叶变换可得

$$G(u,v)=F(u,v)\int_0^T \mathrm{e}^{-\mathrm{j}2\pi[ux_0(t)+vy_0(t)]}\mathrm{d}t \tag{10.56}$$

式中:$G(u,v)$、$F(u,v)$ 是 $g(x,y)$ 和 $f(x,y)$ 对应的傅里叶变换。

记 $H(u,v)$ 为运动模糊的退化函数在频域中的表达式,为

$$H(u,v)=\int_0^T \mathrm{e}^{-\mathrm{j}2\pi[ux_0(t)+vy_0(t)]}\mathrm{d}t \tag{10.57}$$

若只考虑水平方向的匀速直线运动,假设移动像素个数为 a,则有

$$x_0(t)=\frac{at}{T},\quad y_0(t)=0 \tag{10.58}$$

由此可得到水平匀速运动时的退化模型为

$$g(x,y)=\int_0^T f\left(x-\frac{at}{T},y\right)\mathrm{d}t \tag{10.59}$$

此时的退化函数为

$$h(x)=\frac{T}{a},\quad 0\leqslant x\leqslant a \tag{10.60}$$

其经过傅里叶变换后的表达式为

$$H(u,v)=T\frac{\sin(\pi ua)}{\pi ua}e^{-j\pi ua} \tag{10.61}$$

处理运动模糊图像通常分为两步，先估计运动模糊的点扩散函数，再通过图像复原算法进行图像复原。点扩散函数估计的关键在于运动方向和运动模糊距离。对于任意方向的运动模糊，通常先检测出运动方向，再通过旋转图像将它转化为水平运动模糊。

根据 $\sin(x)/x$ 函数的特性可知，在水平运动模糊的频谱中，必在 $u=n/a$ 处存在零点，在图中表示为平行的暗条纹。大量研究表明，暗条纹的倾斜方向和间距与运动模糊的参数息息相关。

使用 Randon 变换来检测频谱中暗条纹的方向。二维空间的 Randon 变换的定义为

$$R(\theta,\rho)=\int_D f(x,y)\delta(\rho-\cos\theta x-\sin\theta y)\mathrm{d}x\,\mathrm{d}y \tag{10.62}$$

式中：D 为被积的区域；θ 为旋转角度；ρ 为原点到直线的距离；$\delta(\cdot)$ 为冲激函数。

式(10.62) 表示 $f(x,y)$ 在一条直线上的投影，直线的斜率为 $\tan(\theta+\pi/2)$，截距为 $\rho/\sin\theta$。

对图像作 1°～180°的 Randon 变换，当在运动方向上时，由于积分直线束与频谱中的暗条纹平行，此时所得的投影向量应为所有向量中的最大值。由此，可得到模糊图像的运动方向。

水平匀速直线运动模糊图像的频谱图中的平行暗条纹是等间距分布的，根据它们之间的距离来求解运动模糊尺度。由于暗条纹具有一定宽度，因此在其频谱图中，平行暗条纹的方向是垂直于水平轴的。将频谱图中每一列的幅度值相加，得到每一列幅值和的曲线，计算相邻波谷的距离就可以得到运动模糊的尺度。

由此，构建运动模糊的点扩散函数模型，应用维纳复原等复原算法即可对运动模糊图像进行复原。

10.3.3.4 图像复原算法基础

传统的图像复原算法，包括维纳滤波、Richardson－Lucy 算法、EM 算法等，下面进行简单介绍。

(1)维纳滤波。维纳滤波是逆滤波的改进。假定图像信号和噪声均为广义平稳过程，使复原图像与模糊图像的均方误差最小。维纳滤波器在频域中的表达式为

$$H_w(u,v)=\frac{H^*(u,v)}{|H(u,v)|^2+P_n(u,v)/P_f(u,v)} \tag{10.63}$$

式中：$H(u,v)$ 为点扩展函数的傅里叶频谱；$H^*(u,v)$ 为点扩展函数的复共轭；$P_n(u,v)$ 为噪声功率谱；$P_f(u,v)$ 为信号功率谱。

因此，维纳滤波复原图像在频域中的求解公式为

$$F(u,v)=H_w(u,v)G(u,v) \tag{10.64}$$

式中：$F(u,v)$ 为复原图像的傅里叶频谱；$G(u,v)$ 为模糊图像的傅里叶频谱。

在实际应用中，噪声功率谱和信号功率谱往往难以估计，因此通常用一个常量 γ 来代替，这样维纳滤波器就转化为

$$H_w(u,v)=\frac{H^*(u,v)}{|H(u,v)|^2+\gamma} \tag{10.65}$$

(2)Richardson－Lucy 算法。Richardson－Lucy 算法(R－L 算法)是一种非线性迭代复

原算法。假设图像信号服从泊松分布，依据最大似然估计，有噪声时迭代表达式为

$$f_{k+1}=f_k\left(h\oplus\left|\frac{f\otimes h+n}{h\otimes f_k}\right|\right)\tag{10.66}$$

式中：k 为迭代次数；$\oplus$ 为相关运算；$\otimes$ 为卷积运算。

R-L算法的过程大致为：给出复原图像的初始值 f_0，将当前估计值与点扩散函数卷积；计算修正系数，然后根据修正系数修正图像的估计值；不断迭代直至指定迭代次数或到达预设阈值条件。R-L算法有一定鲁棒性，但在实际应用中，随迭代次数增大，R-L会产生一定的振铃效应，同时会使噪声放大。

(3)EM 算法。传统的图像复原算法总是需要提前获得点扩散函数才能获得精确的复原图像，同时容易受到噪声的干扰以及引起振铃效应，而实际应用中很少能提前知道点扩散函数，需要通过频域零点、模糊直线等其他信息估计点扩散函数。对于某些情况，图像中没有直线或者规则的圆形，无法估计线扩散函数。又因为噪声、光照等影响，图像局部离焦在频域中无法观察到黑色同心圆，因此难以估计点扩散函数。

EM 算法是 Dempster 等提出的一种基于极大似然估计的盲去模糊算法，它是由不完全观测数据来估计概率模型参数的一种算法，在不完全数据处理和分析中有着广泛的应用。其优点是利用数据扩张，将比较复杂的似然函数的最优化问题转化为一系列比较简单的函数的优化问题。

EM 算法的一般形式如下：假设有概率模型 $f(\boldsymbol{u};\theta)$，其中 θ 是模型参数，$f(u)$ 对离散型随机变量而言是分布函数，对连续随机变量而言是概率密度。如果能得到一个完全数据的 $\boldsymbol{u}$，那么可以通过最大化 $f(\boldsymbol{u};\theta)$ 或者 $\ln f(\boldsymbol{u};\theta)$ 来寻找 θ 的估计。然而在实际应用中通常观测不到完全数据 $\boldsymbol{u}$，只能观测到一个不完全数据 v。将 v 构成的集合记为 V，$\boldsymbol{u}\rightarrow V$ 为多对一映射。将不完全数据的似然函数记为 $g(v;\theta)$，则有

$$g(v;\theta)=\int_{U(v)}f(\boldsymbol{u};\theta)\mathrm{d}u\tag{10.67}$$

式中：$U=U(v)$，为逆映像。

通常能通过最大化 $g(v;\theta)$ 或最大化对数似然函数 $\ln g(v;\theta)$ 寻找到 θ。不过在实际应用中，通常使 $\ln f(v;\theta)$ 的期望达到最大值来寻找 θ。EM 算法采取迭代的形式，交替进行 E 步，即计算期望和 M 步，即最大化计算。

E 步：给定不完全观测 v，计 θ^i 为第 $i+1$ 次迭代开始时的传输估计值，计算对数似然 $\ln f(v;\theta)$ 的期望值，记为

$$Q(\theta\,|\,\theta^i)=E(\ln f(\boldsymbol{u};\theta)\,|\,v;\theta^i)=\int_{\boldsymbol{u}(v)}\ln f(\boldsymbol{u};\theta)p(\boldsymbol{u}\,|\,v;\theta^i)\mathrm{d}\boldsymbol{u}\tag{10.68}$$

E 步的实质为通过已知的概率模型、观测数据 v 和估计值 θ^i，来估计完全数据 $\boldsymbol{u}$ 中的未知部分的期望值。

M 步：将 $Q(\theta\mid\theta^i)$ 极大化，找到极值点 θ^i+1，作为参数的新估计，即

$$\theta^{i+1}=\underset{\theta}{\arg\max}\,Q(\theta\,|\,\theta^i)\tag{10.69}$$

EM 算法不涉及步长寻优这一问题，因此收敛稳健，能够收敛到局部极值。

在用 EM 算法复原图像时，通过设置模型参数，可以同时估计点扩散函数和原始图像。值得一提的是，点扩散函数的估计初值的尺寸选择对于复原结果有着很大的影响。如果规定的点扩散函数的支持域小于实际的支持域，那么估计出来的点扩散函数显然是不正确的。为

了保证实际的点扩散函数在预设的支持域范围内，应当假定大的支持域范围。

例 10.4　空间可变的图像离焦模糊复原

泊松效应的影响常常导致受载物在加载过程中不可避免地产生沿着镜头轴线方向的变形。在冲击实验中，当试样产生裂纹甚至断裂时，试样之间产生摩擦、挤压，导致其在沿镜头方向产生位移。一般而言，照相机镜头的放大倍率越高，景深越小。因此，采用显微镜头常常难以满足景深需求，在加载过程中常会出现离焦模糊，导致目标边缘模糊，丢失更多图像细节信息。

目前已有许多学者对图像离焦模糊复原开展了大量的研究，但往往只能针对单独的离焦模糊，并且图像的每个像素都具有相同的点扩散函数。然而，在实际实验中，往往不只有离焦模糊。在图像获取、传输与存储过程中，受到噪声、光照、像差等各种因素的影响，传统的复原模型很难适用。同时由于试样变形的不均匀，试样表面各点的离焦程度是不同的，这为图像复原带来了更多困难。

本例将针对高速显微原位测试实验中遇到的空间可变离焦模糊展开复原。

空间可变的离焦模糊，不同点处的点扩散函数是不同的。这种情况下对其使用同一个点扩散函数的估计，会造成模糊程度较轻的地方产生严重的振铃现象，模糊程度较重的地方则仍模糊不清，复原质量堪忧。因此在进行图像复原之前，先将图像进行分割，将模糊区域提取出来单独处理，处理完成后再将其返回至原图中。

由离焦模糊形成的原理可知，离焦模糊可以看作一个点向四周扩散的过程，对于含有较多边缘的图像，尤其对于纹理图像，模糊区域的边缘对比度明显小于清晰区域。因此可根据图像的梯度分布来分割图像，提取模糊部分进行处理。

对于图 10.18 的原始图像，首先求取梯度信息，梯度分布如图 10.19 所示。选取邻域大小为 N，在每个点的 $N \times N$ 大小的邻域内，求解梯度的标准差。局部标准差能反映一定范围内梯度的变化程度。显然，邻域内图像越清晰，邻域内梯度的标准差就越大。由于去噪往往会对图像边缘等信息造成损害，因此本例直接对图像计算梯度值，并未进行去噪处理，后续解决由噪声引起的误差。

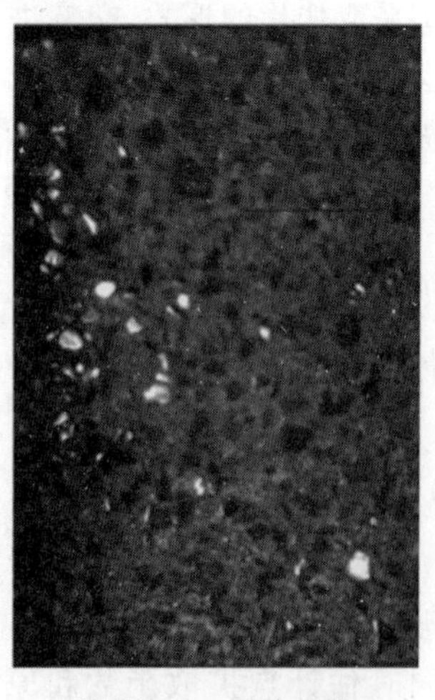

图 10.18　原始图像

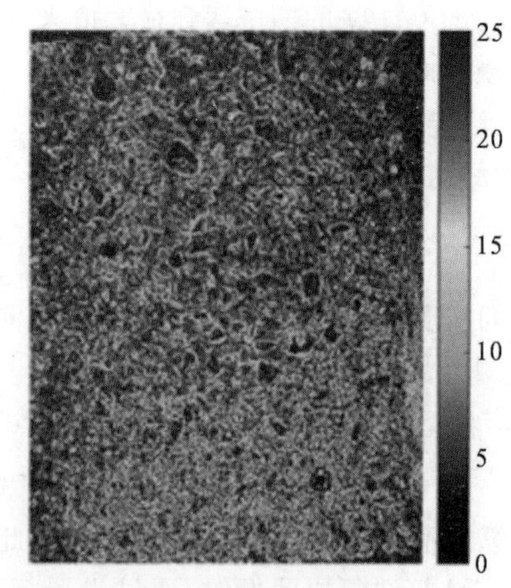

图 10.19　梯度分布

根据生成的梯度局部标准差生成判决二值图。选择合适的阈值，标准差大于该值则视为

清晰区域，置为 1(黑色)，标准差小于该值则视为模糊区域，置为 0(白色)。一张图片上可能有多个模糊区域，依次提取处理即可。若只有一个模糊区域，但噪点的影响使得远离模糊区域处有被误判的区域，可通过选取最大的连通区域的方法提取模糊区域。图像中存在一些灰度值均匀的地方(如颗粒内部)，导致二值图的连通域中存在一些空缺的区域，可通过闭操作进行去除。由此得到的判决二值图及二值图对应的模糊区域如图 10.20 所示。

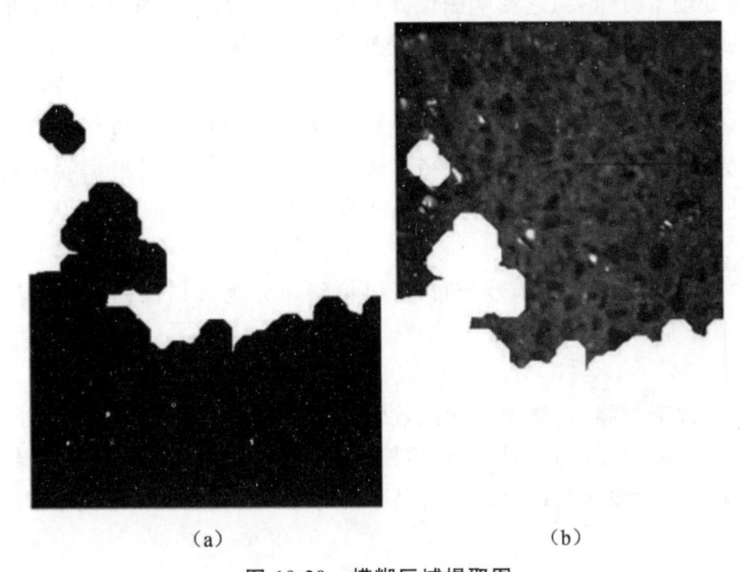

(a)　　　　　(b)

图 10.20　模糊区域提取图

(a)判决二值图；(b)二值图对应的模糊区域

绝大多数情况下，模糊区域虽然不大，但总是不规则的。对于不规则的边缘进行处理会引起一系列的麻烦，且计算复杂。因此本例先将不规则区域的外接矩形分割出来，对矩形内的图像进行处理。当然，该矩形不必是最小外接矩形，为操作简便，可以选择最大行坐标、最小行坐标、最大列坐标和最小列坐标作为外接矩形的边界。

根据外接矩形的坐标提取原图中相应区域，然后对图像进行去噪处理，避免噪声对复原造成的不好的影响。随后扩展矩形的边界对其进行复原处理。处理完成后对图像边缘进行裁剪，以恢复原始尺寸。与判决二值图中的连通区域的坐标对应，将处理后图像中对应的模糊区域还原至图中，可防止对清晰区域进行复原产生的不良影响。

提取出来的模糊区域可能也有着不同的点扩散函数，也可以重复上述的方法再次进行分割，寻找外接矩形，依次进行处理。为减小计算量，参考二分法对提取的模糊区域进行进一步的分割。首先将图像一分为二。再对每一部分进行分割。以上半部分为例，再将其分为两部分，计算两部分的梯度比值，将其与预设的阈值相比较：若大于阈值，则将此时的分界线用于该部分的图像分割；若小于阈值，则重新进行分割。迭代搜索后，找到大于阈值且比值最大的分界线，将其用于图像分割。重复上述步骤，根据实际需求将图像分割为模糊程度不同的区域。

当复原后的模糊区域重新放入原图时，为避免产生块效应，在图像边缘处，进行双线性内插处理，根据边缘点邻域内的灰度信息来重建边缘点的灰度信息。

10.3.4 图像去噪技术

噪声在图像的获取过程中是无法避免的。噪声是不可预测的随机信号，通常采用概率统计的方法对其进行分析。因此，通常把噪声看成是可借助随机过程描述的多维随机过程，即可以使用其概率密度分布和概率分布函数来进行描述。

噪声对图像处理十分重要，它影响图像处理的输入、采集、处理及输出结果的全过程。若输入伴有较大的噪声，必然会影响处理全过程及输出的结果。

10.3.4.1 噪声的分类

噪声通常是多方面因素影响的结果，因此可以从不同角度对其进行分类。根据噪声产生的来源，可以分为外部噪声和内部噪声。另一种常见的噪声分类是根据噪声概率密度分布进行分类的。这是一种比较重要的分类方法，由于它引入了数学模型，可以从数学模型的角度对噪声进行抑制。

根据图像中噪声的概率密度函数分布，可以将噪声分为高斯噪声、脉冲噪声(椒盐噪声)、瑞利噪声、伽马噪声等。

1. 高斯噪声

高斯噪声是一种随机噪声，概率密度函数服从正态分布，易于进行数学处理，被广泛应用于图像处理中。其中最常用的是高斯白噪声模型，它是散粒噪声和热噪声的结合，功率谱密度服从均匀分布，噪声幅度服从高斯分布。在高斯分布中，随机变量 z 的概率密度分布函数可表示为

$$p(z)=\frac{1}{\sqrt{2\pi\sigma^2}}\mathrm{e}^{-\frac{(z-\mu)^2}{2\sigma^2}} \tag{10.70}$$

式中：z 为灰度值；μ 为 z 的期望值；σ 为 z 的标准差。

2. 脉冲噪声(椒盐噪声)

椒盐噪声是极端噪声，即噪声点的灰度值与周围像素点的灰度值之间存在很大的差异，是对图像像素随机的孤立的点干扰，往往表现为亮区域中的黑色像素，或是暗区域中的白色像素。其数学表达式为

$$p(z)=\begin{cases}p_a, & z=a\\ p_b, & z=b\\ 0, & \text{其他}\end{cases} \tag{10.71}$$

3. 瑞利噪声

瑞利噪声是二维随机向量，由两个分量组成，这两个分量相互独立，且方差相同，具有正太分布。瑞利分布的概率密度函数为

$$p(z)=\begin{cases}\dfrac{2}{b}(z-a)\mathrm{e}^{-\frac{(z-a)^2}{b}}, & z\geqslant a\\ 0, & z<a\end{cases} \tag{10.72}$$

瑞利噪声的均值 μ 和方差 σ^2 分别为

$$\mu=a+\sqrt{\frac{\pi b}{4}} \tag{10.73}$$

$$\sigma^2=\frac{b(4-\pi)}{4} \tag{10.74}$$

4. 伽马噪声

伽马噪声是指服从伽马分布的噪声，伽马分布概率密度函数为

$$p(z)=\begin{cases}\dfrac{a^b z^{b-1}}{(b-1)!}e^{-az}, & z \geqslant 0 \\ 0, & z<0\end{cases} \tag{10.75}$$

其均值 μ 和方差 σ^2 分别为

$$\mu=\frac{b}{a} \tag{10.76}$$

$$\sigma^2=\frac{b}{a^2} \tag{10.77}$$

10.3.4.2　图像去噪技术

常见的噪声类型是高斯噪声和椒盐噪声。下面介绍几种去除高斯噪声与椒盐噪声的方法，以减小在图像复原中由噪声带来的不利影响。

1. 均值滤波

均值滤波属于线性空域滤波方法。其基本思想是将一个像素点的灰度值由其邻域内所有像素的灰度值的平均值来代替。设图像中一像素的灰度值表示为 $g(x,y)$，经过均值滤波后的输出为 $f(x,y)$，像素的邻域为 S_{xy}，邻域内包含 M 个点，则输出的 $f(x,y)$ 值为

$$f(x,y)=\frac{1}{M}\sum_{(m,n)\in S_{xy}} g(m,n) \tag{10.78}$$

以上这种算术均值滤波器对高斯噪声的处理效果相对较好，对椒盐噪声的处理效果相对较差。均值滤波会对图像的细节和边缘造成一定的破坏，使图像变得更加平滑。

根据不同的需求，均值滤波也发展了一些其他的滤波器，如几何均值滤波器、谐波均值滤波器、逆谐波均值滤波器等。其中谐波滤波器可用来处理近似高斯噪声的噪声，且对于椒盐噪声的处理效果相对较好。其数学表达式为

$$f(x,y)=\frac{mn}{\displaystyle\sum_{s,t\in S_{xy}}\frac{1}{g(s,t)}} \tag{10.79}$$

式中：m、n 为滤波器窗口，即邻域的大小。

逆谐波均值滤波器能够很好地去除椒盐噪声，其表达式为

$$f(x,y)=\frac{\displaystyle\sum_{s,t\in S_{xy}} g(s,t)^{Q+1}}{\displaystyle\sum_{s,t\in S_{xy}} g(s,t)^{Q}} \tag{10.80}$$

当 $Q>0$ 时，$g(s,t)^Q$ 对 $g(s,t)$ 有增强作用，由于“胡椒”噪声值较小(灰度值趋于 0)，对加权平均结果影响较小，所以滤波后噪声点处(x,y) 取值和周围其他值更接近，有利于消除“胡椒”噪声；当 $Q<0$ 时，$g(s,t)^Q$ 对 $g(s,t)$ 有削弱作用，由于“盐”噪声值较大(灰度值趋于 255)，取倒数后较小，对加权平均结果影响较小，所以滤波后噪声点处(x,y) 取值和周围其他值更接近，有利于消除“盐”噪声。当 $Q=0$ 时，逆谐波均值滤波器退化为算术均值滤波器；当 $Q=-1$ 时，逆谐波均值滤波器就是前面的谐波均值滤波器。

2. 中值滤波

中值滤波属于非线性空域滤波。其基本原理为将滤波窗口中的灰度值按照从小到大的顺

序排序，找到灰度值排序后最中间的灰度值，将其赋给窗口中心位置的像素。中值滤波器的模型为

$$f(x,y)=\underset{s,t\in S_{xy}}{\text{median}}[g(s,t)]_{N\times N} \tag{10.81}$$

中值滤波器较均值滤波能更好地保持图像边缘，但更加依赖于滤波窗口形状大小的选择，数学计算更加复杂。为更好地保持图像边缘，根据不同需求，研究者们发展了加权中值滤波、中心加权中值滤波、方向中值滤波、开关中值滤波、多窗口中值滤波等多种基于中值滤波的算法。

10.4 动态载荷测量技术

动态载荷测量系统的核心部件是压力传感器，其主要功能是将载荷信号转化为电信号以便于获取和采集。现简要介绍常用的几种压力传感器。

10.4.1 应变式压力传感器

应变式压力传感器又名电阻应变片压力传感器，它是利用弹性敏感元件和应变计将被测压力转换为相应电阻值变化的压力传感器。其工作原理是吸附在基体材料上的应变电阻随机械形变而产生阻值变化的现象，俗称为电阻应变效应。

应变式压力传感器是压力传感器中应用比较多的一种传感器，它一般用于测量较大的压力，广泛应用于测量管道内部压力、内燃机燃气的压力、压差和喷射压力、发动机和导弹试验中的脉动压力，以及各种领域中的流体压力等。按弹性敏感元件结构的不同，应变式压力传感器大致可分为应变管式、膜片式、应变梁式和组合式 4 种。

1. 应变管式

应变管式又称应变筒式。它的弹性敏感元件为一端封闭的薄壁圆筒，其另一端带有法兰与被测系统连接。在筒壁上贴有 2 片或 4 片应变片，其中一半贴在实心部分作为温度补偿片，另一半作为测量应变片。当没有压力时，4 片应变片组成平衡的全桥式电路；当压力作用于内腔时，圆筒变形成"腰鼓形"，使电桥失去平衡，输出与压力成一定关系的电压。这种传感器还可以利用活塞将被测压力转换为力传递到应变筒上或通过垂链形状的膜片传递被测压力。应变管式压力传感器的结构简单、制造方便、适用性强，在火箭弹、炮弹和火炮的动态压力测量方面有广泛应用。

2. 膜片式

它的弹性敏感元件为周边固定圆形金属平膜片。膜片受压力变形时，中心处径向应变和切向应变均达到正的最大值，而边缘处径向应变达到负的最大值，切向应变为零。因此常把两个应变片分别贴在正、负最大应变处，并接成相邻桥臂的半桥电路，以获得较大灵敏度和温度补偿作用。采用圆形箔式应变计(见电阻应变计)则能最大限度地利用膜片的应变效果。这种传感器的非线性较显著。膜片式压力传感器的最新产品是将弹性敏感元件和应变片的作用集于单晶硅膜片一身，即采用集成电路工艺在单晶硅膜片上扩散制作电阻条，并采用周边固定结构制成的固态压力传感器(见压阻式压力传感器)。

3. 应变梁式

测量较小压力时，可采用固定梁或等强度梁的结构。一种方法是用膜片把压力转换为力

再通过传力杆传递给应变梁，将两端最大应变处固定在梁的两端和中点，应变片就贴在这些地方。这种结构还有其他形式，例如可由悬梁与膜片或波纹管构成，适用于压力较小的测量，输出信号不受测力点位置变化的影响，并且这款传感器结构简单、稳定性好，易于安装和维修。

4. 组合式

在组合式应变压力传感器中，弹性敏感元件可分为感受元件和弹性应变元件。感受元件把压力转换为力传递到弹性应变元件应变最敏感的部位，而应变片则贴在弹性应变元件的最大应变处。实际上，较复杂的应变管式和应变梁式都属于这种形式，主要用来测量流动介质动态或静态压力，例如，动力管道设备的进出、气体或液体的压力、内燃机管道压力等。

10.4.2　压阻式压力传感器

压阻式压力传感器是利用单晶硅的压阻效应和集成电路技术制成的传感器。单晶硅材料在受到力的作用后，使直接扩散在上面的应变电阻产生与被测压力成比例的变化，通过测量电路就可以得到正比于力的变化的电信号输出。

压阻式压力传感器具有精度高、工作可靠、频率响应高、迟滞小、尺寸小、质量轻、结构简单、便于实现显示数字化等优点，但其温度稳定性差，半导体材料的电阻温度系数大，灵敏度系数随温度的变化也相当大，而且灵敏度系数的非线性度也较大，灵敏度系数高，在承受大应变作用时，引起的电阻变化较大，从而灵敏度系数失去线性。

10.4.3　压电式压力传感器

压电式压力传感器大多是利用正压电效应制成的。正压电效应是指：当晶体受到某固定方向外力的作用时，内部就会产生电极化现象，同时在某两个表面上产生符号相反的电荷；在撤去外力后，晶体又恢复到不带电的状态；当外力作用方向改变时，电荷的极性也随之改变；晶体受力所产生的电荷量与外力的大小成正比。

基于压电效应的压力传感器的种类和型号繁多，按弹性敏感元件和受力机构的形式可分为膜片式和活塞式两类。膜片式主要由本体、膜片和压电元件组成。压电元件支撑于本体上，由膜片将被测压力传递给压电元件，再由压电元件输出与被测压力成一定关系的电信号。这种传感器的特点是体积小、动态特性好、耐高温等。它具有很多优点，例如质量轻、工作可靠、结构简单、信噪比高、灵敏度高以及信频宽，等等，但同时有部分电压材料忌潮湿，因此需要采取一系列防潮措施，而输出电流的响应又比较差，就需要使用电荷放大器或者高输入阻抗电路来弥补这个缺点。它的应用领域也十分广泛，包括电声学、生物医学和工程力学等，特别是在宇航和航空领域，由于其寿命长、质量轻、体积小的特点，其地位是很特殊的。

10.5　温度测量技术

材料和结构在受到动态载荷作用时，自身温度往往会升高，这是由于外载荷对材料做功时，部分外力功转化成了热。若加载时间足够短，则可认为这一过程是绝热的，即不考虑热传导，外力功所转化成的热量全部用来加热变形物体，此时称该温升为“绝热温升”。“绝热温升”可能会使材料发生软化，有时还会引起变形局部化，发生“绝热剪切”破坏。由于动态变形过程时间跨度极短，一般在几微秒到几毫秒量级，而由于热传导，所产生的“绝热温升”会随时间急剧变化，因此对其进行精确测量极其困难。本节简要介绍材料动态变形温度的估算方法以及非接触式红外测温方法。

10.5.1 材料动态变形温度估算方法

材料动态变形时温升研究的本质是求解热-力耦合问题。根据能量守恒，温升来源于材料变形时部分塑性功的转化。温升的功热转化估算法源自被研究系统的导热方程。根据能量守恒，这一系统的能量包括材料不可逆的塑性变形功、可逆的弹性变形功，再加上系统与外界的热交换，共同导致了材料温度的升高。据此，热-力耦合条件下的瞬时热方程表达式为

$$\lambda\ \nabla^2 T(x,t)-\kappa\frac{E}{1-2\upsilon}T_0\dot{\boldsymbol{\varepsilon}}_{kk}^{\mathrm{e}}+\beta\boldsymbol{\sigma}_{ij}\dot{\boldsymbol{\varepsilon}}_{ij}^{p}=\rho C\dot{T} \tag{10.82}$$

式中：λ 为导热系数；$T(x,t)$ 是非稳态温度场函数；κ 是热膨胀系数；E、υ 分别为杨氏模量和泊松比；$\dot{\boldsymbol{\varepsilon}}_{kk}^{\mathrm{e}}$ 为弹性应变率张量的迹；$\boldsymbol{\sigma}_{ij}$ 和$\dot{\boldsymbol{\varepsilon}}_{ij}^{\mathrm{p}}$ 分别为应力张量和塑性应变率张量；ρ，C 分别为材料的密度和比热容；T_0 为环境温度；$\dot{T}$ 为温度变化率；β 为功热转化系数，在后文中会给出定义。

瞬时高应变率变形条件常近似为绝热边界条件，即可忽略与外界的热交换，故式(10.82)等号左边的第一项为零；再忽略弹性部分的影响，即等号左边第二项为零。在计算中一般假定密度和比热容为常数，式(10.82) 便整理为

$$\beta_{\mathrm{diff}}=\frac{\rho C\dot{T}}{T_{ij}\dot{\boldsymbol{\varepsilon}}_{ij}^{\mathrm{p}}}\frac{\rho C\dot{T}}{\mathrm{d}\dot{W}_{\mathrm{p}}} \tag{10.83}$$

式中：功热转化系数的下标“diff”表示微分(differential)，$\dot{W}_{\mathrm{p}}$ 表示塑性功率。该表达式体现了塑性功率和温度变化率的比例关系，是与时间相关的率形式，得到了广泛应用。若将式(10.83)分子、分母同时对时间积分，转化为能量形式，就得到了功热转化系数的积分(integral)表达式：

$$\beta_{\mathrm{int}}=\frac{\rho C\Delta T}{\int \mathrm{d}W_{\mathrm{p}}} \tag{10.84}$$

式中：ΔT 表示温升。值得注意的是，β_{int} 表示单位体积内塑性功转化为热的比例，也就是所谓的 Taylor - Quinney 系数，在一些文献里常写作 β。功热转化系数的积分和微分形式不同，例如 β_{int} 的取值范围为 $0\sim1$，而 β_{diff} 则可以取到大于 1 的值。需要说明的是，本节中只涉及 Taylor - Quinney 系数的积分形式 β_{int}，并将其简写为 β。

由功热转化系数的表达式可以看出，β 值的大小可以通过材料的塑性变形功、温升以及物性参数(密度、比热容) 得到。将式(10.84) 等号左侧整理为温升，便可以通过设定 β 的值估算材料绝热剪切过程的温升，如：

$$\Delta T=\beta\frac{\int \mathrm{d}W_{\mathrm{p}}}{\rho C} \tag{10.85}$$

这也为功热转化简算提供了依据。例如，当金属材料受到高应变率加载时，许多学者通常将 β 的值取为 0.9。这意味着金属材料的大部分塑性变形能都转化为热的形式，又因为该过程历时很短，产生的热量来不及散失而不断积累，使材料出现热软化。

利用上述关系，诸多学者计算了如 4340 钢、Ti - 6Al - 4V、铝合金、镁合金、钨、超细晶材料

等金属材料在动态加载条件下的绝热温升，并且以上结果都是直接通过对应力-应变曲线进行积分求出塑性功计算得到的。除此之外，有的学者通过本构关系的确定得到应力-应变的具体函数关系，再将应力转化为应变的函数，进行积分，求出塑性功。

从温升的表达式可以看出，功热转化系数的选取直接决定了温升的计算结果。因此，许多学者对不同材料 β 的取值进行了研究和讨论。

Kapoor 和 Nemat - Nasser① 测定了钽钨合金（Ta - 2.5% W）在 3 000 s^{-1} 应变率下的应力-应变和表面温度变化曲线，同时也计算了该应变水平下 $\beta=1$ 时的理论温升，发现理论温升高于实验所得。为了校验实验测试温升的准确性，他们采取冻结实验（限制应变加载）的方法，将加载到同一应变（0.32）的试样冷却至室温后，分别加热到红外测量（图 10.21 中 85℃对应曲线）和理论计算（图 10.21 中 115℃对应曲线）得到的两个温度下进行二次加载，并与直接加载到两次应变之和的对照实验所得的应力-应变曲线进行比较，如图 10.21 所示。结果发现理论计算温度下的二次加载曲线与对照实验重合度较高，这说明实验测得的试样表面温升低于实际情况，得到该材料的功热转化系数近似为 1 的结论。他们也在其他金属材料中证实了 β 近似为 1 的结论。也有研究者提出这一结论对有明显动态应变硬化的材料不适用，因为不能忽略应变硬化对材料微观结构的改变。

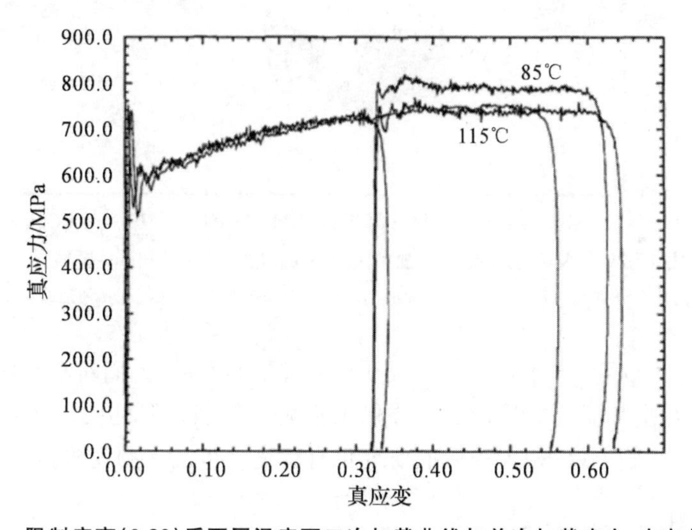

图 10.21　限制应变(0.32)后不同温度下二次加载曲线与单次加载应力-应变曲线比较

然而，还有一些学者通过实验发现 β 的取值不总接近于 1。Rittel 等人②系统地测定了不同加载模式（动态拉伸、压缩、剪切）下，七种金属材料的表面温升变化历程，并求得了材料均匀变形过程中 Taylor - Quinney 系数的变化情况，给出了不同材料在不同加载条件下 Taylor - Quinney 系数值的变化范围，如图 10.22 所示。从图 10.22 中可以看出：不同材料的 Taylor - Quinney 系数值在 0～1 的区间上离散分布，没有集中于某个具体数值附近。同时对于有的材

① Kapoor R, Nemat - Nasser S. Determination of temperature rise during high strain rate deformation[J]. Mechanics of Maerials, 1998, 27(1):1 - 12.

② Rittel D, Zhang L H, Osovski S. The dependence of Taylor - Quinney coefficient on the dynamic loading mode [J]. Journal of the Mechanics and Physics of Solids, 2017, 107:96 - 114.

料，例如工业纯钛(CP Ti)，β 值的大小与加载方式有密切关系，这种差异可能与孪晶调节的塑性变形机制有关。

一般认为，金属材料在冷加工作用下产生塑性变形时：一部分塑性变形功转化成热并以温升的形式体现出来，根据前面功热转化系数的定义，该部分能量为总塑性功的 β 倍。另一部分能量则储存在材料内部，称作冷加工储存能(Stored Energy of Cold Work)，造成材料内部微观结构发生变化，占总塑性功的$(1-\beta)$倍，冷加工储存能可以通过试样受载后的微观组织特性来计算。但是最近，一些研究者提出，决定材料功热转化系数的关键因素为微观结构的演化过程，而非变形后的微观结构演化的结果，即冷加工储存能。

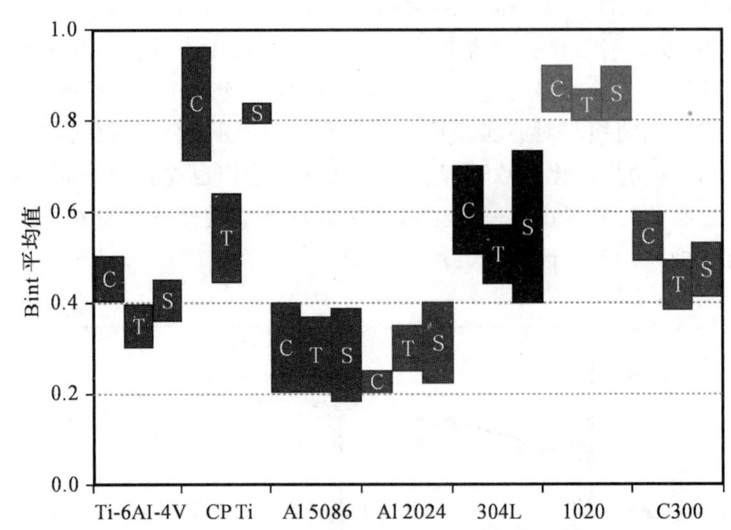

图 10.22　不同材料在不同加载方式下的 Taylor - Quinney **系数范围**

C、T、S 分别代表压缩(compression)、拉伸(tension)和剪切(shear)三种加载模式

从以上研究中可以看出，随着研究方法和相关理论的发展，人们对功热转化系数的理解越来越深刻，这为绝热剪切温升的理论计算提供了很大的帮助。但是关于功热转化系数的测量值和测量方法仍有一些争议，相关领域的研究仍有待进一步发展和完善。

10.5.2　温升的实验测量

评估材料冲击变形过程中温升最直接的方法是实验测量，但是由于动态变形过程对测温设备在微秒级时间尺度、微米级空间尺度下的高精度测量要求很高，因此相比于理论和有限元研究，高速测温技术起步较晚。

目前，温升的测量方法主要分为接触式的热电偶测量法和非接触式的红外测量法两类。其中，使用热电偶测量时，将工作端(热端)与被测物体接触，通过与自由端(冷端)形成温度差，从而在由两种不同材料组成的闭合回路中形成电动势，通过电动势与温度的函数关系制成的分度表，可实现对温度的测量。非接触式红外测量方法的基本原理是：一方面，根据 Stefan - Bolzmann 定律，任何温度大于绝对零度(0 K)的物体都会向外发出热辐射，且辐射力的大小与温度的四次方成正比；另一方面，根据光电效应，光敏元(一般为半导体材料)可将接收到的入射光子信号转化为电信号，只要找出二者的对应关系即可得到被测物体的温度。两种测试方

法相比：热电偶测量方法操作相对简单，温度测试范围更大且不局限于表面温度测量；红外测量法的优势在于响应时间较前者更短且非接触式测量不会改变被测物体的测试状态。

1. 热电偶测量法

热电偶测量法主要用于测定材料(包括聚合物、复合材料和部分金属等)动态塑性变形初期产生的绝热温升。由于温升的接触式测量法依赖于被测物体和热电偶之间的热传导过程，因此其测试的响应时间受热传导速率的影响。一些学者通过理论模型计算得出：要得到被测物体温度瞬时响应的有效数据，热电偶的热扩散率至少要比被测物体的热扩散率大一个数量级。鉴于热电偶电极一般采用金属材料，因此该方法在测量热扩散率更小的聚合物和复合材料温度时更为有效。

有研究者①将直径不到1 mm的珠形热电偶工作端嵌入聚合物柱形试样的中心，对其在低、中、高应变率($10^{-4}\sim10^{3}\ s^{-1}$)变形过程中的温度变化进行了测量，获得了试样内部的温升演化。图10.23为其中一种测试材料聚甲基丙烯酸甲酯(PMMA)在不同应变率下应力和温升随应变变化的曲线。其中最高应变率的温升曲线通过理论计算得到，用虚线表示。从中可以看出该材料的温升和应力均体现出明显的正应变率相关性，并且温升在应力的流动段开始，近似呈线性趋势显著增加，在应变率为760 s^{-1}时估算的最大温升约为30℃。此外，他们通过实验测试了该热电偶的时间响应，证实了其测试结果的可靠性。有学者将工作端直径为127 μm的T型热电偶嵌入聚合物盘形试样内部，使用SHPB装置进行动态加载，并结合理论模型对热电偶的测温效果进行了评价。测温结果显示该热电偶工作的响应时间约为10 μs，为热电偶测量法在其他材料高速原位测温方面的应用奠定了基础。也有研究者将直径为120 μm的热电偶工作端分别粘贴在胶接复合材料的表面和中心，测量材料在动态加载过程中的内外温度演化。该测温方法的响应时间约为10 μs，可以满足瞬态温度的实时观测要求。

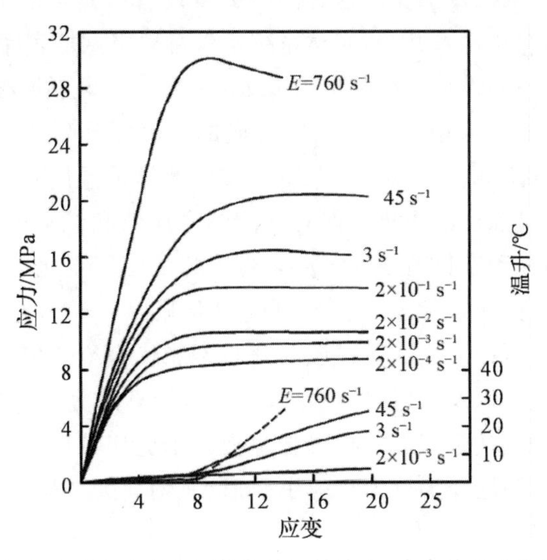

图10.23　PMMA在不同应变率加载条件下的应力-应变关系以及温升-应变关系

① Chou S C, Robertson K D, Rainey J H. The effect of srtain rate and heat developed during deformation on the stress - strain curve of plastics[J]. Experimental Mechanics, 1973, 13(10): 422 - 432.

除了对规则试样动态加载过程中绝热温升的测量，有的学者还利用热电偶测温方法对材料动态断裂过程中的热影响进行了研究。Shockey 等人①在预置缺口钢板预测的动态裂纹扩展路线上排布了热电偶测温阵列，通过数据采集得到了不同位置的温度历史并计算了该材料的动态断裂韧性。其中一个热电偶测得的裂纹扩展路径附近的温升信号如图 10.24 所示，从中可以看到热电偶测得的温升信号在第 1～2 s 内迅速升至最高值，约为 0.8℃，之后缓慢下降。此外，热电偶测温也可用于金属高速切削等加工过程中产热的实验测量。

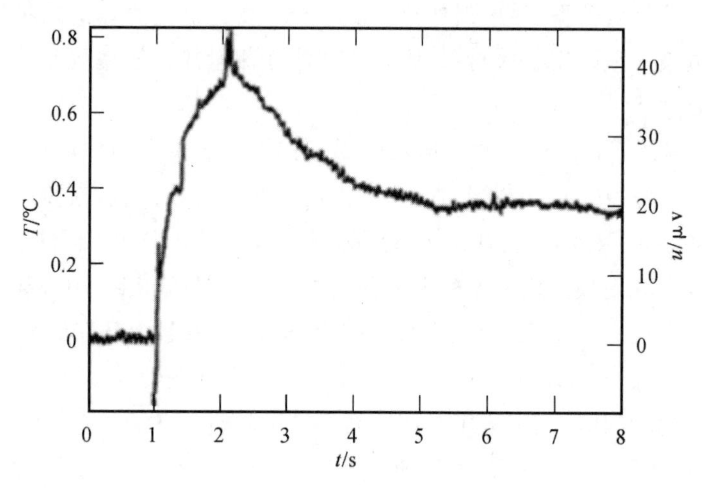

图 10.24　预置裂纹钢板动态加载过程中裂纹扩展路径附近某处的温度演化

2. 红外辐射测量法

20 世纪 80 年代，Duffy 等人②开创性地采用阵列式探元测定红外辐射的方法获得了钢在动态扭转加载条件下表面的温度演化。这套温度测量设备由光学系统、红外探测器以及数据采集器组成，如图 10.25(a)所示。其中，光学系统不仅可以将试样表面发出的红外辐射汇聚到探测器上，还可以通过适当的设计将被测区域放大，使测量结果更加精确；红外探测器使用的是锑化铟(InSb)传感器，他们采用了 8 个探元组成的探测器阵列，其工作的环境为液氮温度(－196℃)，工作波长范围是 0.5～5.5 μm，包含了实验测试的温度范围；探测器采集到的信号为电压信号，动态加载实验前还需用热电偶对探测器电压值和试样表面温度值进行标定。通过测量，他们得到了结构钢动态扭转条件下剪切带附近的温度变化历程，如图 10.25(b)所示。测得结构钢第一次加载后探元最大电压信号对应的温升为 595℃，但是由于此时已经形成了绝热剪切带，而且带宽小于探元尺寸，所以该温升并不能代表绝热剪切带内的最高温升，还需要根据所测区域的面积关系以及辐射力和温度的关系，计算出剪切带内的温升，结果表明最高温度达 1 140℃。此外，他们还通过高速摄影技术得到了剪切带形成过程中局部应变的演化，并将剪切局部化过程中的塑性变形分为均匀小变形、非均匀大变形、变形局部化三个阶段，对

① Shockey D A, Kalthoff J F, Klemm W, et al. Simultaneous mesurements of stress intersity and toughness for fast running cracks in steel[J]. Experimental Mechanics, 1983, 23(2):140 - 145.

② Duffy J, Chi Y C. On the measurement of local strain and temperature during the formation of adiabatic shear bands[J]. Materiols Science and Engineering: A, 1992,157(2): 195 - 210.

后续相关领域的工作产生了深远的影响。

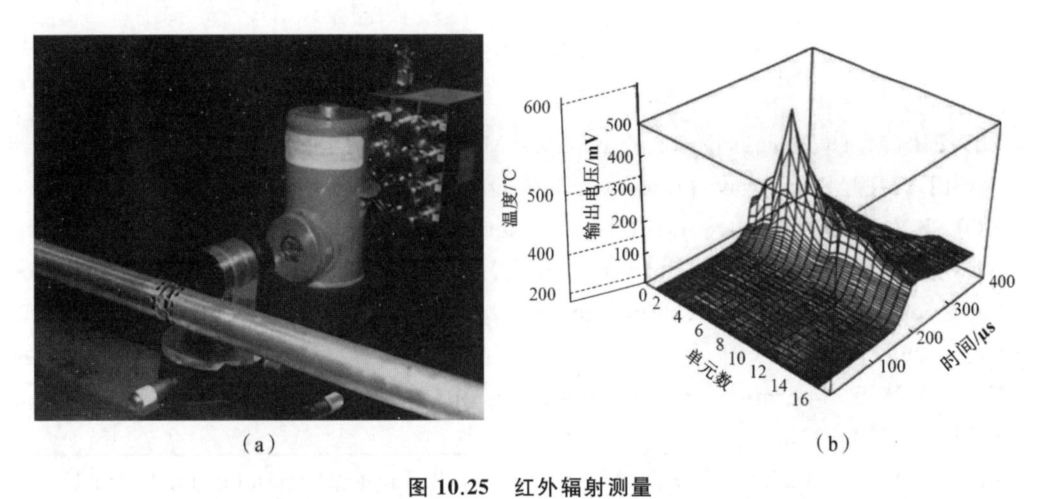

(a)　　　　　　(b)

图 10.25　红外辐射测量

(a)绝热剪切温度测量系统；(b)探元阵列测得剪切带附近的温度变化历程

非接触式红外测量法只能测得试样表面温升的演化，无法得知试样内部的温度分布。尤其对于某些变截面试样，例如压剪试样，试样表面和内部的应力状态和变形不同，因此测得的结果也可能会有偏差。

参 考 文 献

[1] MEYERS M. Dynamic behavior of materials[M]. New York: John Wiley & Sons, 1994.

[2] WASLEY R J. Stress wave propagation in solids[M]. New York: Marcel Dekker, 1973.

[3] KOLSKY H. Stress wave in solids[M]. New York: Dover Publications, 1963.

[4] NEMAT N S. High Strain Rates testing[M]//HOWARD K, DANA M. ASM Handbook vol 8: Mechanical Testing and Evaluation. [s.l]: ASM International, 2000: 939-1269.

[5] KOCKS W F. Thermodynamics and kinetics of slip[J]. Progress in Materials Science, 1975, 19:141-145.

[6] ZUKAS J A, NICHOLAS T, SWIFT H F, et al. Impact Dynamics[J]. Journal of Applied Mechanics, 1983, 50(3):702.

[7] 王礼立. 应力波基础:第 2 版 [M]. 北京:国防工业出版社, 2005.

[8] 马晓青. 冲击动力学[M]. 北京:理工大学出版社, 1992.

[9] 杨桂通. 塑性动力学:新版[M]. 北京:高等教育出版社, 2000.

[10] 张守中. 爆炸与冲击动力学[M]. 北京:兵器工业出版社, 1993.

[11] 王礼立. 冲击动力学进展[M]. 安徽:中国科学技术大学出版社, 1992.

[12] 卢芳云,陈荣. 霍普金森杆实验技术[M]. 北京:科学出版社, 2013.

[13] 陈为农,宋博. 分离式霍普金森(考尔斯基)杆: 设计、试验和应用[M]. 姜锡权,卢玉斌,译.北京:国防工业出版社, 2018.